幸福河建设技术体系构建及应用

胡月楠　郭英卓　张　姝　诸高亦斯　杜　强
林　玲　翟野青　董怡然　　何灏川　著

黄河水利出版社
·郑州·

图书在版编目(CIP)数据

幸福河建设技术体系构建及应用 / 胡月楠等著. 郑州 : 黄河水利出版社, 2024. 12. -- ISBN 978-7-5509-4121-2

Ⅰ. X321.2

中国国家版本馆 CIP 数据核字第 20245086LH 号

策划编辑 岳晓娟 电话:0371-66020903 QQ:2250150882

责任编辑 鲁 宁 责任校对 兰文峡

封面设计 李思璇 责任监制 常红昕

出版发行 黄河水利出版社

地址:河南省郑州市顺河路 49 号 邮政编码:450003

网址:www.yrcp.com E-mail:hhslcbs@126.com

发行部电话:0371-66020550、66028024

承印单位 河南新华印刷集团有限公司

开 本 787 mm×1 092 mm 1/16

印 张 18

字 数 427 千字

版次印次 2024 年 12 月第 1 版 2024 年 12 月第 1 次印刷

定 价 129.00 元

序

江河湖泊是地球的血脉、生命的源泉、文明的摇篮。河流作为人类社会文化的起源，是人们赖以生存的命脉，社会的发展历来与河流紧密相连。随着全球工业化和城镇化速度的加快，人类对河流开展了大规模的开发和利用活动，河流径流量逐渐减少，水环境进一步恶化，河流生态系统遭到严重破坏，这些问题反过来约束着人类经济社会的可持续发展以及人民生活质量的进一步提高。

我国水资源时空分布很不均匀，人均水资源占有量较低，水灾害事件时有发生。近几十年来，我国大规模修建水利工程，对河流资源的开发和索取力度越来越大，对河流功能造成很大影响，同时也成为制约我国经济社会可持续发展的重要因素。针对上述问题，党的十八大以来，我国政府对环境保护以及生态文明建设给予高度重视，指出“保护生态环境就是保护生产力”“良好的生态环境是最普惠的民生福祉”以及“保护生态环境和发展经济从根本上是相辅相成的”等论断，对河流的整治力度不断加大，河流水质状况得到明显好转，但是生态系统的恢复还有很长的路要走。当前，我国经济发展已经从高速增长阶段转向高质量发展阶段，我国社会主要矛盾已经转化为人民日益增长的美好生活需要和不平衡不充分的发展之间的矛盾，河流生态保护与社会发展之间的矛盾仍比较突出。在此背景下，习近平总书记将黄河流域生态保护和高质量发展上升为国家战略，并提出建设“幸福河”来指导新时期的河流保护与开发工作。因此，科学合理的治河理念、把河流建成幸福之河，对于河流生态环境保护和社会可持续发展意义重大。

进入新发展阶段，人民的需求不再停留在“物质文化需要”，而扩展为日益增长的美好生活的“新需要”，人民群众从过去“求生存”到现在“求生态”、从“盼温饱”到现在“盼美好”。随着社会经济的发展、人口的增加，人与资源生态环境的问题日趋紧张，面对我国严峻的水安全形势，习近平总书记提出了一系列治水重要论述，并提出了“建设造福人民的幸福河”的目标。“幸福河”从字面上理解是让人民感觉到幸福的河，由过去“清洁河”“健康河”“生态河”等概念演变而来。与这些概念最显著的区别就在于“幸福河”是在以往仅关注河流自然功能的基础上，增加了社会功能，既注重河湖物理结构，也注重河湖水量、水质、生物，还强调河湖服务人类的社会功能。可见“幸福河”更重视人民群众对美好生活的向往，强调了人水和谐，阐述了人民维持河湖健康、河湖造福人民的辩证关系。

习近平总书记要求把握治水规律、科学谋划治水思路，转变以往改变自然、征服自然的传统治水方式，转向调整人的行为、纠正人的错误行为，具有很强的政治性、思想性和指导性。建设“幸福河”，必须清醒认识社会矛盾和治水矛盾的深刻变化，正确处理人和自然的关系，把重点转移到调整人的行为、纠正人的错误行为上来。建设“幸福河”，应当尊重自然规律、生态规律和经济发展规律，正确处理人与自然、水与经济的关系，将生态文明理念、绿色发展要求、系统治理思路融入建设“幸福河”的全过程，高质量地推动“幸福河”建设。

从我国河流管理的发展历程来看，河流水资源的承载能力是极其有限的，并不能够满足人类无休止的开发和利用需求，必须正确协调河流保护与开发之间的关系，才能做到维持河流自身及经济社会可持续发展。现阶段,我国在河流保护与治理方面开展了许多工作,河流水质得到明显好转,生态环境逐渐改善。但是,我国的河流本身也存在着很多客观问题,比如水量空间分布很不均匀、人均占有量极低,河流生态系统相对脆弱,加上我国近些年来工业化与城市化进程的不断加快带来的压力,我国的河流保护工作和社会发展需求之间仍然存在比较大的矛盾。人水和谐理念成为新时期治水思想的核心内容,人与河流和谐相处是人类社会发展的必需和永恒的追求。因此,作为新时期我国河流治理的新目标,对于"幸福河"概念及内涵的解读也应基于人水和谐的视角。

"幸福河"的提出既是历史治水任务的传承,更是新的历史发展阶段国家水治理的新高度和新要求。水是生命之源,水在人类福祉中起到十分关键的作用。建设"幸福河",就应该在研究人水相互作用关系的基础上,根据人类的水需求,采取措施不断提升和改进水治理与水服务,从而逐步提高人类幸福感。

"幸福河"作为未来河流治理的方向和标杆,是水利人不断努力的方向。保障水安全是提高幸福感的基本条件,但最能让群众满意和有获得感的是发展需求的满足,如水景观、水娱乐、亲水性、水生生物多样性、产业发展用水等。水利工作在保障传统水安全的同时,更要积极主动地为人民群众的发展需求服务,拓展和丰富水利工作内涵,在水景观、水生态、水文化、水产业等方面发挥更大作用,提升群众的幸福感。

"幸福河"的提出从全新的角度为河流治理指明了方向,对水利发展与改革、水治理体系和治理能力的现代化都具有重要意义。建设"幸福河"需要遵循社会发展的基本规律,更加贴近人民生活和心理感受,是今后我国水治理的重要方略。2014 年 3 月,习近平总书记在中央财经领导小组第五次会议上,从党和国家发展的战略全局出发,提出了"节水优先、空间均衡、系统治理、两手发力"治水思路,这十六字治水思路成为新时代指导我国水治理、推动我国水生态建设的核心理念。习近平治水思路深刻阐述了治水对文明兴衰、民族复兴和国家强盛的重要性,系统阐释了保障国家水安全的总体要求,为推动水治理和生态文明建设指明了方向。

水,作为生态系统的重要控制要素,是生态文明建设的基石。河川之危、水源之危是生存环境之危、民族存续之危。保护江河湖泊,事关人民群众福祉,事关中华民族的长远发展。

让我们牢固贯彻和树立"绿水青山就是金山银山"的理念,站在人与自然和谐共生的高度谋划发展,将生态文明及幸福河建设理念贯穿全局,不断夯实水安全基础,凸显水生态优势,努力建设清水绿岸、鱼翔浅底的幸福河,为实现美丽中国的梦想砥砺前行,不断奋进!

作　者

2024 年 12 月

目 录

第1章　绪　论

1.1　研究背景

我国河流径流在年内和年际间分配非常不均匀，且存在连枯连丰的特性。新中国成立之后，在20世纪50~70年代的30年间，全国修建了大量的防洪、灌溉、供水、发电和航运等水利水电工程，但受资金和技术约束，这些工程规模主要为中小型，主要分布在大江大河的各级支流上。改革开放以来，随着生产力水平和综合国力的不断提高，在大江大河的干流上建成了一系列超大型的水库、水电站、航电枢纽、引调水工程以及高标准堤防工程。现阶段在全国范围内已基本建成防洪减灾、城乡供水、农田灌溉等较为完整的工程体系。遍布干支流几乎每条河流上的水利水电工程在防洪除涝、调节河川径流、合理配置水资源、支撑经济社会快速发展方面发挥了不可替代的作用。

与自然条件下河湖相比，多年来水利水电工程的建设和运行使得我国河流湖泊在地形地貌、水文水资源、水环境和水生态等方面都发生了显著的变化。相当数量的水库工程坝下河道出现减水、脱水断流、河道萎缩甚至消失，这些现象在北方地区尤其典型。进入21世纪以来，大量未经处理的工业和生活废水排入河湖，造成了严重的水污染，河湖水生生物大幅减少，河湖生态环境遭到严重破坏，使得沿河湖不再宜居，人类几千年形成的逐水而居的生活习性面临挑战。

纵观人类文明史可以清晰地看出，河湖在几乎所有文明的形成、发展和演化过程中都发挥着至关重要的作用，开发利用和治理河湖的历史就是一部人类文明史。这是人类逐水而居这一基本生活习性的必然结果。优美的河湖环境是人类走向更高文明的必然要求。

习近平生态文明思想是人与自然和谐共生的新自然观，这一思想将生态环境保护提升到关系国家和民族命运的高度，要求在开发利用自然时尊重自然、顺应自然、保护自然，让绿水青山发挥经济社会效益，变为金山银山，真正实现高质量发展。良好的生态环境是普惠民生福祉的公共产品，在我国进入小康社会的新阶段，满足人民日益增长的美好生活需要成为经济社会发展的主要动力，保护和修复生态环境成为改善民生的重要着力点。

建设幸福河湖的要求进一步为新时代水利发展指明了方向，为流域人民提供优质生态环境和社会服务，建设安澜、健康、惠民、宜居和文化的河湖，提高人民的获得感、幸福感、安全感成为水利新阶段河湖保护、开发与治理的基本要求。2019年9月习近平总书记提出“让黄河成为造福人民的幸福河”以来，围绕着幸福河湖的概念和内涵，各科研院所和大专院校开展了一系列研究，尽管还没有公认的统一定义的概念，但防洪保安全、优质水资源、健康水生态、宜居水环境、丰富水文化等这些标志性的内容应是幸福河湖的基本内涵。在幸福河湖建设的实践方面，水利部印发了幸福河湖建设的有关要求，在江苏、浙江和福建等7个省(市)开展了幸福河湖试点建设。各流域和省市正在积极探索幸福河湖建设的技术标准。

幸福河湖建设在全国范围内已经起步,迫切需要相应的技术规范来指导工程建设。然而,由于我国地域广阔,不同地区地形地貌、气象气候、植被土壤、河流水系等自然地理特性,以及经济社会发展和文化传统都有差异,使得幸福河湖建设技术规范的制定变得非常困难。此外,进入新的水利发展阶段,传统水利工程正在全面与河湖生态修复、水环境治理、城乡道路改造、水景观和水文化建设等工程相结合,向更加综合化的方向发展,但还没有一部技术规范能够指导这一综合治理工程的建设和运行管理。

近年来,中水北方勘测设计研究有限责任公司(简称中水北方公司)作为国内水生态领域的领军企业,在流域综合规划、跨流域调水、大型水利枢纽设计、河湖生态治理、城乡水务一体化等方面具有传统的技术优势,在河湖生态治理领域积累了较为丰富的业绩和经验,特别是近年来完成的福建"漳州市九十九湾连通水系幸福河湖建设工程"和云南"大理市环洱海流域湖滨缓冲带生态修复与湿地建设工程"等一系列生态治理特色品牌项目,产生了良好的社会效益、生态效益和环境效益,获得了各级媒体的高度关注和业界的认可。本书旨在综合分析中水北方公司在幸福河湖建设的已有工程实践,归纳和总结实际调查、总体规划、重点设计、建设和运行管理等不同阶段的技术要求,进而构建幸福河湖建设的技术标准体系,为中水北方公司幸福河湖建设工程的业务开展提供技术支撑。

1.2 研究目的

2019年9月18日,习近平总书记在视察黄河时,历史性地提出了要把黄河治理成造福人民的幸福河的号召。治河是为了提高人类的福祉,把黄河治理成造福人民的幸福河,新时期治水已经不限于传统意义的水安全,还有很多更高的要求和向往,因此"幸福河"的提出既是历史治水任务的传承,更是新的历史发展阶段国家水治理的新高度和新要求,对黄河具有特殊重要的意义,也为其他流域提供了治理方向。

近些年,国内外学者开展了大量河流状态评价的相关研究,其中研究最广泛的为河流健康评价及人水和谐评价。随着研究的不断深入,虽然两者均考虑到人类社会的因素,但多停留在经济社会的层面,较少考虑到人类的心理需求、文化认同以及幸福感等方面。幸福河建设是新时期中国提出的河流开发与治理的新目标,其同时考虑到河流的生态健康和人类社会的经济、文化与福祉问题,是推动流域生态保护和社会发展的重要支撑和保障,同时也是实现人民对美好生活向往的必然要求。2022年全国水利工作会议上提出水利工作重点之一是"复苏河湖生态环境,维护河湖健康生命,实现人水和谐共生"。因此,以幸福河建设为目标,充分分析评价河流状况,识别幸福河建设主要制约因素以及提供幸福河建设方向具有重要意义。

目前,国内一些科研团队对"幸福河"已经开展了大量研究,关于"幸福河"的概念、内涵,不同学者的论述不尽相同,但都强调了河流自身健康的核心地位以及人们对河流需求的进一步增加,突出了人水和谐共生的美好愿景。其中,左其亭等基于对中国河流管理历程及"幸福"内涵的梳理,结合"幸福河"的提出背景及江河治理需求,最先探讨了"幸福河”的概念、内涵及判断准则，提出幸福河湖是指能够维持河流湖泊自身健康，支撑流域和区域经济社会高质量发展，体现人水和谐，让流域内人民具有高度安全感、获得感与满意度的河流湖泊；陈茂山等从人、河流及人与河流的关系3个角度，分析了“幸福河”的基本要求，进一步解读了“幸福河”的内涵，并提出了幸福河评价指标体系与评价方法。为纪念“世界水日”和“中国水周”，我国将2020年宣传主题定为“坚持节水优先，建设幸福河湖”。2021年中国水利水电科学研究院（简称中国水科院）发布的《中国河湖幸福指数报告2020》提出幸福河就是永宁水安澜、优质水资源、宜居水环境、健康水生态、先进水文化相统一的河湖，是安澜之河、富民之河、宜居之河、生态之河、文化之河的集合与统称；构建了河湖幸福指数指标体系，从水安全、水资源、水环境、水生态、水文化5个维度着眼，提出了水安澜保障度、水资源支撑度、水环境宜居度、水生态健康度和水文化繁荣度5个一级指标、20个二级指标以及相应的三级指标。在如何建设幸福河方面也有许多学者对此进行了探讨，谷树忠从5个方面阐述了幸福河湖建设的相关问题，并指明当前幸福河湖建设的重点工作方向；王浩和邓铭江分别总结了幸福河湖建设的要求，并提出幸福河湖评价及建设建议；李云等剖析了河湖健康管理的关键问题；唐克旺提出了幸福河的层次化、多维度评价方法。对于幸福河评价的实例研究，韩宇平和夏帆参照河流健康评价成果，从流域自然属性、社会经济属性、人水和谐关系3方面构建幸福河评价指标体系，并在黄河流域进行应用。同时，部分省市结合当地河流水系特色，出台幸福河湖评价规范、建设标准及行动方案等，为全面推进幸福河具体建设提供河湖管护的依据。

总体而言，“幸福河”提出时间较短，目前治水过程中如何围绕幸福河建设目标开展具体设计和建设的研究较少，因此本书在已有的幸福河理论、评价、构建指南等基础上，结合中水北方公司首个“系统治理，多元融合”的闽西北金溪“幸福河”治理工程已开展的工作，归纳梳理我国南北地区特色河流流域生态特点、存在的现状问题，提出能体现流域特色且具有指导意义的幸福河建设指标体系和技术应用的研究，为相关规划设计人员开展同类河湖治理提供借鉴。

1.3 研究内容

结合并参考国内已有的幸福河评价体系理论成果基础，从“防洪保安全、优质水资源、宜居水环境、健康水生态、先进水文化”几方面进行研究，提出符合各种复杂环境因素交互影响下，河湖能够保持完整畅通水系结构、种类多样的生物群落、长期稳定的调节机制、全面深刻的文化彰显、居民满意的生活环境，既能满足行洪排涝要求，又能满足生态完整与动态平衡要求，还能满足经济社会持续发展和人们对美好生活合理需求的幸福河指标体系。

以目前开展的流域水生态修复与综合治理工程为例，通过多年资料收集及调研工作，对流域内河流生态本底特征、重要功能及多年河流水系的演变进行辨析，结合流域内国土空间规划对流域生态发展与保护的要求，提出闽江流域总体生态安全格局及“幸福河”建设目标，从水安全、水资源、水环境、水生态、水文化5个维度着眼，找准流域内河流主要特色和面临的主要问题与矛盾。

深入研究流域特色幸福河的内涵，充分考虑当地经济发展、安全保障、资源优化、生态保护以及居民感受的协调，尤其重视居民的幸福感，深入探究河流各要素间的作用机制，从幸福河五大方面开展具体保护与修复技术措施的应用，从而进一步落实生态保护修复的整体性和系统性要求。其中，安澜之河是幸福河的基本保障，体现了“江河安澜、人民安宁”；富民之河是幸福河的基本功能，体现了“供水可靠、生活富裕”；宜居之河是幸福河的良好形象，体现了“水清岸绿、宜居宜赏”；生态之河是幸福河的最佳状态，体现了“鱼翔浅底、万物共生”；文化之河是幸福河的最高境界，体现了“大河文明、精神家园”。统筹协调生态治理与保护、充分挖掘与彰显文化内涵、多部门协调多产业融合等，开展治护并重、文化彰显、产业联动等一系列适宜当地特色幸福河建设治理措施的探索和创新，保障经济的高质量发展，规范幸福河建设体系。

目前国内研究幸福河建设主要在理论基础研究方面，包括幸福河的评价体系、评价指标及幸福指数等，以流域为研究范围的河流治理建设方面研究很少，本书研究将幸福河构建理论与实践相结合，研究视角创新，围绕“安澜之河、富民之河、宜居之河、生态之河、文化之河”等筛选合理且能体现流域特色的“幸福河”治理目标，从而贯彻生态保护修复的整体性和系统性要求，探索和创新高质量多工程融合建设方式，有效引导河道的生态治理、周边土地的开发、文化景观的设置和基础设施的布置，全面展示流域“幸福河”风貌。

通过本书研究，熟悉掌握流域水生态修复与治理工程中系统治理的机制和规律，为流域幸福河综合治理前期问题研判和治理措施提供较准确的方向；设计过程中围绕幸福河建设目标融合河道治理与生态、环境、文化、景观等多方面领域，将“系统治理、多元融合”实践到新时期河流开发与治理中；构建合理且具特色的“幸福河”系统指标体系和技术应用研究，为类似工程治理提供建设思路。

第 2 章　幸福河湖概念及含义

幸福河湖的定义为,够维持河流湖泊自身健康,支撑流域和区域经济社会高质量发展,体现人水和谐,让流域内人民具有高度安全感、获得感与满意度的河流湖泊。幸福河湖就是永宁水安澜、优质水资源、宜居水环境、健康水生态、先进水文化相统一的河湖,是安澜之河、富民之河、宜居之河、生态之河、文化之河的集合与统称。

2.1　国内外研究现状

2.1.1　国外研究现状

2.1.1.1　幸福的概念

幸福的概念起源于哲学,幸福作为伦理学中的核心概念自古希腊哲学起就得到充分诠释,柏拉图和亚里士多德开创了幸福研究的两大哲学范式。其中,亚里士多德开创的自然主义哲学范式成为当今人文社会科学中幸福研究的主导范式。亚里士多德认为,幸福应该从人的主体自身寻找,而不是从任何建构的外在秩序中寻求,进而提出了强调主体性的自然主义范式,即自然主义的幸福论。自然主义幸福论认为,幸福的源泉是内在于人们主体的,是人们的可感对象,幸福的构成具有多样性,强调幸福构成的多元价值。亚里士多德幸福论中对"主体满足"和"主体实现"的统一,很好地诠释了自然主义视角下的幸福内涵。

在众多自然主义学者中最具代表性的是梭罗,早在 1854 年成书的《瓦尔登湖》中梭罗就阐述了他的自然观。梭罗认为万物皆有灵,自然是有生命且充满人性的。自然不仅是人类存在的基础,更是人类精神的源泉,自然和人类的精神是互通的,自然是精神的象征,对大自然一草一木、一石一鸟的观察和体验皆能使人类学到很多东西,包括幸福所需的品格,如大山的宽厚、谦恭以及水的慷慨等,都是人类值得学习和模仿的,这就是大自然的道德教化功能。梭罗把自然当作一个"社会的范畴",强调自然对人类的幸福生活的重要意义。他倡导一种与自然共生共荣的幸福生活,梭罗的幸福观以自然主义为价值基础,追求一种"与兽为邻"的浪漫主义情怀,是一种人与自然的亲密交往。梭罗通过赞美自然之美来重新唤起人类对自然内在价值的关注,说明保护自然及自然对人类幸福的意义。自然提供人类必要的生存条件,自然和人类一样,都有获得幸福的权利。自然因其自身的内在价值而成为人类幸福的重要组成部分。梭罗的幸福观具有非人类中心主义的"自然情结",他认为保护自然与追求人类幸福二者都是目的。

梭罗的自然主义幸福观对我国建设幸福河的启示是,要想使得人民有更好的生活,就应该学会更多地从自然意义上去思考幸福问题,做到公平公正地对待河流,维护河流的本真状态和河流的精神意义,用一种自然主义思维来对待人类幸福与自然的关系,即自然观念的转变是当今幸福观的必然要求。据此将人民对幸福河的需求引向精神层面,引向河流文化领域。

2.1.1.2 国际治理工程实践

在幸福河湖建设的技术标准体系方面，国外针对性的研究成果相对较少，具有代表性的是莱茵河综合治理和日本多自然河川综合治理等相关成果。

1.莱茵河综合治理

第二次世界大战结束后欧美国家就提出尊重自然河流的基本特征和规律，积极倡导河流的开发治理与保护的综合利用，其中莱茵河综合治理工程最具有典型性和代表性。19 世纪 50 年代以前的莱茵河基本保持原始样貌，之后约 100 年为莱茵河的大开发阶段。这期间随着沿岸居住人口越来越多，为了防洪、供水、航运和发电等，对莱茵河采取了裁弯取直、堤防建设、航道整治、拦河筑坝等多方面的开发活动，河流地形地貌、纵向和横向连续性均遭到了较为严重的破坏。与此同时，特别是进入 20 世纪，莱茵河沿岸国家工业化水平大幅提升，工业和生活废水排入莱茵河，河流水质出现污染现象。这一阶段总体特征是河流生态环境受到一定程度的破坏，但基本还处于相对平衡状态。第二次世界大战后莱茵河沿岸各国人口快速增加，煤炭、钢铁和石油化工业加速发展，航运频繁，随之而来的是环境污染加剧，莱茵河水质持续变差，沿岸居住的几千万人口的饮水受到影响。到 20 世纪 60 年代莱茵河水质严重恶化，水生动植物几乎全部消失，莱茵河被称为“欧洲的下水道”，河流生态系统几乎不复存在。这一时期是莱茵河的严重污染阶段。为了解决不断加剧的莱茵河污染问题，在荷兰、德国和法国等国家的倡议下成立了保护莱茵河国际委员会(ICPR)，签订多个莱茵河保护相关的公约。特别是 1972 年联合国在瑞典斯德哥尔摩召开的联合国人类环境会议，促使各国政府注意到人类活动对自然环境的破坏。以此为契机莱茵河沿岸国家加速了莱茵河的治理。1987 年 ICPR 制定了“莱茵河行动计划”，又称“鲑鱼-2000”计划。该计划详细提出，要使莱茵河及其支流成为“一个完整的生态系统”，重现往日生机，具体目标是到 2000 年鲑鱼重返莱茵河，以此检验河流整体生态恢复和综合治理情况。随后沿岸各国投入了数百亿美元用于污染治理和生态系统建设。同时将防洪纳入工程的目标和任务中。到 2000 年“莱茵河行动计划”实现了预期目标，莱茵河沿河森林茂密，湿地遍布，水质清澈洁净。鲑鱼已经从河口洄游到上游瑞士一带产卵，鱼类、鸟类和两栖动物重返莱茵河。莱茵河综合治理的良好效果明显改善了沿岸居民的生活环境，充分带动了沿线国家的旅游业，取得了良好的经济社会效益和环境效益。莱茵河综合治理的成功经验表明，清晰的理论指导、系统性规划设计和公众参与最为重要。

(1)清晰的理论指导。ICPR 充分认识到河流生态系统是一个动态复杂的整体过程，应从生态系统的视角重新认识莱茵河，包括河流水文过程、地形地貌过程、物理化学过程和生物过程，应尽力恢复莱茵河生态系统的结构和功能，并将鲑鱼作为莱茵河治理的指标性物种，以其数量和生存状况反映莱茵河治理效果。在维持莱茵河供水、防洪、航运等功能基础上，构建了包括供给、调节、支撑和历史文化四方面生态系统服务功能的评估指标体系，以期对莱茵河综合治理的效果进行评估。

(2)系统性规划设计。在规划上，根据良好的生境条件会更适宜生物群落的恢复这一思想，关注莱茵河生态系统的整体健康，充分体现莱茵河治理措施的系统性，包括减少河流污染、恢复鲑鱼数量、提高防洪能力等。着眼于整个流域的生态效益和经济效益，协调统筹沿岸各国的治理措施，对沿岸每个国家的取水、排放以及生态都提出明确要求，有效解决了上游和下游国家水资源利用冲突的问题，同时也有效提升了水资源的利用效率。在设计上的具体做法是，根据莱茵河水文、地貌和水质等生态要素特点，依据鲑鱼生态习性等采取了“筑巢引凤”式的河流生境修复措施，包括重建水文情势的脉冲特征、恢复河流形态多样性、污染排放控制、在拦河建筑物上修建鱼道以恢复生境连通性等。

(3)公众参与。莱茵河生态修复的成功离不开公众和利益相关者的参与，非政府组织在ICPR内作为观察员参与决策过程，参与制订流域管理计划、环保监督以及建言献策等。公众包括沿河工厂、企业、农场主和居民等共同利益相关方。公众参与使许多问题更容易解决，如水资源的管理、防洪风险区划定后的税收政策调整、防洪预警与撤退等。

2.日本多自然河川综合治理

早在20世纪50年代日本就从欧洲引入了“自然型河川”的治河思想，到90年代提出了符合日本河流特点的“多自然型河川工法”。相较于传统水利工程，多自然型河川工法注重河流生态系统和生物栖息地，旨在还原河道天然的河床形态和原始坡岸。在满足防洪和水资源利用的同时，尊重自然原有的多样性。2006年，日本对多自然型河川建设工程和实施效果进行评估时发现，工程存在人工景观痕迹重、亲水性不足、相同工程的简单模仿，本地植物恢复差而外来植物过度繁殖，与周围环境不协调等问题。随后，日本提出了“多自然河川”计划，旨在尊重河流自然规律，融合地区生活与历史文化，并保护生物栖息地环境和多元河川自然景观。通过强调河道的个性差异，避免相同工程的照搬照抄，使得治理工程成为综合性的系统工程。

针对多自然型河川建设和实施效果评估中发现的问题，结合大量的工程实践，日本相关部门联合制定了多自然河川综合治理工作流程与保障机制，包括规划、河川调查、整体河道和重点河段设计、运营管理4个阶段。

1)规划阶段

规划主要是根据每一条河流的特性和流域的整体特征进行多自然河川综合治理的总体谋划，通过与河川所在的地方政府合作，制定河川综合治理的基本方针，协调河川综合治理与上位规划之间的关系，明确河川在城市规划中的定位和全流域视角的河川治理工作方向，形成多自然河川治理的基本共识，提出河川调查、整体河道与重点河段设计、运营管理3个阶段的工作重点。在河川调查中，通过文献调查、现场勘测和案例研究，联系本地居民、地方政府和其他河川工作小组，形成对河川历史和现状的全面理解，并制定初步的河川整体、重点河段工作目标和任务。在整体河道设计中积极与各方专家合作，明确河川流域的保护方案，与城市规划建设相结合的河川空间规划，河道平面、纵断面、横断面的整体设计。在重点河段设计中，聚焦重点河段河道、护坡设计及其周边滨水空间设计。在工程建成后的运营管理过程中，重点关注公众参与、河川质量监测和后期河川环境维护。

2)河川调查阶段

这一阶段主要是通过文献调查和现场调查的方式总结现状河川的自然景观特色，并从自然和历史文化的视角理解河川景观的形成。对河流的不同自然景观进行分段，总结并筛选出河川及其周边的重点特色场所。以河川调查的结果为基础，结合类似河川治理工作的案例经验，提出河流未来的理想形态并设定全流域和重要河段的治理工作目标，以构建连续的河川整体环境，再现河川的历史特色风貌。

3）河川整体和重点河段设计阶段

这一阶段为多自然河川综合治理的设计阶段，可进一步划分为河川整体设计和重点河段设计两部分。

在多自然河川的整体设计中，首先，应明确流域保护方案。基于对河川的调查结果，联合河川治理专家、生物学家、城市规划师和景观设计师，明确河道、滨河空间的具体保护内容，如河川地形、流量、特色景观、生物栖息地和流域历史文化遗产等，应继承河流多样化的自然风光、恢复河流丢失的文化记忆。其次，综合考虑河流水安全、生态环境保护和当地城镇发展，制订河流综合治理措施的整体空间布局。通过生态与景观的结合，形成对流域整体自然环境治理与修复的方案；通过与城镇规划建设的结合，制定对整体滨河景观、建筑物和公共空间的设计，推进河川与城市一体化的空间建设。最后，在河道设计方面，根据河流的具体情况，制订河道平面、纵断面和横断面的整治或保护方案，以确保流域的连通性、安全性及河流景观与生物空间的多样性。同时联合当地市政部门对河流周边地下设施进行统一规划。在进行流域整体设计时还需要关注工作的成本控制，积极了解流域周边居民的意见，推动河川设计与当地经济社会发展相适应。

在重点河段设计中，应结合河川调查阶段制定的重要特色河段河川工作目标，从流域安全、景观修复与保护、生物和人对河道的利用等多个方面综合考虑，开展河道设计、滨水护坡设计和周边滨水空间设计。

（1）河道设计。首先，以保障流域水安全为前提，依据防洪高水位线设计堤防或根据河道状况挖掘河床，降低洪水位线，以保障河道洪水通行能力和流域安全。其次，河道设计应尽可能尊重河流自然现状，呼应河川发展历史。根据河流现状平直或弯曲的路径设计河道中泓线，避免平直光滑的河床，尽可能复原河床的原始地形，以恢复河川良好的历史景观。再次，重视生物多样性的保护，创造更多样的林-水生境空间。保持不均匀的河道宽度、流速变化，尽量避免出现直线型河道，以保护水生生物的栖息环境；通过构建河床微地形和补植水下植物群落，形成季节性的浅滩与湿地，为生物提供更多样的栖息地。最后，注重河畔林地与河岸浅丘地形的保护，构建连续的林-水生境空间。

（2）滨水护坡设计。首先根据河川调查结果，判断河段是否需要护坡。对于不需要护坡的河段尽可能保持河岸的自然状态；对于需要护坡的河段，应尽可能让护坡隐蔽且与周边环境相协调。在护坡材质选择上，优先选用来自河床的土体与弃石修建护坡，同时构建表面凹凸、质感粗糙的护坡纹理，还原河岸自然景观的状态。此外，应研究河段目标物种的生活习性，选择适宜的护坡材质与坡度，以营造生物栖息地环境。

（3）周边滨水空间设计。应根据城市规划进行河川滨水空间设计，保障河道景观与周边建筑的协调。同时，需确保河道与周边公园、广场、寺庙等重要公共空间的连通，构建与当地社区相融合的滨水环境。此外，需与当地社区合作传承河流历史文化，利用滨水空间增强河流与当地居民生活的联系，举办传统节庆、艺术表演等活动，提高滨水空间对当地社区的吸引力。

4）运营管理阶段

运营管理主要包括河川监测和维护管理。首先，应建立监测机制，聘请相关专业人士或当地公民担当“景观顾问”。以水生生物作为反映河流水生态环境状况的指示物种。若监测结果显示与河流目标景观有差距，需分析原因并根据实际情况开展相应的改造工作。引导社区或居民合理使用河流空间，将河流维护纳入当地文化活动，增强河流生态环境保护科普教育，促使当地居民在保护河道景观时收获主人翁意识，提升对河流的兴趣和依恋，并将河道守护的“河流文化”在当地社区中代代相传。

2.1.1.3　颁布相关技术文件

在日本建设多自然河流的过程中，日本国土交通厅于 1990 年、2007 年和 2008 年先后颁布和出版了《建设多自然河流实施纲要》《中小河流修复技术标准》《建设多自然河流要点——河流改造任务和注意事项》和《河流生命恢复工程：中小型河流规划技术标准、说明》等多项技术文件。其中，《河流生命恢复工程：中小型河流规划技术标准、说明》一书，对中小河流整治规划编制方法、过程进行了总结，提出规划编制的一般原则，强调要依据各河流的特性、社会经济条件编制最佳整治规划。本书提出河流整治中保存现存良好的环境是非常重要的，要保护和恢复河流形成的各种复杂地形和河流空间。对具有良好环境的河岸和深槽的河流，河流的平面、纵横断面形状应尽量予以保护，整治后的流速应基本不变。要在保证河床、河宽的同时保证洪水有一定的自由摆动空间，要确保河流连续性以使得水生生物能够自由活动。本书详细阐述了中小河流平面和纵断面设计原则、基本要求和设计内容，以实际河流中的各种条件为例，编写了设计案例集，为现场工程人员提供技术支持。

日本“多自然型河川工法”的技术工作体系，从调查、规划、设计、建设和运行管理各个阶段都提出“多自然河川”的工作原则、目标和任务，与我国水利水电工程规划、可行性研究、初步设计、建设和运行管理的阶段划分相近，对我国幸福河湖建设具有重要的启示作用。

2.1.2　国内研究现状

不同于传统水利水电工程建设，幸福河建设是一种全新的综合化工程建设思想。国内近年来围绕如何建设幸福河开展了大量的研究，从学术的角度看，难点在于幸福河中属于精神层面的水文化如何体现，对水文化的理解和认识争议仍然比较大，还处于仁者见仁、智者见智阶段。以下针对如何建设幸福河和水文化这两个方面，梳理近年来国内研究的主要脉络。

2.1.2.1　幸福河研究

高山等结合江苏省河道建设实际状况于 2022 年提出幸福河建设的构想。幸福河建设应统筹流域与区域、上下游、左右岸、干支流，处理好防洪排涝、经济发展、河道保护、自然生态、人居环境的关系，实现全面系统治理。应与区域水网和乡村振兴有机结合，以防洪、排涝、灌溉功能为主，向水安全、水资源、水环境、水生态协同治理转变。根据城市、农村特色，以不同治理方式促进当地经济发展，将河道治理、生态建设、环境整治、文化旅游、特色农业等相融合，统筹考虑工程建设与地方发展布局相适应，围绕交通改善、城乡发展等地方规划，充分发挥水利工程综合效益，实现工程效益、环境效益和社会效益多赢。工程设计中，根据流域和区域不同水文条件和径流特点，科学确定河道治理形式。采取加固堤防、疏浚河道等措施，增强防汛抗旱、水源保障、生态修复能力。充分利用河道周边人文历史及区位优势，使河流、城市道路、建筑、景观有机结合，建设沿河步道、亲水平台等，为居民通行、健身与休闲提供空间。工程建设中，加强水利工程绿化美化，加大水土保持措施力度，工程措施与生物措施相结合，因地制宜选择治理措施。推广使用天然材料以及生态复合材料，施工中减少对河道的生态扰动，河道工程采用绞吸式挖泥船进行生态清淤，维护河流系统。

胡仕源等于2022年在分析浙江省水安全保障能力提升、水生态环境改善、美丽河湖建设初具规模的基础上，提出全省范围内幸福河湖建设的总体思路，主要是以钱塘江、瓯江、运河等八大流域的干流及分水江、浦阳江等重要支流作为主要脉络，构建“点上出彩、线上成景、面上生花”的幸福河网蓝图。以湖泊水系、非饮用水水源水库、河湖型水利风景区、三江口汇流区等具备较好产业发展潜力的滨水空间为重点，营造功能多样、亲水便捷的关键节点。以八大水系的干流以及城市水系格局为基础，打造重要江河生态廊道；全方位覆盖城乡区域，全面提升重点乡镇的防洪能力。实施农村水系综合整治工程，恢复农村河湖基本功能、修复河道空间形态、提升河湖水环境质量。

福建省幸福河湖促进会是由福建省内从事河湖领域的管理者、研究者和实践者自愿结成的非营利性社会团体，包括会员单位和个人，由研究咨询、保护管理、调查评价、治理建设单位和相关专家组成。促进会架设了政府与社会之间沟通的桥梁，形成了职能部门、科研院校、企事业单位合作的纽带，搭建起全社会共建“幸福河湖”的舞台，推动形成人水和谐“幸福河湖”的“福建方案”。福建省幸福河湖典型案例是由中水北方公司设计并建设的“漳州市九十九湾连通水系幸福河湖建设工程”，工程于2022年竣工，2023年通过了相关部门的验收，工程取得非常好的社会效益和环境效益，在后面章节中将较为详细地介绍这一幸福河建设工程的成功案例。

根据第一次水利普查，我国已建大中小型水库工程9.8万余座，大中小水电站4.6万余座，过闸流量大于1.0 m^3/s的水闸2.6万余座，堤防总长41.3万余km，灌溉面积50亩（1亩=1/15 hm^2，全书同）及以上灌区206.5万余处，灌溉面积8.45亿亩。这些已建工程绝大部分建设年代在20世纪80年代之前。由于水利水电工程淹没、阻隔和径流调节的影响，这些工程对河流湖泊生态环境产生了深远的影响。新时代幸福河建设一定要考虑这些建设年代较早的工程的生态影响，要对其进行生态化改造。

温春云等2023年在分析江西省水利工程现状基础上，针对幸福河湖背景下水利工程生态化改造问题，提出了完整的构想。总体原则和要求是，将生态理念融入中小河流治理中，大力推进水利工程生态化改造。在有效保障防洪安全、供水安全等基础上，持续提升河湖水生态健康和改善水环境。在全省范围内对开展农村小水电生态化改造、水库水环境整治、灌区生态化改造、河道整治工程生态化改造等。在生态化改造设计中，应清退被束窄的河道，还河流生态空间；保护河道蜿蜒、急流缓流相间的天然形态；增加生态流量泄放设施和在线监测，采用生态型护坡护岸形式；将城区段直立式防洪墙改造为游步道、拆除沿岸侵占河道岸线的违规建筑、将原有的单一型岸线改造为复合式、宽浅式断面形式等。

2.1.2.2　全国幸福河建设实践

早在 2019 年水利部办公厅就颁发了《水利部办公厅关于开展示范河湖建设的通知》，对首批 15 条河 2 个湖泊幸福河湖建设提出了技术要求。随后开展了江苏、浙江、福建、安徽、江西、广东和重庆 7 个省(市)试点建设。对幸福河湖建设试点省(市)的工作，按照已经开展的工作、幸福河湖建设中的具体举措和下一步工作计划进行梳理，结果见表2.1-1。由表 2.1-1 可见，目前全国尚未形成统一的幸福河湖建设的技术标准体系，7 个省(市)中有 3 个省没有技术规范，且文化不是每个省的必有要素。幸福河湖建设正在融合文旅、交通、水利、环保、国土、城乡建设等部门的不同需求，幸福河湖建设工程是一项全新的综合治理工程。安徽省颁布了《幸福河湖评价导则》，评价指标涵盖洪水有效防御、供水安全可靠、水生态健康、水环境良好、水文化传承、社会共建共享及河湖特色等 7 项一级指标及 20 项二级指标。

表 2.1-1　幸福河湖建设试点省(市)工作经验汇总

省(市)	已经开展的工作	幸福河湖建设中的具体举措	下一步工作计划
江苏	(1)制定了《关于推进全省幸福河湖建设的指导意见》； (2)各设区市均制定出台了幸福河湖建设规划和实施方案	(1)分级分类建设，要文昌人和：骨干河道——河安湖晏，城市河湖——水清岸绿，农村河湖——鱼翔浅底，跨界河湖统一标准； (2)奖补资金、建设基金、专项债券等多渠道筹集	制定《幸福河湖评价规范》(DB32/T 4637—2024)，编制幸福河湖建设实施方案，滚动修编“一河一策”行动计划
浙江	(1)基本形成“一溪一风景、一河一风情、一江一风光”的水美格局； (2)编制了《浙江省全域建设幸福河湖行动计划(2023—2027)》	(1)出台建设标准、评估办法和考核激励机制； (2)以水为基带农促富、以水为媒生态共富、以水为脉兴旅致富	实施安全、健康、宜居、富民、智慧五大行动，建设“八带百廊千明珠万里道”
安徽	(1)印发实施省级幸福河湖建设三年行动计划，公布省级幸福河湖名单； (2)“十四五”期间将建成 300 条幸福河湖	(1)印发《幸福河湖评价导则》； (2)以城市河道系统治理、采煤塌陷区综合整治、山区河流与红色文化相结合，以乡镇为单元打造幸福河湖	全力实施《安徽省级幸福河湖建设三年行动计划(2022 ~ 2024年)》
福建	(1)将污水治理、水质提升、河道景观改造等结合，各部门联合开展幸福河湖建设； (2)完成了漳州九十九湾全国首批幸福河湖建设项目	(1)提出了“安全河湖、健康河湖、生态河湖、美丽河湖、和谐河湖”5 个一级指标、10 个二级指标、21 个三级指标； (2)对全省 179 条河(库)开展了河湖幸福评价工作	出台《幸福河湖评价导则》(DB35/T 2113—2023)地方标准

续表 2.1-1

省(市)	已经开展的工作	幸福河湖建设中的具体举措	下一步工作计划
江西	印发《江西省幸福河湖实施规划或实施方案编制大纲(试行)》,全省共确定108条(段)河流开展幸福河湖建设,计划总投资约667亿元	(1)开展幸福河湖评价指标体系研究; (2)河道综合整治、河湖空间带修复、生态廊道建设、数字孪生流域建设、水文化挖掘与保护以及提升流域生态产品价值,推动“幸福河湖+全域旅游”融合发展	打造特色鲜明的幸福河湖江西品牌,对幸福河湖建设进行奖补
广东	出台了总体规划、政策措施、设计技术指南、建设评价标准、安全标准、运行管护指导意见。高质量建设万里碧道	(1)高起点规划、高标准设计、高质量建设、突出岭南特色; (2)打造“小而全、小而精、小而美、小而富”独特气质的河流	编制幸福河湖建设评价标准,推进河湖综合治理,综合水上运动、内河游轮、文旅休闲、优质水开发等
重庆	(1)出台了《示范河流建设工作方案》; (2)制定38项建设标准,已开展25条示范河流建设	编制了《临江河幸福河湖建设水平评价办法》等	全面启动全市幸福河湖建设

2022年,水利部办公厅印发《关于开展幸福河湖建设的通知》(办河湖〔2022〕114号),在全国遴选6条河流、1个湖泊,以“防洪保安全、优质水资源、健康水生态、宜居水环境、先进水文化”为目标,实施幸福河湖项目建设,既有山区型河流,又有平原河网区河流;既有城区段河湖,又有流经城市和农村地区的河流,各具特色和典型代表性,对探索在不同类型河湖开展幸福河湖建设具有积极意义,目前7条河湖已基本完成建设任务。2023年,水利部河长办印发了《幸福河湖建设成效评估工作方案(试行)》,从安澜、生态、宜居、智慧、文化、发展、公众满意等7个方面构建了幸福河湖建设成效评估指标体系。

2021—2023年,水利部淮河水利委员会与河南、湖北、安徽、江苏、山东等五省河长办沟通协商,连续3年共同选定70个基础条件好、具有典型性的河湖开展淮河流域幸福河湖建设,进一步深化了对幸福河湖的认识,突出重点河段(湖片)、整条河(湖)、流域委直管河湖3种建设类型,深入探索、优化幸福河湖建设方式及内容。长江流域、珠江流域、海河流域、太湖流域、松花江辽河流域相继提出各自流域幸福河湖建设的要求。

全国已有20多个省(区)正在探索开展幸福河湖建设工作,其中江苏、山东、广西、甘肃、海南已经建成了一批幸福河湖。但是各省市对幸福河湖的理解和推进差别很大,推进理念也大有不同。河北、江苏、安徽、山东、湖南、广西、海南、甘肃、新疆等省级河长办已经颁布幸福河湖评价办法或验收指南。福建以省级地方标准形式出台了《幸福河湖评价导则》(DB35/T 2113—2023);江苏明确了幸福河湖建设评价部分指标可直接采用已有的河湖健康评价成果,实现了评价标准与参数的统一。市县层面,四川省成都市,江苏省南京市、常州市、泰州市,浙江省杭州市、湖州市南浔区等地均发布了幸福河湖评价方法或地方标准规范，江苏省南京市、浙江省湖州市南浔区等地还发布了幸福河湖建设规范或技术指南。

综合分析我国幸福河研究和建设实践过程可以看出，各地幸福河湖建设多以工程手段开展河湖治理，侧重点多为防洪安全达标和水环境治理，河湖生态系统保护修复的理念不强，缺乏系统的理论指导。

2.1.2.3　**水文化建设方面**

针对幸福河湖建设中水文化建设这一难点问题，回晓莹和颜文珠于 2023 年提出了基于水文化视角的幸福河湖建设思路。文化之河的建设是以河流为载体，围绕“水清、水畅、水美、宜居”的目标，基于河流历史演变形成的天然水网及多年水利建设形成的人工水网，以涉河及沿岸水文化挖掘、保护、传承、弘扬与利用为主线，以水文化与防洪、供水、水生态、水产业的融合为延伸，提出主要措施与重大工程，为打造幸福河湖提供强有力的文化支撑与保障。围绕河湖的多种功能，开展沿河水文化遗产普查及河道演变溯源，厘清河湖历史；建设水文化展示平台，创作水文化艺术作品，继承水文化精神，讲好河湖故事；开发沿河文化旅游路线，建设文化主题三产节点，创建文化内涵水利风景区。基于水文化视角的幸福河湖建设归纳起来就是，水利遗产普查、沿河水文化遗产挖掘、河流历史演变溯源、水文化工程建设（水文化展示平台、水文化艺术作品）、构建水文化产业格局。

值得注意的是，令人感到或产生幸福感的河流，属于人类精神的需求。这个群体包括沿岸和流域居民，同时也应包括外来的旅游者，也就是说幸福河应让当地人感到幸福，同时也让旅游者感到幸福。为此，需要关注旅游者幸福感方面的研究现状。

旅游者幸福感是个体在旅游过程中体验到的，是旅游者情感、体能、智力、精神达到某个特定水平而产生的美好感觉，以及由此形成的深度认知。旅游者幸福感可以看作是主观幸福感在旅游情境中的一种具体化表达。其中，游程中的情感体验最为丰富，包含好奇、美好、快意等。旅游者通过看、听、想等感知途径，增强对河湖的认知与了解。对于跟自身惯常环境差异的河湖，旅游者感到好奇，同时，面对美景与休闲活动，旅游者能够放松身心，体会到快乐与舒适。

张书颖等于 2018 年分析总结了生态旅游的研究进展，孙琨等于 2023 年以钱江源国家公园为例，探讨了生态旅游中实现游客幸福感的主客体契合模式。

生态旅游是一种将环境保护、社区参与和可持续发展相融合的旅游形式。生态旅游注重生态保护和为当地居民创造福祉。生态旅游是使游客在自然或仿自然区域开展负责任的、可持续的、有益于自然及人文环境保护及当地社区的旅游活动。生态旅游有其自身特点，更强调生态环境价值和资源可持续利用，要求维持生态系统平衡，促进生态环境良性循环，需要更为突出旅游资源的原生性、稀缺性和环境要素质量，注重旅游资源的生态价值、科学价值。由生态旅游景观和环境构成的一种特殊旅游资源类型。在生态旅游中，景观综合体、水域景观、建筑与设施、生物景观、生态环境最为重要。

由于河湖春夏秋冬四季明显的动态变化，河流文化在旅游者幸福感中具有特殊作用。幸福河建设中应高度重视河湖生态旅游资源的保护、开发和建设，给生态旅游资源赋予更丰富的水文化内涵。

吕娟 2019 年在分析水文化理论研究进展的基础上，提出了水文化的概念、水文化的结构和中国水文化分区。水文化的概念可以概括为特定时期、特定地域的人或人群认识水、对待水、利用水、治理水、管理水的共同思想意识或行为方式，行为方式包括人或人群与水有关的生活方式和生产方式。其中，治水过程产生的文化即水利文化，是水文化的主体。水文化现象或水文化成果具有重要历史、艺术和科学价值的，可称为水文化遗产。思想意识类水文化现象或水文化成果可称为非物质水文化遗产，物质类水文化成果可称为物质水文化遗产。水文化的构成要素包括人或人群、水、时间、空间。水文化可分为意识形态类水文化（亦称精神类水文化）、行为规范类水文化（亦称制度类水文化）和物质形态类水文化（亦称物质类水文化）。水文化的结构由内核到外延可分为精神类水文化、制度类水文化、物质类水文化 3 个层次。水文化具有存史记录、认知提高、传承传播、资治教化、凝聚人心、维护秩序等 6 项功能。吕娟认为，中国水资源一级区与中国水文化地理分区具有较好的对应关系，17 个中国文化地理分区就是 17 个水文化区，反映了松花江、辽河、海河、淮河、黄河、长江、珠江、太湖等河湖流域在同一流域文化上的相似性、完整性和整体性，同时反映了不同流域、上下游文化上的差异性。所谓“一方水土养一方人”就是中国水文化分区的基础。

2.2 项目组已有相关研究成果

近年来，中水北方公司和中国水科院围绕着河流健康和幸福河建设开展了一系列研究和工程实践。其中，中国水科院在河流健康评估方面取得了较为丰富的成果，并参与编制《河流健康评价指南（试行）》，2022 年中国水科院编制了《中国河湖幸福指数报告2020》，在幸福河建设方面积累了丰富的工程经验。本节对中水北方公司和中国水科院针对幸福河的研究与实践成果进行简要介绍。

2.2.1 河湖健康评估指南

河湖健康评价实行综合评价，以反映河湖健康总体状况，也可进行单项评价，反映河湖某一方面的健康水平成果。

河流健康评价可以整条河流为评价单元，也可以各级河长负责的河段为评价单元；湖泊健康评价原则上以整个湖泊为评价单元，可以通过分区评价后，综合得出湖泊的整体评价结果。

河湖健康评价应根据河湖特征，确定评价指标及指标权重分配方案。

河湖健康评价应根据确定的评价指标，收集相关基础资料，并对资料进行复核。当基础资料不满足河湖健康评价要求时，应通过专项调查或专项监测予以补齐。河湖健康评价应以行业历史数据资料和专项调查监测数据为依据，对河湖健康进行综合评价，提出河湖健康存在的问题和治理修复建议。

评价指标体系分目标层、准则层和指标层，河湖评价指标体系见表 2.2-1 和表 2.2-2。

表 2.2-1　河流评价指标体系

目标层	准则层		指标层	指标类型
河流健康	“盆”		河流纵向连通指数	备选指标
			岸线自然状况	必选指标
			河岸带宽度指数	备选指标
			违规开发利用水域岸线程度	必选指标
	“水”	水量	生态流量/水位满足程度	必选指标
			流量过程变异程度	备选指标
		水质	水质优劣程度	必选指标
			底泥污染状况	备选指标
			水体自净能力	必选指标
	生物		大型底栖无脊椎动物生物完整性指数	备选指标
			鱼类保有指数	必选指标
			水鸟状况	备选指标
			水生植物群落状况	备选指标
	社会服务功能		防洪达标率	备选指标
			供水水量保证程度	备选指标
			河流集中式饮用水水源地水质达标率	备选指标
			岸线利用管理指数	备选指标
			通航保证率	备选指标
			公众满意度	必选指标

表 2.2-2　湖泊评价指标体系

目标层	准则层		指标层	指标类型
湖泊健康	“盆”		湖泊连通指数	备选指标
			湖泊面积萎缩比例	必选指标
			岸线自然状况	必选指标
			违规开发利用水域岸线程度	必选指标
	“水”	水量	最低生态水位满足程度	必选指标
			入湖流量变异程度	备选指标
		水质	水质优劣程度	必选指标
			湖泊营养状态	必选指标
			底泥污染状况	备选指标
			水体自净能力	必选指标
	生物		大型底栖无脊椎动物生物完整性指数	备选指标
			鱼类保有指数	必选指标
			水鸟状况	备选指标
			浮游植物密度	必选指标
			大型水生植物覆盖度	备选指标
	社会服务功能		防洪达标率	备选指标
			供水水量保证程度	备选指标
			湖泊集中式饮用水水源地水质达标率	备选指标
			岸线利用管理指数	备选指标
			公众满意度	必选指标

根据综合评价结果,河湖健康分为五类:一类河湖(非常健康)、二类河湖(健康)、三类河湖(亚健康)、四类河湖(不健康)、五类河湖(劣态)。河湖健康分类根据评估指标综合赋分确定,采用百分制,河湖健康分类、状态、赋分范围、颜色和 RGB 色值说明。

2.2.2 《中国河湖幸福指数报告 2020》成果

中国水利水电科学研究院于 2021 年出版了《中国河湖幸福指数报告 2020》(简称“水科院报告”)。水科院报告对“幸福河湖”概念给出一种定义,界定了幸福河湖的内涵,提出了幸福河评价的三级指标体系,建立了各级各类指标和综合指数的计算公式,同时给出综合指数的分级标准,并以 10 个水资源一级区为单元计算了 2019 年全国河湖幸福指数,进行了评价。

水科院报告对“幸福河湖”的定义为:能够维持河流湖泊自身健康,支撑流域和区域经济社会高质量发展,体现人水和谐,让流域内人民具有高度安全感、获得感与满意度的河流湖泊。幸福河湖就是永宁水安澜、优质水资源、宜居水环境、健康水生态、先进水文化相统一的河湖,是安澜之河、富民之河、宜居之河、生态之河、文化之河的集合与统称。同时提出河湖幸福指数 RHI(River Happiness index)的定义,是指综合反映河流及湖泊保持自身良好状态满足人类需求或提供服务的能力与水平的指数。

水科院报告提出了水安澜保障度、水资源支撑度、水环境宜居度、水生态健康度和水文化繁荣度共 5 个一级指标;对应 5 个一级指标,提出了 20 个二级指标;在 20 个二级指标中有 8 个又对应提出 18 个三级指标,水科院报告提出的河湖幸福指标体系见表 2.2-3。

表 2.2-3　河湖幸福指标体系

一级指标	二级指标	三级指标
水安澜保障度	1.洪涝灾害人员死亡率	
	2.洪涝灾害经济损失率	
	3.防洪工程达标率	堤防防洪标准达标率
		水库防洪标准达标率
		蓄滞洪区防洪标准达标率
	4.洪涝灾后恢复能力	
水资源支撑度	5.人均水资源占有量	
	6.用水保障率	城乡供水普及率
		实际灌溉面积比例
	7.水资源支撑高质量发展能力	水资源开发利用率
		单方水国内生产总值产出量
	8.居民生活幸福指数	人均国内生产总值
		恩格尔系数
		平均预期寿命

续表 2.2-3

一级指标	二级指标	三级指标
水环境宜居度	9.河湖水质指数	河流水质指数
		湖库富营养化比例
	10.地表水集中式饮用水水源地合格率	
	11.地下水资源保护指数	
	12.城乡居民亲水指数	
水生态健康度	13.重要河湖生态流量达标率	
	14.河湖自然生境保留率	水域面积保留率
		河流纵向连通性指数
	15.水生生物完整性指数	
	16.水土保持率	
水文化繁荣度	17.历史水文化保护传承指数	历史水文化遗产保护指数
		历史水文化传播力
	18.现代水文化创造创新指数	
	19.水景观影响力指数	
	20.公众水治理认知参与度	公众水意识普及率
		公众水治理参与度

水科院报告提出河湖幸福的分级标准见表 2.2-4。河湖幸福分为很幸福、幸福、一般和不幸福 4 级，对应幸福指数 95 分、85 分和 60 分 3 个阈值。

表 2.2-4　河湖幸福指数分级标准

河湖幸福指数 RHI	等级
RHI≥95	很幸福
85≤RHI<95	幸福
60≤RHI<85	一般
RHI<60	不幸福

水科院报告完整地阐述了幸福河理论、方法和技术，是一套完整的技术体系，对于促进全国幸福河湖研究起到了一定的引领作用，具有一定的理论指导意义。但有关河湖幸福技术体系仍存在一些不足，如指标层次多、数量多，部分指标之间不独立；综合指数的加权求和需要给定两层权重，有较大的人为性。此外，一些指标有较强的时效性，不能反映现今的实际状况，如洪涝灾害人员的死亡率和经济损失率。

第 3 章　幸福河评价指标体系及标准

3.1　幸福河评价指标体系

3.1.1　指标遴选原则

（1）公众关切原则。

坚持以人为本、以人民为中心作为幸福河指标体系构建的出发点和落脚点，遵循幸福的心理学和社会学基本原理，体现人对河湖的安全感、获得感、愉悦感等不同层次的精神需求。

（2）普适兼容原则。

指标体系适用于不同流域、不同类型、不同规模河湖的评价，能兼容不同区域河湖的基础条件以及所面临问题的差异性，从个性中确定幸福的共性度量标准。

（3）突出重点原则。

评价是为了满足人民对美好生活的向往、改进现实中人民对河湖感觉不幸福的影响因素，评价指标要突出人的幸福基础保障与影响精神愉悦要素的刻画，反映出提升人民幸福感的治水方向与工作重点。

（4）现实可行原则。

幸福是一种心理体验，但也离不开一定的物理基础，因此指标选取采取主观指标与客观指标相结合，过程中切实考虑指标的可测性与信息的获取性，以及评价结果的纵横向比较与实践运用。

3.1.2　指标体系组成

3.1.2.1　水安澜保障度

随着中国特色社会主义进入新时代，水灾害防控也面临新的形势，人民群众对美好生活的需求要求水灾害防控不仅能最大限度地降低生命财产损失，同时正常生活秩序也能够不受或少受影响。目前，我国大江大河基本可以防御新中国成立以来发生的最大洪水，但对标“江河安澜、人民安宁”的愿景，在历史最大洪水防御、风暴潮洪水防御、中小河流防洪及山洪灾害防治、城市排涝等方面还存在诸多短板。为此，选择洪涝灾害人员死亡率、洪涝灾害经济损失率、防洪工程达标率、洪涝灾后恢复能力表征水安澜保障度。防洪工程达标率进一步细化为堤防、水库与蓄滞洪区防洪标准达标率。

3.1.2.2　水资源支撑度

用水有保证、生存发展不受或少受水资源制约是优质水资源的应有之义，指标也应从这两方面进行选取。近年来，我国水利对经济社会可持续发展的支撑能力不断增强，正常年份经济社会用水可以得到保障，农村饮水问题基本解决。但是，对标“供水可靠、生活富裕”的愿景，我国水资源空间配置还不均衡，中西部等经济欠发达地区与广大农村地区工程体系不健全、供水能力不足、经济社会发展受水制约等问题依然突出。为此，选择人均水资源占有量、用水保障率表征水资源条件与用水保障程度；选择水资源支撑高质量发展能力、居民生活幸福指数表征发展和幸福生活受水资源制约的程度。用水保障率进一步细化为城乡供水普及率和实际灌溉面积比例三级指标。水资源支撑高质量发展能力采用水资源开发利用率、单方水国内生产总值产出量表示。居民生活幸福指数选用人均国内生产总值、恩格尔系数、平均预期寿命等国际通用指标。

3.1.2.3　水环境宜居度

近年来，我国大江大河水质出现好转，但是，对标“水清岸绿、宜居宜赏”的愿景，部分支流水污染严重、水质不达标仍是建设幸福河的最大挑战，突出表现在支流水环境质量差、优质水比例低，以及湖泊富营养化、地下水超采与污染、人水阻隔等。为此，选择河湖水质指数、地表水集中式饮用水水源地合格率、地下水资源保护指数、城乡居民亲水指数表征水环境宜居度。河湖水质指数细分为河流水质指数、湖库富营养化比例等指标。

3.1.2.4　水生态健康度

近年来，特别是河湖长制实行以后，江河湖泊实现了从“没人管”到“有人管”，有的河湖还实现了从“管不住”到“管得好”的重大转变，有些河湖水生态恢复保护成效非常明显。但是，对标“鱼翔浅底，万物共生”的愿景，河湖萎缩、湿地退化、生物多样性下降等仍是短板。为此，选择重要河湖生态流量达标率、河湖自然生境保留率、水生生物完整性指数、水土保持率表征水生态健康度。河湖自然生境保留率细分为水域面积保留率、河流纵向连通性指数两个指标。

3.1.2.5　水文化繁荣度

近年来，我国水文化建设取得了丰硕成果，但对标“大河文明、精神家园”的愿景，大河文化感召力与吸引力发挥不足，传统水文化挖掘、宣传、传承不够，现代水文化建设培育不够。为此，选择历史水文化保护传承指数、现代水文化创造创新指数、水景观影响力指数、公众水治理认知参与度表征水文化繁荣度。历史水文化保护传承指数细分为历史水文化遗产保护指数、历史水文化传播力等指标。公众水治理认知参与度细分为公众水意识普及率、公众水治理参与度。

综上，水安澜、水资源、水环境、水生态、水文化 5 个维度指标细化为 20 个二级指标、18 个三级指标。

3.2　幸福河评价标准

3.2.1　河湖幸福指数计算方法

$$\mathrm{RHI} = \sum_{i=1}^{5} F_i W_i^f$$

$$F_i = \sum_{j=1}^{4} S_{i,j} W_{i,j}^s$$

$$S_{i,j} = \sum_{k=1}^{K} T_{i,j,k} W^t_{i,j,k}$$

式中：RHI 为河湖幸福指数；F_i 为第 i 个一级指标得分，i 为一级指标下标，从 1 到 5，分别表示水安澜保障度、水资源支撑度、水环境宜居度、水生态健康度、水文化繁荣度；W^f_i 为第 i 个一级指标权重；$S_{i,j}$为第 i 个一级指标中第 j 个二级指标得分，j 为二级指标下标，从 1 到 4；$W^s_{i,j}$为第 i 个一级指标中第 j 个二级指标权重；$T_{i,j,k}$为第 i 个一级指标中第 j 个二级指标的第 k 个三级指标得分，k 为三级指标下标，从 1 到 K；$W^t_{i,j,k}$为第 i 个一级指标中第 j 个二级指标的第 k 个三级指标权重。

综合考虑江河流域特点、社会经济状况、人民群众意见来确定权重。人民群众什么方面感觉不幸福、不快乐、不满意，这方面指标权重就大点，其他指标权重就小点，最终采用专家经验评分法确定各指标权重。一级指标权重如表 3.2-1 所示，二级指标权重如表 3.2-2 所示。

表 3.2-1　河湖幸福指数一级指标权重

一级指标	权重
水安澜保障度 FCC	0.25
水资源支撑度 WRR	0.25
水环境宜居度 WEL	0.20
水生态健康度 AEH	0.20
水文化繁荣度 WCP	0.10

表 3.2-2　河湖幸福指数二级指标权重

一级指标	二级指标	权重
水安澜保障度 FCC	1.洪涝灾害人员死亡率 FMR	0.30
	2.洪涝灾害经济损失率 ELR	0.30
	3.防洪工程达标率 RWA	0.30
	4.洪涝灾后恢复能力 DRC	0.10
水资源支撑度 WRR	5.人均水资源占有量 AWP	0.20
	6.用水保障率 WSR	0.30
	7.水资源支撑高质量发展能力 CSD	0.25
	8.居民生活幸福指数 LSI	0.25
水环境宜居度 WEL	9.河湖水质指数 WQI	0.30
	10.地表水集中式饮用水水源地合格率 QDS	0.30
	11.地下水资源保护指数 GPI	0.20
	12.城乡居民亲水指数 WEI	0.20
水生态健康度 AEH	13.重要河湖生态流量达标率 REF	0.30
	14.河湖自然生境保留率 NHR	0.25
	15.水生生物完整性指数 IBI	0.20
	16.水土保持率 SWC	0.25
水文化繁荣度 WCP	17.历史水文化保护传承指数 CPI	0.25
	18.现代水文化创造创新指数 MCI	0.25
	19.水景观影响力指数 WLI	0.25
	20.公众水治理认知参与度 PAE	0.25

3.2.2　河湖幸福状况分级标准

借鉴《世界幸福报告》及国民幸福划分标准，RHI 从 0 到 100 分为 4 个等级（见表 3.2-3），各评价指标得分从 0 到 100 分为 4 个等级（见表 3.2-4）。

表 3.2-3　河湖幸福指数分级标准

河湖幸福指数 RHI	等级		
RHI≥95	很幸福		
85≤RHI<95	幸福		
60≤RHI<85	一般	80≤RHI<85	一般偏上
		70≤RHI<80	一般
		60≤RHI<70	一般偏下
RHI<60	不幸福		

表 3.2-4　河湖幸福评价指标分级标准

指标赋分值 V^*	等级		
$V^*\geq 95$	优秀		
$85\leq V^*<95$	良好		
$60\leq V^*<85$	一般	$80\leq V^*<85$	一般偏上
		$70\leq V^*<80$	一般
		$60\leq V^*<70$	一般偏下
$V^*<60$	差	$30\leq V^*<60$	较差
		$V^*<30$	很差

3.2.3　河湖幸福指数指标计算方法

河湖幸福指数 RHI 由水安澜保障度、水资源支撑度、水环境宜居度、水生态健康度和水文化繁荣度 5 个一级指标组成，权重分别为 0.25、0.25、0.20、0.20 和 0.10。

3.2.3.1　**水安澜保障度** FCC（Flood Control Capacity）

水安澜保障度是一级指标，包括洪涝灾害人员死亡率、洪涝灾害经济损失率、防洪工程达标率和洪涝灾后恢复能力 4 个二级指标，权重分别为 0.30、0.30、0.30 和 0.10。

1.指标 1：洪涝灾害人员死亡率 FMR（Flood-induced Mortality Rate）

（1）概念。指流域内因洪涝灾害死亡和失踪人口数占总人口数的比例。

（2）指标值计算方法。FMR_0 为流域范围内近 5 年各年度洪涝灾害人员死亡率平均数。

其中

年度洪涝灾害人员死亡率＝当年洪涝灾害死亡失踪总人口数（人）/流域范围内当年

总人口数(百万人)

(3)指标赋分方法。近 5 年无死亡失踪人口,即 $FMR_0 = 0$, $FMR = 100$; 近 5 年, $FMR_0 \geq 5$人/百万人, $FMR = 0$;其他情况按线性插值赋分。

(4)资料来源。流域管理机构提供的资料,近 5 年《中国水旱灾害公报》《中国水旱灾害防御公报》,各流域综合规划等。

(5)指标计算详细说明。参考部分发达国家近年洪涝灾害人员死亡率水平确定赋分标准。采用各流域机构提供的各年度死亡失踪人口数和流域总人口数,近 5 年《中国水旱灾害公报》《中国水旱灾害防御公报》,各流域综合规划资料数据等。

2.指标 2:洪涝灾害经济损失率 ELR(Economic Loss Rate)

(1)概念。指因洪涝灾害直接经济损失占同期该地区生产总值的比例。

(2)指标值计算方法。ELR_0 为流域范围内近 5 年各年度洪涝灾害经济损失率平均数。

其中

年度洪涝灾害经济损失率=当年因洪涝灾害直接经济损失(万元)/流域范围内当年生产总值(万元)×100%

(3)指标赋分方法。近 5 年无经济损失,即 $ELR_0 = 0$, $ELR = 100$;近 5 年, $ELR_0 \geq 1.5\%$, $ELR = 0$;其他情况按线性插值赋分。

(4)资料来源。流域管理机构提供的资料,近 5 年《中国水旱灾害公报》《中国水旱灾害防御公报》,各流域综合规划等。

(5)指标计算详细说明。参考部分发达国家近年洪涝灾害经济损失率水平确定赋分标准。采用流域管理机构提供的各年度因洪涝灾害造成的直接经济损失和流域生产总值,近 5 年《中国水旱灾害公报》《中国水旱灾害防御公报》,各流域综合规划资料数据等。

3.指标 3:防洪工程达标率 RWA(Rate of Flood Control Works with Accepted Capacity)

防洪工程达标率是二级指标,指流域防洪工程达到规划防洪标准的比例,采用堤防防洪标准达标率、水库防洪标准达标率和蓄滞洪区防洪标准达标率 3 个三级指标综合评定,权重分别为 0.40、0.40、0.20。

1)堤防防洪标准达标率 RAD(Rate of Accepted Dikes)

(1)概念。指流域干流防洪堤防达到相关规划要求防洪标准的长度占规划干流堤防总长度的比例。

(2)指标值计算方法。

$$RAD_0 = \text{达标堤段长度(km)}/\text{规划堤防总长度(km)} \times 100\%$$

(3)指标赋分方法。

$$RAD = RAD_0 \times 100$$

(4)资料来源。流域管理机构提供的资料、公开文献资料等。

(5)指标计算详细说明。松花江区、辽河区、海河区、黄河区、珠江区和西北诸河区采用流域管理机构提供资料,其他流域采用课题组已掌握资料。

2)水库防洪标准达标率 RAR(Rate of Accepted Reservoirs)

(1)概念。指流域具有防洪功能的可按照设计正常发挥防洪作用的水库座数占规划水库总数的比例。

(2)指标值计算方法。

RAR_0=可按照设计正常发挥防洪作用的水库座数/规划具有防洪功能的水库总数×100%

其中,水库按照大中型和小型水库分别计算,其权重分别为0.60和0.40。

(3)指标赋分方法。

$$RAR=RAR_0\times100$$

(4)资料来源。流域管理机构提供的资料、水利部公布的全国小型病险水库除险加固工程进展通报数据、公开文献资料等。

(5)指标计算详细说明。松花江区、辽河区、海河区、珠江区采用流域管理机构提供的数据,其他流域采用课题组已掌握的资料、水利部公布的全国小型病险水库除险加固工程进展通报数据。

3)蓄滞洪区防洪标准达标率RAB(Rate of Accepted Flood Detention Basins)

(1)概念。指依据防洪规划可正常发挥行蓄滞洪作用的蓄滞洪区数量占流域规划蓄滞洪区总数的比例,主要统计流域内国家蓄滞洪区的情况。

(2)指标值计算方法。

RAB_0=可正常发挥行蓄滞洪作用的蓄滞洪区数量/规划蓄滞洪区总数×100%

(3)指标赋分方法。

$$RAB=RAB_0\times100$$

(4)资料来源。流域管理机构提供的资料,课题组调查获取的蓄滞洪区资料,公开文献资料。

(5)指标计算详细说明。松花江区、海河区、淮河区、珠江区采用流域管理机构提供的数据计算,黄河区和长江区采用课题组调查获取的数据。

4.指标4:洪涝灾后恢复能力DRC(Post-Disaster Recovery Capability)

(1)概念。指发生洪涝灾害后经抢险救援和灾后恢复行动使受影响区域人民生产生活恢复到有序状态的能力。洪涝灾后恢复能力根据流域经济实力、发展水平、抢险救援能力、灾后恢复行动力4项参数综合评估确定。

(2)指标值计算方法。采用专家经验评分法对流域经济实力、发展水平、抢险救援能力、灾后恢复行动力4项参数进行评价。

(3)指标赋分方法。4项参数总分均为100分,依据专家经验评分法赋分,并采用加权平均法计算洪涝灾后恢复能力得分,4项参数权重分别为0.30、0.20、0.25和0.25。

(4)资料来源。流域管理机构提供的资料、各省国民经济和社会发展统计公报。

(5)指标计算详细说明。结合各流域管理机构提供的洪涝灾害数据和灾后恢复资料、社会经济统计数据等,采用专家经验评分法对各流域指标进行综合赋分。

3.2.3.2 水资源支撑度WRR(Water Resources Reliability)

水资源支撑度是一级指标,包括人均水资源占有量、用水保障率、水资源支撑高质量发展能力和居民生活幸福指数4个二级指标,权重分别为0.20、0.30、0.25和0.25。

1.指标5:人均水资源占有量AWP(Available Water Volume Per Capita)

(1)概念。指流域内人口平均占有的水资源量。

(2)指标值计算方法。

$$AWP_0=\text{流域水资源总量}/\text{流域总人口}$$

其中

$$\text{流域水资源总量}=\text{评价年水资源总量}\times0.5+\text{多年平均水资源总量}\times0.5$$

(3)指标赋分方法。按照人均水资源占有量赋分标准表(见表3.2-5)对AWP进行赋分。

表3.2-5　人均水资源占有量赋分标准

人均资源占有量/m³	10 000	1 700	1 000	500	0
AWP	100	80	60	40	0

(4)资料来源。《中国水资源公报2019》和《全国水资源综合规划》。

(5)指标计算详细说明。多年平均水资源总量采用全国第二次水资源调查评价数据。人均水资源占有量指当地自产水资源量。太湖流域人均当地自产水资源量仅为3 283 m³,但过境水资源十分丰富,用人均当地自产水资源量不能充分反映流域水资源条件。考虑太湖流域是长江区的组成部分,人均水资源占有量采用长江区数据。

2.指标6:用水保障率WSR(Water Supply Reliability)

用水保障率是二级指标,包括城乡供水普及率和实际灌溉面积比例2个三级指标,权重分别为0.57和0.43。

1)城乡供水普及率WSC(Water Supply Coverage)

(1)概念。指流域内使用自来水的人口数占总人口数的百分比。

(2)指标值计算方法。

$$WSC_0=(\text{城市供水普及率}\times\text{城市人口}+\text{县城供水普及率}\times\text{县城人口}+\text{建制镇供水普及率}\times\text{建制镇人口}+\text{农村自来水普及率}\times\text{农村人口})/\text{流域总人口}\times100\%$$

(3)指标赋分方法。

$$WSC=WSC_0\times100$$

(4)资料来源。《中国城乡建设统计年鉴2018》和《中国水资源公报2019》。

(5)指标计算详细说明。城市、县城、建制镇供水普及率采用《中国城乡建设统计年鉴2018》有关数据;城市、县城、建制镇人口(含暂住人口)按城镇总人口乘以相应比例确定,城镇总人口采用《中国水资源公报2019》数据,城市、县城、建制镇人口比例采用《中国城乡建设统计年鉴2018》有关数据。农村自来水普及率由课题组调查获得;农村人口采用《中国水资源公报2019》数据。

2)实际灌溉面积比例RIA(Rate of Actual Irrigated Areas)

(1)概念。表征流域实际耕地灌溉保障程度,根据耕地实际灌溉面积与灌溉面积的比值计算。

(2)指标值计算方法。

$$RIA_0=\text{耕地实际灌溉面积}/\text{灌溉面积}\times100\%$$

(3)指标赋分方法。

$$RIA=RIA_0\times100$$

(4)资料来源。《中国水利统计年鉴 2020》。

(5)指标计算详细说明。10 个水资源一级区采用《中国水利统计年鉴 2020》统计数据;太湖流域耕地灌溉面积和实际灌溉面积数据采用课题组估算结果。

3.指标 7:水资源支撑高质量发展能力 CSD(Capacity for Supporting High-Quality Development)

水资源支撑高质量发展能力是二级指标,包括水资源开发利用率和单方水国内生产总值产出量 2 个三级指标,权重分别为 0.48 和 0.52。

1)水资源开发利用率 WUR(Water Resources Utilization Rate)

(1)概念。表征水资源开发利用程度,根据供水量与水资源总量比值计算。

(2)指标值计算方法。

$$WUR_0 = 供水量/水资源总量 \times 100\%$$

其中,供水量不包括净调水量(调入量-调出量)、其他水源的供水量。

(3)指标赋分方法。按照水资源开发利用率赋分标准表(见表 3.2-6)对 WUR 进行赋分。

表 3.2-6　水资源开发利用率

水资源开发利用率/%	北方地区	≤40	50	67	75	≥90
	南方地区	≤20	30	40	50	≥60
WUR		100	80	60	40	0

(4)资料来源。《中国水资源公报 2019》。

(5)指标计算详细说明。太湖流域采用太湖流域管理局提供的第三次水资源调查评价数据,其他评价区供水量采用《中国水资源公报 2019》数据。水资源开发利用率赋分标准表依据为《河湖健康评估技术导则》(SL/T 793—2020)。北方地区包括松花江区、辽河区、海河区、黄河区、淮河和西北诸河区,南方地区包括长江区、东南诸河区、珠江区、西南诸河区以及太湖流域。

2)单方水国内生产总值产出量 GOW(GDP Output Per Cubic Meter of Water Use)

(1)概念。表征水资源集约利用水平,根据流域国内生产总值与用水量比值计算。

(2)指标值计算方法。

$$GOW_0 = 10\,000/万元国内生产总值用水量$$

(3)指标赋分方法。$GOW = GOW_0/基准值 \times 100$;若 $GOW \geq 100$,计 100。其中,基准值取高收入国家用水水平中位数万美元用水量 130 m^3,折合单方水国内生产总值产出 531 元(人民币计)。

(4)资料来源。《中国水资源公报 2019》。

4.指标 8:居民生活幸福指数 LSI(Life Satisfaction Index)

居民生活幸福指数是二级指标,包括人均国内生产总值、恩格尔系数和平均预期寿命 3 个三级指标,权重分别为 0.32、0.36 和 0.32。

1)人均国内生产总值 GPC(GDP Per Capita)

(1)概念。指一定时期内按常住人口平均计算的 GDP。

(2)指标值计算方法。

$$GPC_0 = \text{流域国内生产总值} / \text{流域人口}$$

(3)指标赋分方法。GPC=GPC_0/基准值×100;若 GPC≥100,计 100。其中,基准值取高收入国家较低水平 2 万美元,汇率为 689.85 人民币元/100 美元。

(4)资料来源。《中国水资源公报 2019》。

2)恩格尔系数 ENC(Enge's Coefficient)

(1)概念。表征居民生活富裕水平,指食品支出总额占个人消费支出总额的比重。

(2)指标值计算方法。

$$ENC_0 = \frac{\sum ENC_i \times CAP_i}{\sum CAP_i}$$

式中:ENC_0 为流域恩格尔系数;ENC_i 为 i 省恩格尔系数,为流域内 i 省人均居民食品烟酒支出/人均消费支出;CAP_i 为流域内 i 省人口。

(3)指标赋分方法。ENC=基准值/ENC_0×100;若 ENC≥100,计 100。其中,基准值取联合国确定的富足标准(20%~30%)中间水平,即 25%。

(4)资料来源。《中国统计年鉴 2020》。

(5)指标计算详细说明。恩格尔系数以省为单元进行统计,按评价区涉及省级行政区人口与恩格尔系数加权计算评价区恩格尔系数。

3)平均预期寿命 ALE(Average Life Expectancy)

(1)概念。指一个人口群体从出生起平均能存活的年龄(岁)。平均预期寿命根据分年龄死亡率,通过编制生命表得到的。由于需要分年龄死亡数据,为了保证分年龄死亡数据的代表性,必须从规模较大的调查中获得死亡数据。我国利用 10 年一次的人口普查和 5 年一次的 1%人口抽样调查获得的死亡数据计算平均预期寿命。

(2)指标值计算方法。

$$ALE_0 = \frac{\sum ALE_i \times CAP_i}{\sum CAP_i}$$

式中:ALE_0 为流域平均预期寿命;ALE_i 为 i 省平均预期寿命;CAP_i 为流域内 i 省人口。

(3)指标赋分方法。ALE=ALE_0/基准值×100;若 ALE≥100,计 100。其中,基准值取高收入国家中位数 81 岁。

(4)资料来源。《中国卫生健康统计年鉴 2019》。

(5)指标计算详细说明。我国以省为单位的平均预期寿命数据 10 年更新一次。《中国卫生健康统计年鉴 2019》统计的平均预期寿命为 2010 年数据,以省为单位。本次评价按评价区涉及省级行政区人口与平均预期寿命加权计算评价区平均预期寿命。

3.2.3.3　水环境宜居度 WEL(Water Environment Livability)

水环境宜居度是一级指标,包括河湖水质指数、地表水集中式饮用水水源地合格率、地下水资源保护指数和城乡居民亲水指数 4 个二级指标,权重分别为 0.30、0.30、0.20 和 0.20。

1.指标 9:河湖水质指数 WQI(Water Quality Index)

河湖水质指数是二级指标,包括河流水质指数和湖库富营养化比例 2 个三级指标,权重分别为 0.60 和 0.40。

1)河流水质指数 RQI(River Water Quality Index)

(1)概念。指根据相关水质标准规定的评价参数,采用水质类别比例综合表征河流水质状况的无量纲参数。

(2)指标值计算方法。根据Ⅰ~Ⅲ类河长比例、劣Ⅴ类河长比例进行评价。Ⅰ~Ⅲ类河长比例是指水质类别优于及等于Ⅲ类水的河长占评价河长的比例,劣Ⅴ类河长比例是指水质类别为劣Ⅴ类水的河长占评价河长的比例。

(3)指标赋分方法。河流水质指数赋分标准见表 3.2-7。

表 3.2-7　河流水质指数赋分标准

河流水质指数	RQI
Ⅰ~Ⅲ类河长比例≥90%	100
75%≤Ⅰ~Ⅲ类河长比例<90%	80
Ⅰ~Ⅲ类河长比例<75%,且劣Ⅴ类河长比例<劣Ⅴ类河长全国平均比例	60
Ⅰ~Ⅲ类河长比例<75%,且劣Ⅴ类河长全国平均比例≤劣Ⅴ类河长比例<劣Ⅴ类河长全国平均比例 2 倍	40
Ⅰ~Ⅲ类河长比例<75%,且劣Ⅴ类河长全国平均比例 2 倍≤劣Ⅴ类河长比例<劣Ⅴ类河长全国平均比例 4 倍	20
劣Ⅴ类河长比例≥劣Ⅴ类河长全国平均比例 4 倍	0

(4)资料来源。课题组调查获得。

(5)指标计算详细说明。河流水质类别评价采用《地表水资源质量评价技术规程》(SL 395—2007)规定的方法。

2)湖库富营养化比例 REL(Rate of Eutrophied Lakes and Reservoirs)

(1)概念。指流域内富营养化湖库个数占评价湖库总数的比例。

(2)指标值计算方法。

$$REL_0 = \text{富营养化湖泊水库个数}/\text{评价湖泊水库总数} \times 100\%$$

(3)指标赋分方法。

$$REL = (1 - REL_0) \times 100$$

(4)资料来源。课题组调查获得。

(5)指标计算详细说明。湖库富营养化评价采用《地表水资源质量评价技术规程》(SL 395—2007)规定的方法。

2.指标 10:地表水集中式饮用水水源地合格率 QDS(Qualification Rate of Surface Centralized Drinking Water Source)

(1)概念。指流域内地表水集中式饮用水水源地合格个数占地表水集中式饮用水水源地总数的比例。

(2)指标值计算方法。

$$QDS_0 = \text{地表水集中式饮用水水源地合格个数}/\text{地表水集中式饮用水水源地总数} \times 100\%$$

(3)指标赋分方法。

$$QDS = QDS_0 \times 100$$

(4)资料来源。课题组调查获得。

(5)指标计算详细说明。地表水集中式饮用水水源地合格率评价方法采用《水资源公报编制规程》(GB/T 23598—2009)规定的方法。

3.指标 11:地下水资源保护指数 GPI(Ground Water Protection Index)

(1)概念。指评价区域地下水水量和水质的可持续性及安全性保护状况。本阶段根据地下水开采系数进行评价。

(2)指标值计算方法。

GPI_0 = 区域浅层地下水总开采量/区域地下水可开采量

(3)指标赋分方法。$GPI_0 \leqslant 0.3$, GPI = 100; GPI_0 每增加 0.1, GPI 扣减 10 分; $GPI_0 \geqslant 1.3$, GPI = 0。

(4)资料来源。浅层地下水总开采量采用《中国水资源公报》近三年平均值或平水年开采量;地下水可开采量采用全国第三次或第二次水资源调查评价数据。

(5)指标计算详细说明。地下水开采量不包括深层地下水开采量。淮河区采用全国第二次水资源调查评价数据,其他评价区采用全国第三次水资源调查评价数据。

4.指标 12:城乡居民亲水指数 WEI(Water Entertainment Index)

(1)概念。主要评价亲水性设施完善程度。以国家水利风景区等人工类型水体的个数代表亲水性设施完善情况。

(2)指标值计算方法。

$$WEI_0 = M/S$$

式中:M 为国家水利风景区的个数;S 为流域面积,10 万 km^2。

(3)指标赋分方法。城乡居民亲水指数 WEI 根据表 3.2-8 进行赋分。

表 3.2-8　城乡居民亲水指数赋分表

亲水性设施完善程度/(个/10 万 km^2)	100	20	10	5	1	10
WEI	100	80	60	40	20	0

本表数据来自《中国河湖幸福指数报告 2020》(中国水利水电科学研究院著)。

(4)资料来源。国家水利风景区名单。

3.2.3.4　水生态健康度 AEH(Aquatic Ecosystem Health)

水生态健康度是一级指标,包括重要河湖生态流量达标率、河湖自然生境保留率、水生生物完整性指数和水土保持率 4 个二级指标,权重分别为 0.30、0.25、0.20 和 0.25。

1.指标 13:重要河湖生态流量达标率 REF(Rate of Major Rivers and Lakes with Accepted Ecological Flows)

(1)概念。指流域内符合生态流量标准要求的重要河湖主要控制断面数量占总评价断面数量的比例,本次主要依据生态基流满足状况进行评价。

(2)指标值计算方法。

REF_0 = 满足生态流量目标的控制断面(点位)数/评价断面(点位)数量×100%

（3）指标赋分方法。

$$REF = REF_0 \times 100$$

（4）资料来源。主要包括流域水资源保护规划及文献有关数据和资料、重要水利水电工程在控制断面上的生态流量保障资料或数据、各流域管理机构协助提供的生态流量达标断面数据等。

（5）指标计算详细说明。生态流量目标的控制断面采用各流域水资源综合规划、流域水资源保护规划及《水利部关于印发第一批重点河湖生态流量保障目标的函》等相关资料中的目标值，评价断面流量数据主要来自2018年的《中华人民共和国水文年鉴》，以此按照上述计算方法进行生态流量达标率的计算。

2.指标14：河湖自然生境保留率NHR（Natural Aquatic Habitat Retention Rate）

河湖自然生境保留率是二级指标，包括水域面积保留率和河流纵向连通性指数2个三级指标，权重依次为0.50和0.50。

1）水域面积保留率RRW（Retention Rate of Waters）

（1）概念。流域内水域空间（河流、湖泊、水库、滩涂、滩地、沼泽）面积与其历史参考面积的比值。

（2）指标值计算方法。

$$RRW_0 = PA/ZA \times 100\%$$

式中：PA为水域空间（河流、湖泊、水库、滩涂、滩地、沼泽）面积，km^2；ZA为20世纪80年代水域空间面积，km^2。

（3）指标赋分方法。

$$RRW = RRW_0 \times 100$$

（4）资料来源。20世纪80年代和2018年土地利用遥感解译结果。

2）河流纵向连通性指数LCI（River Longitudinal Connectivity Index）

（1）概念。河流内部闸坝等障碍物的数量、类型、规模在空间结构上对于鱼类等生物迁徙、能量及营养物质传递的影响。

（2）指标值计算方法。

$$LCI_j = \frac{\sum_{i=1}^{n} a_i b_i}{L_j} \times 100$$

$$b_i = \frac{b_{Li} + b_{Qi}}{2b_{Li}} = \frac{\dfrac{\sqrt{(L_{ai}/L_j) \times (L_{bi}/L_j)}}{(L_{ai}/L_j) + (L_{bi}/L_j)/2}}{\alpha b_{Qi}} = \frac{Q_i/Q_j}{\beta}$$

式中：LCI_j为第j段河流的纵向连通性指数；a_i为第i种的拦河坝对应的阻隔系数（见表3.2-9）；b_i为第i种阻隔物的位置修正系数；L_j为第j段河流长度；b_{Li}为表征阻隔物位置对本级河流纵向连通性的影响的位置修正因子，表征阻隔物位置对本级河流纵向连通性的影响；b_{Qi}为表征阻隔物位置对该河段与所汇入干流之间的连通性影响的位置修正因子，表征阻隔物位置对该河段与所汇入干流（河口）之间的连通性的影响；L_{ai}为阻隔物距所在河流源头的距离；L_{bi}为阻隔物距河口（或汇入干流处）的距离；Q_i为阻隔物处多年平均天然径流量；Q_j 为该河段河口（或汇入干流处）多年平均天然径流量；α、β 为标准化系数，分别取值 0.78 和 0.50。

表 3.2-9 阻隔系数取值

类型	对鱼类洄游通道阻隔特征	阻隔系数
水库大坝	完全阻隔	1.00
	有过鱼设施	0.50
	有船闸	0.75
引水式电站		0.50
水闸	部分时间段对鱼类洄游造成阻隔	0.25
橡胶坝	对鱼类洄游造成阻隔	0.25

主要河流评价对象为流域面积大于 10 000 km 的河流。拦河建筑物类型中，水库考虑大中型水库（总库容大于 1 000 万 m^3），水电站考虑小（1）型及以上（装机容量大于 10 000 kW）。各一级区的主要河流纵向连通性指数计算公式如下：

$$LCI_x = \frac{\sum_{j=1}^{n} LCI_j L_j}{\sum_{j=1}^{n} L_j}$$

式中：LCI_x 为第 x 个一级区的主要河流纵向连通性指数；n 为第 x 个一级区中流域面积大于 10 000 km 的河流数量；L_j 为第 j 条河流的长度。

（3）指标赋分方法。根据全国主要河湖水生态保护与修复规划、全国水资源保护规划等已有成果，结合流域实际，确定主要河流纵向连通性指数的标准化方法：$LCI=(1-LCI_x/2.5)\times100$；当 $LCI_x>2.5$ 时，$LCI=0$。

（4）资料来源。第一次全国水利普查成果。

3.指标 15：水生生物完整性指数 IBI（Index of Biological Integrity）

（1）概念。通过建立水生生物多参数评价指标体系，对比水生生物群落结构的现状值和期望值之间的偏差，评估生态系统受到影响和扰动的程度。考虑到鱼类在生态系统中的代表性和重要性，本次评估选择鱼类作为水生生物评估的具体指标对象。

（2）指标值计算方法。根据各流域分区本底资料和数据翔实度，对已经开展过较为系统的鱼类完整性研究和课题组掌握较为翔实数据资料的流域，主要采用鱼类完整性指数进行指标值的计算。对于本底资料缺乏且鱼类完整性研究较少的区域，采用鱼类保有指数（现状调查种类数量/历史参考鱼类数量）计算水生生物完整性指数。以上两种计算方法的 IBI_0 分布范围均为 0~1。

（3）指标赋分方法。

$$IBI = IBI_0 \times 100$$

（4）资料来源。近年来该区域内开展的鱼类完整性评价研究成果，全国河湖健康评估成果，《中国重点流域水生态系统健康评价》成果，已发表文献，流域管理机构提供数据。

(5)指标计算详细说明。鱼类保有指数计算方法采用《河湖健康评估技术导则》(SL/T 793—2020)规定方法,鱼类完整性指数计算方法参照有关技术文献及美国相关技术文件。

4.指标16:水土保持率 SWC(Soil and Water Conservation Rate)

(1)概念。指评价区域内水土保持状况良好的面积(非水土流失面积)占该区域面积的百分比。

(2)指标值计算方法。

SWC_0=评价区域内土壤侵蚀强度在轻度以下的面积/评价区域面积×100%

(3)指标赋分方法。

$SWC=SWC_0$/水土保持率阈值×100

(4)资料来源。水土保持率现状值计算所需的区域内土壤侵蚀强度在轻度以下的国土面积,可依据全国年度水土流失动态监测成果获得。区域水土保持率阈值由水利部相关研究成果分区汇总得到。

(5)指标计算详细说明。本次评价中各区的水土保持率现状值均采用2018年度全国水土流失动态监测结果统计确定;各区的水土保持率阈值采用2019年水利重大科技问题研究项目"新时代水土保持目标与对策研究"成果统计确定。

3.2.3.5 水文化繁荣度 WCP(Water Culture Prosperity)

水文化繁荣度是一级指标,包括历史水文化保护传承指数、现代水文化创造创新指数、水景观影响力指数和公众水治理认知参与度等4个二级指标,权重分别为0.25、0.25、0.25和0.25。

1.指标17:历史水文化保护传承指数 CPI(Water Culture Protection and Inheritance Index)

历史水文化保护传承指数是二级指标,包括历史水文化遗产保护指数和历史水文化传播力2个三级指标,权重分别为0.60和0.40。

1)历史水文化遗产保护指数 HPI(Water Heritage Protection Capacity Index)

(1)概念。平均每10万 km^2 流域面积列入世界级、国家级或省级物质与非物质遗产、文物保护单位等有关名录的数量。

(2)指标计算方法。

HPI_0=(省级遗产个数+国家级遗产个数×2+世界级遗产个数×5)/流域面积

其中,流域面积单位为10万 km^2,不足10万 km^2,按照10万 km^2 计。

(3)指标赋分方法。$HPI_0=0$,HPI赋0分;$HPI_0 \geqslant 10$,HPI赋100分;其他情况按线性插值赋分。

(4)资料来源。列入世界级或国家级物质与非物质遗产、文物保护单位等相关遗产名录,以及流域内历史超过100年的古代水利工程名录(视重要程度适当放宽始建年限至1949年)。

2)历史水文化传播力 HCC(Historical Water Culture Communication Capacity)

(1)概念。平均每10万 km^2 流域面积建设国家级或省级水利博物馆、水利展览馆、水利科普馆、水情教育基地数量,或将水文化、水利建设内容纳入其他国家级或省级博物馆、爱国主义教育基地等的数量。

(2)指标计算方法。

HCC_0 =(国家级博物馆或基地个数×2+省级博物馆或基地个数)/流域面积

其中,流域面积单位为 10 万 km^2,不足 10 万 km^2,按照 10 万 km^2计。

(3)指标赋分方法。$HCC_0=0$,HCC=0;$HCC_0\geqslant 6$,HCC=100;其他情况按线性插值赋分。

(4)资料来源。国家级水利博物馆、水利展览馆、水利科普馆、水情教育基地名录,或者将水文化、水利建设内容纳入其他国家级博物馆、爱国主义教育基地等的名录。

2.指标 18:现代水文化创造创新指数 MCI(Modern Water Culture Creation and Innovation Index)

(1)概念。指与古代水文化具有继承和发展关系的现代江河保护治理创新力和现代水文化品牌创造力,其特征是现代人们创造的新的人水和谐、可持续发展的水文化成果。平均每 10 万 km^2流域面积江河保护治理技术、工艺、做法等上升为法律法规、国际国家/地方标准,或者获得国家级或省部级一二等奖励、国家发明专利并被推广的数量。

(2)指标计算方法。

MCI_0 =[国家级(法律法规+标准+获奖+发明专利)项数×2+省级(法律法规+标准+获奖+发明专利)项数]/流域面积

其中,流域面积单位为 10 万 km^2,不足 10 万 km^2,按照 10 万 km^2计。

(3)指标赋分方法。$MCI_0=0$,MCI=0;$MCI_0\geqslant 6$,MCI=100;其他情况按线性插值赋分。

(4)资料来源。江河保护治理技术、工艺、做法等上升为法律法规、国际国家/地方标准名录,获得国家级或省部级一二等奖励、国家发明专利名录。

3.指标 19:水景观影响力指数 WLI(Water Landscape Impact Index)

(1)概念。指水资源一级区人均拥有的自然水景观数量。自然水景观包括列入世界级或国家级或省级自然遗产、湿地公园、国家公园等名录。

(2)指标计算方法。

WLI_0 =[世界级自然遗产水景观个数×5+国家级(自然遗产水景观+湿地公园+国家公园)个数×2+省级(自然遗产水景观+湿地公园)个数]/流域总人口(百万人)

(3)指标赋分方法。$WLI_0\leqslant 1$,WLI=50;$WLI_0\geqslant 10$,WLI=100;其他情况按线性插值赋分。

(4)资料来源。世界自然遗产目录,国家级及省级自然遗产、湿地公园、国家公园目录。

4.指标 20:公众水治理认知参与度 PAE(Public Awareness and Engagement in Water Governance)

公众水治理认知参与度是二级指标,包括公众水意识普及率和公众水治理参与度 2 个三级指标,权重分别为 0.60 和 0.40。

1)公众水意识普及率 ARW(Public Awareness Rate of Water)

(1)概念。流域内公众认识水、尊重水、爱护水、节约水等方面意识的普及程度。

(2)指标赋分方法。采用调查问卷的方式,对公众认识水、尊重水、爱护水、节约水的意识普及程度进行统计分析,每份调查问卷总分100分,根据所有调查问卷计算平均得分。

(3)资料来源。公众水意识普及度调查问卷。

2)公众水治理参与度ERW(Public Engagement Rate in Water Governance)

(1)概念。指相关水利科普、水利建设、水利监督等活动开展情况。

(2)指标赋分方法。采用调查问卷的方式,对根据所有调查问卷计算平均得分。公众参与相关水利科普、水利建设、水利监督等活动的情况进行统计分析,每份调查问卷总分100分。

(3)资料来源。公众水治理参与度调查问卷。

第4章 幸福河建设技术体系

幸福河湖就是永宁水安澜、优质水资源、宜居水环境、健康水生态、先进水文化相统一的河湖,是安澜之河、富民之河、宜居之河、生态之河、文化之河的集合与统称。依托水利部《关于开展幸福河湖建设的通知》,以“防洪保安全、优质水资源、健康水生态、宜居水环境、先进水文化”为目标,实施幸福河湖项目建设,既有山区型河流,又有平原河网区河流;既有城区段河湖,又有流经城市和农村地区的河流,各具特色和典型代表性,对探索在不同类型河湖开展幸福河湖建设具有积极意义。2023年,水利部河长办印发了《幸福河湖建设成效评估工作方案(试行)》,从安澜、生态、宜居、智慧、文化、发展、公众满意等7个方面构建了幸福河湖建设成效评估指标体系。

本章从水安全保障技术体系、水资源优质技术体系、水环境宜居技术体系、水生态健康技术体系、水文化先进技术体系、水经济繁荣技术体系6个方面,对幸福河建设技术体系进行了构建和探索。

4.1 水安全保障技术体系

4.1.1 构建思路

河湖滨带是河湖水域与陆地的过渡区域,稳定的岸线设施可以保护陆地不受河水淘刷,还可以作为河湖的生态廊道,实现生态经济社会效益。

我国水利建设正从工程水利向生态水利逐步过渡。工程水利时期,河湖堤坡、渠道等驳岸设计主要是防止水流和波浪对岸坡基土的冲蚀和淘刷造成的侵蚀、塌岸等,多采用混凝土、浆砌石等硬化措施。硬质化护岸在改善河岸冲刷的同时,使自然河流渠道化、河流断面几何规则化;将蜿蜒曲折的天然河流改造成直线或折线形的人工河流,切断地表水与地下水的联系通道,改变深潭、浅滩交错的形势,急流、缓流相间的格局消失,造成了河流生态系统的胁迫,导致河流生态系统不同程度的退化,从而使河流生态资源、自然景观等多方面功能的丧失。硬质驳岸使滨河区空间变得“冰冷”,使河道景观缺乏灵性与变化,把人与水分隔开来,割裂了水文明、水文化;整齐笔直的河岸线虽然有整洁美和富有现代都市的气息,但是它违背了尊重自然、顺应自然的客观规律,不能满足人们对良好生态环境的向往。

国外发达国家对河湖生态护岸研究起步较早。西方国家非常注重保持河流护岸的天然结构。20世纪80年代,德国等国家采取“自然型护岸”模拟自然状态下的河岸生态结构,尽量避免采用水泥等硬质材料对护岸进行改造。20世纪90年代,日本在理论、施工及高新技术的各个领域丰富发展了“多自然型河川工法”。美国采用“土壤生物工程”护岸技术,成功应用在国家公园的自然环境恢复项目上。河湖护岸注重沿岸的景观与生态系统,参照天然状态下的河湖滨带形式,促进河流生态系统的自然恢复。

新时期生态治水理念提出了河湖生态驳岸的建设需求,我国河湖滨带硬质护岸改造的需求日益成为河湖治理的必要工作。生态水利建设中采用了许多新技术和新材料。上海市以修复河道生态功能为根本,重点建设生态河岸。例如,上海市长宁区通过在河岸种植亲水植物带,布设仿木桩形成近自然的景观效果;北京市2021年发布《北京市河道规划设计导则》,提出了北京城市水系建设应注重“保护和修复水生态系统,营造水清、岸绿、安全、宜人的滨水空间;提高河道的亲水性,满足市民休闲、娱乐、观赏、体验等多种需求”的具体要求。

传统的河道护坡工程常采用抛石、干砌块石、浆砌块石、现浇混凝土护坡、预制混凝土块体护坡、土工模袋混凝土护坡和绳索铰链混凝土板块护坡等。这些形式的护坡方式多注重河道本身的岸坡稳定性和河道行洪排涝的基本功能,很少考虑对生存环境、景观环境和生态的影响。

传统的河道护坡方式在保持岸坡的结构稳定性、防止水土流失以及防洪排涝等方面起到了一定的作用,具有高度的精确性和可靠性,防护效果立竿见影。但工程造价相对较高,水下施工难度较大,且有一定的使用年限,需要定期维护、不断修复。

同时传统的护坡工程破坏了河道生态系统,加速了人们生存环境的恶化。它将整个河岸表面封闭起来,隔绝了土壤与水体之间的物质交换,原先生长在岸坡上的生物不能继续生存,生态系统的食物链断开,使土壤和水体中的生物失去了赖以生存的环境。对生态的影响主要是:①用水泥石料修葺的河道中,具有净水功能的水生生物生长非常困难,河水自净能力将大为降低,水质可能恶化;②会导致河水受阳光影响而水温变化过大,不利于维持水中生态平衡,特别是高温季节,容易使传染病菌孳生;③随着水流流速的增大,水中一些生物会被水流冲走,使水中生物减少,岸上又缺乏天然植物,直接影响沿河野生生物种类的生存。据统计,目前城市河道衬砌后,沿河生物种类减少了60%~70%以上,而水生物也只相当于原来的50%左右。

传统的混凝土护坡在施工中均不同程度地使用了一些添加剂,如早强剂、抗冻剂、膨胀剂等,这些添加剂在水中发生反应,对水质和水环境产生不利的影响。岸坡没有天然植物作为屏障,会使岸边的垃圾轻易入水,造成污染。这些虽然不是水质恶化的主要原因,但它们对水质的恶化起到了促进作用。

现代都市的河道断面整齐划一、走向笔直,虽然有整洁美,也富有现代都市的气息,但是它违背了现代人们追求的回归自然、返璞归真的需要。而且一旦这些结构遭到破坏以后,就更显得斑斑驳驳、破烂不堪,极大地影响了整个城市的市容市貌。

随着生态文明建设的深入,对河道生态化治理的需求急剧增加。河道治理更加强调综合系统治理的理念、思路、布局和功能,在保障滨水空间安澜的同时,更要求建设亲水、生态的河湖驳岸。生态驳岸设计市场前景广阔,对更生态、更自然、更利于管理的生态驳岸设计需求极大。

4.1.2 建设标准

生态护岸指利用土木、植物等多种措施,对河流、湖泊岸坡进行防护的一种驳岸及护坡形式,具有维持河岸稳固及河湖生物群落生长、改善河湖生态环境功能和景观效果。生态护岸旨在建设自然的河岸或者是"可渗透性"的人工护岸。生态护岸主要通过植物或者植物与工程措施相结合的方式对河岸带岸坡进行防护,在达到固岸护土的同时,兼顾河岸带水生态系统修复,促进河流自我净化、自我修复能力的提升。生态护岸的作用主要体现在以下方面:

(1)滞洪补枯、调节水位。

生态护岸采用自然材料,形成一种"可渗性"的界面。丰水期,河水向堤岸外的地下水层渗透储存,缓解洪灾;枯水期,地下水通过堤岸反渗入河,起着滞洪补枯、调节水位的作用。另外,生态护岸上的大量植被也有涵蓄水分的作用。

(2)增强水体的自净作用。

河流生态系统通过食物链过程削减有机污染物,从而增强水体自净作用,改善河流水质;另外,生态河堤修建的各种鱼巢、鱼道,造成的不同流速带,形成水的紊流,使空气中的氧溶入水中,促进水体净化。

(3)促进河流生物过程。

生态护岸把滨水区植被与堤内植被连成一体,构成一个完整的河流生态系统;生态护岸的坡脚护底具有高孔隙率、多鱼类巢穴、多生物生长带、多流速变化,为鱼类等水生动物和两栖类动物提供了栖息、繁衍和避难场所;生态河堤繁茂的绿树草丛不仅为陆上昆虫、鸟类等提供了觅食、繁衍的场所,而且浸入水中的柳枝、根系还为鱼类和其他野生动物产卵、幼鱼避难、觅食提供了场所,维持合适的水温,叶子、嫩芽、昆虫等掉入水中,为水中动物提供了食物,形成一个水陆复合型生物共生的生态系统。植被还增加河道两岸的美感。

4.1.3 工程措施建设

4.1.3.1 工程型生态驳岸

常见的工程型生态驳岸多采用三维土工网垫、生态混凝土、格宾石笼、自嵌式砌块等人工材料,形成相互连接或铰接的整体式多空隙结构,并在空隙中辅助以植物种植,所形成的生态驳岸类型,主要分为附着型、砌块型以及其他型。工程型生态驳岸的适宜性见表 4.1-1。

表 4.1-1　工程型生态驳岸适宜性

序号	类型	形式	适用条件				
			地基条件			常水位界限	
			土质	砂砾石	岩质或混凝土	水位波动区及常水位以上	常水位以下
1	附着型	生态袋	√	√	√	√	√
2		三维土工网垫	√	√	√	√	×
3		土工格室	√	√	√	√	×
4		纤维毯	√	√	√	√	×
5		混合料喷播	√	√	√	√	×
6		生态混凝土	√	√	√	√	√
7	砌块型	混凝土或砌体框格	√	√	√	√	×
8		多孔植生砌块	√	√	√	√	×
9		透水混凝土砌块	√	√	×	√	√
10		格宾石笼	√	√	×	√	√
11		自嵌式砌块	√	√	×	√	√
12		生态浆砌石	√	√	√	√	√
13	其他型	塑钢板桩	√	×	×	√	√
14		预制混凝土波浪桩	√	×	×	√	√
15		鱼鳞穴	√	√	×	√	×

1.附着型驳岸

附着型驳岸由土工合成材料、种植土和植被三部分组成,利用土工合成材料固土护坡,并在其中复合种植植物或自然生长形成植物护岸,实现保护河湖岸坡的目的。

附着型驳岸既有生物型驳岸的生态自然、美化造景、节能环保、经济节省、自修复、少维护等优点,又能有效提高土体稳定性和抗冲刷能力,尤其是提高工程初期的岸坡防护效果。

附着型驳岸抗暴雨冲刷能力优于植物护岸,但仍然较弱,适宜用于河道较缓、流速较小的岸坡,不宜用于常水位以下。

主要附着型生态驳岸类型关键技术如下。

1)生态袋

生态袋宜采用高分子纤维材料加工而成。人工铺设为主的生态袋,每个生态袋的重量不宜大于 50 kg,袋体摊平尺寸长度宜为 0.75 m,宽度宜为 0.55 m,厚度宜为 0.15~0.25 m;机械铺设为主的生态袋,长度、宽度宜为 1.0 m,厚度宜为 0.15~0.35 m。

生态袋袋体之间宜采用联结扣联接。联结扣宜采用聚丙烯材料挤压成型,拉伸断裂强度不宜小于 20 MPa,断裂伸长率不宜小于 30%,弯曲强度不宜小于 20 MPa。

当边坡坡度小于 30°时,生态袋宜顺坡挤密展铺或阶式压边扣紧平铺,并通过联结扣或锚钉扦插入边坡基体内。

当边坡坡度为30°~60°时，生态袋宜分层退台叠砌，退台宽度宜为0.1~0.2 m，上下层应丁顺搭配；总高度大于3 m时，宜设置戗台分级过渡，分级高度宜为2.0 m，戗台宽度不宜小于0.8 m。

当边坡坡度大于60°时，生态袋后侧宜设置土工格栅，其抗拉强度不应小于50 kN/m。土工格栅应水平铺设嵌固在回填土区，竖向分层间隔宜为0.3~0.5 m，并与生态袋有效连接。

生态袋可采用种植土、砂土、有机料、底肥、改良剂、种子和水等按比例均匀混合装填，充填率宜为75%~85%。

常水位以下生态袋内填料应具有透水性，宜填充占比不小于30%的砂砾石或粒径为10~50 mm的级配碎石。

生态袋和基底之间宜铺设土工布，单位面积质量不宜小于300 g/m^2。

生态袋驳岸见图4.1-1

图4.1-1 生态袋驳岸

2）三维土工网垫

三维土工网垫宜采用高分子纤维材料加工而成。网垫单位面积质量不宜小于260 g/m^2，厚度不宜小于12 mm，纵、横向拉力不应小于1.4 kN。

网垫应顺坡展铺，边缘搭接宽度不宜小于0.1 m，宜采用间距0.5~1.0 m锚固钉锚固；在坡顶及坡底处展铺应各外延0.5 m，并设置深大于0.3 m的嵌固槽固定。

网垫表面应撒布0.05~0.2 m厚种植土，种植土表面可撒播植被种子或铺设草皮。三维土工网垫驳岸见图4.1-2。

图4.1-2 三维土工网垫驳岸

3) 土工格室

土工格室片材宜采用高分子材料加工而成，单组展开面积不宜小于 4.0 m×5.0 m，格网平面尺寸宜为 0.2~0.8 m，高度宜为 0.05~0.2 m。格室组间连接处中间抗拉强度不宜小于 120 N/cm，边缘抗拉强度不宜小于 200 N/cm。

土工格室应顺坡均匀布设，宜采用钢筋或锚固钉锚固，间距宜为 0.5~1.0 m，长宜为 0.2~0.5 m。

土工格室叠砌时应保持上下层间连接牢固。总高度大于 3 m 时，应设置戗台分级过渡，分级高度宜为 2.0 m，戗台宽度不宜小于 0.8 m。

土工格室内应填充种植土，表层宜撒播植被种子或铺设草皮。

土工格室驳岸见图 4.1-3。

图 4.1-3　土工格室驳岸

4) 纤维毯

纤维毯宜采用高分子纤维或天然植物纤维材料加工而成。单位面积质量不宜小于 220 g/m²，厚度不宜小于 5 mm，纵、横向拉力不宜小于 1.0 kN。

纤维毯应顺坡展铺，边缘搭接宽度不宜小于 0.1 m，宜采用锚固钉锚固，间距宜为 0.5~1.0 m，长度宜为 0.2~0.5 m；在坡顶及坡底处展铺应各外延 0.5 m，并设置深度大于 0.3 m的嵌固槽固定。

有种子纤维毯可直接铺设，无种子纤维毯宜在撒播植被种子后铺设。

纤维毯驳岸见图 4.1-4。

图 4.1-4　纤维毯驳岸

5) 混合料喷播

混合料可采用种植土、肥料、植物种子、黏合剂、保水剂、改良剂和水等材料组合而成。

当边坡表面平滑、有冻土层或坡率大于 1∶1.2 时，应挂网。边坡顶部挂网时，岩质边坡外延长度不宜小于 1.5 m，土质边坡外延长度应大于 3.0 m。

挂网材料宜采用镀锌金属网、树脂网、塑料网等，网孔直径宜为 30～60 mm。挂网搭接宽度宜为 0.1～0.15 m，挂网与基面间距宜为喷播厚度的 2/3。

锚钉宜采用镀锌钢筋或特制材料，强度等级不宜低于 HPB300，直径不宜小于12 mm，长不宜小于 0.5 m。

回填边坡、土夹石边坡喷播设计厚度宜为 50～70 mm。岩石边坡或水泥边坡喷播设计厚度不宜小于 100 mm。

6) 生态混凝土

生态混凝土可采用骨料、水泥、肥料、外加剂等材料组成，pH 宜为 7.0～8.5。尽管生态混凝土有别于常规混凝土，但其主要组成材料仍是水泥和碎石，因而结构碱性较强，难以为许多植物前期生长提供较好的酸碱环境，因此生态混凝土宜在空隙之间，采取措施进行有效酸碱中和，为植物生长提供更为适宜的环境。

生态混凝土骨料宜采用单级配，骨料粒径宜为 20～40 mm，水泥用量宜为 280～320 kg/m^3，水灰比不宜大于 0.5，配合比应通过现场试验确定。

生态混凝土厚度宜为 0.05～0.2 m，孔隙率宜为 25%～30%，渗透系数不宜小于 1.0 cm/s，容重不宜小于 18 kN/m^3，抗压强度不应小于 5 MPa，反滤能力 $D_{均}/d_{50}$ 宜为9～20。

易淘刷基体表面宜设置厚度不小于 0.1 m 的中粗砂、碎石或土工布反滤层，土工布单位面积密度不宜低于 300 g/m^2。

常水位及水位波动区以上坡面可布设 20 mm 厚种植土，然后撒播植被种子或铺设草皮。

生态混凝土驳岸见图 4.1-5。

图 4.1-5　生态混凝土驳岸

2.砌块型驳岸

1) 混凝土或砌体框格驳岸

混凝土抗压强度等级不宜低于 C20，砌体砂浆抗压强度等级不宜小于 M7.5。框格宽度宜为 0.4～0.6 m，高度宜为 0.3～0.6 m，间距宜为 1.5～2.5 m。

框格可采用成拱廊形、交叉棱形等样式。

框格梁交叉部位可设置钢筋锚杆，锚杆强度等级不宜低于 HPB300，直径不宜小于 16 mm，长宜为 1.0~5.0 m。

框格网内宜铺设种植土，撒播植被种子或铺设草皮等。

混凝土或砌体框格驳岸见图 4.1-6。

图 4.1-6　**混凝土或砌体框格驳岸**

2）多孔植生砌块驳岸

预制混凝土砌块抗压强度等级不宜低于 C20，挤压混凝土砌块抗压强度等级不宜低于 M25，宜配置必要的构造钢筋，砌块厚度不宜小于 0.08 m，块重宜小于 50 kg。

砌块形状可为三角形、矩形、六角形、圆环和边缘可弥合型等，水上开孔率宜为 40%~70%，水下开孔率宜为 20%~50%。

砌块铺设间隙宜为 5~10 mm，必要时可采用 M7.5 砂浆填塞缝隙。

砌块底部宜设置土工布或砂垫层、碎石垫层。

常水位以下砌块孔洞内宜填充碎石或种植水生植物，常水位以上砌块孔洞宜填充种植土并植生。

多孔植生砌块驳岸见图 4.1-7。

图 4.1-7　**多孔植生砌块驳岸**

3）透水混凝土砌块驳岸

砌块宜采用无砂混凝土预制，砌块孔隙率宜为 25%~30%，容重不宜小于 18 kN/m^3，抗压强度应大于 5 MPa，块重宜小于 50 kg。

砌块框格混凝土抗压强度等级不宜低于 C20，厚度不宜小于 0.08 m。

坡式铺砌应与岸线布局相协调，整齐规则，必要时可采用 M7.5 砂浆填塞缝隙。

砌块底部宜设置土工布或砂垫层、碎石垫层。

砌块表面可布设 20 mm 厚种植土，然后撒播植被种子或铺设草皮。

4）格宾石笼驳岸

格宾石笼钢丝抗拉强度宜为 350～550 MPa，钢丝直径不宜小于 2.0 mm，网面标称翻边强度不应小于 21 kN/m，网眼尺寸宜为 40～80 mm。

钢丝应做防腐处理，可采取镀锌、镀锌铝合金或聚合物涂层等措施。镀层质量不宜小于 240 g/m^2；聚合物涂层厚宜为 0.4～0.7 mm，抗拉强度不宜小于 17 N/mm^2，断裂伸长率不宜小于 200%。

格宾石笼长宽宜按 0.5 m 的模数递增，厚不宜小于 0.3 m，隔段 1/3 及 2/3 处或中部应增设加强筋。石笼之间宜采用镀锌钢丝或高强纤维扎结。

石笼内宜充填卵、块石，粒径应大于 1.5 倍网眼尺寸。卵、块石软化系数不宜小于 0.75，强度不宜小于 20 MPa，孔隙率宜为 20%～30%。卵、块石宜大小搭配，大块布置在临空侧或紧邻孔洞。

石笼应砌筑规则，交界面宜错开布置，墙式砌筑总高度不宜大于 5 m。底部或墙后宜设土工布或砂垫层、碎石垫层。

格宾石笼表层需植生时，可摊铺种植土，撒播适宜种植的植被种子或铺设草皮。

格宾石笼驳岸见图 4.1-8。

图 4.1-8　格宾石笼驳岸

5）自嵌式砌块驳岸

自嵌式砌块抗压强度等级不宜小于 MU25，宜工厂化制作。

自嵌式砌块可为矩形、三角形、扇形或圆形等形状，高度宜为 0.25～0.5 m，壁厚不宜小于 0.05 m，容重不宜低于 19 kN/m^3。砌块间可采用联锁式、铰接式或穿孔锚结等方式连接，利用高强度纤维或钢筋贯穿锚固孔锚固。

坡式铺砌锁扣或锚固孔应连接可靠，方便装配。

叠砌挡墙高度不宜大于 5 m，墙底宜设置现浇混凝土基础，墙顶砌块宜采用砂浆塞缝嵌固，或设置现浇混凝土封顶。叠砌挡墙高度大于 1.5 m 时，回填土内应设置土工格栅与砌块墙体锚固连接。土工格栅应分层埋设在回填土内，底层长度不宜小于 0.8～1.2 倍墙高，墙高者取大值，可计算确定并复核稳定性。墙后回填土压实度不宜低于 0.91。

护坡底部或墙后宜设土工布或砂垫层、碎石垫层。

自嵌砌块内孔隙和空心部位可充填种植土，可撒播适宜种植的植被种子，或栽植花卉、藤本等。

自嵌式砌块驳岸见图 4.1-9。

图 4.1-9　自嵌式砌块驳岸

6)生态浆砌石驳岸

生态浆砌石驳岸是一种临河表面干砌内部浆砌块(卵)石,依靠砌筑的块(卵)石交错咬合的摩擦力和内部砂浆的黏结作用保持整体稳定性、抵抗水土压力的生态驳岸技术。

生态浆砌石驳岸既具有传统浆砌石抗冲耐磨、整体稳固的护岸能力,又外观自然,存在连通孔洞,可为水生生物提供栖息、繁衍的场所,生态适应性强等优点。

生态浆砌石驳岸适用于水流速度较快、抗冲要求较高、生态适应性和景观效果要求较高的河道驳岸。

生态浆砌石砌筑砂浆强度等级应不小于 M7.5,石料应大面朝下,采用坐浆法分层卧砌,上下错缝,内外搭砌,稳定牢固,严禁出现通缝、叠砌和浮塞。

生态浆砌石驳岸见图 4.1-10。

图 4.1-10　生态浆砌石驳岸

3.其他型驳岸

1)塑钢板桩驳岸

塑钢板桩是由高分子强化复合材料经多种添加剂混合后一次挤压成型的新型板桩。

主要施工流程宜为:施工准备→安装导向架→沉桩→冠梁安装或浇筑→种植土填筑→植被种植→养护管理。

桩体应表面光滑、色泽均匀,无明显的划伤、孔眼、气泡、异物等瑕疵;局部磕损深度不大于公称壁厚的 1/8,且不影响结构性能和使用功能;桩长的允许偏差为±5 L/1 000 mm,截面尺寸的允许偏差为±5 mm。

沉桩宜采用刚性护套、夹具等辅助装置振动沉桩,达到桩顶设计标高后终止沉桩。

桩顶宜设置帽梁，板桩与帽梁内钢筋应有连接点，混凝土施工应符合《水工混凝土施工规范》(SL 677—2014)的有关规定。

挡土高度大于或等于4 m的塑钢板桩挡土墙宜设置一定数量的永久观测点，定期观测塑钢板桩在施工期和使用期的沉降、水平位移及倾斜等。

挡土高度小于3 m，地面荷载不大且对位移控制要求低的情况下，可采用无锚板桩式结构塑钢板桩；挡土高度3 m以上，对位移控制有要求的情况下，可采用拉锚板桩式结构塑钢板桩；挡土高度3 m以上，对位移控制要求高的情况下，可采用横向拖板加强型结构塑钢板桩。

塑钢板桩挡土墙的稳定计算时，作用在墙后的土压力宜按主动土压力计算，墙前土压力宜按被动土压力计算。

塑钢板桩挡土墙的抗渗压力可采用全截面直线分布法或数值法，塑钢板桩挡土墙的整体稳定可采用瑞典圆弧法或简化毕肖普法进行计算，塑钢板桩挡土墙的结构内力和变形宜采用竖向弹性地基梁法计算。

墙身排水孔宜沿高度方向分排布置，排水孔间距不宜大于3.0 m，排水孔的直径宜为50~80 mm，排水孔后应设置级配良好的反滤层或性能良好的集、排水设施。

塑钢板桩挡土墙宜设帽梁，帽梁可采用现浇钢筋混凝土矩形断面，帽梁外缘与板桩外缘的距离不宜小于50 mm。塑钢板桩伸入帽梁深度不宜小于50 mm，深入帽梁内的塑钢板桩宜穿孔以使帽梁内钢筋通过；帽梁应设变形缝，缝宽宜为20~30 mm，缝间应采用弹性材料填充，缝距宜为10~30 m，变形缝位置应与下部板桩连接缝一致。

塑钢板桩驳岸见图4.1-11。

图4.1-11 塑钢板桩驳岸

2)预制混凝土波浪桩

主要施工流程宜为：施工准备→波浪桩打设→冠梁浇筑→种植土填筑→植被种植→养护管理。

应根据不同的桩型选择适宜的旋挖钻头或异型钻头施工定位先导孔；宜采用专用液压振动器结合先导孔打设，达到桩顶设计标高后终止沉桩。

波浪桩轴线定位的允许偏差为±50 mm，高程的允许偏差为±50 mm。打桩过程中的垂直允许偏差为±3H/100 mm。

桩尖断面尺寸应满足打设垂直度、深度等对送桩强度和刚度的要求，必要时采取减振措施，减少对地基土及周围建筑物的影响。

3) 鱼鳞穴

主要施工流程宜为:施工准备→鱼鳞穴施工→种植土填筑→植被种植→养护管理。

鱼鳞穴宜采用人工开挖。

填筑土围挡或砌筑砌体围埂,构建鱼鳞穴。

摊铺种植土,栽植适宜的植被。

4.1.3.2　生物型生态驳岸

1.椰壳纤维捆驳岸

将椰壳纤维用麻线织物捆绑成圆筒状,一般直径为 30 cm,长为 600 cm,用木桩固定在堤岸坡角,通常放置在高水位线处或齐岸处。其应用特点是能够将沉积物拦下,利于植被生长并保护堤岸坡角部位免受流水侵蚀;椰壳纤维捆具有弹性,能够保持堤岸蜿蜒曲折的自然属性。这种技术必须与其他生态技术结合使用,也可以应用在湖泊、人工景观水系等水面较为平静的水系岸边,有助于水生植物的生长;也可以将芦苇等水生植物的种子放置在椰壳纤维捆中,并用木桩将其固定在岸边,待种子发芽成长以后,形成活植物捆堤岸,为微生物提供良好的生活栖息环境,过滤沉淀泥沙,保护水系堤岸。

椰壳纤维捆驳岸见图 4.1-12。

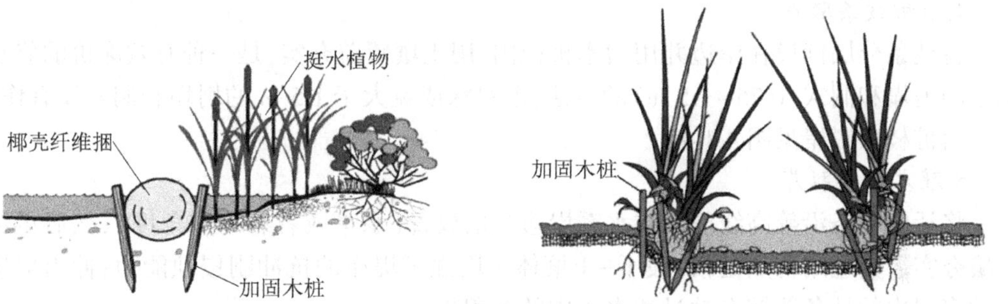

图 4.1-12　椰壳纤维捆驳岸

2.活桩驳岸

将活树桩(一般用柳树)直接夯入土壤中,树桩生根后将土壤盘结为一个整体,起到稳定堤岸土壤的作用。其应用特点是适用于坡度较小但冲刷较为严重的堤岸,以及容易发生小块滑坡和坍塌的堤岸,还可作为不同形式生态堤岸之间的过渡段。

活桩驳岸见图 4.1-13。

图 4.1-13　活桩驳岸

3.活枝条捆驳岸

将活枝条捆绑后,沿等高线放置在开挖的槽沟中,用木桩固定,回填土壤并夯实。其应用特点是根系在土壤中扩展后有助于堤岸的稳定,防止浅层滑坡,减少土壤侵蚀,并易于与活桩法结合使用。

活枝条捆驳岸见图 4.1-14。

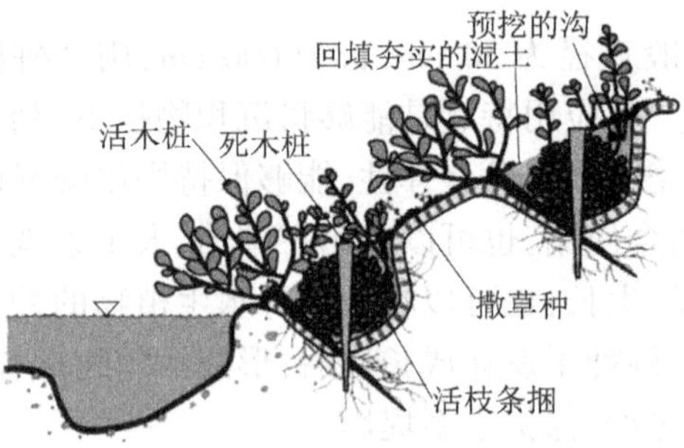

图 4.1-14　活枝条捆驳岸

4.活桩枝条驳岸

将枝条分层铺设在岸边并用活木桩稳固,用土壤覆盖夯实,是一种有效廉价的修复较小范围坍塌和洞穴(0.75~1.5 m)的方法,但对深或宽大于 1.5 m 的坍塌和洞穴没有作用。

活桩枝条驳岸见图 4.1-15。

5.灌木压条驳岸

将活的枝条沿等高线或者在水系岸边分层放置(水平或者有一定角度),然后再覆上土壤夯实。其应用特点是根-枝干-土壤体系增强了堤岸的抗冲刷侵蚀能力;伸出堤岸表面的多层次的枝条能够有效过滤水流中的沉积物。

灌木压条驳岸见图 4.1-16。

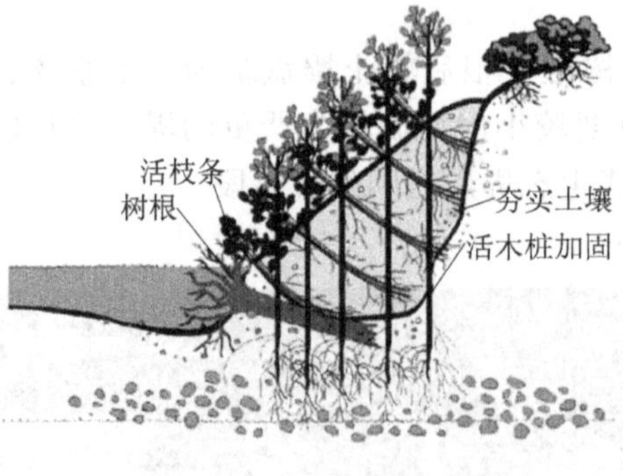

图 4.1-15　活桩枝条驳岸

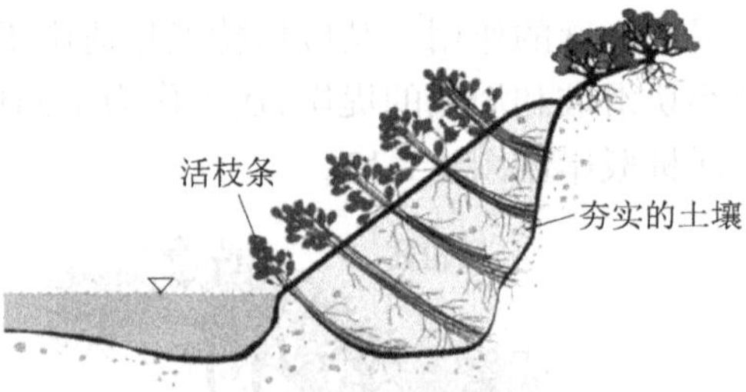

图 4.1-16　灌木压条驳岸

6.植被土工格布驳岸

用土工格布将覆盖在枝条上的土壤包裹起来,其他做法同灌木压条法,这种方法必须在低水流流速的条件下施工。其应用特点是用来加固坡度较陡(坡度 1:1以上)的堤岸;修复遭到严重侵蚀的堤岸;过滤沉积物;在植被没有长成之前也能够快速有效地加固堤岸。

植被土工格布驳岸见图 4.1-17。

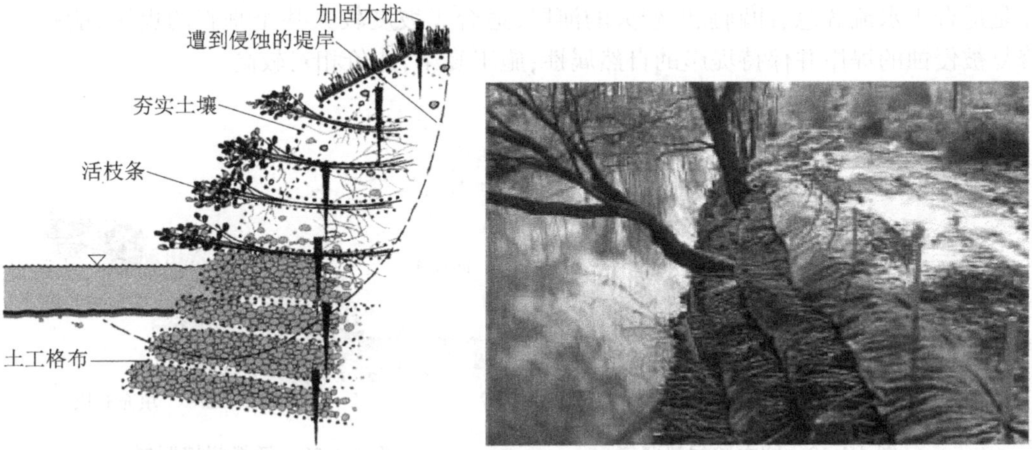

图 4.1-17　植被土工格布驳岸

7.灌木沉床驳岸

将活切条和枝条沿着坡度方向平铺在堤岸上形成沉床（枝条的根部朝下，头部朝上），上面用土壤或块石固定。其应用特点是可快速保护堤岸，但强度不高；适合于坡度小于 1∶1的堤岸；发生洪涝时可过滤沉积物；可迅速恢复水系的生态系统；可与活枝条捆法和活桩法等生态技术结合使用。

灌木沉床驳岸见图 4.1-18。

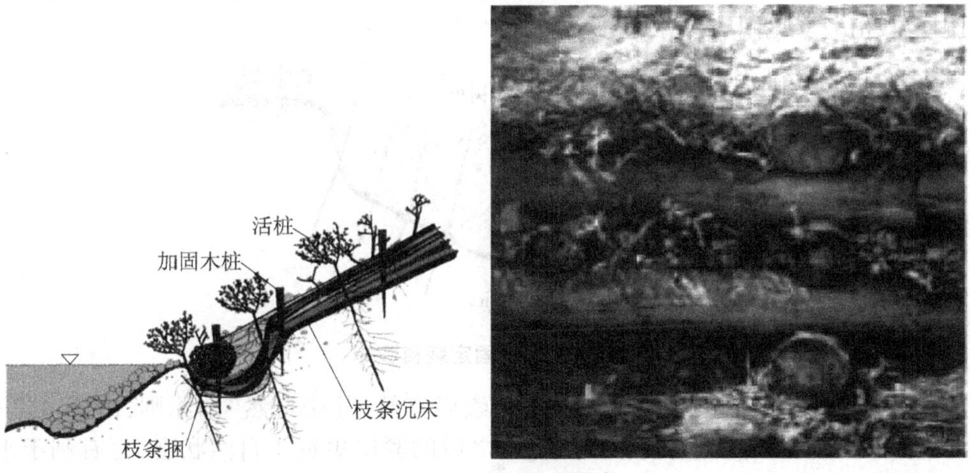

图 4.1-18　灌木沉床驳岸

8.圆木和根垫驳岸

用块石或混凝土砌块将圆木和树根固定在岸边，为野生生物提供理想的生活栖息环境。其应用特点是适合于蜿蜒曲折、水流流速平缓、水体没有漫上堤岸的水系；应该与其他生态技术结合使用；为鱼类和昆虫等生物提供生活空间，增加水系走廊的生物多样性。

圆木和根垫驳岸见图 4.1-19。

9.活栅栏墙驳岸

用圆木或木条做成相互连接的箱形骨架，骨架下部铺一层石块，上部覆土并夯实，将枝条放置在骨架内,并将根部埋入土壤中,枝条成活后将逐渐取代骨架的作用。其应用特点是适合于水流湍急、冲刷强度较大的河段,适合于坡度较大甚至垂直的堤岸,能够迅速修复被侵蚀的堤岸并保持堤岸的自然属性;施工复杂,造价相对较高。

活栅栏墙驳岸见图 4.1-20。

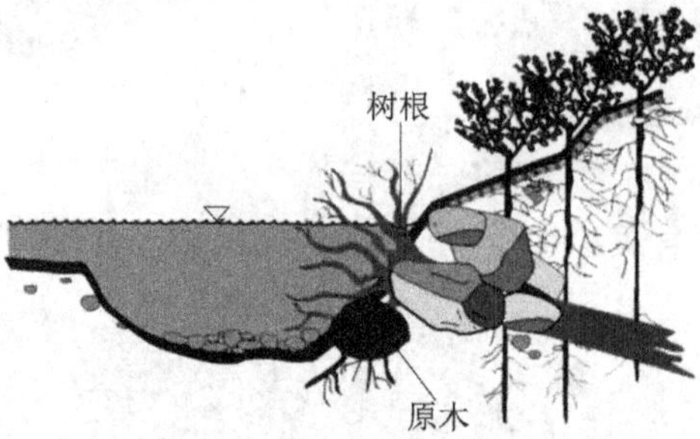

图 4.1-19　圆木和根垫驳岸

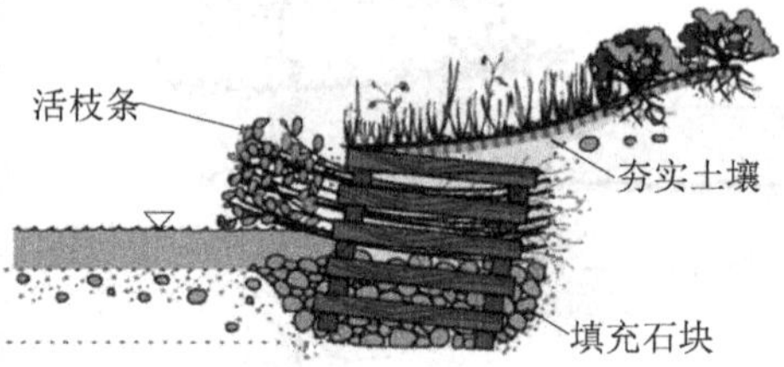

图 4.1-20　活栅栏墙驳岸

10.固定栽植驳岸

将根部削尖的活树桩夯入土壤中,然后堆积(或者用砂浆砌筑)一层块石;或者在堆积(砌筑)块石时预留一些孔,然后将活树桩通过预留孔夯入土壤中。其应用特点是活树桩成活后,其根系和树干将块石和土壤接合成一个整体;可以美化块石层,淡化人工构造物的生硬感。与单独采用块石砌筑的堤岸相比,这种堤岸具有自然特性,可以为动植物提供更好的生活栖息环境;可以迅速修复并保护受到侵蚀的堤岸;施工简单,可广泛应用。

固定栽植驳岸见图 4.1-21。

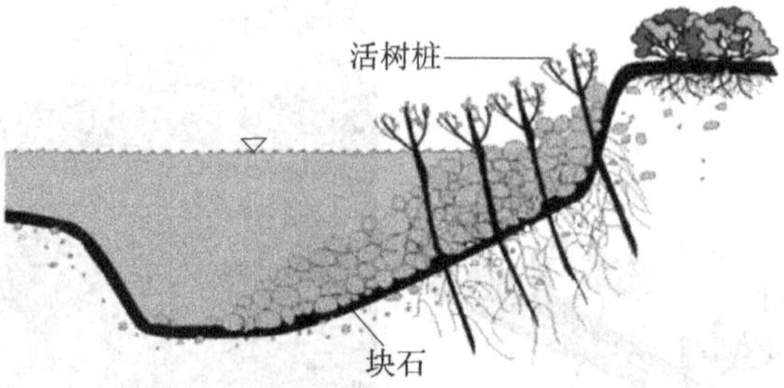

图 4.1-21　固定栽植驳岸

生物型生态驳岸总体上来说更加遵循"崇尚自然、师法自然"的原则,由于驳岸构造多为植物、木桩、块石等天然材料,成熟稳定之后的驳岸更近于自然状态,更有利于水、土壤和各类水生动植物共生共存。

4.2　水资源优质技术体系

4.2.1　构建思路

我国淡水资源总量约为 2.8 万亿 m^3,约占全球淡水资源总量的 6.7%,居世界第六位。从水资源总量上来看还不算太少,但人均水资源量为 2 200 m^3,仅相当于世界人均占有量的 1/4、美国人均占有量的 1/6、巴西人均占有量的 1/9。亩均水资源量为 1 900 m^3，相当于世界亩均占有量的 4/5，明显偏少。我国人均水资源排位中居 121 位。

水资源是生命之源、生存之本、发展之要，是连接粮食、能源的关键纽带，其数量和质量直接影响着区域经济发展、社会稳定、人民福祉、资源安全等各个方面，直接影响河流、湖泊等流域内人民的幸福指数。提供优质水资源，实现"供水可靠、生活富裕"，让老百姓喝上干净卫生的放心水，让第二、三产业用上合格稳定的满意水，让农业灌溉用上适时适量的可靠水，为人民提供更多优质的水利公共服务，持续支撑经济社会高质量发展，这是幸福河湖的基础功能。

幸福河湖水资源评价体系分析评价涉及人均资源占有量、用水保障率、水资源支撑高质量发展能力、生态水资源等多个方面，必须同时考虑众多影响因素，不能单纯以某一种指标来决定方案的优劣。因此，多个目标对决策本身所产生的综合效益的最大化才能体现决策的价值。研究以"幸福河湖"理念为基础，以期为不同流域"水资源幸福指数"提供技术支撑，"水资源幸福指数"构建思路如下：

(1) 研究区水资源利用现状分析。

通过文献、报告查阅及实地考察的形式，对研究区河流湖泊所在流域，现状年的社会经济、自然地质、水文气象、水资源利用等进行调查，并对目前的水资源承载力情况进行评价。

(2) 供需水资源量预测。

以流域现状年基本数据为基础，根据流域内各部门规划数据，对流域近期、中期和远期规划年的水资源需求量和水资源可供水量进行预测计算。

(3) "水资源幸福指数"评价体系建立。

以人均资源占有量、用水保障率、水资源支撑高质量发展能力、生态水资源等多方面，应用主成分分析法对水资源幸福指数进行分析研究，并针对传统的主成分分析法的不足进行改进。

4.2.2　建设标准

4.2.2.1　流域内水资源总量计算

1. 水资源总量

流域水资源总量是指地表水资源总量和地下水资源总量之和减去重复计算部分，其中重复水量包括平原河道渗漏所补给地下水量、渠道渗漏补给量、灌溉田间渗漏量和河川基流量，其计算公式为

$$W = W_f + W_g - U_r - U_c - U_{ci} - R_j$$

式中：W 为水资源总量，万 m^3；W_f 为地表水资源总量，万 m^3；W_g 为地下水资源总量，万 m^3；U_r 为河道渗漏量，万 m^3；U_c 为渠系渗漏量，万 m^3；U_{ci} 为灌溉田间渗漏量，万 m^3；R_j 为河川基流量，万 m^3。

若需要超采深层地下水时，水资源总量还需加入可利用的深层地下水量，应经过水文地质计算来确定可开采量。

2. 地表水资源量

地表水资源总量 W_f 一般使用地表水体的动态水量来表示，地表水体包含河流、湖泊、

沼泽、蓄水工程、调水工程等，其统称为河川径流量，河川径流量可以通过计算区水文站的实测径流资料分析计算得到。

地表水资源总量计算公式一般为

$$W_f = W_B + W_D$$

式中：W_B 为当地地表水资源量，万 m^3；W_D 外调入水资源量，万 m^3，外调用水量可根据水资源规划所得。

3.地下水资源量

因为深层地下水补给和更新速度缓慢，使用深层地下水属于超采现象。地下水量是指与地表水和大气降水有直接关联的，并且参与了流域水循环的地下水。地下水资源只包括浅层地下水资源和不透水层以下的承压深层地下水资源。则地下水资源总量为补给总量减井灌回归补给量，地下水资源量计算方式如下：

$$W_g = U_t - U_{ui}$$

式中：U_{ui}为井灌回归补给量，万 m^3，指在灌溉井灌区的田间时，下渗水对地下水资源的补给量；U_t 为地下水资源补给总量，万 m^3，计算公式如下：

$$U_t = U_p + U_k + U_r + U_c + U_{ci} + U_{ui}$$

得

$$W_g = U_t - U_{ui} = U_p + U_k + U_r + U_c + U_{ci}$$

式中：U_p 为降水入渗量，指当地降水入渗土壤后，靠重力作用补给的地下水量，万 m^3；U_k 为山前侧渗补给量，万 m^3；U_r 为河道渗漏补给量，河水水位高于地下水位所补给的地下水量，万 m^3；U_c 为渠系渗漏补给量，万 m^3；U_{ci}为渠灌田间入渗补给量，指田间渠灌下渗补充地下水资源量，万 m^3；U_{ui}为井灌回归补给量，万 m^3。各补给量计算公式如下：

（1）山前侧渗补给量 U_k。

$$U_k = kIHL_1$$

式中：k 为含水层渗透系数；I 为地下水水力坡度；H 为计算剖面含水层厚度，m；L_1 为计算剖面长度，m。

（2）河道渗漏补给量 U_r。

$$U_r = (Q_{上} - Q_{下} \pm Q_{外})(1 - \lambda)L_2/L_3$$

式中：$Q_{上}$、$Q_{下}$ 为上游、下游水文站实测年径流量，万 m^3；$Q_{外}$为区间内流入或流出河道水量，万 m^3；λ 为蒸发损失系数；L_2 为计算河道长度，m；L_3 为两侧断流面河道相距长度，m。

（3）渠系渗漏补给量 U_c。

$$U_c = mQ_c$$

式中：m 为渠系渗漏补给系数；Q_c 为渠首引水量，万 m^3。

（4）渠灌田间入渗补给量 U_{ci}。

$$U_{ci} = \beta Q_{ci}$$

式中：β 为渠灌田间入渗补给系数；Q_{ci}为灌溉净用水量，万 m^3。

（5）井灌回归补给量 U_{ui}。

$$U_{ui} = \delta Q_{ui}$$

式中：δ 为井灌回归补给系数；Q_{ui} 为井灌实际开采水量，万 m^3。

4.2.2.2　现状水资源承载力分析

1.水资源承载力概念

目前对水资源承载力的概念并未达成一致，主要存在以下几种水资源承载力概念：

一是以施雅风院士为代表的最大供水量理论，其认为水资源承载力为一定条件下水资源相对人口、经济等可提供最大供水量。

二是以夏军院士为代表的最大社会-人口规模理论，其认为水资源承载力是在满足生态和正常经济用水条件下，其可利用生活用水可承载的最大人口规模。

三是以水利部原部长汪恕诚为代表的最大污染排放理论，其认为水资源承载力是指水体在维持正常生态标准下可维持最大污染物排放量。根据幸福河湖特点及资料数据，本书选择以最大社会-人口规模理论作为水资源承载力概念。

2.水资源承载力分析方法

参考夏军院士和其他一些学者的研究成果，对某一地区的水资源承载力计算主要参照最大水资源人口承载力 C_p、水资源承载力平衡指数 IWSD，可直观清晰地反映水资源承载能力及是否超载。水资源承载力及平衡指数计算如下。

1）最大水资源人口承载力

C_p 计算方法为

$$C_p = \frac{W_s}{K_p}$$

式中：K_p 为人均综合用水标准，m^3/人；W_s 为生活最大可利用水资源量，万 m^3，即在满足可维持一个地区经济、生态正常需水量外，富余水资源全部用于生活用水，可支撑人口数量；C_p 为最大水资源人口承载力，万人。

生活最大可利用水资源量 W_s 计算方法为

$$W_s = W_G + W_T - W_E - W_L$$

式中：W_G 为本地区可利用水资源总量，万 m^3；W_T 为调入水资源量，万 m^3；W_E 为生态需水量，万 m^3；W_L 为生产用水量，万 m^3，为三个产业用水量之和；上述指标可根据统计数据查找和计算得到。

人均综合用水标准 K_p 计算方法为

$$K_p = [\eta_1\delta + \eta_2(1 - \delta)] \times 365$$

式中：η_1、η_2 分别为城镇和农村一般水平用水定额，m^3/（人 · d）；δ 为城镇化率，参考流域内区域年鉴。

2）水资源承载力平衡指数

IWSD 计算方法为

$$\mathrm{IWSD} = \frac{W_G - W_X}{W_G} = 1 - \frac{W_X}{W_G}$$

式中：W_G 为可供水量，万 m^3，根据水文局数据、《水资源公报》、《水资源规划》等确定；W_X 为需水总量，万 m^3，可根据当地水文局数据、《统计年鉴》等查找和计算得到。

当可供水量 W_G 小于需水总量 W_X 时，水资源承载力平衡指数 IWSD<0，此时该地区的可供水资源不足以维持本地区正常的人口、经济、生态规模，此时本地水资源承载力状态是不可承载的，且易发生地下水资源超采以支撑对应的人口经济规模，不利于地质、生态环境的维护。反之，水资源承载力平衡指数 IWSD≥0，此时该地区的水资源承载力为可承载状态。

4.2.2.3　需供水量预测计算

1.需水量预测计算

1）生活用水总量计算

生活用水总量计算公式为

$$W_{生活} = W_{城镇居民} + W_{农村居民}$$

式中：$W_{生活}$ 为生活用水总量，万 m^3；$W_{城镇居民}$ 和 $W_{农村居民}$ 分别为城镇居民和农村居民生活用水，万 m^3，可采用日用水定额计算。

城镇居民生活用水计算公式为

$$W_{城镇居民} = 365 \times K_{城镇居民} \times P_{城镇居民}$$

式中：$K_{城镇居民}$ 为城镇居民人均日用水量，$m^3/(人 \cdot d)$；$P_{城镇居民}$ 为城镇居民人口总量，万人。

农村居民生活用水包括居民生活所需水资源和家养牲畜所需水资源，计算公式为

$$W_{农村居民} = 365 \times [K_{农村居民} \times P_{农村居民} + \sum (K_{牲畜i} \times P_{牲畜i})]$$

式中：$K_{农村居民}$为农村居民人均日用水量，$m^3/(人 \cdot d)$；$P_{农村居民}$为农村居民人口总量，万人；$K_{牲畜i}$为 i 牲畜日用水量，$m^3/[头(只) \cdot d]$；$P_{牲畜i}$为 i 牲畜数量，万头(只)。

2）第三产业用水量计算

第三产业用水量计算公式为

$$W_{三产} = X_{三产} \cdot M_{三产}/10\ 000$$

式中：$W_{三产}$ 为第三产业用水量，万 m^3；$X_{三产}$ 为第三产业产值，万元；$M_{三产}$ 为研究区第三产业万元产值用水定额，m^3/万元。

3）农业需水量计算

农业节水问题将是当地水资源幸福指数不可忽视的关键因素。因此，必须推广科学的灌溉方式、发展高效农业和节水农业，以提高水资源的配置效率。本书采用灌溉定额法来进行农业需水量计算。

农田灌溉用水采用灌溉净定额除以渠系水利用系数再乘以灌溉面积的方法进行计算，计算公式可表述为

$$W_{灌溉} = \frac{\omega_{灌溉}}{10\ 000\eta} A_{灌溉}$$

式中：$W_{灌溉}$ 为农田灌溉用水量，万 m^3；$\omega_{灌溉}$ 为农田灌溉定额，m^3/hm^2；η 为渠系水利用系数；$A_{灌溉}$ 为农田灌溉面积，hm^2。

农田灌溉用水量计算的关键是灌溉定额的确定。为了较为准确地对研究区域灌溉用水量进行计算，实际操作中可根据实地情况将灌溉农田进行合理分区，然后针对各个灌溉

分区的特性来具体确定其灌溉定额,然后求和得到农田灌溉用水总量。

4)畜牧业需水量计算

畜牧业喂养牲畜主要包括马、牛、羊等大型牲畜,其用水量也是应用日定额用水量的方法进行估算,计算公式为

$$W_{畜牧} = 365 \times \sum (K_{畜牧j} \times P_{畜牧j})$$

式中:$W_{畜牧}$ 为牲畜用水总量,万 m^3;$K_{畜牧j}$ 为 j 牲畜日用水量,$m^3/[头(只)\cdot d]$;$P_{畜牧j}$ 为 j 牲畜数量,万头(只)。

5)工业需水量计算

第二产业用水可按工业计算,预测工业用水常用万元产值用水定额的方法计算,计算公式为

$$W_{工业} = X_{工业} \cdot M_{工业}(1 - \alpha)/10\ 000$$

式中:$W_{工业}$ 为工业用水量,万 m^3;$X_{工业}$ 为工业产值,万元;$M_{工业}$ 为研究区工业万元产值用水定额,m^3/万元;α 为工业用水重复利用率。

6)河道最小生态需水量

为了确保河流生态环境良性发展,实现可持续发展的目标,进行河道最小生态需水量的研究具有重要意义。河道生态需水量是指维持水生生物正常生存及繁衍所需的基本水量。河道最小生态需水量指保障河流生态系统正常运转的最小河道保留水量。一般河道分为汛期(4~9 月)和非汛期(10 月至次年 3 月)。研究采用 Tennant 法以年平均径流量的百分比来描述河道内生态状况,该方法简单易行,适应中国季节性变化的河流。1976 年,Tennant 根据河道生态进行大量统计试验提出了 Tennant 法(也称 Montana 法),试验显示,河道平均径流量的 60%、30%、10%对评价河道生态状况具有显著的代表性。河道最小生态需水量分为汛期和非汛期,分别设有 8 个级别,以占径流量的百分比来表示,具体见表 4.2-1。

表 4.2-1　Tennant 法基流流量占平均流量百分比　%

河流描述	推荐的基流(10 月至次年 3 月)	推荐的基流(4~9 月)
最大	200.00	200.00
最佳范围	60.00~100.00	60.00~100.00
极好	40.00	60.00
非常好	30.00	50.00
好	20.00	40.00
中	10.00	30.00
差或最差	10.00	10.00
极差	0~10.00	0~10.00

7)城市生态环境需水量

城市生态环境需水量主要为生态景观、草地、林地等绿地系统生态环境需水量。城市生态环境需水量包括各种类型植被蒸散发需水量、植被生长需水量以及土壤含水需水量。

$$W_{生态} = W_E + W_P + W_S$$

式中：$W_{生态}$为生态总需水量，万 m^3；W_E 为植被生长需水量，万 m^3；W_S 为土壤含水需水量，万 m^3；W_P 为绿地植被蒸散发需水量，万 m^3。绿地植被蒸散发需水量计算公式如下：

$$W_P = \sum A_i E_{Pi}/1\ 000$$

式中：A_i 为 i 种植物种植面积，hm^2；E_{Pi}为 i 种植物蒸散量，mm/a。

2.供水量预测计算

可供水量实际上是一种供水潜力分析的计算，供水潜力本身是和需水量的计算、分析密切相关的。计算可供水量的主要步骤为：①计算各种蓄水及调水工程可供水总量，可供水量的多少直接限制于水资源总量的多少；②根据与水相关的经济社会资料及引、提水工程情况计算，可供水量应以水资源需求能力和工程最大可供水量的最小值确定，在确保水资源可持续开发利用和环境用水的前提下，尽可能地满足各部门需水水平，从而对供水量进行准确预测。

1）地表水资源可供水量计算

地表水可供水量计算是按照地表水供水工程分类进行计算的。主要包括蓄水工程，引、提水工程和跨流域调水工程 3 类，可供水量计算方法分别如下。

（1）蓄水工程可供水量计算。蓄水工程包括天然河流、湿地和蓄水工程。一般来说，大中型蓄水工程采用长系列法进行调节计算，在时间上对水资源进行重新分配，得到不同水平年的水库可供水量；小型蓄水工程由于缺乏实测资料，往往采用“复蓄指数”法进行可供水量计算。

（2）引、提水工程可供水量规模计算。引水工程的可供水量计算应当依据现状供水情况以及需水情况进行引水，在进行引水工程可供水量计算时除了要考虑用水需求，还应考虑引、提水工程规模，通常当地水资源可供水量取决于需水量以及工程最大可供水量的最小值。

（3）跨流域调水。对于外调水可供水量的计算，主要依据配置区域的发展规划，采用调查法调查统计出不同水平年规划跨流域调水的供水规模、供水范围以及预计的供水对象，该区域外调水的可供水量。

地表水资源可供水量计算公式为

$$W_{地表} = W_{河流} + W_{湿地} + W_{工程} + W_{调水} + W_{其他}$$

式中：$W_{地表}$ 为地表水资源可供给总量，万 m^3；$W_{河流}$ 为境内河流、渠道水资源可供给总量，万 m^3；$W_{湿地}$ 为境内湖泊等天然湿地水资源可供给总量，万 m^3；$W_{工程}$ 为境内蓄水工程水资源可供给总量，万 m^3；$W_{调水}$ 为境外调水工程水资源可供给总量，万 m^3；$W_{其他}$ 为境内其他地表水资源可供给总量，万 m^3。

2）地下水资源可供水量计算

地下水资源可供水量与当地地下水资源可开采量、机井提水能力、开采范围等有关。一般以上因素可归结为一个可开采系数，本书采用水利部水利水电规划设计总院编制的《地下水资源量及可开采量补充细则（试行）》中的可开采系数法，即

$$W_{可开采} = W_g \cdot \rho$$

式中：$W_{可开采}$ 为地下水可开采量，也为地下水最大可供水量，万 m^3；W_g 为地下水资源总量，

万 m^3；ρ 为表征地下水可开采条件的参数，需根据含水层岩性、厚度、地下水埋深和单井出水量等因素来确定，根据含水层颗粒细、厚度小、开采条件较差等特点，本书确定 ρ 取 0.7。

3）再生水资源利用

研究采用指标分析法对再生水进行预测计算。根据城市建设规模、人口规模、产业政策等资料，分别计算得到居民污水量、工业废水量等，然后累加计算得到城市污水总量。根据《城市排水工程规划规范》（GB 50318—2017），本次计算中生活污水排放系数取 0.90，工业废水排放系数取 0.80，污水收集处理率按 100%处理，污水再生利用率按 100%处理，工程用水量与需水量相等。再生水计算公式如下：

$$W_c = 0.9W_L + 0.8W_G$$

式中：W_c 为再生水资源量，万 m^3；W_L 为生活污水排放量，万 m^3；W_G 为工业废水排放量，万 m^3。

4）雨洪水利用

（1）农业雨水可利用理论公式计算：

$$W_{农可} = 0.1(P - E_0)F_{农} - R_s - R_g$$

式中：$W_{农可}$ 为农业再生水资源理论可利用量，万 m^3；P 为降水总量，mm；R_s、R_g 为降水引起的地表径流量和地下径流量，万 m^3；E_0 为降水期的蒸发总量，mm；$F_{农}$ 为研究区农业种植面积，km^2。

雨水资源可供给量公式为

$$W_{农} = S_n + S_a + \sum_{i=1}^{n} AW_i$$

式中：$W_{农}$ 为农业雨水资源可供给量；S_n 为自然条件下地表就地蓄集的雨水量，万 m^3；S_a 为人工条件下就地蓄集的雨水量，万 m^3；AW_i 为某次降雨土壤中蓄集的雨水量，万 m^3。

（2）不透水面的雨水可供给量采用下面经验公式计算：

$$W_{不透水层} = 0.1F_{不透水层} \times P \times r_{不透水层}$$

式中：$W_{不透水层}$ 为不透水面的雨水可供给量，万 m^3；$F_{不透水层}$ 为不透水面积，km^2；P 为降水量，mm；$r_{不透水层}$ 为不透水面径流系数，取值范围为 0.8～0.9。

（3）绿地的雨水可供给量采用下面经验公式计算：

$$W_{绿地} = 0.1F_{绿地} \times P \times r_{绿地}$$

式中：$W_{绿地}$ 为集雨绿地的雨水可供给量，万 m^3；$F_{绿地}$ 为集雨绿地面积，km^2；P 为降水量，mm；$r_{绿地}$ 为集雨绿地径流系数。

（4）雨水资源计算总公式为

$$W_{雨水} = W_{农} + W_{不透水层} + W_{绿地}$$

式中：$W_{雨水}$ 为雨水资源可供给量，万 m^3。

5）矿井疏干水利用

因矿井中无排水出口，无法及时排出的矿井疏干水成为矿井的严重威胁。同时矿井疏干水也是可利用的非常规水资源之一，准确地计算矿井疏干水和及时的利用，既有利于保护矿井的安全运营，同时也能缓解水资源短缺问题。

矿井疏干水来源于煤层导水裂隙带范围内的基本项板及其他含水层，其水资源数量为采空区积水量，首先引入采空区积水系数的概念，采空区积水系数为采空区积水（矿井

疏干水)量和采矿体积的比值,其公式为

$$C = \frac{W_s}{V_k} = \frac{W_s}{M_k/\rho_k}$$

式中:C 为采空区积水系数;W_s 为矿井疏干水可供给量,万 m^3;V_k 为采矿体积,万 m^3;M_k 为所采矿产 k 的质量,万 t;ρ_k 为所采矿产 k 的密度。

此时,可推出矿井疏干水计算公式为

$$W_s = C \cdot V_k = C \cdot M_k/\rho_k$$

或

$$W_s = C \cdot \frac{AH}{\cos\alpha}$$

式中:A 为淹没采空区平面面积投影;H 为采矿层厚度;α 为采矿层倾角。

根据资料的完整程度采用不同的计算公式对矿井疏干水资源量进行计算。

6)苦咸水可供给量计算

苦咸水可供水量取决于区域地下水可开采量以及苦咸水矿化度,苦咸水与深层地下水混合后的矿化度应该小于 2 g/L。

苦咸水可供给量公式如下:

$$W_{咸} = \zeta \cdot W_b$$

式中:$W_{咸}$为苦咸水可供给量,万 m^3;ζ 为苦咸水可开采系数;W_b 为浅层地下水补给量,万 m^3。

4.2.2.4 “水资源幸福指数”评价体系

“水资源幸福指数”评价体系不能单纯以某一种指标来决定方案的优劣。因此,多个目标对决策本身所产生的综合效益的最大化才能体现决策的价值。但是,多目标决策问题最明显的特征是各个目标之间的不能公度性和各个目标之间的矛盾性。不能公度性是指不能将不同指标统一单位,来对决策结果进行量化分析。例如,以度量单位为亿元的最大经济目标、以度量单位为万 m^3 的缺水量最小目标,二者无法直接进行运算量化。矛盾性是指当有限的资源满足几个决策目标时,往往不能顾及所有决策。例如将有限的水资源更多地配置于第二产业,虽然经济目标更容易达到要求,但是会影响生态用水等其他部门的水资源利用。因此,在一般的多目标决策问题中往往找不到一个合适的方案能使每个目标的决策值达到最优。如何评估水资源幸福指数,也是进行研究工作的一个难点。

主成分分析法适用于描述多个响应变量之间的关系,并解释数据的总变化,是现阶段实现降维的有效方法,符合水资源综合分析多指标的特点。因此,本书采用主成分分析法对研究区域进行水资源综合分析评价,并对传统主成分分析法进行改进。传统主成分分析法分析使各指标方差相等为 1 来进行无量纲化,虽然简化了消除量纲影响计算,但是因其只包含原始数据部分信息,而忽视了评价指标的变异程度差异,不能准确地反映原始数据包含的所有信息。本书采用 Z-Score 标准化法对原始矩阵进行标准化处理。改进主成分分析法计算过程及公式如下所述。

(1)建立底层指标体系。假设有 m 个样品,每个样品有 n 个观测指标,则建立原始数据有

$$X = \{x_{ij}\}_{mn}$$

式中：$i\in[1,m]$；$j\in[1,n]$；m 为样本值；n 为指标个数。

对原始指标体系进行同趋势化转化。对正指标，$x_{ij}=x_{ij}$，对逆指标，$x_{ij}=M-x_{ij}$，其中 M 为一较大正数。

(2)进行 Z-Score 标准化方法改进处理。

$$Z_{ij}=\frac{x_{ij}-\bar{x}_j}{S_j}$$

式中：$\bar{x}_j=\frac{\sum_{i=1}^{m}x_{ij}}{n}$；$i\in[1,m]$；$j\in[1,n]$；$S_j$ 为样本协方差，计算公式为

$$S_j=\sqrt{\frac{\sum_{i=1}^{m}(x_{ij}-\bar{x}_j)^2}{n-1}}$$

则得均值化矩阵

$$\boldsymbol{Z}=\{z_{ij}\}_{mn}$$

(3)计算矩阵 $\boldsymbol{Z}_{ij}$ 的关系矩阵 $\boldsymbol{R}$。关系矩阵 $\boldsymbol{R}=\{r_{ij}\}_{mn}$ 反映了指标 z_i 和 z_j 的相关程度，则 r_{ij} 表达式为

$$r_{ij}=\frac{\sum z_i\cdot z_j}{\sqrt{\sum z_i^{\ 2}\cdot z_j^{\ 2}}}$$

(4)求 $\boldsymbol{R}$ 的特征值及特征向量。求解相关系数矩阵的特征方程为

$$|\lambda\boldsymbol{I}m-\boldsymbol{R}|=0$$

式中：λ 为数学参数；$\boldsymbol{I}$ 为单位矩阵；m 为样本值。

求得 m 个特征值。不妨设 $\lambda_1\geqslant\lambda_2\geqslant\cdots\geqslant\lambda_m\geqslant0$，并得到其相对应特征向量 $\boldsymbol{u}_1,\boldsymbol{u}_2,\cdots,\boldsymbol{u}_m$。

(5)计算主成分贡献率及累计贡献率。

主成分贡献率为

$$\alpha_i=\frac{\lambda_i}{\sum_{i=1}^{m}\lambda_i}$$

主成分累计贡献率为

$$\gamma_i=\frac{\sum_{i=1}^{p}\lambda_i}{\sum_{i=1}^{m}\lambda_i}$$

式中：一般采取累计贡献率 γ_p 为 85%～95%的特征值 $\lambda_1,\lambda_2,\cdots,\lambda_p$ 和所对应的第一、第二，…，第 $p(p\leqslant m)$ 个主成分。

(6)计算所得主成分荷载：

$$l_{ij}=\sqrt{\lambda_i}\boldsymbol{u}_{ij}$$

式中：l_{ij} 为主成分荷载；$\boldsymbol{u}_{ij}$ 为特征向量(第 i 个主成分对应第 j 个元素)。

(7)计算主成分得分:

$$F_i = \sum_{i=1}^{m} \boldsymbol{u}_i z_i$$

(8)改进的主成分综合得分。使主成分综合评价结果最终反映样本的优劣程度,首先需要确定其评价得分范围。为方便比较及反映其样本特点,本书将主成分综合得分缩放至[0,1],其计算过程如下所示:

$$F_k^* = \sum \alpha_i \frac{(F_i + F_{\max})}{(F_{\max} - F_{\min})}$$

式中:$k=1 \sim p(p \leqslant m)$。

本书水资源协同配置综合评价得分水平为研究区指数相对值,仅供分析水资源协同配置方案综合评价水平。

水资源幸福指数成分见表4.2-2。

表4.2-2 水资源幸福指数成分

指标	指标类型	单位	表示、计算方法	成分意义
x_1	总可承载人口	万人	按所配置水资源量	反映研究方法水资源承载力情况
x_2	常规水资源可供水量	万 m^3	按所配置水资源量	反映研究方法水资源整体丰裕程度
x_3	非常规水资源量	万 m^3	按所配置水资源量	反映研究方法非常规水资源存在情况
x_4	用水总量	万 m^3	按所配置水资源量	反映研究方法用水情况
x_5	生活用水总量	万 m^3	按所配置水资源量	反映研究方法的生活用水水平,生活用水越大,则人民生活水平越高
x_6	人均常规水资源量	m^3/人	常规水资源量/承载人口数	反映常规水资源人均占有情况,人均常规水资源量越大,区域的水资源人口承载能力越大,幸福指数越高
x_7	生态用水率	%	生态用水量/总用水量	反映生态水量占总用水量的比例,生态用水率越大,证明用于生态用水量越大,水资源生态承载力越大
x_8	经济总产值	亿元	按所配置水资源量	经济额越高,证明经济效益越大
x_9	城市绿化率	%	绿地面积/总面积	绿化率越高,对水资源、水环境的影响越大,水资源系统环境承载的压力也越大
x_{10}	第三产业比重	%	第三产业增加值/地区生产总值	第三产业所占的比例越大,单位经济产出的耗水强度越小,水资源的承载力越大
x_{11}	工业万元增加值取水量	m^3/万元	工业年耗水量/工业增加值	反映工业产值单位用水量,工业万元增加值取水量越小,水资源承载力越大

4.2.3　工程措施建设

要解决区域性的水量不足和分配不均等问题，需要采用有效的措施。如修建流域内的调水水库，合理利用和开采地下水，正确处理污水和采用节水措施，咸水淡化和海水灌溉，流域内及跨流域引水，以及其他特殊方式的“引水”工程等。为了流域远期目标利益而进行的调水工程就属于水资源优化配置的重要手段之一。

为解决水资源时空分布与区域用水需求严重不匹配的矛盾，经过多年研究论证，我国提出了引长江水到华北地区的南水北调总体布局，将长江、黄河、淮河、海河相连接形成“四横三纵”的大区域水资源系统。各地跨流域调水工程也纷纷上马，“引黄济青、引滦入津、引黄入晋”等工程缓解了山东、山西以及京津唐地区水资源紧张的局势。辽宁省结合水资源的空间分布特点、经济发展布局以及已建和拟建的水利工程情况，提出构建“东水济西”水资源配置工程布局，相继提出“东水西调、引细入汤、引碧入连”等调水工程。流域内部水资源配置也需要相应配套调、引水工程建设。

调、引水工程是改变自然水资源天然分布状况以适应人类生存与发展需要的主要工程措施之一，促进了社会经济的可持续发展。如何实现系统内水多种资源的优化配置，保证系统内的供水水质，使有限的水资源发挥最大的作用，以满足工程沿线地区的用水需求，是亟待研究和解决的问题。调、引水工程不仅具备供水、灌溉等经济目标，还具备防洪、生态环境等公益目标，而各种目标之间存在用水冲突，在工程的运行管理过程中必须协调好各目标之间的关系。欲使调、引水工程充分发挥其调节作用，实现水资源科学、高效、合理的利用，有两个方面的问题深入分析和解决：首先必须建立与我国水资源管理体制特点相适应的管理模式，明确各管理机构的职责和权利，确保工程的社会效益、经济效益和生态效益的实现；其次应针对工程的各项目标的重要性和需水情况以及受水区用水矛盾等建立水资源配置模型，实现水资源的合理开发利用、经济社会发展与生态环境保护的协调可持续发展。

调、引水工程管理是水资源管理的组成部分，属于复杂的多学科水资源问题，在自然科学方面，涉及地形、水文、水质、水资源规划和水利工程；在社会科学方面，涉及政治、经济、生态、环境和法律。本书从多方面概括了跨流域调水工程的特点。

4.3　水环境宜居技术体系

4.3.1　构建思路

4.3.1.1　水环境问题及其产生原因

在河流水环境治理过程中，首先应当调查研究其产生的水环境问题，特别是水体是否健康，水质是否达标，生态是否安全，河流功能是否永续；其次应当缕清水环境问题的成因，因地制宜，对症下药，总体采取“控源截污+水质提升+水源地保护”的思路，解决河流污染问题。

1.水环境主要问题

通过对不同类型河流的调查研究,发现水环境问题复杂多样,经过规划,河流水环境问题主要表现为以下几个方面:

(1)河流水质变差,存在外源污染,且污染源复杂。

(2)河流存在内源污染,持续向水体释放污染物质。

(3)河流生态基流难以维持,水位水量剧减,出现减脱水、断流现象。

(4)河流渠化严重,生态退化,整体生态系统出现危机,水体自净能力降低。

(5)饮用水源地建设不达标,影响居民饮水安全。

2.水环境问题主要成因

河流水体污染过程及发展趋势较为复杂,经过归纳总结,总体将水环境问题的成因分为以下几个方面:

(1)由于建设场地、年代、技术等因素的限制,污水管网建设不完善。部分地区沿用雨污合流制管网,难以承受汛期大量雨水的负荷;部分沿河建设的城市,将污水干管建设在河道内,难以检修,雨污水容易渗漏,直排入河;部分地区尚未完成入河排污口整治,存在大量违规排污口,生活污水直排入河。

(2)由于地区经济发展程度等因素的制约,农村地区缺乏污水收集处理系统,农村生活污水通过地表径流或排水沟渠直接汇入河流。

(3)由于河流生态退化、河道及滨水空间硬化严重,城市、农村、农田与河道之间缺乏缓冲,富含污染物的地表径流及农田灌排水直接汇入河流,污染水体。

(4)由于河流底泥淤积、水体流通不畅、水体生态系统破坏,水体自净能力弱化,河流底泥污染,水体富营养化程度高。

4.3.1.2　水环境宜居技术路线

在充分调查水环境现状的基础上,对河流水环境受到的威胁因素进行分析归纳,针对管网选线不当、跑冒滴漏、雨污混接、底泥淤积等问题,以污水截留和河道水质提升为抓手,从污染源和污染途径两方面综合施策,消除污水入河风险,提高河流水质,修复河道水环境。同时,加强水源地保护,通过水源地生态清淤、水源地标准化建设等,保障水源地水质,保障居民饮水安全。

水环境宜居技术路线见图 4.3-1。

4.3.2　建设标准

(1)《地表水环境质量标准》(GB 3838—2002)。

(2)《城镇污水处理厂污染物排放标准》(GB 18918—2002)。

(3)《室外排水设计标准》(GB 50014—2021)。

(4)《城市工程管线综合规划规范》(GB 50289—2016)。

(5)《城镇排水管道混接调查及治理技术规程》(2021 年 3 月 1 日实施)。

(6)《人工湿地污水处理工程技术规范》(HJ 2005—2010)。

(7)《污水自然处理工程技术规程》(CJJ/T 54—2017)。

(8)《人工湿地水质净化技术指南》(2021 年 4 月)。

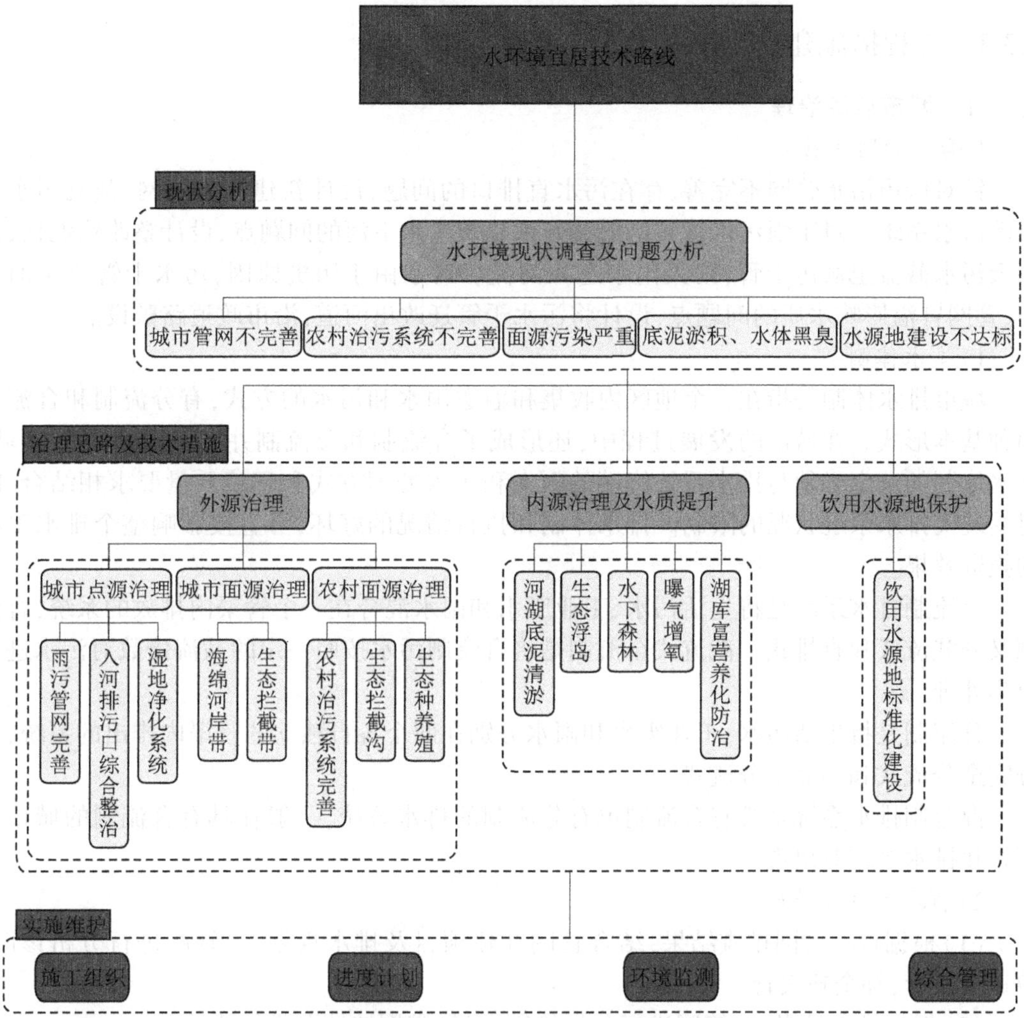

图 4.3-1 水环境宜居技术路线

(9)《农用污泥污染物控制标准》(GB 4284—2018)。

(10)《土壤环境质量 建设用地土壤污染风险管控标准(试行)》(GB 36600—2018)。

(11)《土壤环境质量 农用地土壤污染风险管控标准(试行)》(GB 15618—2018)。

(12)《城镇污水处理厂污泥处置 制砖用泥质》(GB/T 25031—2010)。

(13)《城镇污水处理厂污泥处置 园林绿化用泥质》(GB/T 23486—2009)。

(14)《疏浚与吹填工程技术规范》(SL 17—2014)。

(15)《疏浚与吹填工程设计规范》(JTS 181-5—2012)。

(16)《海绵城市建设技术指南——低影响开发雨水系统构建(试行)》。

(17)《国务院办公厅关于加强入河入海排污口监督管理工作的实施意见》(国办函〔2022〕17 号)。

4.3.3 工程措施建设

4.3.3.1 城市点源治理

1.雨污管网完善

针对城市污水管网不完善、存在污水直排口的问题,设计新建污水管网,截流污水至市政污水系统。对于雨污水管网错混接导致旱季污水下河的问题点,设计整改错混接,使晴天污水截流至截污干管,雨天雨水进入河流。对于由于历史原因,污水干管位于河道内、管网冒溢影响水质的问题点,设计将污水干管迁改出河道,沿市政道路敷设。

1)排水体制

城市排水体制是指在一个地区内收集和输送雨水和污水的方式,有分流制和合流制两种基本形式。在城市的发展过程中,还形成了合流制和分流制并存的混合制的区域。排水体制的选定必须与排水系统终端的雨水和污水处理方式和环境质量要求相结合,同时受现实排水系统状况的限制。排水体制和执行情况的好坏,可直接影响整个排水工程的投资效果。

合流制排水系统是将生活污水、工业废水和雨水混合在一个管渠内排放的系统,合流制又分截流式和直排式。截流式合流制是将合流制污水按照一定的截流倍数对污水进行收集处理。

分流制是将生活污水、工业废水和雨水分别在两个各自独立的管渠内排出的系统,又分完全分流式和不完全分流式。

混合制排水系统是既有合流制也有分流制的排水系统,一般在具有合流制的城市需要扩建排水系统时出现。

2)雨污管网完善原则

(1)根据现状管网排查结果,结合管网在建项目及排水规划,对管网进行分析诊断,拉通断头管,补全缺失管。

(2)根据排查结果,对管网进行分析诊断,对管道倒坡情况进行改造。

(3)根据排查结果,对管网进行分析诊断,对管道管径异常情况进行扩建、原位换管或由管养单位运营管理。

3)污水干管迁改

对于某些沿河建设的城市,污水干管常沿河道布设,受建设年代及技术手段的限制,导致污水主干管布设于河道内,由于年久失修,管道的破损和淤堵现象十分严重,泄漏、溢流、冒井问题造成污水直接入河,使得污水干管成为实际意义上的入河排污口,对河道水质产生持续不断的不良影响。针对此问题,采取迁改污水干管的措施,新建污水管网,实现雨污分流,消除污水冒溢对河道的影响。

4)雨污管网错混接改造

根据《城镇分流制排水系统雨污混接调查及治理技术规程》确定雨污分流整治原则如下:①区域雨污分流改造工作应在前期调查与评估的基础上,科学合理制订改造方案,有序开展混接改造工作;②针对排水管道系统雨污混接的类型,应采取针对性的改造措施。

对于市政污水管道接入市政雨水管道,应封堵所接入的污水管道,并将污水管改接入污水排水系统,所封堵的污水管道应填实处理。对于市政雨水管道接入市政污水管道,应封堵所接入的雨水管道,并将雨水管改接入雨水排水系统,所封堵的雨水管道应填实处理。对于市政合流管道接入市政雨水管道,应对合流管道实施雨污分流改造。如暂不具备雨污分流改造条件,在核实计算的基础上,按《室外排水设计标准》(GB 50014—2021)的要求加设截流系统,将截流的旱天污水和雨天部分雨污混合水截流至市政污水管道。

5)管网修复

根据《城镇排水管道检测与评估技术规程》(CJJ 181—2012)排水管道内缺陷密集程度或数量来确定管道修复工艺原则:①管段内结构性缺陷数量(需局部修复)≥3处时,原则上整段修复(开挖换管或非开挖修复);严重病害(结构性缺陷)管段,采用开挖换管或碎裂胀管法换管;②管道内结构性缺陷数量(需局部修复)<3处时,原则上局部修复(非开挖修复和局部开挖修复)管段,若管道病害严重,则采用局部开挖加检查井或局部换管修复;③管道内结构缺陷数量(需局部修复)<3处时,但某一处缺陷距离长度超过1 m时,则优先推选整段修复(开挖修复或非开挖修复)。

管网修复主要应用以下技术:

(1)管道开挖翻建技术。

根据管道排查结果,对变形、起伏较大、其他专业管线穿入以及腐蚀、破裂严重的排水管道采用整体开挖更新,对错口严重的管道采用局部开挖更新。排水管道开挖更新可参照《给水排水管道工程施工及验收规范》(GB 50268—2008)等相关规范、规程执行。管道沟槽开挖施工根据现场实际情况可采取放坡开挖和支护开挖,以机械为主,辅以人工的方法进行。放坡开挖埋管施工适用在场地开阔、地质条件较好、管道埋深较浅、地下水较深或降水较容易的条件下使用,该方法施工简单、工程造价较低。支护开挖埋管施工适用场地受到限制,管道埋深较深,地下水较深或降水较容易的条件下使用。该方法施工比放坡开挖埋管施工稍复杂,技术难度也较大,工程造价也较高。

(2)管道非开挖修复技术。

排水管道非开挖修复的目的是采用少开挖或不开挖地表的修复技术对损坏的排水管道进行局部或整体修复,使其恢复原有功能。本次检测到的排水管道损坏为同一管道出现多处(3处及3处以上)结构性损坏及单一的严重损坏,本工程考虑对上述管道均优先采用非开挖整体修复。

①紫外光固化技术。

紫外光固化(UV固化),是指在强紫外光线照射下,体系中的光敏物质发生化学反应产生活性碎片,引发体系中活性单体或低聚物的聚合、交联,从而使体系由液态涂层瞬间变成固态涂层。紫外光固化材料基本组分:光引发剂、低聚物、稀释剂以及其他组分。

紫外光固化树脂体系相对于热固性树脂体系具有明显的优点:固化区域定义比较明确,仅在紫外光灯泡照射区域;固化时间短,随着紫外线光源逐渐地向前移动,内衬的冷却也随后连续发生,从而降低了固化收缩在内衬管内引起的内应力;紫外光固化设备上可以安装摄像头,以便实时检测内衬管固化情况;紫外光固化工艺中不用考虑排水管道端口断面高低的问题;固化工艺中不产生废水。但由于内衬管外表面紫外光接收比较少,因此固化效果也相对内表面较差。目前紫外光固化内衬管的最大厚度一般是 3~12 mm;固化的平均速度为 1 m/min。

内衬管道由内管和外管组成双层构造(三明治结构),S 内衬材料弹性模量至少可达到 12 000 N/m^2,固化方法为紫外线。

该工艺适应于圆形管、非圆形管和弯曲管道的修复,可修复的管径范围为 DN200~DN1500。一次修复最长可达 200 m,可在一段内进行变径内衬施工;施工过程不需开挖,占地面积小,对周围环境及交通影响小,在不可开挖的地区或交通繁忙的街道修复排水管道具有明显优势;施工时间短,管道疏通冲洗后内衬管的固化速度平均可达到 1 m/min,修复完成后的管道即可投入使用,极大减少了管道封堵的时间;形成的内衬管强度高,壁厚小,与原有管道紧密贴合,加之内衬管表面光滑、没有接头、流动性好,极大减小了原有管道的过流断面损失;该工艺修复后的使用年限最少可达到 50 年。

紫外光固化技术相对于传统的热固化工艺,其内衬管刚度大,相同荷载情况下所用内衬管壁厚较小;固化时间短,随着紫外线光源逐渐向前移动,内衬的冷却也随后连续发生,降低了固化收缩在内衬管内引起的内应力;紫外光固化设备上可以安装摄像头,以便实时检测内衬管固化情况;紫外光固化工艺中不用考虑排水管道端口断面高低引起的固化起始端的问题;固化工艺中不产生废水。

②聚氨酯等高分子喷涂技术(整体、局部)。

喷涂结构聚氨酯等高分子材料技术是采用专用设备将材料加热,在加热的同时给材料加压,用高速气流将其雾化并喷到管道表面,形成覆盖层,以提高管道抗压、耐蚀、耐磨等性能的新兴非开挖修复工程技术。

通过喷涂设备将 A 材料和 B 材料加温加压,通过专用软管连接到喷枪,在喷出前一刹那 A 材料和 B 材料形成涡流混合,A 材料和 B 材料在混合后即喷涂在基体表面,发生快速的化学反应。固化的同时产生大量的热量。化学反应中产生的热量将大大提高喷涂材料和基体的黏结程度。

整个聚氨酯喷涂系统包括主机、喷涂枪、加热管路、提料泵,以及各部件之间的连接管、备用零件、相关工具、空气压缩机。

③原位热塑成型修复技术。

原位热塑成型工法是将衬管加热软化,牵引置入原有管道内部,通过加热加压与原管紧密贴合,然后冷却形成内衬管,简称 FIPP(formed-in-place pipe),适用于 DN300~DN800 的所有材质管道修复。

④热水原位固化法。

采用水压翻转方式将浸渍热固性树脂的软管置入原有管道内,加热固化后,在管道内形成新的管道内衬;用于各种结构性缺陷的修复,适用于不同几何形状的排水管道。

⑤机械制螺旋缠绕法。

采用机械缠绕的方法将带状型材在原有管道内形成一条新的管道内衬;用于各种结构性缺陷的修复,适用于不同几何形状的排水管道,可带水作业。

⑥管片内衬法。

将 PVC 片状型材在原有管道内拼接成一条新管道,并对新管道与原有管道之间的间隙进行填充;用于破裂、脱节、渗漏等缺陷的修复,管道形状不受限制,修复迅速、快捷。

⑦短管内衬修复技术。

将特制的高密度聚乙烯(HDPE)管短管在井内螺旋或承插连接,然后逐节向旧管内穿插推进,并在新旧管道的空隙间注入水泥浆固定,形成新的内衬管;用于破裂、脱节、渗漏等结构性缺陷的修复,形状不受限制,修复迅速、快捷。

⑧局部树脂修复技术。

点状原位固化采用聚酯树脂、环氧树脂或乙烯基树脂,可使用含钴化合物或有机过氧化物作为催化剂来加速树脂的固化,进行聚合反应成高分子化合物。该材料是单液性注浆材料,施工简单,设备清洗也十分方便。其树脂与水具有良好的混溶性,浆液遇水后自行分散、乳化,立即进行聚合反应诱导时间可通过配比进行调整。该材料对水质适应较强,一般酸碱性及污水对其性能均无影响。

⑨内衬钢套管修复技术。

内衬钢套管修复技术是通过管内注浆加固周边土体,在待修复管道内安装钢套管,对钢套管与待修复管道之间进行树脂填充处理,恢复管道通水能力的非开挖修复技术。该技术特别适用于较大口径(管径≥DN800)及管道错口严重(5 cm≤错位≤25 cm)、脱节严重、结构破损严重的管道。

⑩不锈钢双胀环修复法。

采用环状橡胶止水密封带与不锈钢套环,在管道接口或局部损坏部位安装橡胶圈双胀环,橡胶带就位后用2~3道不锈钢胀环固定,达到止水目的;用于变形、错位、脱节、渗漏,且接口错位小于3 cm等缺陷的修复,但是要求管道基础结构基本稳定、管道线形没明显变化、管道壁体坚实。

⑪管道化学灌浆法。

将多种化学浆液通过特定装备注入(压入)管道破损点外部的下垫面土壤和土壤空洞中,利用化学浆液的快速固化进行止水、止漏、固土、填补空洞;适用于各种类型管道内部已发现的渗漏点和破裂点的修复。

6)检查井修复

若检查井存在内有障碍物等功能性缺陷,需清除障碍物,恢复检查井功能。

若检查井存在井壁破损、井室下沉等结构性缺陷,需对检查井进行修复,修复技术有如下3类:

(1)检查井原位固化法。

将浸渍热固树脂的检查井内胆装置吊入原有检查井内,加热固化后形成检查井内衬;适用于各种类型和尺寸检查井的渗漏、破裂等缺陷修复,不适用检查井整体沉降的修复。

(2)检查井光固化贴片法。

将浸渍有光敏树脂的片状纤维材料拼贴在原有检查井内,通过紫外光照射固化形成检查井内衬;适用范围同"检查井原位固化法"。

(3)检查井离心喷涂法。

采用离心喷射的方法将预先配置的膏状浆液材料均匀喷涂在井壁上形成检查井内衬;适用于各种材质、形状和尺寸检查井的破裂、渗漏等各种缺陷修复,可进行多次喷涂,直到喷涂形成的内衬层达到设计厚度。

7)污水截流井修复

对于市政道路上的截流井及总口截流的截流井,需进行溯源,溯源后上游有条件的进行雨污分流整改,达到清污分离的目标,上游无条件雨污分流的,需将现状截流井上移,最大限度地剥离清水。现状截污井无法上移的,根据上游雨污分流改造情况,对截污井或支管进行复核并改造,最大限度地减少雨水接入量。截流井不能盲目进行封堵,需在确保截流井汇水面积范围内所有的排污口、雨污分流均已建设完成并100%达标的情况下,才可以进行封堵或拆除。对沿河截污干管倒灌点加装闸门。

市政污水工程中,选择合适的管材对工程质量、造价及环境效益有着较大的影响,合适的管材有利于工程建设质量和价格的控制,而且方便建成后污水设施的维护。

目前,国内用于污水管道工程的管材有多种选择,包括近几年来随着新技术和新材料的发展,出现的多种新型管材,它们各有特点,各有所长。用于市政污水管道工程的管材主要有:①金属管材(主要指钢管);②普通钢筋混凝土管材(主要指Ⅱ级离心钢筋混凝土管);③加强钢筋混凝土管材(主要指Ⅲ级离心钢筋混凝土管);④玻璃钢夹砂管材(主要指缠绕式玻璃钢夹砂管和离心式玻璃钢夹砂管等);⑤合成材料管材(主要指HDPE排水管)。

目前,国内用于污水管道工程的管材有多种选择,其中金属管材、玻璃钢夹砂管材、专用钢筋混凝土管材使用范围和条件有一定限制,仅适用于特定的环境和工程背景,如过涌、压力管输送及顶管等。塑料管材的类型较多,有HDPE管聚乙烯(PE)管、无规共聚聚丙烯(PPR)管、波纹管、平壁管、缠绕管、加筋管等。

2.城市入河排污口综合整治

入河排污口是指直接或通过管道、沟、渠等排污通道向环境水体排放污水的口门,是流域生态环境保护的重要节点。城市入河排污口通常主要包括工矿企业排污口、工业及其他各类园区污水处理厂排污口、雨洪排口、城镇污水处理厂排污口、生活污水散排口等。开展城市入河排污口综合整治,要以改善生态环境质量为核心,深化排污口设置和管理改革,建立健全责任明晰、设置合理、管理规范的长效监督管理机制,有效管控入河污染物排放。

1)开展排查溯源

(1)组织排污口排查。

省级人民政府统筹组织本行政区域内排污口排查整治工作,结合实际制订工作方案。地市级人民政府承担组织实施排污口排查溯源工作的主体责任,制订实施方案,压实生态环境等部门责任;按照"有口皆查、应查尽查"的要求,组织开展深入排查,摸清掌握各类排污口的分布及数量、污水排放特征及去向、排污单位基本情况等信息。

(2)确定排污口责任主体。

按照"谁污染、谁治理"和政府兜底的原则,逐一明确排污口责任主体,建立责任主体清单。对于难以分清责任主体的排污口,属地地市级人民政府要组织开展溯源分析,查清排污口对应的排污单位及其隶属关系,确定责任主体;经溯源后仍无法确定责任主体的,由属地县级或地市级人民政府作为责任主体,或由其指定责任主体。责任主体负责源头治理以及排污口整治、规范化建设、维护管理等。

2)实施分类整治

(1)明确排污口分类。

根据各流域实际情况,将城市入河排污口分为工矿企业排污口、工业及其他各类园区污水处理厂排污口、雨洪排口、城镇污水处理厂排污口、生活污水散排口等,分类开展排污口综合整治。

(2)明确整治要求。

按照"依法取缔一批、清理合并一批、规范整治一批"的要求,由地市级人民政府制订实施整治方案,以截污治污为重点开展整治。整治工作应坚持实事求是,稳妥有序推进。对与群众生活密切相关的公共企事业单位、住宅小区等排污口的整治,应做好统筹,避免损害群众的切身利益,确保整治工作安全有序;对确有困难、短期内难以完成排污口整治的企事业单位,可合理设置过渡期,指导帮助整治。地市级人民政府建立排污口整治销号制度,通过对排污口进行取缔、合并、整治,最终形成需要保留的排污口清单。取缔、合并的入河排污口可能影响防洪排涝、堤防安全的,要依法依规采取措施消除安全隐患。排查出的入河入海沟渠及其他排口,由属地地市级人民政府结合黑臭水体整治、消除劣V类水体、农村环境综合治理及流域(海湾)环境综合治理等统筹开展整治。

(3)依法取缔一批。

对违反法律法规规定,在饮用水水源保护区、自然保护地及其他需要特殊保护区域内设置的排污口,由属地县级以上地方人民政府或生态环境部门依法采取责令拆除、责令关闭等措施予以取缔。要妥善处理历史遗留问题,避免"一刀切",合理制订整治措施,确保相关区域水生态环境安全和供水安全。

(4)清理合并一批。

对于城镇污水收集管网覆盖范围内的生活污水散排口,原则上予以清理合并,污水依法规范接入污水收集管网。工业及其他各类园区或各类开发区内企业现有排污口应尽可能清理合并,污水通过截污纳管由园区或开发区污水集中处理设施统一处理。工业及其他各类园区或各类开发区外的工矿企业,原则上一个企业只保留一个工矿企业排污口,对于厂区较大或有多个厂区的,应尽可能清理合并排污口,清理合并后确有必要保留两个及以上工矿企业排污口的,应告知属地地市级生态环境部门。对于集中分布、连片聚集的中小型水产养殖散排口,鼓励各地统一收集处理养殖尾水,设置统一的排污口。

(5)规范整治一批。

地市级、县级人民政府按照有利于明晰责任、维护管理、加强监督的要求,开展排污口规范化整治。对存在借道排污等情况的排污口,要组织清理违规接入排污管线的支管、支线,推动一个排污口只对应一个排污单位;对确需多个排污单位共用一个排污口的,要督促各排污单位分清各自责任,并在排污许可证中载明。对存在布局不合理、设施老化破损、排水不畅、检修维护难等问题的排污口和排污管线,应有针对性地采取调整排污口位置和排污管线走向、更新维护设施、设置必要的检查井等措施进行整治。排污口设置应当符合相关规范要求并在明显位置树标立牌,便于现场监测和监督检查。

3)严格监督管理

地方各主管部门加强对入河排污口的规范审批,根据排污口的类型,明确责任主体及部门职责,落实排污口监督管理责任,加大排污口环境执法力度,排污口责任主体定期巡查维护排污管道,对违反法律法规设置排污口或不按规定排污的依法予以必要的处罚,对私设暗管接入他人排污口的,溯源确定责任主体,依法予以严厉查处。

依托现有生态环境信息平台,建设统一的排污口信息平台,管理排污口排查整治、设置审核备案、日常监督管理等信息,建立动态管理台账和信息资源共享机制,提升信息化管理水平。

3.湿地净化系统

人工湿地是20世纪70年代开始发展起来的污水处理工艺,自1974年在德国首次建立人工湿地工程(用以处理城市污水)以来,其在污水处理领域和水资源保护中得到了大量的应用。人工湿地作为独特的"土壤-植物-微生物"生态系统,通过人为地将污水投配到常处于浸没状态且生长有水生植物(如芦苇、香蒲和菱草等)的土地上,沿一定方向流动的污水在耐水植物、土壤和微生物等的协同作用下得到净化。由于人工湿地对氮和磷及其他污染物去除效果好、投资低、运行费用省、耐冲击负荷能力强、维护管理简便和生态性能好等一系列优点,因此在资金不富裕但有富余可用地的村镇以及城市污水二级处理厂的深度处理中具有广阔的应用前景。

湿地系统中微生物是降解水体中污染物的主力军。好氧微生物通过呼吸作用,将废水中大部分有机物分解成为二氧化碳和水,厌氧细菌将有机物质分解成二氧化碳,硝化细菌将硝盐硝化,反硝化细菌将硝态氮还原成氮气等。通过这一系列的作用,污水中的主要有机污染物都能得到降解同化,成为微生物细胞的一部分,其余的变成对环境无害的无机物质回归到自然界中。此外,湿地生态系统中还存在某些原生动物及后生动物,甚至一些湿地昆虫和鸟类也能参与吞食湿地系统中沉积的有机颗粒进行同化作用,将有机颗粒作为营养物质吸收,从而在某种程度上去除污水中的颗粒物。

此外,人工湿地系统还具有维持生物多样性、调蓄水量、调节气候、降解有毒物质、保护堤岸、提供丰富动植物产品、旅游及科普宣教等功能。

1)人工湿地分类

在人工湿地中,采用人工方式将污水有控制地投配到种有水生植物的土地上,按不同方式控制有效停留时间并使其沿着一定的方向流动,在物理、化学、生物的共同作用下,通过过滤、吸附、沉淀、离子交换、植物吸收和微生物分解等,实现水质净化。根据污水流经的方式,人工湿地系统可分为表流湿地、潜流湿地和组合式人工湿地。

(1)表流湿地。

表流湿地(见图4.3-2)在内部构造、生态结构和外观上都十分类似于天然湿地,但经过科学的设计、运行管理和维护,去污效果优于天然湿地系统,主要原因是人工湿地强化了微生物的供氧和微生物的载体功能。表流湿地因其在固定介质上方有可自由流动的水体而得名,此类湿地通过植物、介质表面微生物的共同作用达到净化污水的目的。表流湿地的固体介质一般采用自然介质,如土壤,较少或不用人工填料。缺点是占地面积大,水力负荷低,去污能力有限,受气候影响较大,温度较高易滋生蚊蝇。

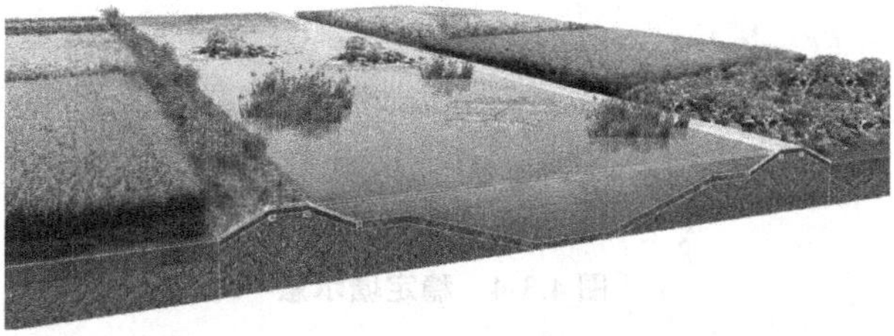

图 4.3-2　表流湿地

表流湿地又可分为传统表流湿地和稳定塘两种类型。

①传统表流湿地。

传统表流湿地的水面位于湿地基质以上，其水深一般为 0.3～0.5 m。污水从进口以一定深度缓慢流过湿地表面，微生物通常生存在底泥的表面及挺水植物的根、茎表面。由于湿地常年处于水体浸泡当中，因此湿地的供氧主要通过水面复氧及湿地植物通气组织供氧，表流湿地中接近水面部分为好氧区，较深部分及远离植物根区的底部通常为缺氧区。因此，此类湿地中同时存在好氧及缺氧微生物群落，该类型湿地同时具有硝化反硝化的能力，但由于整体微生物数量较少，对各种污染物的去除能力一般，只适用于处理低污染水体，并具有投资少，操作简单，运行费用低等优点。

传统表流湿地示意如图 4.3-3 所示。

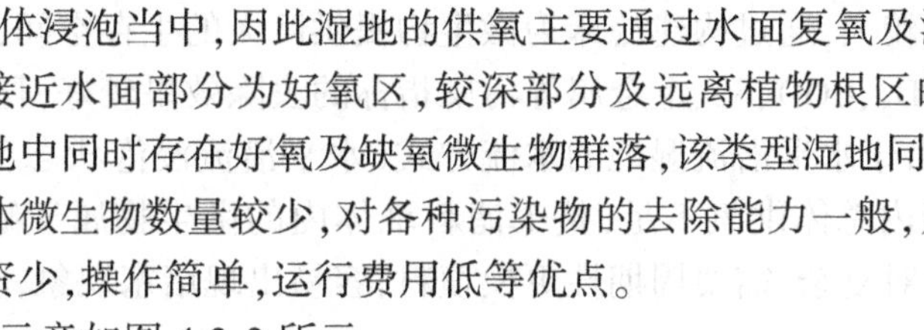

图 4.3-3　传统表流湿地示意

②稳定塘。

稳定塘是一种利用天然净化能力对污水进行处理的构筑物的总称，主要利用“藻菌共生系统”处理废水中的有机污染物。所谓“藻菌共生系统”，是指水塘中细菌分解废水的有机物产生的二氧化碳、磷酸盐、铵盐等营养物供藻类生长，藻类光合作用产生的氧气又供细菌生长，从而构成共生系统。稳定塘污水处理系统具有基建投资和运转费用低、维护和维修简单、便于操作、能有效去除污水中的有机物和病原体、无须污泥处理等优点，但其面临的主要问题是水力停留时间较长、占地面积过大等。

稳定塘是传统表流人工湿地的衍生品，该类型湿地在原有表流湿地的基础上通过种植挺水植物、沉水植物、投放鱼虾螺贝等完善了湿地系统的生物链，提高了湿地系统的稳定性，同时增加了微生物的生存空间，另外该湿地结构及形态更加融合自然。

串联稳定塘与单塘相比，出水 BOD_5、COD、N 和 P 等指标低，同时水力停留时间较短。在单塘结构的氧化塘中短流现象严重，存在很多死水区，而多级串联稳定塘流态更接近于推流反应器的形式，从而有效地减少了上述现象。另外，多级串联有助于污染浓度的逐渐减少，有利于降解过程的稳定进行。串联稳定塘各级水质在递变过程中，各自的优势菌种会出现，从而具有更好的处理效果。

稳定塘示意如图 4.3-4 所示。

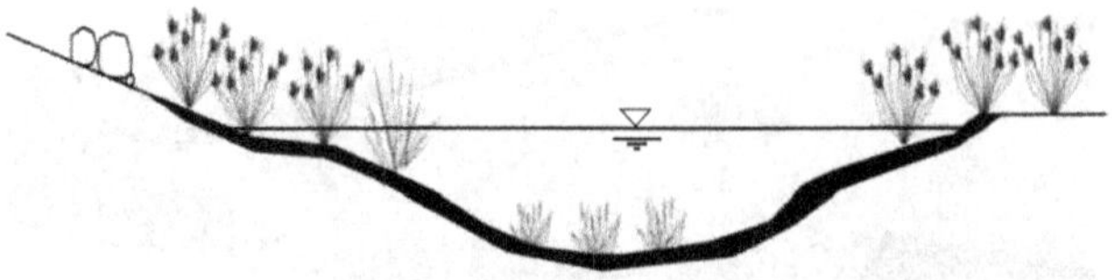

图 4.3-4 稳定塘示意

(2)潜流湿地。

潜流湿地分为水平潜流湿地与垂直潜流湿地两种。

①水平潜流湿地。

水平潜流湿地因污水从一端水平流过填料床而得名。它由一个或多个填料床组成,床体填充基质,床底设有防渗层,防止污染地下水。与表流湿地相比,水平潜流湿地的水力负荷和污染负荷较大,通过构建滤床为微生物提供巨大的生存空间,更加强化了微生物的净化作用,对 BOD_5、COD、SS、重金属等污染指标的去除效果较好,且很少有恶臭和滋生蚊蝇现象。但是,由于水平潜流湿地的水流方式(水平潜流浸泡状态,且水面处于滤料堆体内部),使得滤床内总体供氧不足,整个滤料堆体内的微生物属于缺氧微生物,同时水平潜流湿地控制相对复杂,需要周期性更换填料,容易出现堵塞现象,脱氮、除磷的效果不如垂直潜流湿地。

水平潜流湿地如图 4.3-5、图 4.3-6 所示。

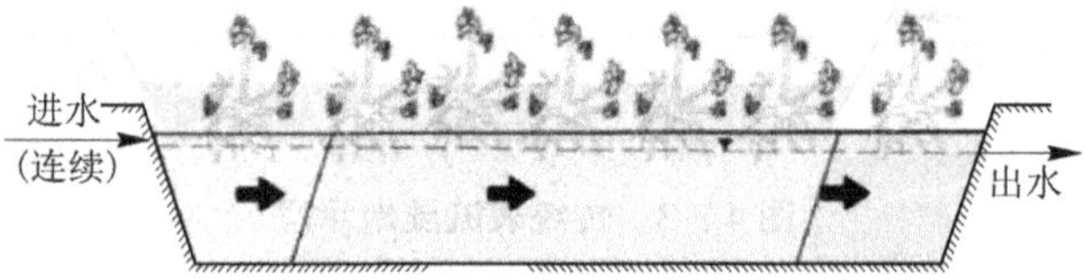

图 4.3-5 水平潜流湿地示意

图 4.3-6 水平潜流湿地

②垂直潜流湿地。

垂直潜流湿地通过大阻力间歇进水,让污水从湿地的表面纵向流向填料床的底部,氧气可通过大气扩散和植物传输进入湿地系统,整个滤床堆体内呈现纯好氧状态,因此该湿地具有极强的 NH_3-N 去除能力,但基本无脱氮能力。垂直潜流湿地的处理能力高于水平潜流湿地,占地面积较小,适用于中、低、高各种不同水质的应用,进水如采用大阻力配水,可完全不受地形限制。垂直潜流湿地的设计重点和难点是其进水配水系统,即有限的污水需要均匀地分布在大面积的滤床表面,其设计计算难度较大。该系统的硝化能力高于水平潜流湿地,可用于氨氮含量较高的污水处理中。其缺点是对有机物的去除能力不如水平潜流湿地系统，落干、淹水时间较长，控制相对复杂，需要周期性更换填料，容易出现堵塞现象。

垂直潜流湿地如图 4.3-7、图 4.3-8 所示。

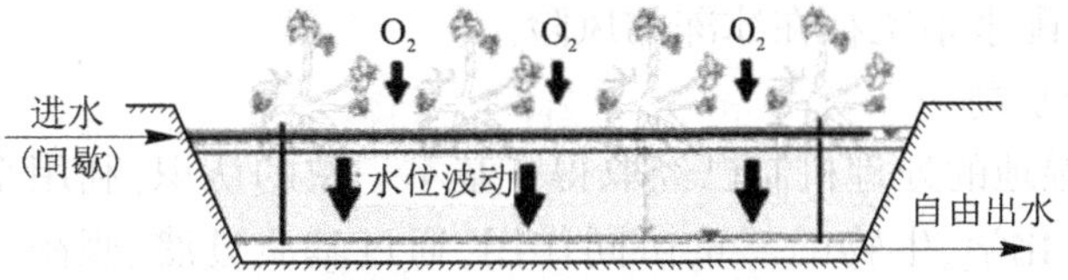

图 4.3-7　垂直潜流湿地示意

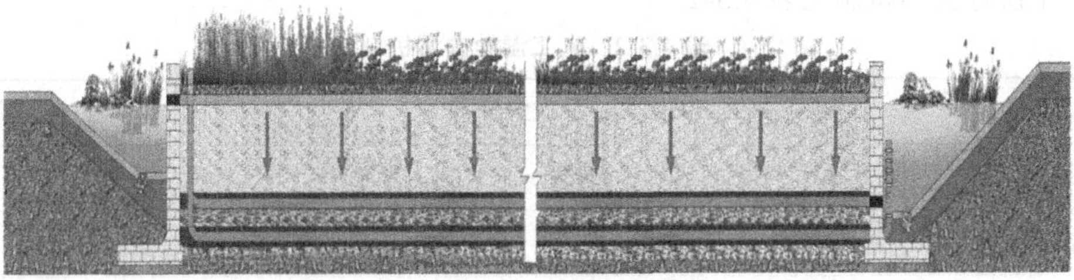

图 4.3-8　垂直潜流湿地

(3)组合式人工湿地。

组合式人工湿地则是发挥各种类型的人工湿地特点，组合发挥污染净化能力，表流湿地中沉淀、复氧、氧化分解、景观等作用较强，对有机物去除效果好，而在潜流湿地中颗粒物拦截、物理化学吸附、生物降解等作用较强，对氮磷营养盐去除效果好，因此将表流湿地和潜流湿地组合使用，发挥各自的优势在实际工程中常常被应用。

2)工艺对比

人工湿地工艺对比见表 4.3-1。

表 4.3-1　人工湿地工艺对比

参数	表流湿地	水平潜流湿地	垂直潜流湿地
水流方式	表面漫流	水平潜流	下行垂直流
负荷	较低	高	高
占地面积	大	一般	较小
构造管理	简单	一般	复杂
工程建设费用	较低	高	高
季节气候影响	大	一般	一般
卫生状况	差	好	一般
体验效果	好	好	较好
有机物去除能力	一般	强	强
硝化能力	较强	较强	强
反硝化能力	弱	强	一般
除磷能力	弱	较强	较强

通过表 4.3-1 人工湿地工艺比较可知：表流湿地相对潜流湿地，其负荷低、占地面积

大、工程建设费用低、多样性较高，适用于低污染水体处理，但其除磷、脱氮效果一般，同时冬季处理效果较差；潜流湿地具有负荷高、处理效果好，其对除磷、脱氮效果较好，尤其冬季处理效果优于表流湿地，投资成本较高；垂直潜流湿地的进水配水系统控制复杂，冬季气温较低的地区进配水系统存在冰冻的风险。

3)污染物去除机制

目前，对人工湿地的处理机制已经取得了基本一致的认识：利用系统中基质-水生植物-微生物的物理、化学、生物的三重协同作用，通过基质过滤、吸附、沉淀、离子交换、植物吸收和微生物分解来实现对污水的高效净化，实现废水的资源化与无害化。

人工湿地去污机制见表 4.3-2。

表 4.3-2　人工湿地去污机制

机制	SS	BOD_5	COD	N	P	金属离子
物理沉降	▲	◎	◎	◎	◎	◎
基质过滤	▲	●	○	○	▲	○
介质吸附	●	○	○	○	▲	○
共沉淀	○	○	○	○	▲	▲
化学吸附	○	○	●	○	○	◎
化学分解	○	◎	▲	○	○	○
微生物代谢	▲	▲	▲	▲	▲	○
植物代谢	○	○	○	◎	○	○
植物吸收	○	○	●	●	●	●
自然死亡	○	○	○	○	○	○
自然挥发	○	○	○	◎	○	○

注：▲最主要作用，●主要作用，◎次要作用，○作用很小或无作用。

(1)有机物降解。

有机污染物在进入湿地单元后，绝大多数难溶性有机污染物在湿地前端以 SS 的形式通过沉淀、过滤、吸附等作用被截留在填料中。部分有机污染物逐渐被微生物降解，或向底部沉积而趋于稳定，从而从污水中去除。有机物的去除既有填料截留、微生物降解等的单独作用，又有植物、微生物、填料在根际系统内的协同净化。湿地系统的各组成部分通过这种协同配合实现了对有机污染物的去除。

(2)脱氮机制。

污水中含氮物质的表现形式主要为 NH_3-N 和有机氮，人工湿地对污水中各类含氮物质的去除途径包括以下 3 种形式：①污水中的 NH_3-N 可通过湿地植物以及湿地微生物同化作用，转化为生物机体的有机组成部分，最终通过对湿地植物定期收割的方式，实现对

污水中 NH_3-N 的有效去除；②在污水的 pH 较高（大于 8.0）的情况下，污水中的 NH_3-N 可通过自由挥发的形式从污水中溢出，但通过自由挥发减少的 NH_3-N 只占人工湿地 NH_3-N去除总量的一小部分；③人工湿地对污水中含氮有机物质的主要去除途径为湿地微生物的硝化反硝化作用，在好氧条件下，污水中 NH_3-N 经过亚硝化细菌、硝化细菌的亚硝化及硝化作用，先后转化为亚硝酸盐、硝酸盐，随后在缺氧、有机碳存在的条件下，经反硝化细菌的反硝化作用被还原为氮气，从水中逸出、释放到大气，最终实现人工湿地对污水中氮的有效去除。

人工湿地系统脱氮机制示意如图 4.3-9 所示。

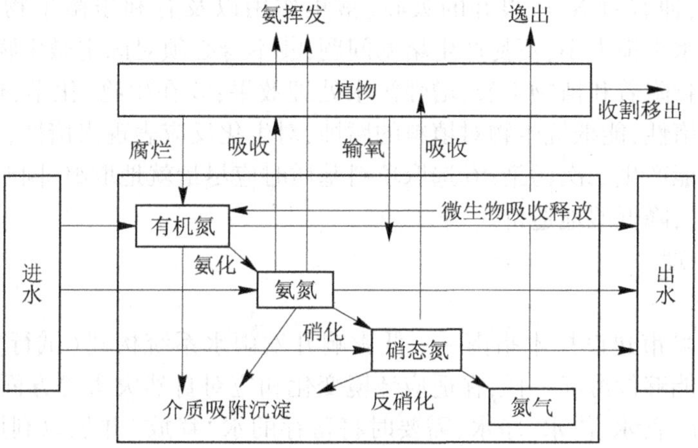

图 4.3-9　人工湿地系统脱氮机制示意

（3）除磷机制。

污水中含磷污染物质的表现形式主要为颗粒磷、溶解性有机磷以及无机磷酸盐等 3 类，人工湿地对污水中含磷污染物质的去除可通过填料床的吸附、微生物以及湿地植物的同化吸附、转化及吸收等多重作用去除：①污水中部分无机磷可通过湿地植物的吸收、同化作用，转化成植物机体的组成成分（如 ATP、DNA 及 RNA 等），最终通过湿地植物的定期收割得以去除，但是通过湿地植物吸收去除的磷污染物只占人工湿地去除总量的一小部分；②污水中的含磷污染物的主要去除途径依赖于湿地填料的物理化学吸附作用，含磷污染物的去除能力取决于湿地填料的环境容量，通常情况下，湿地填料的物理吸附以及化学沉淀作用对污水中 TP 的去除能力可达 90%以上；③微生物对污水中含磷污染物的去除过程主要包括微生物对含磷物质的同化作用以及对其的过量积累两个过程，微生物对污水中含磷污染物的分解释放，能够有效促进有机磷酶的无机化，同时在含磷污染物的基质吸附沉淀、植物吸收同化过程中，也能够起到显著的促进作用。

（4）SS 的去除。

人工湿地填料表面吸附了许多微生物形成大量的生物膜，植物根系广布于池中，当污水流经人工湿地时，污水中的悬浮物（包括不溶性有机物）被填充料及植物根系阻挡截留而沉淀在基质中去除。一般而言，填料的粒径越小，对 SS 去除效果越好。但粒径太小的填料容易导致湿地床的堵塞，实践中综合考虑增强 SS 去除效果和解决堵塞问题，选用粒径合适的填料。

4)湿地填料

填料是人工湿地的基质与载体,它支撑着人工湿地动植物与微生物的生命过程,是出水水质的重要保证。人工湿地填料对污染物的去除过程包括物理过滤、离子交换、专性与非专性吸附、螯合作用和沉降反应等。人工湿地的床位有多种类型,不同的床体结构形成不同的渗流能力和净化机制,对湿地的净化处理效果有明显的影响。

选择滤料应根据水力传导性、材料易得性和价格等因素综合考虑,主要遵循以下填料选用原则:①有足够的机械强度,因为填料基质要长期经受污水的冲刷;②比表面积大,孔隙率高,孔径大,拥有对 N、P 很好的吸收、富集作用以及有利于微生物的固定和挂膜;③渗透性能好,水头损失小,不易产生堵塞问题;④本身必须对固定微生物无害、无抑制作用,有利于微生物附着和植物生长,增强污水处理效果;⑤在生物、化学、热力学稳定性方面,填料应具有惰性,能抵抗生物对填料的腐蚀,对生化反应表现出惰性,并对周围温度变化具有惰性,不能产生二次污染;⑥选取填料基质时应尽量就地取材,同时满足货源充足、价廉易得等条件,降低湿地造价。

4.3.3.2 面源治理

1.海绵措施

根据《海绵城市建设技术指南——低影响开发雨水系统构建(试行)》,“海绵城市”的定义为:城市能够像海绵一样,在适应环境变化和应对自然灾害等方面具有良好的“弹性”,下雨时吸水、蓄水、渗水、净水,需要时将蓄存的水“释放”并加以利用。规划控制目标为:径流总量控制、径流峰值控制、径流污染控制和雨水资源化利用,以径流总量控制作为首要的控制目标。

从海绵城市定义上讲,其内涵为低影响开发雨水系统构建,建设的途径总体上包括 3 个方面:一是对城市原有水生态系统保护;二是城市水生态系统保护和修复;三是城市低影响开发。

(1)城市原有水生态系统保护。

最大限度地保护原有的河流、湖泊、湿地、坑塘、沟渠等城市水生态敏感区,留有足够涵养水源,应对较大强度降雨的林地、草地、湖泊、湿地,维持城市开发前的自然水文特征。

(2)城市水生态系统保护和修复。

对传统粗放式城市建设模式下,已经受到破坏的水体和其他自然环境,运用生态的手段进行恢复和修复,并维持一定比例的生态空间。

(3)城市低影响开发。

按照对城市生态环境影响最低的开发建设理念,改变城市排水系统的设计思路,改变城市建设开发的传统思路,遵循“渗、滞、蓄、净、用、排”的六字方针,统筹考虑内涝防治、径流污染控制和雨水资源化利用等多个目标;合理控制开发强度,在城市中保留足够的生态用地,控制城市不透水面积比例,最大限度地减少对城市原有水生态环境的破坏,同时,根据需求适当开挖河湖沟渠、增加水域面积,促进雨水的积存、渗透和净化。

以上 3 个途径并不是孤立的,也没有严格的界限,三者相互补充、相互依存,是海绵城市建设的重要基础元素。

海绵城市的建设理念应用在幸福河建设中，可以打造具有调蓄雨水、净化径流作用海绵河岸带。具体应用的海绵技术如下。

1）雨水花园

雨水花园是指在园林绿地中种有树木或灌木的低洼区域，由树皮或地被植物作为覆盖。它通过将雨水滞留下渗来补充地下水并降低暴雨地表径流的洪峰，还可通过吸附、降解、离子交换和挥发等过程减少污染。其中，浅坑部分能够蓄积一定的雨水，延缓雨水汇集的时间，土壤能够增加雨水下渗，缓解地表积水现象。蓄积的雨水能够供给植物利用，减少绿地的灌溉水量。雨水花园典型构造示意见图 4.3-10。

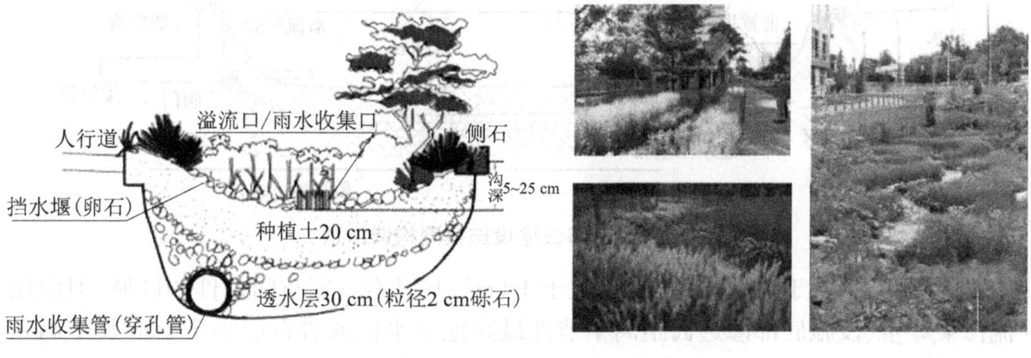

图 4.3-10　雨水花园典型构造示意

2）生态滞留设施

（1）调节塘。

调节塘也称干塘，以削减峰值流量功能为主，是渗水洼塘即利用天然或人工修筑的池塘或洼地进行雨水渗透，补给地下水。但雨水塘护坡需要种植耐湿植物，若雨水塘较深（超过 60 cm）护坡周边就要种植低矮灌木，形成低矮绿篱，消除安全隐患。同时整个雨水塘系统还要形成微循环才能防止水体腐坏。

调节塘一般由进水口、调节区、出口设施、护坡及堤岸构成，也可通过合理设计使其具有渗透功能，起到一定的补充地下水和净化雨水的作用。调节区深度一般为 0.6~3 m，塘中可以种植水生植物以减小流速、增强雨水净化效果。调节塘设施典型构造示意见图 4.3-11。

适用范围：常用于空间比较开阔的公园、居住区等。

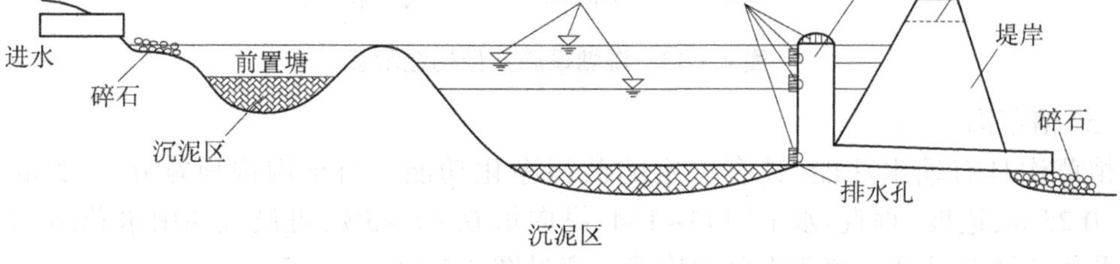

图 4.3-11　调节塘设施典型构造示意

(2)调节池。

调节池主要用于削减雨水管渠峰值流量,一般常用溢流堰式或底部流槽式,可以是地上敞口式调节池或地下封闭式调节池,为混凝土结构,与市政设施的调节池完全相同。

适用范围:用于用地比较紧张的居住、商业以及道路等。

(3)渗透塘。

渗透塘是一种用于雨水下渗补充地下水的洼地,具有一定的净化雨水和削减峰值流量的作用。渗透塘设施典型构造示意见图4.3-12。

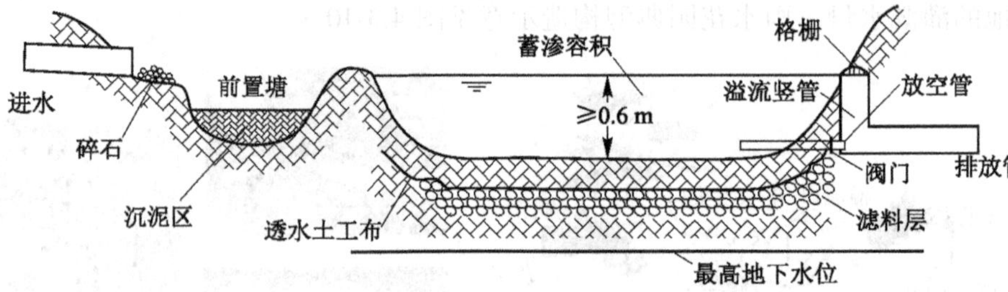

图4.3-12 渗透塘设施典型构造示意

适用范围:适用于汇水面积较大(大于1 hm^2)且具有一定空间条件的区域,但应用于径流污染严重、设施底部渗透面距离季节性最高地下水位或岩石层小于1 m及距离建筑物基础小于3 m(水平距离)的区域时,应采取必要的措施防止发生次生灾害。

(4)湿塘。

湿塘指具有雨水调蓄和净化功能的景观水体,雨水同时作为其主要的补水水源。湿塘有时可结合绿地、开放空间等场地条件设计为多功能调蓄水体,即平时发挥正常的景观及休闲、娱乐功能,暴雨发生时发挥调蓄功能,实现土地资源的多功能利用。湿塘设施典型构造示意见图4.3-13。

适用范围:适用于建筑与小区、城市绿地、广场等具有空间条件的场地。

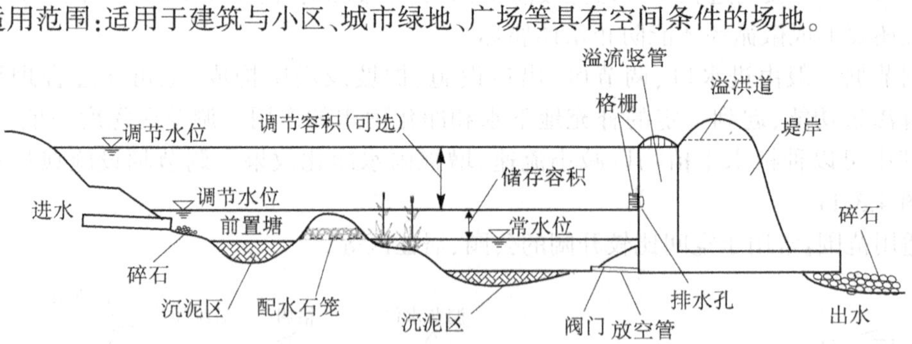

图4.3-13 湿塘设施典型构造示意

(5)植草沟。

植草沟具有输水功能,具有一定的截污净化功能。植草沟沟顶宽0.5~2 m,深度0.05~0.25 m,边坡(垂直:水平)1:3~1:4,纵向坡0.3%~5%;可设置在雨水花园、下凹式绿地前作为预防处理。植草沟典型构造示意见图4.3-14。

适用范围:径流量小及人口密度较低的居住区、工业区或商业区、公园、停车场及公共道路两边,可以代替路边的排水沟或者雨水管渠系统。

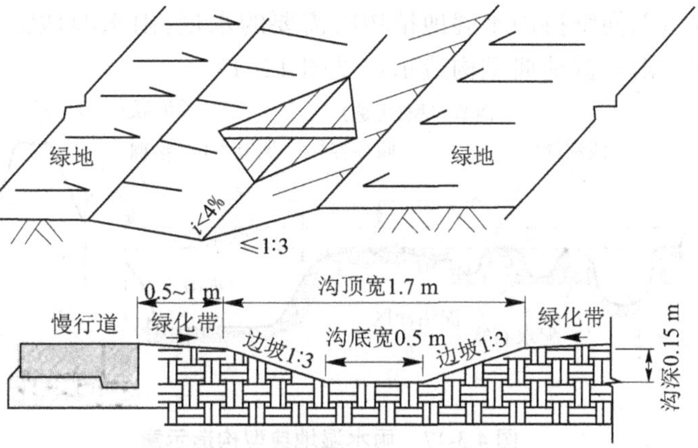

图 4.3-14　植草沟典型构造示意

(6)生物滞留设施。

生物滞留设施分为简易型生物滞留设施和复杂型生物滞留设施,按应用位置不同又称作生物滞留带、高位花坛、生态树池等。作用是在地势较低的区域,通过植物、土壤和微生物系统蓄渗、净化径流雨水。生物滞留设施形式多样、适用区域广、易与景观结合,径流控制效果好,建设费用与维护费用较低。生物滞留设施典型构造示意见图 4.3-15、图 4.3-16。

适用范围:建筑与小区绿地以及城市道路绿化带等城市绿地内。

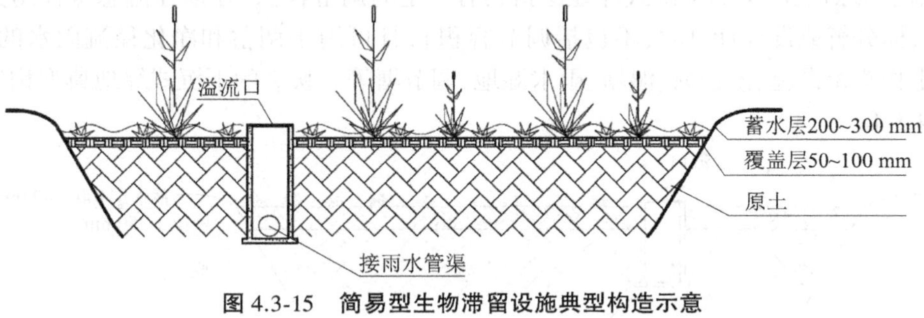

图 4.3-15　简易型生物滞留设施典型构造示意

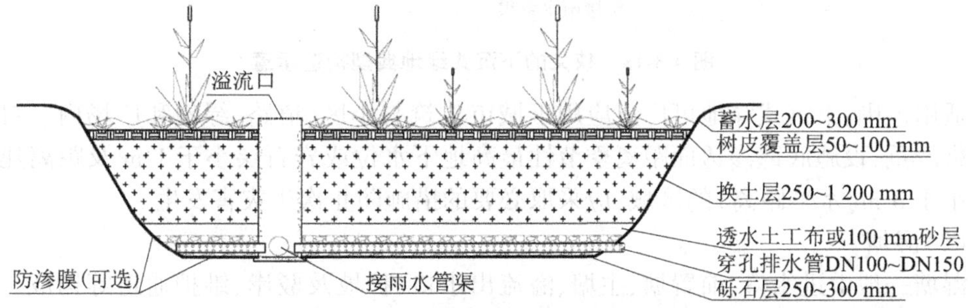

图 4.3-16　复杂型生物滞留设施典型构造示意

3)雨水湿地

人工雨水湿地是一个综合的生态系统,它应用生态系统中物种共生、物质循环再生原理,结构与功能协调原则,将雨水花园、生态滞留池收集的雨水进行集中净化,是一种高效的径流污染控制设施。而且其具有缓冲容量大、处理效果好、工艺简单、投资省、运行费用低等特点，极其适合海绵城市建设中应用。雨水湿地分为雨水表流湿地和雨水潜流湿地，一般设计成防渗型以便维持雨水湿地植物所需要的水量，雨水湿地常与湿塘合建并设计一定的调蓄容积。雨水湿地典型构造示意见图 4.3-17。

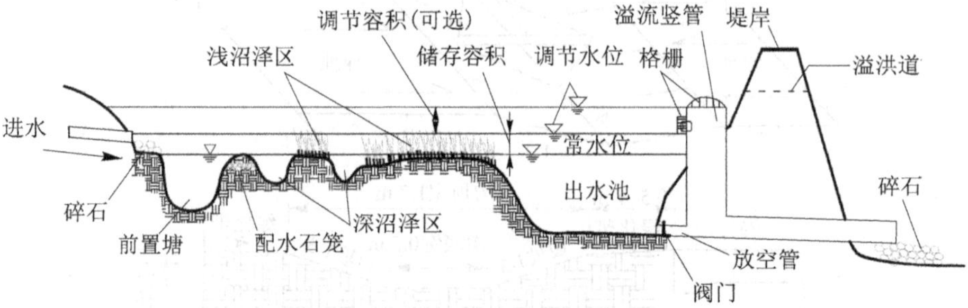

图 4.3-17　雨水湿地典型构造示意

适用范围：雨水湿地适用于具有一定空间条件的建筑与小区、城市道路、城市绿地、滨水带等区域。

4）生态蓄水设施

（1）下沉式绿地。

下沉式绿地是在地势较低的区域，通过植物、土壤和微生物系统蓄渗、净化径流雨水的设施。可分为狭义和广义两种，狭义的下沉式绿地指低于周边铺砌地面或道路在 200 mm 以内的绿地；广义的下沉式绿地泛指具有一定的调蓄容积（在以径流总量控制为目标进行目标分解或设计计算时，不包括调节容积），且可用于调蓄和净化径流雨水的绿地，包括生物滞留设施、渗透塘、湿塘、雨水湿地、调节塘等。狭义的下沉式绿地典型构造示意见图 4.3-18。

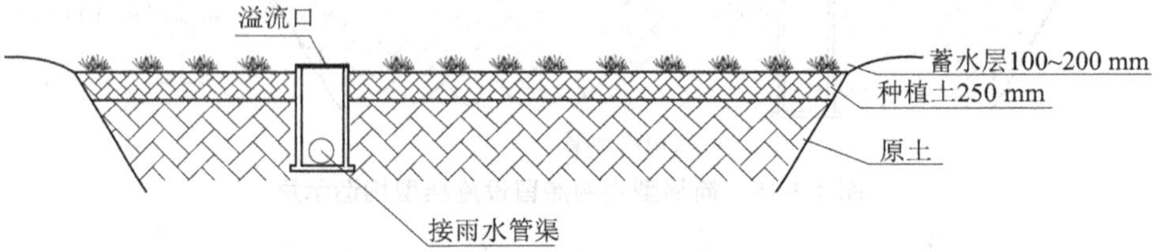

图 4.3-18　狭义的下沉式绿地典型构造示意

适用范围：下沉式绿地可广泛应用于城市建筑与小区、道路、绿地和广场内。对于径流污染严重、设施底部渗透面距离季节性最高地下水位或岩石层小于 1 m 及距离建筑物基础小于 3 m（水平距离）的区域，应采取必要的措施防止次生灾害发生。

（2）湿塘。

湿塘一般由进水口、前置塘、主塘、溢流出水口、护坡及驳岸、维护通道等构成。湿塘有时可结合绿地、开放空间等场地条件设计为多功能调蓄水体，即平时发挥正常的景观及休闲、娱乐功能，暴雨发生时发挥调蓄功能，实现土地资源的多功能利用。湿塘设施典型构造示意见图 4.3-19。

适用范围：适用于建筑与小区、城市绿地、广场等具有空间条件的场地。

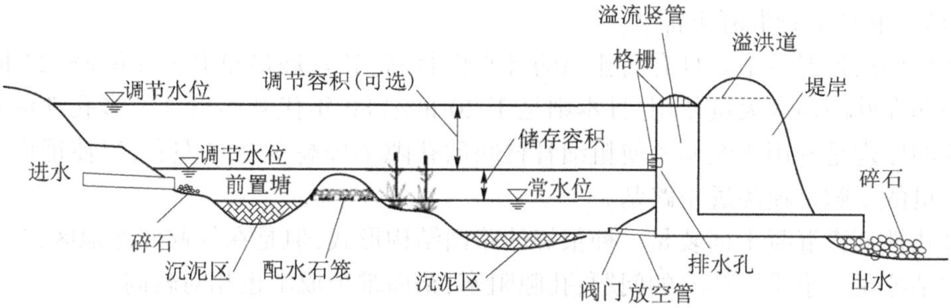

图 4.3-19　湿塘设施典型构造示意

5) 河岸带透水铺装

传统的城市开发中无论是市政公共区域景观铺装还是居住区景观铺装设计中多数采用的都是透水性差的材料,所以导致雨水渗透性差,而在这一方面可以通过透水铺装实现雨水渗透,或通过水渠和沟槽将雨水引流至街道附近的滞留设施中。

常用的景观透水铺装有多孔性沥青混凝土铺装、透水混凝土铺装、块状或镂空铺装。景观透水铺装见图 4.3-20、图 4.3-21。

图 4.3-20　景观透水铺装(一)

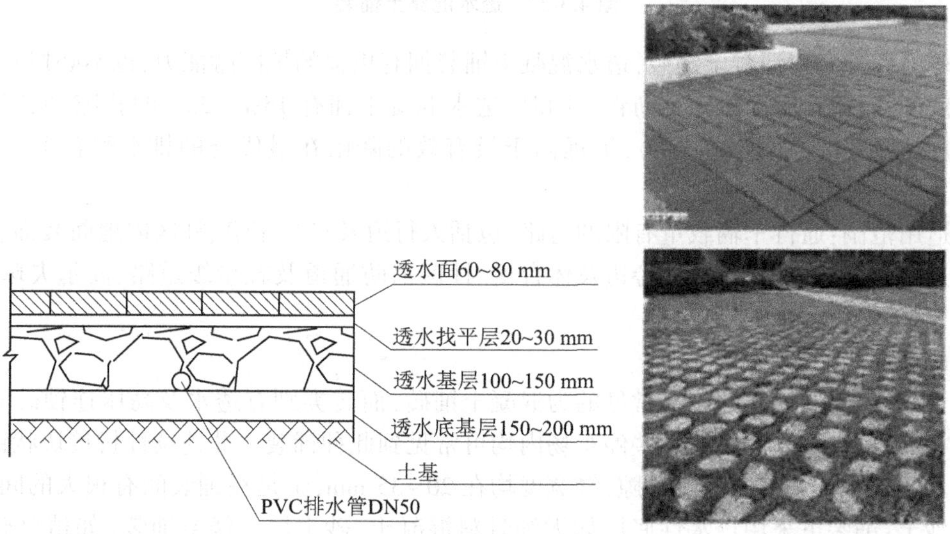

图 4.3-21　景观透水铺装(二)

(1)多孔性沥青混凝土铺装。

多孔性沥青混凝土是具有高孔隙的排水性材料,其发展最早开始于欧洲,20 世纪 70 年代中期在欧洲地区大量使用,日本则是于 20 世纪 80 年代开始发展。多孔性沥青混凝土主要的原理是利用级配调整使粗细骨材间的孔隙率提高至 20%左右,以使铺面上的水可由大量的空隙迅速渗透至路基。

多孔性沥青混凝土铺装是一种很好的路面结构形式,但是在气候寒冷地区,多孔沥青路面的结冰是一个难以解决的问题;孔隙阻塞,路面维护成本也相对较高。

(2)透水混凝土铺装。

透水混凝土铺装又称无细骨料混凝土铺装,其成分由水泥、粗粒料和水拌和而成,有时亦加入少量的细砂作为改善水泥的辅助材料;粗粒料的选择以碎石、卵石为主,甚至加入人造轻粒料或再生粒料,借由配比设计与制程控制其特性以达合适强度、高透水性、无析离等工程需求。无细粒料混凝土铺装一般而言载重能力受到限制,因增加透水性就会牺牲抗压强度,因此并不能承受太大的载重,抗压强度在 200~2 000 psi (1.5~14 MPa),一般使用在载重较小的区域,如人行道、停车场或行人广场等,具体见图 4.3-22。

图 4.3-22　透水混凝土铺装

较多孔性沥青混凝土铺装,透水混凝土铺装拥有更强的抗冻融能力,也不必担心孔隙堵塞问题,耐磨耐用性能优于沥青。同时,透水混凝土拥有 15%~25%的孔隙,能够使透水速度达到 31~52 L/(m·h),远远高于最有效的降雨在最优秀的排水配置下的排出速率。

适用范围:通行车辆载重有限的道路,包括人行道及自行车道、社区内地面装饰、园林景观道路及城市广场、游泳池旁边及体育场、社区消防通道及轻量级道路、高尔夫球场电车道、户外停车场等。

(3)块状或镂空铺装。

目前,块状或镂空铺装最常见的为混凝土铺砖,而砖类别有透水及高压连锁砖等,无论是在人行道、公园广场或某些停车场内均可常见到此种铺装。非连续性拼接块状铺装,其透水效果是利用铺装间的缝隙,缝宽度均在 20~35 mm,于是在铺装间有很大的间隙可填入沙土,铺装下采用透水性底层如无细骨料混凝土、砂土层。镂空铺装(如植草砖)则直接提供植被生长的环境,使得人车行走于上面,而不至于造成植物坏死。由于此种铺装样式多元,因此在使用上有越来越多的趋势。

适用范围:透水砖常用于广场、小区以及公园内人行道;植草砖主要用于小区或公园等区域的停车场,见图 4.3-23、图 4.3-24。

图 4.3-23　透水砖铺装

图 4.3-24　植草砖铺装

2.农村治污系统完善

1)排水体制

排水体制的确定要根据区县总体规划、环境保护的要求、污水处理利用情况、原有排水设施、水环境容量、地形、气候条件,从全局出发,通过技术经济比较,综合考虑确定。各种排水体制的适用条件,从环境保护、工程投资、施工管理等不同的角度分析如下:

(1)环境保护的角度。

截流式合流制同时汇集了区域污水和部分雨水输送到污水处理站,对较脏的初期雨水有所作用,对防止水体污染是有利的。但该体制的截流主干管尺寸较大,污水处理厂或处理站的处理规模也增加很多,投资费用和污水设施运行费用增大。同时,截流式合流制在暴雨时,部分混合污水溢流泄入水体,加大了河流污染。分流制把污水全部送至污水处理系统处理,但初期雨水径流未加处理直接排入水体,对水体有一定程度的污染。但是,由于分流制比较灵活,易于适应发展,又较符合环境卫生要求,因此是敏感水环境功能区村庄排水系统体制发展的方向。

(2)工程投资的角度。

合流制泵站和污水站的造价比分流制高,但管渠总长度短,所以合流制的总造价要较分流制低。从初期投资看,不完全分流制初期只建污水排水系统而缓建雨水排水系统,便于分期建设,能节省初期投资费用,缩短施工期限,较快发挥建设效益,以后随着城市的发展,再建雨水管渠。但是,由于该方式显然需要进行重复修建,对村庄已形成的道路等基础设施会造成一定程度的破坏。

(3)施工管理的角度。

合流制管线单一,减少与其他地下管线、构筑物的交叉,管渠施工较简单。但是合流制管渠中流量变化较大,对水质也有一定的影响,不利于污水站的稳定运行,造成管理维护复杂,运行费用增加。而分流制水量、水质变化较小,有利于污水处理和运行管理。

排水体制比较见表 4.3-3。

表 4.3-3　排水体制比较

项目	分流制	合流制
建设方式	分别建设雨水收集排放系统和污水收集排放系统	建设一套排水系统，雨水、污水共用系统
环境效益	实现清污分流，更有利于对雨水、污水的处理，特别有利于污水处理，环境效益最佳	混流，最主要是影响末端污水处理设施的污染物削减能力，环境效益相对较差
工程投资	两套排水系统，工程投资最高	一套处理系统，投资相对较低
工程难易	建设难度较大	建设难度较小
优点	雨水和污水分开收集，对地表水环境影响较小，且水质水量稳定	工程投资较低、实施难度较小
缺点	需进行入户支管排水系统建设，同时建设雨水和污水两套排水系统	雨水、污水共用一套系统，增加了污水处理量，出水水质波动较大

综合以上优缺点，从保护水环境、最大化削减村庄污水进入周围环境的污染负荷来看，村庄污水收集应尽可能选择雨污分流制排水系统。同时，村庄雨污分流也是今后农村生活污水治理、人居环境改善的发展方向。通过对村庄污水收集系统的完善建设后，雨水可随排水沟渠或地势排放进入周边农灌系统，污水用管道收集后集中处理、达标排放，污染物大部分被净化，出水集中，可农灌回用，排入河道影响也较小。

2）农村污水收集系统

（1）分散型村庄。

分散型村庄农户房屋之间距离较远，户与户之间空地较多，集中收集成本较高，对于此类型村庄多采用户用一体式污水处理设施，设施建于房屋周边或化粪池附近，将各农户洗漱间、厨房、化粪池等生活污水通过户用清扫井、户用化粪池收集过滤后，就近接入户用一体式污水处理设施，污水经净化后可用于房屋周边农田浇灌。

（2）集中型村庄。

集中型村庄污水收集工程按“雨污分流、接管到户”的原则，户内以户用清扫井和户用化粪池汇集农户洗漱间、厨房、化粪池等生活污水，再通过入户支管排出，户外则依据地形条件，新建截污管网，总体汇水地点应满足村庄绝大部分居民的排水方面，对极少数因地形原有无法集中汇集的，可采用分散型村庄污水收集方式，单户收集并配置户用一体式污水处理装置。

在污水收集方面设计以村内道路边设置排污系统为主，引至村庄较低点处处理，实现雨污分流后，可以完全处理旱季污水，具体根据村内的地形特征，结合村内道路情况，在主干道新建排水管网。

村庄生活污水通过新建污水收集支、主管统一汇集到村庄低点后，出村后的收集系统设计分两类情况考虑：每个村单独建设污水处理站，仅处理本村收集的生活污水；或将集中型村庄污水统一收集至下游一点建设污水处理站，统一处理。具体措施如下：

①单村处理、新建各村污水处理站。

根据各村庄污水汇集处土地现状，就近选择非基本农田、地势相对平坦处，根据收集污水体量,建设污水处理站,污水处理站根据可用土地面积大小及出水要求选择不同的规格和工艺。

②集中收集、新建污水处理厂。

沿河流水流方向,在堤岸旁布设截污干管,将各村的污水收集汇总后通过一根污水管道接入此干管,统一收集汇总,在最后汇入村庄下游选取较大的一片土地,建设污水处理厂,将污水统一处理后达标排放或农田回用。

污水收集系统比较见表 4.3-4。

表 4.3-4　污水收集系统比较

方案	方案一	方案二
建设方式	每个村单独建设污水处理站,分村单独处理	集中型村庄村内污水汇集至各村低点后,用一根主管统一收集至一处,建设污水处理厂
工程难点	各村情况不同,可用用地面积、坡度、土地性质不同,各村污水处理站工艺选择、站址选择需根据不同村庄的情况进行选择	收集管网的布设,较多村庄紧邻河道,收集管道需要采用挂管形式,接近处理设施管网道管径较大,挂管工艺要求较高
选址难易	村庄均紧邻河道,保证村内污水基本能收集、不占用河道、面积足够的污水处理站建设地址较难选取,且每个村庄均需协调选址,数量较多	仅需选择一个位置,但所需土地面积较大,且位于最后收集村庄下游
工艺选择	考虑用地紧张,工艺选择面较为局限,面积较大的自然生态工艺在部分村庄不适用,一体化设备较为适用,但建设成本高;部分村庄面积足够,为减少投资,选择自然生态工艺更为合适	仅需选择一个工艺,但因收集村庄较多,水量较大,需要建设较大的污水处理设施,占地较大
工程投资	设备投资较多,管网建设投资较少	设备投资较少,管网建设投资较多
运维难易	运维较难,多为村庄自行运维。设备数量较多,部分村庄因用地紧张,只能选用一体化设备,可能会因为操作不当造成设备损坏;或不定时收割植物,生态污水处理设施污水处理功能降低	由乡镇统一运维或请第三方运维,运维主体仅一个,且运维费用平摊到每户的钱较少

(3)纳管型村庄。

纳管型村庄污水收集工程按“雨污分流、接管到户”的原则,户内以户用清扫井和户用化粪池汇集农户洗漱间、厨房、化粪池等生活污水,再通过入户支管排出,户外则依据地形条件,新建截污管网,总体汇水地点应满足村庄绝大部分居民的排水方面,对极少数因地形原有无法集中汇集的,可采用分散型村庄污水收集方式,单户收集并配置户用一体式污水处理装置。

在污水收集方面以村内道路边设置排污系统为主，引至城镇污水处理厂就近的市政管网里，实现雨污分流后，可以完全处理旱季污水。具体根据村内的地形特征，结合村内道路情况，在主干道新建排水管网，将污水引入就近的市政污水收集系统。

3）农村污水处理系统

农村生活污水工艺选择应遵循以下原则：

（1）鼓励优先选择氮磷资源化与尾水利用的技术手段或途径。通过生态旱厕、化粪池、沼气池等，对厕所粪污和生活污水就地就近资源化利用。通过农田沟渠、塘堰等排灌系统生态化改造，栽植水生植物，建设植物隔离带、生态湿地等，对尾水进一步利用和净化，提高农村水环境质量。

（2）对于脱氮除磷要求不高或没有要求的水域范围内村庄，尽量采用低成本、低能耗、易运行管理的生态处理技术，如人工湿地、氧化塘、生态沟等简单模式或常规模式。

（3）对于封闭、半封闭及氮磷不达标的水域范围内村庄，宜采用集中处理模式。宜采用生物技术等常规或强化模式工艺技术。

（4）农家乐、农家院等农村餐饮服务点、民宿等需配备隔油池（器），对污水进行预处理。

具体污水处理技术分为简单模式、常规模式、强化模式三种。

（1）简单模式。

该模式主要适用于经济条件较差，居住较分散的山区、偏远农村，干旱缺水、高寒地区的农村以及有大量农田可消纳治理后污水的农村。该模式主要包括以下组合技术：①化粪池/厌氧发酵池；②化粪池-稳定塘/人工湿地/土壤渗滤等。

上述模式出水水质基本可满足三级排放标准，在人工湿地、土壤渗滤系统运行稳定的情况下，也可以达到二级排放标准。

①化粪池/厌氧发酵池技术模式。

该技术模式主要用于有大量农田可消纳治理后污水的单户或连户的分散式污水治理，如缺水地区、高寒地区等。

a.化粪池

农村粪便污水进入化粪池，在化粪池内通过厌氧生物分解作用去除部分有机污染物，出水农用或处理后出水可达到三级排放标准，工艺流程如图 4.3-25 所示。污水停留时间至少 12 h，3～12 个月清掏一次。对于三格式化粪池，粪液只能从第三格或者是双瓮式的第二瓮中取用，禁止向第三格或第二瓮倒入新鲜粪液。

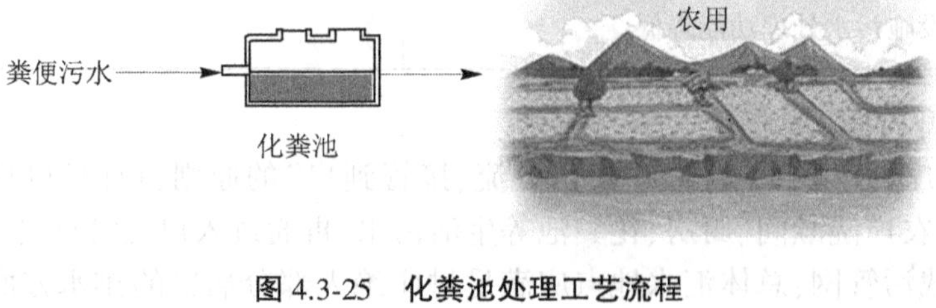

图 4.3-25　化粪池处理工艺流程

该模式在我国农村厕所改造中使用较多，比较适合我国目前农村的技术经济水平和生活习惯。采用该模式处理污水时,应防止雨水进入化粪池导致污水溢出。

b.厌氧发酵池(沼气池)

生活污水、养殖粪污等进入厌氧发酵池(沼气池),通过厌氧生物分解去除部分有机污染物,同时产生沼气。

沼气池需定期检查(一年一次)气密性,定期维修(4~8年),经常检查输气管是否漏气或堵塞。

②化粪池-稳定塘/人工湿地/土壤渗滤组合模式。

该组合模式主要适用于经济欠发达、环境要求一般且可利用土地充足的农村地区的单户或联户污水治理;拥有坑塘、洼地的村庄可选择化粪池-稳定塘/人工湿地组合模式,由于气候条件对稳定塘/人工湿地运行效果有一定影响,因此该模式更适合除滇西北、滇东北外的大部分农村地区。缺水且土壤渗透性较好的地区可选择化粪池-土壤渗滤组合模式。

a.化粪池-稳定塘组合模式。

化粪池-稳定塘组合模式流程如图4.3-26所示。

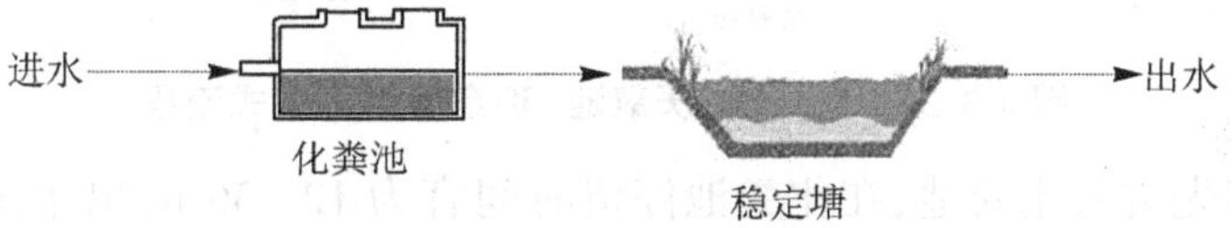

图4.3-26　化粪池-稳定塘组合模式流程

污水经化粪池处理后进入稳定塘,在化粪池停留时间不少于48 h;出水进入稳定塘后水力停留时间为4~10 d,有效水深为0.5 m左右。

b.化粪池-人工湿地组合模式。

化粪池-人工湿地组合模式流程如图4.3-27所示。

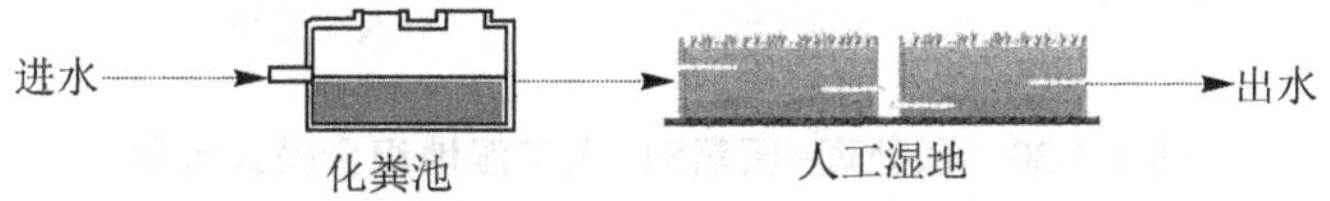

图4.3-27　化粪池-人工湿地组合模式流程

污水经化粪池处理后进入人工湿地,在化粪池停留时间不少于48 h,且出水SS≤100 mg/L;出水进入人工湿地后水力停留时间为4~8 d(表流湿地)、2~4 d(潜流湿地)。

c.化粪池-土壤渗滤组合模式。

化粪池-土壤渗滤组合模式流程如图4.3-28所示。

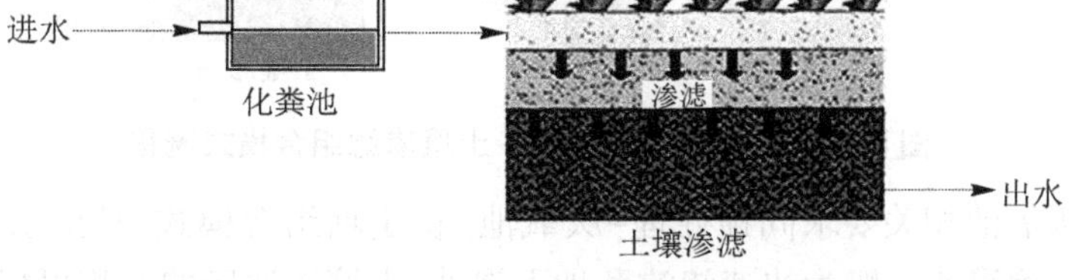

图4.3-28　化粪池-土壤渗滤组合模式流程

污水经化粪池处理后进入土壤渗滤系统,化粪池停留时间不少于48 d,且出水SS≤

100 mg/L；出水进入土壤渗滤系统后水力负荷应根据土壤渗透系数确定，一般为0.2~4 cm/d。

(2)常规模式。

该模式主要适用于经济一般或较好、环境要求较高的农村地区的集中式污水治理。该模式主要包括以下组合模式：①预处理-厌氧池-人工湿地/稳定塘/土壤渗滤等；②预处理-生物稳定塘/强化人工快渗-人工湿地；③预处理-生物接触氧化池/生物滤池等。

上述模式出水水质可满足二级排放标准的要求，系统运行良好的情况下，出水可达到一级B排放标准。

①预处理-厌氧池-人工湿地/稳定塘/土壤渗滤组合模式。

该组合模式适用于土地较为充裕的农村地区。

a.预处理-厌氧池-稳定塘组合模式。

预处理-厌氧池-稳定塘组合模式流程如图4.3-29所示。

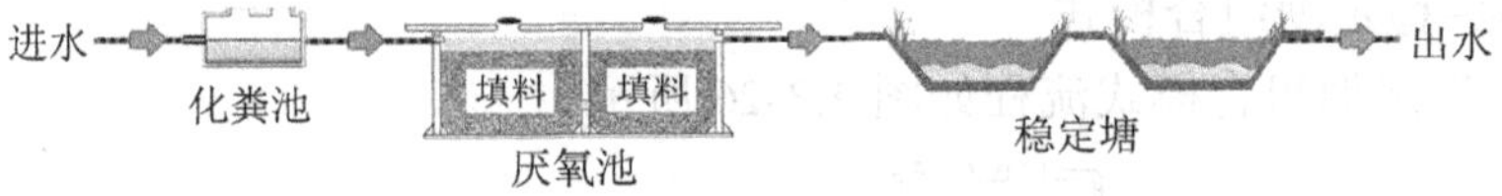

图4.3-29　预处理-厌氧池-稳定塘组合模式流程

生活污水首先进入化粪池，在化粪池停留时间宜为12~36 h；出水进入厌氧池(厌氧池可与化粪池合建)，厌氧池水力停留时间宜取2~5 d，排泥间隔时间为3个月至1年；该组合模式中稳定塘一般为好氧塘，深度一般在0.5 m左右。

b.预处理-厌氧池-人工湿地组合模式。

预处理-厌氧池-人工湿地组合模式流程如图4.3-30所示。

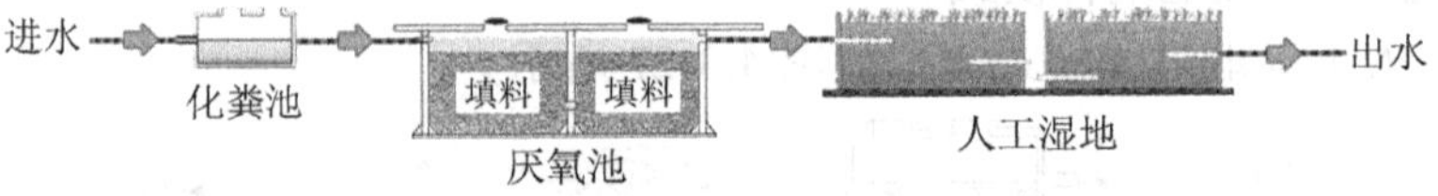

图4.3-30　预处理-厌氧池-人工湿地组合模式流程

化粪池与厌氧池相关要求同预处理-厌氧池-稳定塘组合模式，且出水SS≤100 mg/L；该组合模式中人工湿地一般为水平潜流湿地或垂直潜流湿地。

c.预处理-厌氧池-土壤渗滤组合模式。

预处理-厌氧池-土壤渗滤组合模式流程如图4.3-31所示。

图4.3-31　预处理-厌氧池-土壤渗滤组合模式流程

化粪池与厌氧池相关要求同预处理-厌氧池-稳定塘组合模式，且出水SS≤100 mg/L；该组合模式中土壤渗滤一般为快速渗滤和地下渗滤，土壤渗滤床的面积可根据渗透速率、所需治理的污水量而定。

②预处理-生物稳定塘/强化人工快渗-人工湿地组合模式。

该组合模式主要适用于土地较为充裕的农村地区，尤其适用于干旱缺水地区，对于高寒地区采用该组合模式需做好冬季保温及储水工作。

a.预处理-生物稳定塘-人工湿地组合模式。

预处理-生物稳定塘-人工湿地组合模式流程如图 4.3-32 所示。

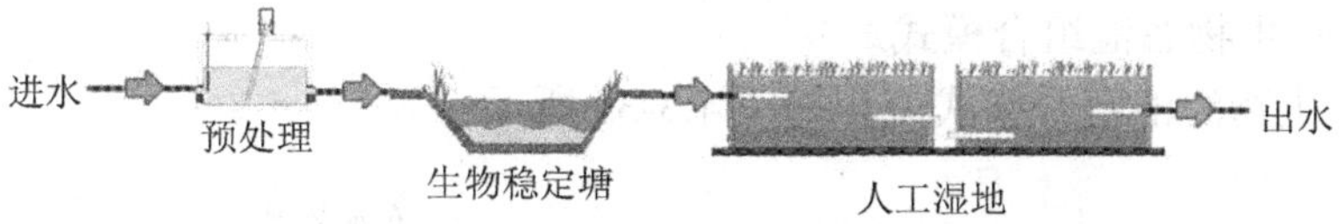

图 4.3-32　预处理-生物稳定塘-人工湿地组合模式流程

该组合模式的预处理一般为化粪池，在化粪池中停留时间宜为 12~36 h；生物稳定塘深度一般为 0.5 m 左右，人工湿地可以为表流湿地、水平潜流湿地或垂直潜流湿地，表流湿地水深一般为 20~80 cm，水平潜流湿地水位一般保持在基质表面下方 5~20 cm，并根据待治理的污水量进行调节。

b.预处理-强化人工快渗-人工湿地组合模式。

预处理-强化人工快渗-人工湿地组合模式流程如图 4.3-33 所示。

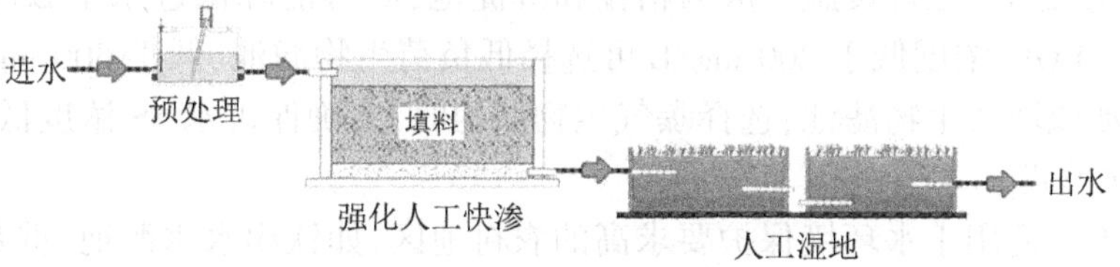

图 4.3-33　预处理-强化人工快渗-人工湿地组合模式流程

该组合模式的预处理一般为化粪池和沉淀池，在化粪池中停留时间宜为 12~36 h，且保证沉淀出水 SS≤100 mg/L。人工快渗土壤渗透系数 0.45~0.6 m/d，滤层最佳深度为 2 m 左右，1 m^3 的体积可以处理 2 m^3 以上污水。人工湿地可以为表流湿地、水平潜流湿地或垂直潜流湿地，表流湿地水深一般为 20~80 cm，水平潜流湿地水位一般保持在基质表面下方 5~20 cm，并根据待处理的污水水量等情况进行调节。

③预处理-生物接触氧化池/生物滤池组合模式。

该组合模式适用于所有经济条件好，用地紧张且出水要求较高（有脱氮除磷要求）的农村地区。接触池（滤池）是污水处理的核心构筑物，污水中的大部分有机物在微生物的作用下得到氧化分解，污水达到排放要求后排出处理系统。

a.预处理-生物接触氧化池组合模式。

预处理-生物接触氧化池组合模式流程如图 4.3-34 所示。

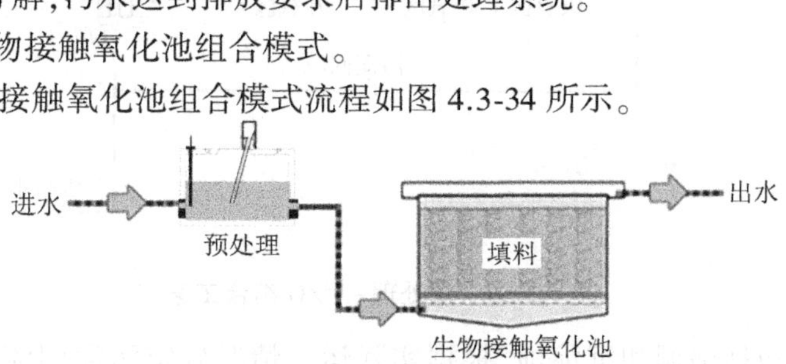

图 4.3-34　预处理-生物接触氧化池组合模式流程

该组合模式适用于处理规模在 200 m^3/d 以下的污水处理,预处理一般为格栅和沉淀池,保证接触氧化池进水 SS 浓度不高于 100 mg/L,以免造成系统堵塞;当有餐饮业废水进入时,可增设隔油池;接触氧化池好氧区的 DO 浓度宜控制在 2.0~3.5 mg/L,可采用鼓风曝气或在丘陵、山地等地区,利用地形高差,采用跌水曝气。

b.预处理-生物滤池组合模式。

预处理-生物滤池组合模式流程如图 4.3-35 所示。

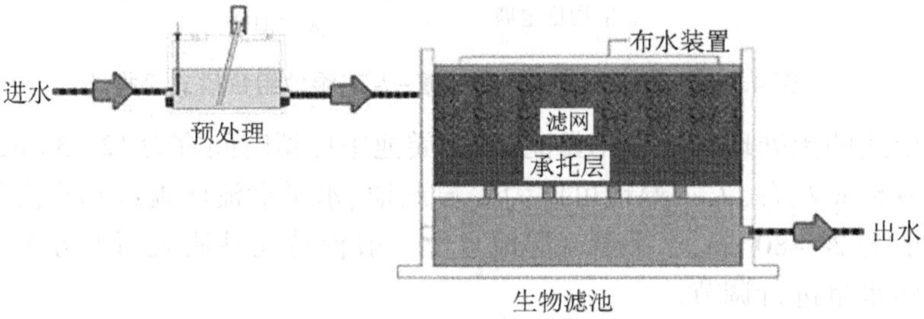

图 4.3-35 预处理-生物滤池组合模式流程

该组合模式的预处理设施一般为格栅和沉淀池,尽可能降低进水中 SS 浓度,避免造成系统堵塞。BOD_5浓度低于 200 mg/L 可选择低负荷生物滤池,低于 500 mg/L 可选择高负荷生物滤池或塔式生物滤池;选择曝气生物滤池时,要确保进水 SS 浓度低于 60 mg/L。

(3)强化模式。

该模式主要适用于水环境保护要求高的农村地区,如饮用水水源地、重要湖库集水区等执行相对严格标准的区域。该模式主要包括以下组合模式:①预处理-A^2/O 组合模式;②预处理-生物接触氧化池-人工湿地/土地渗滤组合模式。

该模式出水水质可满足一级 A 排放标准的要求。

①预处理-A^2/O 组合模式。

该组合模式适用于环境要求高,且用地紧张的地区。

预处理-A^2/O 组合工艺如图 4.3-36 所示。

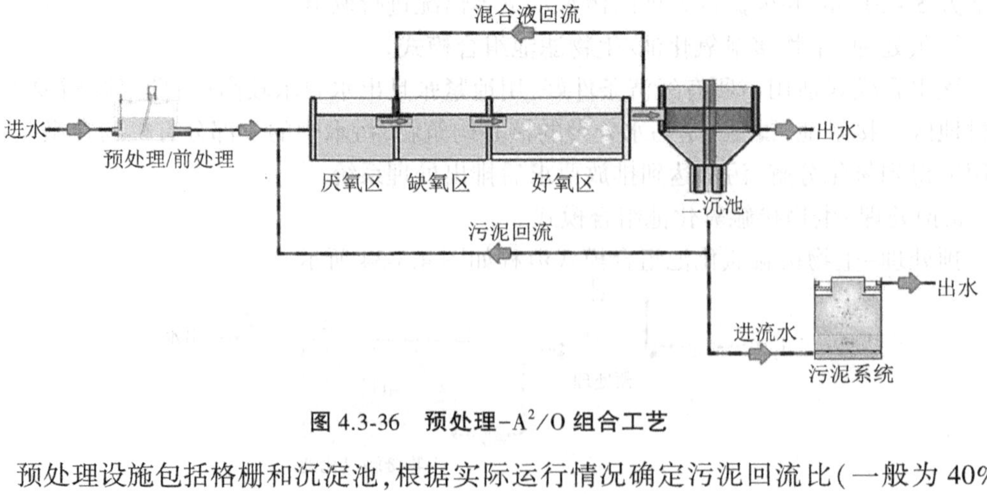

图 4.3-36 预处理-A^2/O 组合工艺

预处理设施包括格栅和沉淀池,根据实际运行情况确定污泥回流比(一般为 40%~100%)和混合液回流比(一般为 100%~400%);好氧区曝气宜根据污水处理设施规模确定,大中型污水处理设施宜选择鼓风式中、微孔水下曝气系统,小型污水处理设施可根据实际情况选择。

当处理效果还无法满足出水要求时,可在 A^2/O 后增加 MBR 池或人工湿地或土壤渗滤,加强各污染物的处理效果,各组合工艺如图 4.3-37~图 4.3-39 所示。

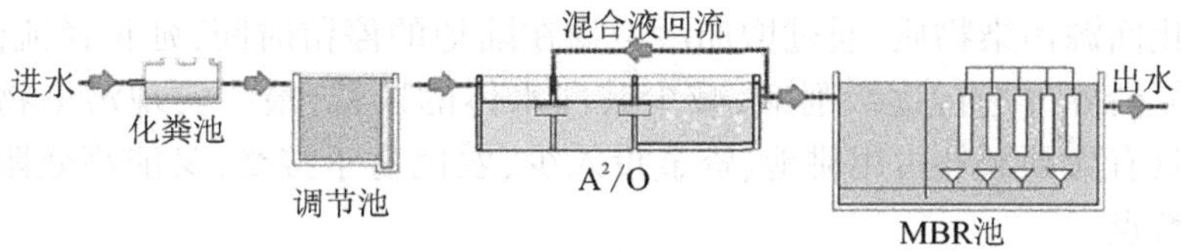

图 4.3-37　**预处理-A^2/O+MBR 池组合工艺**

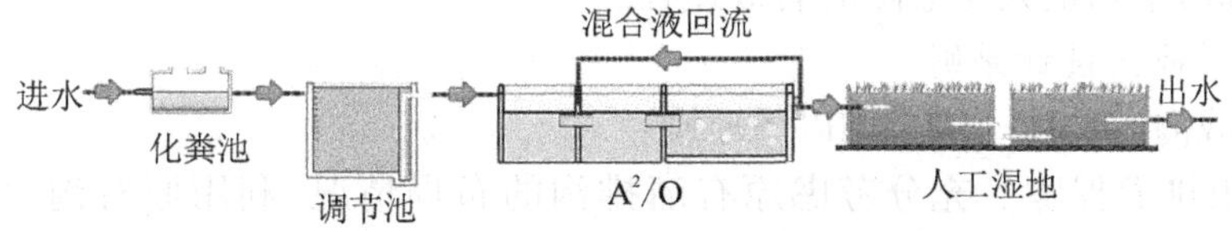

图 4.3-38　**预处理-A^2/O+人工湿地组合工艺**

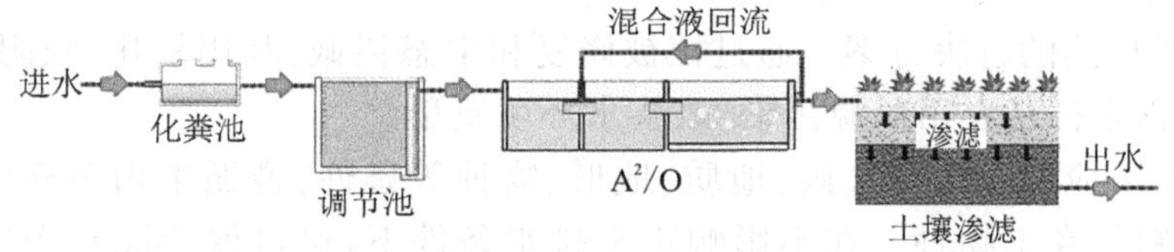

图 4.3-39　**预处理-A^2/O+土地渗滤组合工艺**

②预处理-生物接触氧化池-人工湿地/土地渗滤组合模式。

该组合模式适用于环境要求高,且有可利用土地的地区,组合工艺如图 4.3-40、图 4.3-41所示。

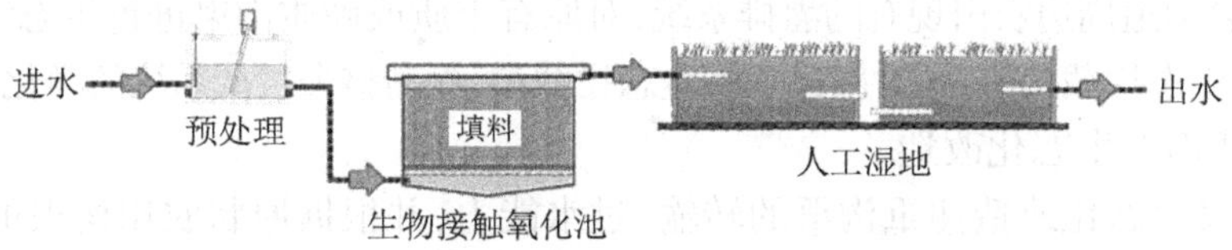

图 4.3-40　**预处理-生物接触氧化-人工湿地组合工艺**

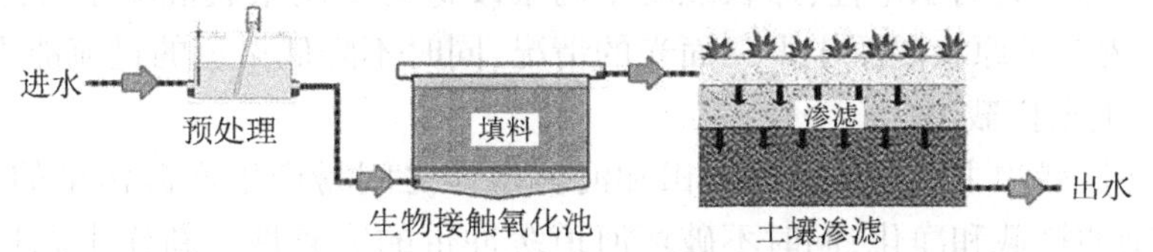

图 4.3-41　**预处理-生物接触氧化-土壤渗滤组合工艺**

该组合模式预处理设施为格栅和初沉池,保证接触氧化池进水 SS 浓度不高于 100 mg/L,以免造成系统堵塞;当有餐饮业废水进入时,可增设隔油池;接触氧化池好氧区的 DO 浓度宜控制在 2.0~3.5 mg/L,可采用鼓风曝气,在丘陵、山地等地区可利用地形高差，采用跌水曝气；人工湿地作为深度处理设施，可以选择表流湿地或潜流湿地。

3. 生态拦截沟

源头减量虽然能有效减少污染物的产生量，但不能完全控制污染的产生，这就要求在污染物向水体的迁移过程中实施多级生态沟渠中途拦截技术，通过构建自然生态沟和人工生态沟净化面源污染物质，通过增加污染物在陆地的停留时间，延长径流流出路线，对污染物中的氮磷养分进行逐级削减，减少其向水体的迁移，最终实现污染物减排的最大化。该技术具有无须额外占用耕地、资金投入少、农民易于接受，又能高效阻控农田氮磷养分流失等特点。

生态沟渠具有工艺简便、操作管理方便、建设投资少、运转成本低且净化效果良好等特点，是实现污染物最大化去除的有效途径。

1) 生态拦截沟设计原则

生态拦截沟的设计一般遵循以下原则：

(1) 农田排灌保障。充分考虑原有灌排沟的布局情况，利用原有沟渠进行改造和提升，在改善农田排水、泄洪的同时，兼顾生态环境保护功能，促进农业生产持续稳定发展。

(2) 基于自然的解决方案。通过植被修复和生态拦截，利用氧化、吸附、吸收、渗透和微生物过程来拦截农田面源污染，改善水环境质量。

(3) 生态适应性。结合气候、地质、地形、物种等条件，遵循生物多样性保护原则，采用生态材料与乡土物种。在不影响正常排水条件下，尽量保持原有沟渠的蜿蜒性，不裁弯取直。

(4) 安全稳定性。对农田沟渠进行生态化改造要考虑农田排水的主要功能，避免影响农田排涝。

2) 生态拦截沟技术

充分结合河道周边农田现有的灌排系统，对原有土质或硬质沟渠进行生态结构改造与调整，使其具有生态拦截功能；同时新建一些生态拦截沟，提高整个拦截系统的净化能力。

(1) 原状沟渠生态化改造。

原状沟渠生态化改造注重沟渠的转输、过水能力，并根据原状农田沟渠的不同材料种类进行分类生态化改造。原状土质沟渠改造可采用挂壁式衬砌结构，有利于植物在边坡生长的同时维持边坡的稳定性；原状混凝土沟渠改造可采用渠底混凝土拆除并换填生态滤料的方式，改变了原状混凝土渠三面光的情况，同时不降低渠道的过流能力。

(2) 新建生态拦截沟。

新建生态拦截沟主要位于沿河农田和河流水体之间易产生面源污染的位置，注重对农田面源污染的拦截和净化，同时不破坏河道缓冲带的完整性。新建生态拦截沟均采用渗透型沟渠，净化水质的同时便于沟渠中水体的快速渗透，在恢复农田生态、美化田园方面效果强于转输型生态沟渠。

生态拦截沟由工程部分和植物部分组成，沟渠采用生态护坡、生态挡墙或带孔硬质板材，沟底种植具备高效吸收氮磷的植物，硬质底部可搭配人工水草，或放置多孔拦截箱，拦截箱内装有能高效吸附氮磷的基质，通过工程和植物的有效组合，利用物理、化学和生物的联合作用对污染物进行强化净化和深度治理，不仅能有效拦截、净化农田污染物，还能汇集治理农村地表径流以及农村生活污水等。已有研究成果表明，管理良好的沟渠系统对农田径流中 TN、TP 的去除效果分别可达到 48.36%和 40.53%。

生态沟渠断面图及实景图如图 4.3-42 所示。

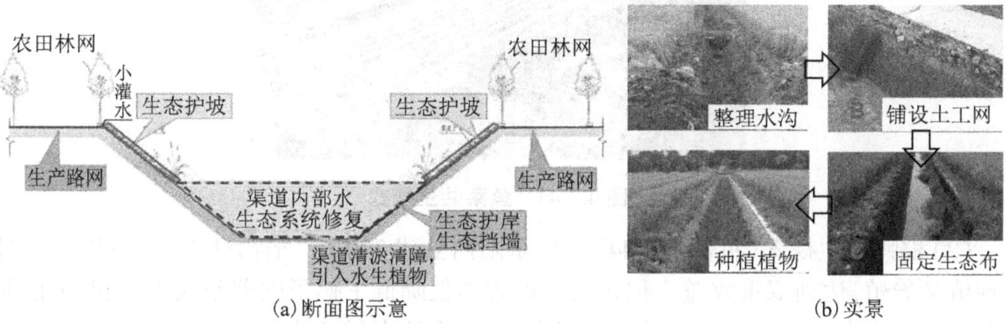

图 4.3-42　生态沟渠断面图及实景图

4.生态种养殖

水产养殖过程中大量饵料、养殖用药的使用，造成集中养殖区域水环境污染。农业生产活动的生态化、科学化是目前的发展趋势。处理好农业面源污染与农业生产的关系，继承流域农业的灌溉模式，积极发展高效生态农业，建立资源节约清洁生产示范基地。开展以生态种植为主的生态农业建设，推广果蔬禽、果基鱼塘、稻鱼共生和莲鱼共生等生态种养殖模式；发展以大棚鱼塘为基础的立体种植模式，优化品种配置和种植结构，有利于形成农、林、牧、渔全面发展的生态农业格局，从过程阻断和末端强化两种途径入手，对农业生产全过程中的污染物质进行拦截、吸附、沉积、转化及吸收利用，从而减少农业面源污水的直接入河量。

1)种养循环生态农业模式

传统农业及渔业存在环境胁迫、资源破坏、产业低端、管理粗放等问题，基于“生态、健康、高端”的理念，结合传统农耕文明，融合现代科技，打造循环型、有机化、生态化、经济化、产业化的“精英智慧农业”。选取现状成片大面积鱼塘作为示范点，在示范区中合理调控食物链，发展清水养殖的鱼、虾、蟹各类有机水产品、有机水生蔬菜、有机大米等产业，同时开展相应的农事体验、休闲游览、野趣垂钓等活动，大幅提升水体净化后的经济产出。

水培蔬菜或水草与养殖鱼虾蟹类结合，污水及鱼类、虾蟹分泌的排泄物汇入水培种植区，被水生植物资源化吸收同时初步净化水质，同时水生植物能够提供大量的溶解氧，为鱼虾蟹类提供良好的栖息场所，提高产量。此过程蔬菜无须施加药物，鱼类也无须投放大量饲料，实现了长期规模化经营，而且建设成本不高、无须反复建设，经济效益较好。

常见的种养循环生态农业模式有以下几种：

(1)鱼菜共生模式(见图 4.3-43)。北京市怀柔区东方尚品农业种植专业合作社采用鱼菜共生模式，池塘上面种菜、池塘里养鱼，无土栽培的各种蔬菜长势良好。养鱼的水过滤后，变成了自带有机肥的“营养液”经过管道供给蔬菜；种菜的水经过养分吸收后，又变成适合养鱼的水，这样形成了一整套小生态系统。

图 4.3-43　鱼菜共生模式

（2）稻鸭共生模式（见图 4.3-44）。广东阳西县建 300 亩“稻鸭共生”示范田，一块田，既种植又养殖，达到双重收益。稻鸭共生模式不仅降低了鸭子的养殖成本，同时可以明显改善稻田的生态环境。鸭子在觅食过程中，可以吃掉水稻叶片背部的害虫及虫卵，产出的粪便是很好的有机肥料，其在水里的不断游动，在加快水稻对养分吸收的同时也改良了土壤的通透性，达到了互利共生、高产、高效、无污染的生态高效种植效果。

图 4.3-44　稻鸭共生模式

（3）稻蟹共生模式（见图 4.3-45）。辽宁省盘锦市 2023 年水稻播种面积达 164 万亩，其中稻蟹综合种养面积达到 95 万亩。根据稻养蟹、蟹养稻、稻蟹共生的理论，在稻蟹种养的环境内，蟹能清除田中的杂草，吃掉害虫，排泄物可以肥田，促进水稻生长；而水稻又为河蟹的生长提供丰富的天然饵料和良好的栖息条件，互惠互利，形成良性的生态循环。

图 4.3-45　稻蟹共生模式

2) 立体农业生态循环模式

立体复合种养的生态模式是通过将"香料果树食疗蔬菜林下家禽"与周边水体示范区联合打造成立体的良性循环生态农业系统。通过协调作物与作物之间、作物与动物之间、生物与环境之间的相互利用及互补的机制,充分考虑了地形、作物生长特性等特点,因地制宜将多种独立的种养模式整合到统一空间。使作物与禽类能适得其所,实现综合利用的生态模式,促进农产品质量的提高,同时维护良好的生态环境。立体复合种养生态模式将农业循环经济发展与新农村建设相结合,通过农业循环经济发展生产,并使其成为社会主义新农村建设的重要组成部分,让人们认识到农村循环经济发展的主板,形成辐射效应,更好地促进农村的建设。建立果蔬禽种养示范区,可以有效改善城市生态环境,建设生态文明城市,促进生态建设可持续发展的需要促进生态经济林果蔬产业的发展,带动区域内农民增收致富的需要;建设生态旅游绿色经济带,是树立城市形象、发展区域经济的需要;满足城市绿色旅游追求立体化、多元化、个性化发展的需要;有助于实现科研与生产的良好结合。

常见的立体农业生态循环模式有以下几种:

(1)"鱼-桑-鸡"模式。池塘内养鱼,塘四周种桑树,桑园内养鸡。鱼池淤泥及鸡粪作桑树肥料,蚕蛹及桑叶喂鸡,蚕粪喂鱼,使桑、鱼、鸡形成良好的生态循环。桑基鱼塘示意如图 4.3-46 所示。

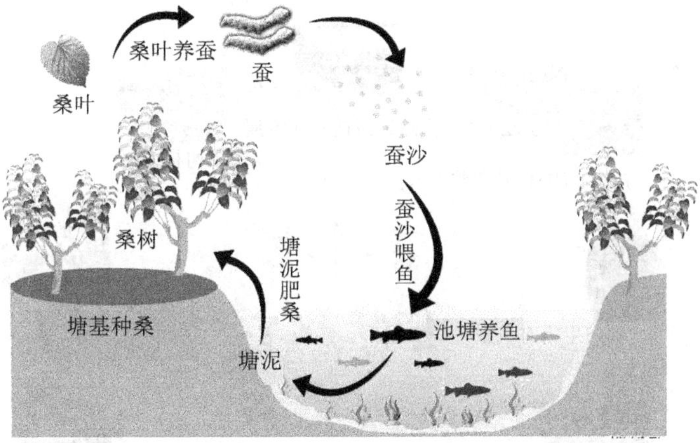

图 4.3-46　桑基鱼塘示意

(2)"兔-沼-果"模式。山东省蒙阴县依托丰富的林草资源,利用自身的果树和养殖条件,把蜜桃种植、长毛兔养殖和沼气建设结合起来,利用树落叶加工成饲料喂养长毛兔,兔粪进入沼气池发酵,生产的沼气用来做饭、照明,沼渣沼液用来为桃树施肥,构建形成"兔-沼-果"生态循环农业模式,既提升了果、兔产业附加值,又为果树提供了有机肥料,减少了化肥使用,提高了果品品质,实现了经济效益和生态效益"双赢"。"兔-沼-果"模式示意如图 4.3-47 所示。

图 4.3-47 “兔-沼-果”模式示意

(3)“果-菌-肥”模式。蒙阴县将百万亩林果每年产生的 12 万 t 果树枝变废为宝，以果木果枝为基料，粉碎制成菌棒菌袋，进行菌种培养后出菇，再利用“废菌包或细小果木枝条+畜禽粪便+微生物菌剂”的轻简化堆肥技术，制成生物有机肥进行还田，达到资源利用最大化、最优化，构建形成“果-菌-肥”循环农业模式，避免了化肥过量使用带来土壤酸化的影响。“果-菌-肥”模式示意如图 4.3-48 所示。

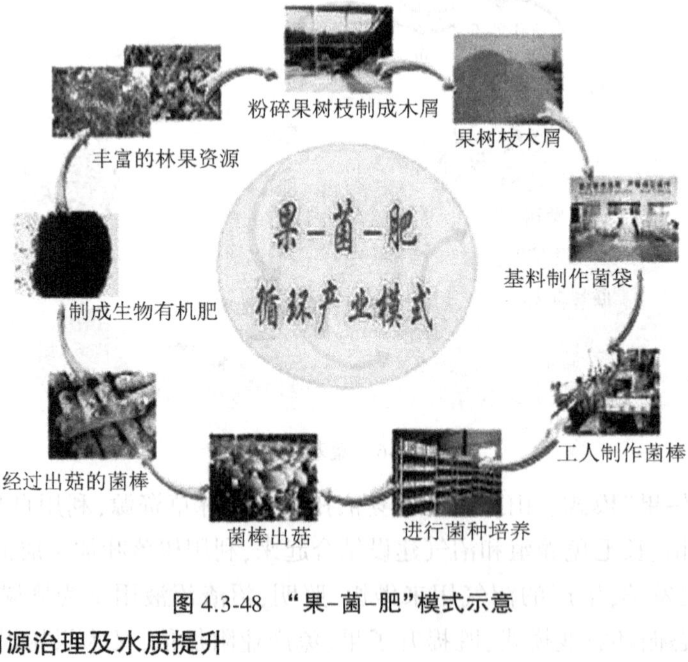

图 4.3-48 “果-菌-肥”模式示意

4.3.3.3 河道内源治理及水质提升

1.河湖底泥清淤

1)清淤工艺

目前，河湖底泥清淤有工程清淤和生态清淤两种不同的工艺。

工程清淤指通过人力或借助机械将水体内淤积的泥沙清除,起到增加水深、净化水体、提高过水能力的工程,其着重考虑工程的技术可行性及经济合理性。

生态清淤主要指通过底泥的疏挖,去除水体底泥所含的污染物,清除污染水体的内源,减少底泥污染物向水体的释放,并为水生生态系统的恢复创造条件,它既要考虑清淤工程实施中技术上的可行性及经济上的合理性,又要满足环保的需要。现阶段随着国家对环保的重视,目前很多河湖、水库为了提升水质,净化水体,即便底泥中没有污染物,也通常采取环保效益较高的生态清淤工艺对水体底泥进行清淤。

二者的不同见表 4.3-5。

表 4.3-5　工程清淤与生态清淤的特点对比

项目	工程清淤	生态清淤
工程目标	使水体达到一定深度	提升生态环境质量
边界要求	底面平坦、断面规则	根据底泥分布情况确定
挖泥厚度	较厚、一般 1 m 以上	较薄、一般小于 1 m
细颗粒扩散要求	不做限制	尽量避免悬浮扩散
施工精度	20~70 cm	5~10 cm
设备选型	标准设备	专用设备或标准设备改造
底泥处置	泥水分离后一般堆置	泥、水根据污染程度进行特殊处理
工程监控	一般控制	专项分析严格监控
工程费用	低	高

(1)工程清淤工艺。

①清淤设备。目前国内外用于水下工程清淤的挖泥设备主要有以下几种:

a.耙吸式挖泥船(见图 4.3-49),这是一种通过安装并悬吊于船舷外的、头部装备有用于挖泥耙头(见图 4.3-50)的耙吸管进行挖泥作业的工程船舶,其作业方式是边航行边挖泥,挖出的泥浆存放于挖泥船自带的泥舱内,由挖泥船运至抛泥区排放。

图 4.3-49　耙吸式挖泥船

图 4.3-50　耙吸式挖泥船耙头

b.斗式挖泥船,这部分挖泥船包括链斗、抓斗(见图 4.3-51、图 4.3-52)、铲斗等挖泥船,是一种通过斗轮、起重机、斗臂作用,采用泥斗进行挖泥作业的船舶,挖出的底泥装入泥驳后,通过泥驳运至排泥区排放。

图 4.3-51 抓斗挖泥船

图 4.3-52 抓斗挖泥船抓斗

c.绞吸式挖泥船(见图 4.3-53),该类型船舶采用安装在桥架端部的绞刀头(见图 4.3-54)进行底泥挖掘,通过大型泥泵进行吸泥和泥浆排送。施工时以钢桩、三缆定位装置、定位桩等为圆心来进行定位,利用船体摆动进行挖泥作业。

图 4.3-53 绞吸式挖泥船

图 4.3-54 绞吸式挖泥船绞刀

d.斗轮式挖泥船(见图 4.3-55),此类船舶为绞吸式挖泥船的变形,它通过安装于桥架端部的可旋转的圆形斗轮组(见图 4.3-56)进行挖泥作业,通过泥泵进行泥浆的输送。

图 4.3-55 斗轮式挖泥船

图 4.3-56 斗轮式挖泥船斗轮

e.陆地机械,如反铲、抓斗挖掘机,一般采用 3 种方法进行施工:第一种方法是将机械安装在平板驳上,其施工方法与铲斗、抓斗船基本一致;第二种方法是将施工水域内水排干后,采用陆地施工方法进行施工;第三种方法是采用具有水陆两栖功能的挖机进行清淤,该种挖机可以在陆地也可以在沼泽、湿地等区域进行施工。

图 4.3-57 为水陆两栖挖机,图 4.3-58 为陆地挖机

图 4.3-57　水陆两栖挖机

图 4.3-58　陆地挖机

上述疏挖挖泥设备优缺点比较如表 4.3-6 所示。

表 4.3-6　疏挖设备选型比较

疏挖设备	优缺点比较
耙吸式挖泥船	(1)目前国内最小耙吸式挖泥船为 500 m^3,满载吃水一般均在 3 m 以上,难于在浅水水域施工; (2)耙吸式挖泥船为整体船,运输困难; (3)施工中,低浓度泥浆将溢流回水体中,船舶航行时螺旋桨会搅起底泥,造成污染
斗式挖泥船	(1)能挖掘较硬密的土质和挖取浓度较高; (2)斗轮尺寸庞大,泥土扩散较大,其漏泥也较严重,易造成污染; (3)挖厚度较薄的底泥时,效率将大幅降低
绞吸式挖泥船	(1)对土质适应性较好,排距远,在生产率及排距的选择上亦较灵活,工作效率较高,能耗和成本较低; (2)在输送过程中,不会使泥土散落造成污染; (3)由于采用绞刀头机械底泥切削工作,对周围底泥的扰动会在一定范围内产生二次污染
斗轮式挖泥船	(1)如果底泥厚度合适,此类船舶能挖掘和输送浓度较高的底泥泥浆,使生产效率提高; (2)由于挖掘机构(斗轮)结构较为复杂,维修成本较高,且斗轮尺寸庞大,清淤薄层底泥时效率大大降低; (3)易堵口,清理困难,对于杂质较多的底泥适应性较差
陆地机械	(1)适合于水深较浅,水量小的河道、湖泊; (2)对于疏挖量较大时,需投入大量机械设备和人工,施工强度和工人劳动强度较大; (3)采用汽车进行运输,容易造成二次污染,受道路交通影响较大

②底泥输送工艺。

常用底泥输送工艺如下所述：

a.管道输送。

底泥采用管道输送（输泥管线见图4.3-59），即疏浚船舶与水上浮管相连接，将疏浚泥浆通过水上浮管、接力泵站及陆上岸管直接吹送至底泥处理场地的工艺过程。采用管道输泥的特点如下：全封闭，无侧漏，不受天气影响；连续输送效率高，不受附属设施影响；安全、经济、环保性好；管线布设对水面交通有一定影响；管线布设较长时，需加设一定数量的接力泵站（船）（见图4.3-60）。

图4.3-59　输泥管线

图4.3-60　接力泵船

b.船舶输送。

船舶输送主要是采用泥驳运输的方式，即清淤船舶将疏挖泥浆排入自航泥驳中，自航泥驳运输至底泥处理场地附近，通过吹泥船或泥浆泵将泥驳中的泥浆抽至底泥处理场地。采用船舶运泥的特点如下：可减少水上浮管布设，对水域交通影响较小；易滴、漏、撒，造成二次污染；雨季运输时，不能满载作业；为与疏浚设备相匹配，则需配备较多的小型泥驳船；输送末端需另配备吹泥船或泥浆泵作业。

泥驳装泥、运泥见图4.3-61、图4.3-62。

图4.3-61　泥驳装泥

图4.3-62　泥驳运泥

c.车辆输送

汽车运输是污染底泥陆地输送的一种方式，一般采用槽罐车或封闭自卸车进行运输。当污染底泥为流动或半流动状态时，宜采用槽罐车运输；当污染底泥呈流塑或可塑性状态时可采用封闭自卸车进行运输。采用车辆运泥的特点如下：通过陆路运输，对水上交通影响较小，受陆路交通条件影响；易滴、漏、撒，对环境造成二次污染；雨季运输难度加大；运输效率低，成本高，需配备较多专业运输车辆。

车辆装泥、运泥见图 4.3-63、图 4.3-64。

图 4.3-63　车辆装泥

图 4.3-64　车辆运泥

(2)生态清淤工艺。

①清淤设备。

目前国内常用生态清淤设备主要包括水陆两用挖掘机、泥浆泵、环保式绞吸船及气动泵挖泥船等，各疏浚设备特点如下：

a.水陆两用挖掘机(见图 4.3-65)，是一种适用于陆地、沼泽软地面及浅水作业环境的多用途挖掘机。凭借底盘浮箱的强大浮力和较低的接地比压，该设备被广泛而高效地应用于水利工程、城乡建设中的河道与湖泊的清淤、湿地沼泽与滩涂的资源开发和环境整治挖掘作业。机械设备行走装置采用多体船式浮箱结构及密封箱形履带板，能在淤泥及水面安全行走与作业。水陆两用挖掘机拥有超长工作臂、高效的回转机构，对挖掘土质的适应性较强、挖掘效率较高。

图 4.3-65　水陆两栖挖掘机

水陆两用挖掘机的工作水深一般不超过 1.7 m，水线下最大挖掘深度为 6 m，水线上最大卸料高度为 8 m。该设备主要适用于浅水河道整治和滩涂清淤。

b.泥浆泵(见图 4.3-66),是在钻探过程中,向水下输送泥浆或水等冲洗液的机械,可用于浅窄的水域疏浚工程,其原理是在钻进过程中将高压水随钻头钻进注入淤泥下,将淤泥打散并将打散后混合的泥浆抽出并通过连接软管输送。常用的泥浆泵是活塞式或柱塞式的,由动力机带动泵的曲轴回转,曲轴通过十字头再带动活塞或柱塞在泵缸中做往复运动。在吸入和排出阀的交替作用下,实现压送与循环抽出的目的。

图 4.3-66　泥浆泵

泥浆泵与高压水泵,水枪配合,组成水力机械化土方工程机组。其工作原理是模拟自然界水流冲刷,借助水力的作用进行挖土。水流经清水离心泵产生压力,通过水枪喷出一股密实的高速水柱,切割、粉碎土体,使之湿化、崩解,形成泥浆和泥块的混合液,再由立式泥浆泵及其输泥管吸送至堆场。该机组结构简单,使用方便,可同时完成挖、运、填等多道工序、广泛用于鱼池、河道、水库的开挖、清淤等工程。

c.环保式绞吸船(见图 4.3-67),该类型船舶采用安装在桥架端部的环保绞刀(见图 4.3-68)进行底泥挖掘,通过大型泥泵进行吸泥和泥浆排送。施工时以钢桩、三缆定位装置、定位桩等为圆心进行定位,利用船体两侧横移锚进行摆动挖泥作业。疏浚过程中,污染底泥在绞刀的挖掘作用下形成一定浓度的泥浆,通过船上泥泵和排泥管路进入底泥堆场(处理场地)进行后期处理。绞吸船特点是单船独立施工、疏浚生产率高、对土质适应性较好、定位控制精度较高。

图 4.3-67　环保式绞吸船

图 4.3-68　环保式绞吸船绞刀

环保式绞吸船采用的环保绞刀可以大幅度降低清淤过程中产生的疏浚羽流,降低对底泥的扰动,同时环保绞刀密闭性更好,可以将疏挖的底泥封闭于绞刀之中,随之经输泥管线输送至淤泥处置区。清淤过程中可以大幅度降低对底泥的扰动,减少对水体的污染,具有显著的环保效益。

d.气动泵,泵体呈长圆柱状,中间为可移动圆形隔板 A(活塞板),两端为存泥空间 C 与存气空间 B。存泥空间端连有一根钢管 D,钢管上下端装有同方向活塞板的排泥阀 E 与进泥阀 F,分别与吸泥铲 H、排泥管相连。其构造及泵体特征如图 4.3-69、图 4.3-70 所示。

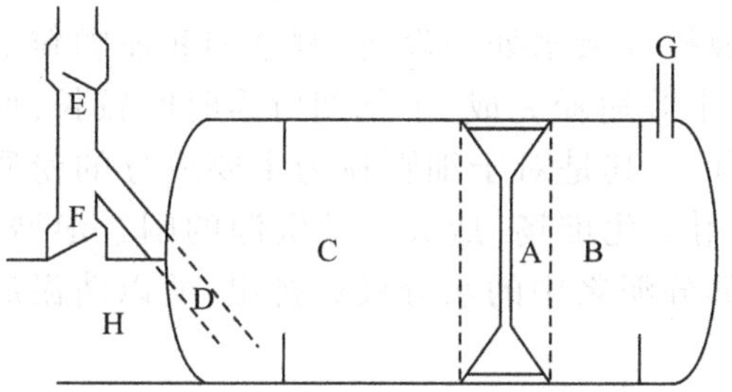

图 4.3-69　气动泵构造简图

图 4.3-70　气动泵泵体特征

泵体置于水底,通过气管 G 放气,受水底压力,圆形隔板 A 向存气间移动,排泥阀 E 关闭,进泥阀 F 打开,进泥;充气,在高压空气推力下,圆形隔板 A 向存泥空间 C 移动,进泥阀 F 关闭,排泥阀 E 打开,排泥。气动活塞吸泥泵由 3~4 个泵体组成,按序轮换充气和放气,形成连续的进排泥过程。

气动泵在移动疏浚过程中,锚拉、双锚与泵呈三点定位,以 1.5~2.0 m/min 速度前移。为提高缸体的吸泥效果,在浅水施工时宜增配抽真空设备以加强泥浆吸入时的效果。

施工时,气动泵可采用固定式吸泥或移动式吸泥两种施工方法,如图 4.3-71、图 4.3-72 所示。固定式吸泥即将船舶固定在某一位置,将缸体下放到泥面上,使吸口与被吸泥面接触,随着吸泥进度,不断下放缸体,这种吸泥方法适合较厚泥层的疏浚。移动式吸泥即将缸体随着船体一起以一定速度运动,水下泥土被缸体下部铲头剥离并吸入,这种挖泥方式适合较薄层的疏浚。

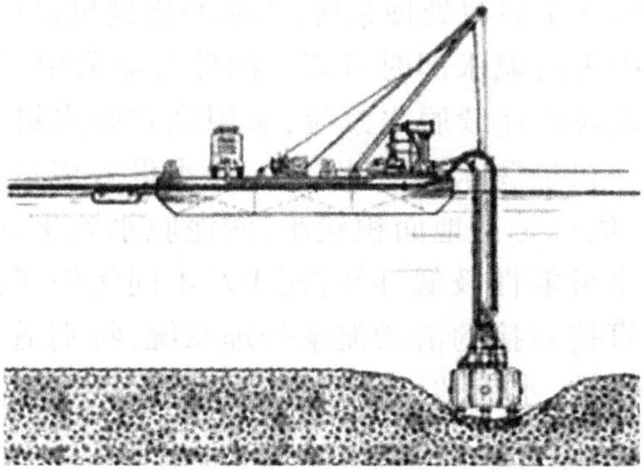
图 4.3-71　固定式吸泥

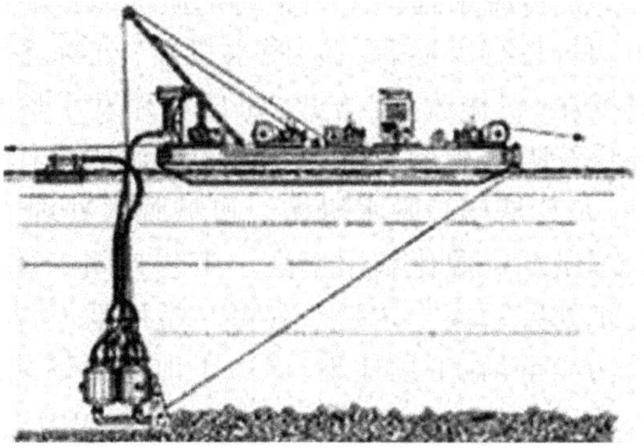
图 4.3-72　移动式吸泥

②底泥输送工艺。

环保清淤底泥输送工艺与工程清淤相同,具体内容参见前述工程清淤底泥输送工艺。

2)底泥处理工艺

现阶段,清淤底泥固化处理方式主要有自然干化、真空脱水干化、机械脱水法、土工管袋脱水固化及投加固化剂法等。

(1)自然干化处理工艺。

自然干化处理工艺即将泥浆通过清淤设备输送至底泥堆场,在自然状态下泥水分离,通过溢流堰或闸门高度的调节,将上清液排入余水处理设备,剩余的底泥颗粒沉积在堆场中。自然干化主要通过日照蒸发、风干等途径完成,干化期所需时间较长,而且受气候影响很大,如遇降水等天气因素影响,尤其是对于细颗粒为主要成分的粉质黏土,将会大大延长其干化周期,从而长期占用干化堆场,造成土地资源的闲置浪费,并且会带来一定的安全隐患。由于堆场中下部分泥浆中的水分极难排出,所以清淤底泥自然干化堆场深度一般不超过 3 m。

(2)真空脱水干化处理工艺。

真空脱水干化处理工艺是将不透气的薄膜铺设在需要固化的软土表面上,借助真空泵、滤管和埋设在土体中的塑料排水板,将膜下土体间的空气抽出,形成真空,使土体排水而压密。该法的实质是在总应力基本不变的情况下,使孔隙水压力降低,有效应力增加。

真空脱水干化处理工艺主要是由排水系统和加压系统两部分组成。排水系统主要包括竖向排水体和水平排水体,竖向排水体常用塑料排水板、袋装砂井等,水平排水体常用砂垫层、土工合成材料(如滤管、塑料排水板等)。设置排水系统主要是为了改变地基原有的排水边界条件,传递真空压力,增加孔隙水的排出通道,缩短排水距离,以便以较快的时间使地基土的有效压力增加,土体产生固结,完成预定的软土固化效果,满足工程建设需要。加压系统主要是指抽真空装置。该方法适用于处理的土质主要为软弱土、黏性土,一般加固脱水深度可达 15~20 m。

(3)机械脱水处理工艺。

机械脱水处理工艺是将清淤泥浆经管道输送至底泥处理系统,泥浆经格栅机拦污、粗颗粒自行沉淀后,在"脱水机器"处理系统中进行泥水即时分离。国外普遍采用"绞吸挖泥+机械脱水"方式,如日本开发了奥村式底泥连续脱水系统,采用轴式脱水机与环保绞吸船相衔接进行连续的清淤脱水作业。机械脱水相对能耗大、脱水设备成本较高,尤其是离心脱水机械。机械脱水处理工艺优点是占地面积较小,淤泥脱水效果好,处理淤泥资源化利用率高。工艺封闭二次污染可能性极低,同时便于对不同污染底泥分批处置。该工艺是一套可与常用清淤设备直接对接的清淤泥浆处理系统,特别适合于污染重,施工场地小,周边土地资源稀缺的湖泊、水库地区中作为淤泥处置厂长期投入使用。

①离心脱水。

离心脱水主要由转载和带空心转轴的螺旋输送器组成,底泥由空心转轴送入转筒后,在高速旋转产生的离心力作用下,立即被甩入转毂腔内。底泥颗粒比重较大,因而产生的离心力也较大,被甩贴在转毂内壁上,形成固体层;水密度小,离心力也小,只在固体层内侧产生液体层。固体层的底泥在螺旋输送器的缓慢推动下,被输送到转载的锥端,经转载周围的出口连续排出,液体则溢流排至转载外,汇集后排出脱水机。采用离心脱水工艺可有效降低底泥中的含水率,并使清淤泥浆颗粒中的大部分固态化为泥饼。但采用离心方法脱水的清淤底泥工程运行成本较高,在目前还难以大规模推广应用。

②板框压滤脱水。

板框压滤机由交替排列的滤板和滤框构成一组滤室。滤板的表面有沟槽,其凸出部位用以支撑滤布。滤框和滤板的边角上有通孔,组装后构成完整的通道,能通入悬浮液、洗涤水和引出滤液。板、框两侧各有把手支托在横梁上,由压紧装置压紧板、框。板、框之间的滤布起密封垫片的作用。由供料泵将悬浮液压入滤室,在滤布上形成滤渣,直至充满滤室。滤液穿过滤布并沿滤板沟槽流至板框边角通道,集中排出。过滤完毕,可通入清水洗涤滤渣。洗涤后,有时还通入压缩空气,除去剩余的洗涤液。随后打开压滤机卸除滤渣,清洗滤布,重新压紧板、框,开始下一工作循环。

板框压滤脱水施工工艺主要包括除渣系统、调节系统、调理系统和分离系统,各子系统相互联系、互相独立。工艺流程及脱水效果见图 4.3-73。

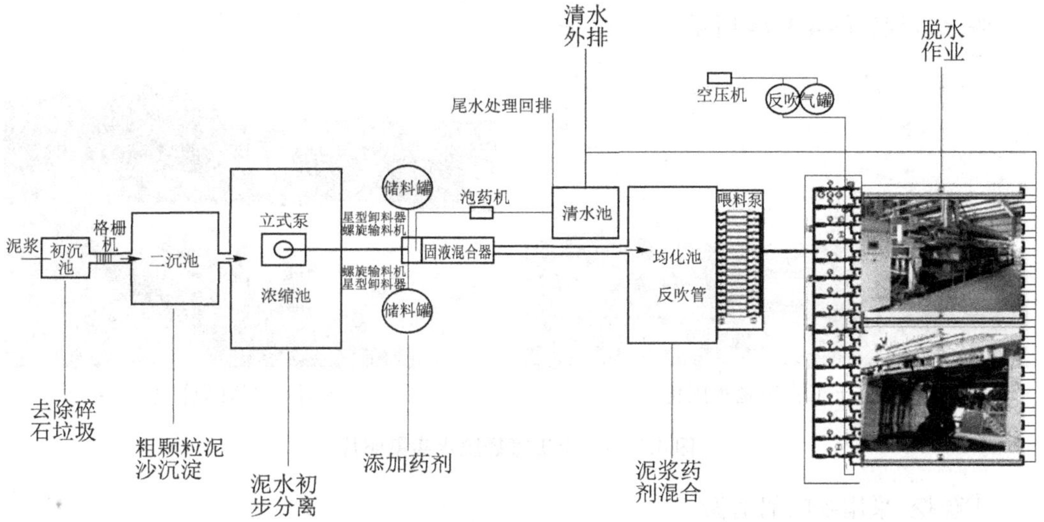

图 4.3-73　板框压滤脱水工艺流程示意

该底泥处理工艺主要优点如下:

a.适应面广。通过调整调理材料的配方与用量,可适应各种不同颗粒粒径、不同有机物含量的淤泥处理。

b.脱水时间短、效率高。淤泥脱水、固化过程 40~60 min 即可完成,每套设备每天可处理泥浆(水下自然方)250~400 m^3,可以实现多套设备可同时运行。

c.脱水效果稳定、资源化利用高。脱水后淤泥含水率可以稳定控制在 55%以下,大大削减泥浆体积,降低了运输量,同时处置淤泥资源化利用程度高,减少了堆存占地,综合造价降低。

d.工厂化运行。系统上游与环保清淤设备直接对接,下游与运输车辆相连,实现了环保清淤施工、底泥处置的流水化作业，工厂化运行管理，可 24 h 连续运行，不受天气影响。

e.过程清洁环保。处理过程不会造成粉尘、噪声的污染，脱水泥饼固结体遇水不软化、泥化，汽车运输不漏撒。

f.质量稳定可控。该技术生产运行自动化，淤泥脱水固化质量稳定、可调。

(4)土工管袋脱水固结处理工艺。

土工管袋脱水固结处理工艺是将清淤底泥输送进入土工布袋中，通过加压促使底泥水分脱除的一种技术方法，土工管袋法脱水原理是在输送泥浆管道中注入一定量的絮凝剂，经管道混合器充分混合均匀后，充填进入土工管袋中，底泥在重力、管袋充填压力和堆叠挤压力的共同作用下不断排出自由水与孔隙水，从而实现底泥的脱水减容目标，施工工艺过程包括疏挖、输送、投药、脱水、固结 5 个阶段。可以与环保绞吸船、高浓度泥浆泵等清淤工艺直接对接，进行大面积、大体积底泥处理。土工管袋法需修建脱水场，铺设排水垫层等，对场地条件有一定的要求。土工管袋脱水固结处理工艺施工成本、运行成本较机械脱水固结一体化处理工艺低，但占用场地较大，且不同淤泥分开处置较困难。

脱水过程如图 4.3-74 所示。

(a)土工管袋脱水固化

(b)添加絮凝剂管道

图 4.3-74　土工管袋脱水实景照片

①疏挖：采用绞吸船清淤。

②输送：封闭式管道输送，过程中不出现撒漏现象。

③投药：主要针对投放絮凝剂而言。药剂投放操作步骤：清淤底泥进入管道后，打开絮凝剂投加系统，通过真空吸料系统，自动配置药剂，投放至清淤管道中，以便满足颗粒沉淀和吸附要求，并且在清淤管路上设有取样装置，及时监控絮凝效果，动态调整加药量。确定清淤泥浆流量、清淤泥浆浓度参数、注入清淤泥浆中的最佳絮凝剂浓度参数、絮凝剂溶液注入流量以及影响沥水效果的土工管袋参数指标。

④脱水：清洁的水流从土工管袋中滤出，其脱水原理主要是土工管袋材质所具有的过滤结构和袋内液体压力两个动力因素同时还可以添加脱水药剂促进脱水速率。经脱水后超过 99%的固体颗粒被存留在土工管袋中，渗出水可以进行收集并达标排放。

⑤固结：存留在管袋中的固体颗粒填满后，经过一段时间固结后，土工管袋里的土可直接作为苗木花卉农作物种植土，也可利用运输汽车运送至制砖厂或其他处置场所，用于

工业烧结砖、生产有机肥料等,实现资源化利用。

土工管袋技术脱水耗能小,无须设备维护,袋体可以反复充填,直到达到袋体允许高度,大大缩小了废弃物的占有空间。缺点是需要大面积的场地进行脱水施工作业,且对黏性土脱水处理效果不理想。若本工程采用土工管袋处理清淤淤泥,将需要庞大的堆场以及较长的脱水工期。

(5)投加固化剂法处理工艺。

投加固化剂处理工艺的原理主要是固化材料自身的水化反应,水化反应减少了淤泥中自由水的含量,水化反应生成的水化产物填充或支撑在淤泥颗粒中间,提高了固化体的整体强度。此外,水化产物还能通过物理包裹和离子交换吸附等作用,降低淤泥中重金属离子的活性,从而有效阻隔了污染底泥对环境的影响。

通过投加固化剂法处理后的淤泥作为土材料来使用,其强度随添加剂量呈近似线性增加关系。固化淤泥的强度可以通过改变固化材料的添加量来调整其强度,可以应用于不同要求的回填土的要求。目前普遍采用的以脱水为目的的固化剂为生石灰和粉煤灰等,处理流程如图 4.3-75 所示。

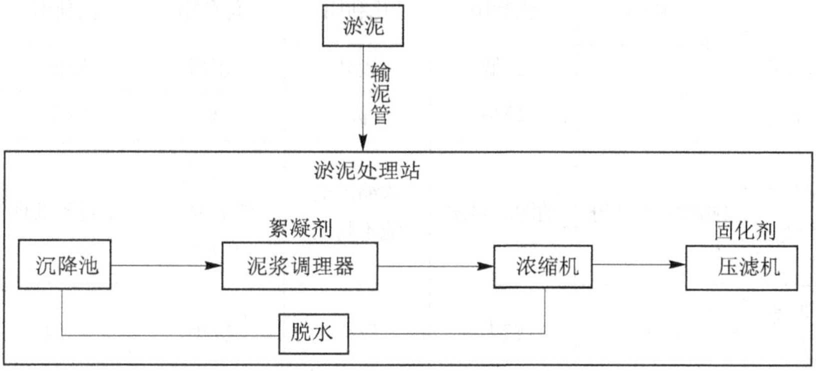

图 4.3-75　投加固化剂法处理工艺流程示意

底泥处理技术的比选应遵循以下原则:

①底泥处理的目标是保障底泥处置尽可能达到处置标准,同时兼顾环境保护,避免产生新的污染物和二次污染。

②在技术上,底泥处理技术的选择目标是通过简化且有效的途径或方法达到处理目标,而不是单纯追求技术的先进性。对于高风险污染物应采取工程治理措施、制度管理措施作为污染控制技术的辅助手段,减少污染物的暴露。

③在经济上,底泥处理技术筛选需兼顾当前经济状况,筛选修复技术,尽量降低处置成本,经济适用。

④在可行性上,处置工艺的选取应结合可用场地占地及地形条件,满足建设及使用需求,同时便于底泥输送及资源化利用。

⑤在可操作性上,建议的底泥处理技术在目前的政策、政府管理体制、经济机制、技术水平等方面可以操作运行。

结合上述各底泥处理工艺,对各处理工艺方案进行对比,如表 4.3-7 所示。

表 4.3-7 底泥处理工艺综合比较

序号	比较项目	自然干化处理工艺	真空脱水干化处理工艺	机械脱水处理工艺		土工管袋脱水固结处理工艺	投加固化剂法处理工艺
				离心脱水法	板框压滤脱水法		
1	处理清淤底泥适应性	较好	较好	好	好	较好	好
2	底泥脱水程度	顶部底泥含水率很低,中部及底部基本处于饱和状态	脱水固结后含水率约 60%(经翻晒)	脱水后泥料含水率约 60%	脱水后泥料含水率 30%~55%	脱水后泥料含水率约 55%	脱水后泥料含水率约 50%
3	底泥资源化利用	可用于工程回填或资源化利用	可用于工程回填或资源化利用	可用于工程回填或资源化利用	可用于工程回填或资源化利用	可用于工程回填或资源化利用	底泥利用率一般
4	设备投资	低	较低	较高	较高	较低	较低
5	运行费用	低	较高	高	高	较高	高
6	底泥是否封闭处理	纳泥区不封闭	纳泥区封闭	浓缩沉淀池不封闭	沉淀池、调节池等不封闭	全封闭处理	混合搅拌池不封闭
7	需要场地大小	较大	较大	较小	较小	一般	较大
8	地基承载力要求	脱水场地对地基承载力要求较低	脱水场地对地基承载力要求较低	脱水厂房对地基承载力要求较高	脱水厂房对地基承载力要求较高	对场地承载力要求一般	对场地承载力要求一般
9	二次污染风险	较大	可控	可控	可控	较小	可控
10	对处理场地需求	长期占用场地	长期占用场地	占用场地时间较短	占用场地时间较短	占用场地时间较短	占用场地时间较短

2. 生态浮床

1) 生态浮床技术

生态浮床技术是运用农艺学中无土栽培技术的原理,把高等水生植物或改良的陆生草本、木本植物,以浮床(浮体栽培岛)作为载体,种植到富营养化水体的水面,通过植物生长过程中对 N、P 等植物必需元素的吸收利用及其植物根系和浮床基质等对水体中悬浮物的吸附作用，富集水体中的有害物质。与此同时，植物根系释放出大量能降解有机物的分泌物，从而加速有机污染物的分解，随着部分水质指标的改善，尤其是溶解氧的增加，为好氧微生物的大量繁殖创造了条件，通过微生物对有机污染物、营养物的进一步分解，使水质得到进一步改善，最终通过植物体收获的形式，将 N、P 等营养物质以及吸附积累在植物体内和根系表面的污染物从水体移出，使水体中的污染物大幅度减少，从而为高等水生生物的生存、繁衍创造生态环境条件，为最终修复水生态系统提供可能。生态浮床能为水生植物、微生物提供有效的生存空间，通过植株根系及微生物菌群的新陈代谢和絮凝、吸附作用，可以去除水体中的 N、P、悬浮物和有机物等，形成水体污染物初步降解，但其降解能力存在一定阈值，通常作为污染负荷低，水环境质量相对较好的修复治理。

根据相关研究资料，生态浮床技术的水质净化要素有以下 6 个：①植物根茎表面微生物对污染物质的分解；②植物根系的营养吸收作用；③为原生动物、轮虫、桡足类、枝角类、甲壳类等的摄食、繁衍等提供场所；④为滤食性鱼类的摄饵、捕食、产卵繁殖、栖息等活动提供场所；⑤去除悬浮性物质；⑥遮蔽日光，抑制藻类生长，平衡水温，植物的遮蔽效果在抑制浮游植物繁殖方面起了很大作用。

根据气候、水质条件，选择培育成活率高、根系发达、根茎繁殖能力强的浮床植物，主要有芦苇、千屈菜、鸢尾、美人蕉、菖蒲、梭鱼草，形成水面植物浮床，利用植物及植物根系栖息的水生动物和微生物群落的综合作用，实现其净化水体、丰富生物多样性及改善自然生态景观等生态功能。生态浮床效果如图 4.3-76 所示。

图 4.3-76 生态浮床效果

2）复合纤维浮动湿地技术

复合纤维浮动湿地用于构建水体生态系统，为挺水植物、微生物提供附着、生长载体。复合纤维浮动湿地技术通过在水体中搭建类似人工湿地的结构，对水体污染物去除并实现生态修复作用。复合纤维浮动湿地能够直接作用于布设的水体，满足各类水位变化要求，适应不同水深，无须占用土地资源，构建快捷，单位面积处理效率高。复合纤维浮动湿地能够结合水利条件设计，可应用于各类污水处理，是全新的水生态处理方法。

复合纤维浮动湿地以载体填料为主体，促进形成以水质净化为主要目的，并具有生态与景观功能的生态浮动平台，实现植物、载体填料、微生物、大气、生态系统的各环节与水交互作用，是水体中的“可移动净水生境平台”。

复合纤维浮动湿地标准化模块是植物种植的载体、复合纤维浮动湿地浮力的提供者,更是复合纤维浮动湿地的表层基质、水质净化主体之一。其材质为高分子材料与天然植物纤维,具有表面积极大的孔隙结构,在气水交界面区域为微生物的附着挂膜生长提供了空间,同时植物根系在标准化模块纤维孔隙中交织穿梭生长,根系分泌物中的小分子有机物易被微生物分解利用,更促进表层基质的生物膜生长。大气、水面、标准化模块纤维丝、植物根系与生物膜的共同作用下,表层基质形成连续的好氧、缺氧、厌氧区域,为硝化、反硝化等微生物反应提供了环境条件。复合纤维浮动湿地作用原理如图 4.3-77 所示。

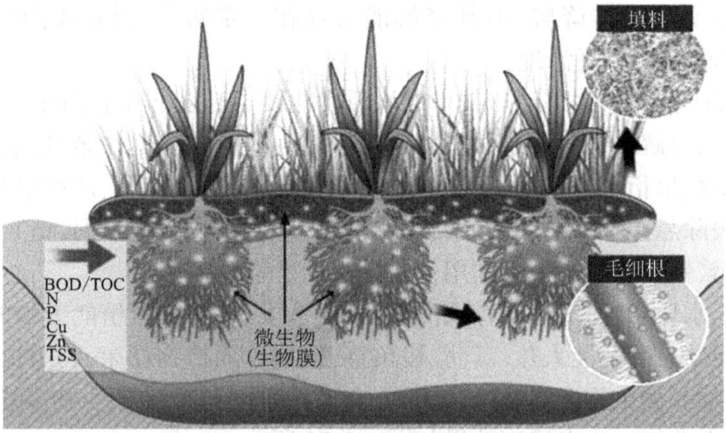

图 4.3-77　复合纤维浮动湿地作用原理

复合纤维浮动湿地通过增大水下微生物总量、水上植物量,促进水下生态系统的自我调整、修复与水上生态系统的发展,形成立体的生境平台。复合纤维浮动湿地的布设,大大增加了所布设水域的微生物总量,通过增加水体生态系统中作为食物链的最低端位置的微生物的总量,促进以微生物为食的底栖动物、鱼类等的数量,并以浮动湿地植物完善水生态系统;并通过水域中植物量的增加与鱼类的增加,促进昆虫、鸟类、两栖动物的栖息与发展。浮动湿地可促进新建水体的生态系统的自我发展,促进多营养级稳定的生态系统的形成;可促进生态系统受损水体的自我修复,调整生态系统结构,促进恢复生物多样性、生态系统的完善与稳定。

复合纤维浮动湿地可对标准化模块切割与组合,制作成造型各异的人工景观形状。复合纤维浮动湿地载体表面的纤维丝材质本身具有柔和的景观效果,或可在复合纤维浮动湿地边缘表面覆土或种植草皮等低矮草本植物,彻底去除人工痕迹。通过在河湖中布设复合纤维浮动湿地后,可增强水体景观效果,展现水文化蕴含。

复合纤维浮动湿地的布设,大大增加了所布设水域的微生物总量,通过增加水体生态系统中作为食物链的最低端位置的微生物的总量,促进以微生物、生物膜为食的底栖动物、鱼类等的数量,并以浮动湿地植物完善水生态系统,增大水环境容量。以更完善的生态系统促进水体自净能力提升与水质稳定保持。

3.水下森林

以自然生态系统为蓝图,构建“水下森林”为主体的水下世界,并通过选择强效净化型和景观型的水草，使水下植物保持四季常绿、高低错落，同时还能长效保持较好的水质。

完整的水下森林构建包括常年生活在水体中或者潮湿环境中的植物以及其他水生动物、浮游生物。水生植物往往会被用于常规的乡镇河道或者农村水塘的生态修复中，从科学分类角度上说，一般分为漂浮植物、浮叶植物、挺水植物、沉水植物 4 大类。

水下森林示意如图 4.3-78 所示。

图 4.3-78　水下森林示意

1）水下森林水生物种选择原则

（1）优先土著植物原则。

本土植物能够抵抗外来植物入侵，能有效地提高群落繁殖的效率，对生态系统自然化极为有利。

（2）适用优先原则。

拟选定的植物适用于拟修复区域的温度、湿度及土质 pH 等因素，以及其他条件，兼有抗病毒特性、抗生物入侵、抗寒或抗暑等特性。

（3）优先高效去除污染物。

种植水下森林的主要目的是净化水质，所以水生植物选择应具有去除碳基化合物、氮磷元素、重金属以及其他杂环污染物的特性。

（4）美化环境。

将观赏性水生植物进行合理布局，可以高效地建立起心旷神怡的亲水生态空间，还能有效地促进人与生态环境和谐相处，提高整个生态环境对人类活动的影响能力。

（5）经济效益。

部分水生植物的根茎以及果实具有药用或者食用价值，应用在水下森林体系构建中，在兼顾生态修复的同时，还可以产生一定规模的经济效益，这样不仅可以达到生态修复的目的，还能以创收抵消成本，这个优势是其他生态修复工艺无可比拟的。

2）水生态群落构建

采用大型浮游动物引导的水体生态修复技术，并搭配经改良的矮型苦草和其他改良型沉水植物，构建"大型浮游动物-沉水植物-水生动物-微生物群落"共生系统，通过浮游动物控藻、鱼食浮游动物等形成食物链，恢复沉水植被主导的水生态系统，在实现水质净化的同时把水体打造成集休闲、娱乐、人文于一体的"水清气净的生态景观"水体。具体的生态修复工程以大型浮游动物为先锋，通过大型浮游动物抑制蓝藻发生，打通影响水生植被修复的瓶颈水体透明度，逐步恢复以沉水植物和底栖生物等为代表的较完善的水体生态系统。大型浮游动物引导的水生态修复技术具有以下技术优势：水质净化效果显著；景观效果优美；实现"水清气净"的生态目标；完美体现生态型，并具有生态保健功效；节能环保效果；减少、抑制蚊蝇滋生作用；无生物副作用，不产生二次污染。

在水体投放一定量的水生动物来增加水域种群资源量的措施，并有效操纵水生态系统结构组成，使其利于向水质净化的方向进行演替。利用营养级链状效应，改变生态系统食物网链结构，以达到改善与修复水生态系统结构的目的。利用肉食性鱼类、滤食性鱼类浮游动物、藻类营养物质的营养级关系所产生的下行效应，试图通过构建生物群落以得到一个有利的响应，借此减少藻类生物量，控制氮、磷等污染物，削减水体污染负荷，保持水质清澈并恢复生物多样性。

国内研究结果表明，水生态系统中鱼类种群生物量和年龄组成的变动，可使水生态系统的营养结构和水质状况发生显著的变化。通过对鱼类摄食性进行研究，选出对浮游生物和藻类生长具有明显生态抑制的鱼类至关重要。鲢、鳙鱼养殖不仅使浮游植物生物量锐减，也导致蓝藻等藻类和其他浮游生物比例大幅下降，以此改善水质。此外，可以在水体中放养无齿蚌、螺类等底栖动物，蚌类可以将水中悬浮的藻类及有机碎屑滤食，提高湖水的透明度；螺主要摄食固着藻类，同时分泌促絮凝物质，将水体中悬浮物质絮凝，使水变清。

水生态系统构建示意如图 4.3-79 所示。

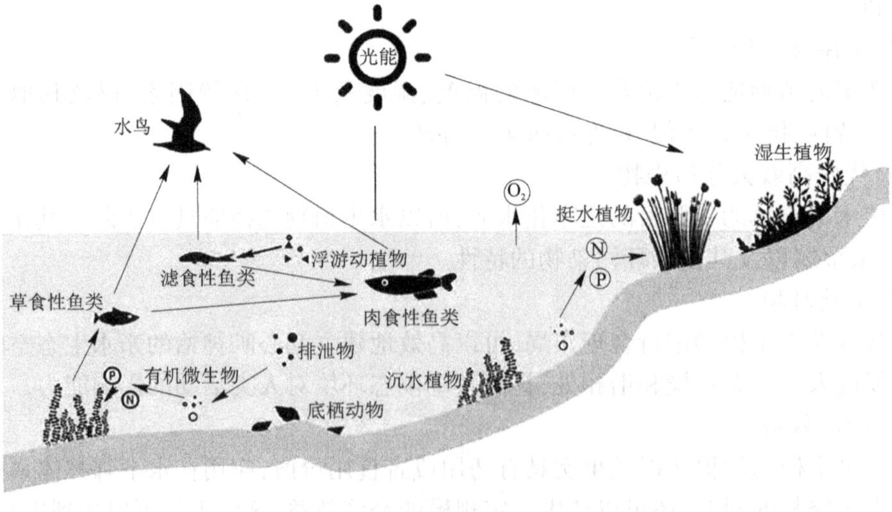

图 4.3-79　水生态系统构建示意

4.曝气增氧

溶解氧的含量是反映水体污染状态的一个重要指标,受污染水体溶解氧浓度的降低,水体的自净能力也随之降低。水体耗氧主要为水中还原性物质耗氧、有机污染物生化耗氧、氨氮硝化耗氧以及底泥等固态有机污染物、难降解有机物耗氧。当水体耗氧过度时,单靠天然复氧是不够的,必须利用人工增氧增加水体中氧含量。

曝气可提高水体的溶解氧水平,恢复和增强水体中好氧微生物的活力,可使水体中的污染物质得以净化。此外,还可以减缓底泥释放磷的速度,从而消除黑臭,改善水质。在增氧的同时,曝气措施有助于控制水体蓝藻水华的暴发,并加强其他水质净化措施的处理效果。曝气主要采用曝气增氧设备。通过高效水循环技术来改变局部水动力条件,形成纵向与横向水流,将表层富氧水体与底层缺氧水体循环交替,表层富含 DO 水体通过离心旋转横向水平扩散、纵向进入底层缺氧区,由此实现水体解层、增氧和纵横向循环交换三重功效。最大限度地将表层溶解氧超饱和水体转移到水体底层,增加底层水体溶解氧,促进水体流动;同时,有效改善水体横向交换效率,改善水生植物和微生物的生长环境,破坏蓝藻的生存环境和竞争优势,提高水体自净能力。

1)超微孔曝气机

超微孔曝气是利用超微孔曝气机产生的大量超微米气泡来提升水体溶解氧、去除浮游性藻类、消除恶臭的一种曝气。超微孔曝气产生的大量超微米气泡不影响水域环境和水中植物。其工作原理为:超微孔曝气机利用超声波空化弥散释放出高密度、均匀的超微米气泡,使水与气高度掺混,形成“乳白色”的气液混合体。气泡平均粒径 200 nm 至 4 μm,含气泡率 84%~90%,气泡平均上升速度 4~8 mm/s。并且超微米气泡使得水分子的分子团变小,从而使超微米气泡中的氧更易溶入水分子团的间隙中,起到提升水体溶解氧的效果。大量超微米气泡还能使河湖底部污染物质和浮游性藻类浮起,同时,水体溶解氧的提高促进了有机化合物的氧化还原作用,促使浮游性藻类死亡,以此达到净化水质、修复水域环境的目的。死亡的藻类最终以微小浮游物质的形态附着在气泡上,并浮到水面形成感官上的泡沫。

超微孔曝气机集净化水质与活化水体功能于一身,使用范围广,无场地限制,使用时不影响水中生物的正常活动。与大中气泡型曝气系统相比,超微孔曝气可节约 50%左右的能耗,降低了处理成本,但能耗依旧很高,且曝气器容易堵塞,这不仅会造成充氧能力的降低,而且会造成能量的浪费。氧转移效率一般只有 15%~25%。

超微孔曝气机的安装分为岸上部分(主机)和水下部分(超微米气泡释放器),两部分通过软管连接,安装简单灵活。超微米气泡释放器根据需要可以有多种形状,包括方形、直管形等,具有通气量大、充氧能力强,使用灵活和多样等特点。

图 4.3-80 为超微孔曝气机实例。

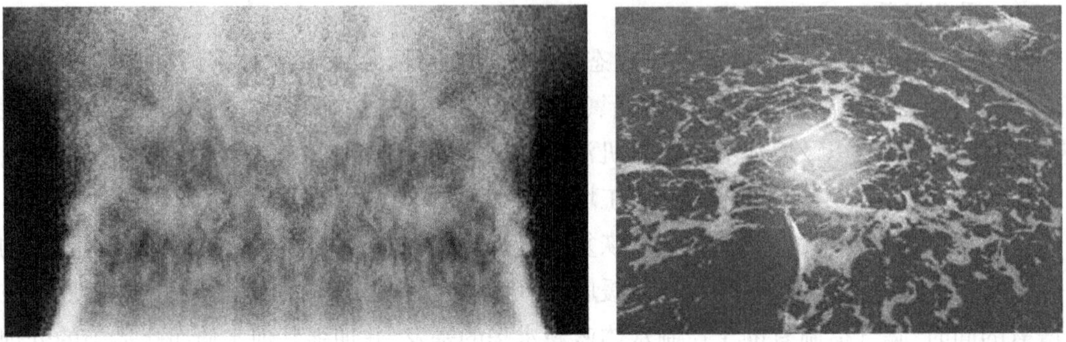

图 4.3-80　超微孔曝气机实例

2) 喷泉曝气机

喷泉曝气机是根据水力机械和搅拌提升器装置,电机带动螺旋状叶轮高速旋转,将大量的水体提升后抛出,形成水幕,将空气裹入水中,完成对雾水的充氧。被抛液体落下时撞击液面形成波浪,使水中含氧量增加。同时,由于水体的提升作用,底部的污水与上部的污水形成循环,使液面不断更新,完成对水体的搅拌混合作用。

喷泉曝气机是一种快速增氧设备,与传统的叶轮式增氧机相比,增氧效果好;且具有优美的造型和独特的造景功效,无须管道和水泵即可造景,被广泛应用于各种景观水处理场所。具有以下优点:增加水体溶氧速度快;体积小、易安装、造作简单、维修方便;高性能、低损耗、节能。

喷泉曝气机工作原理及实例见图 4.3-81。

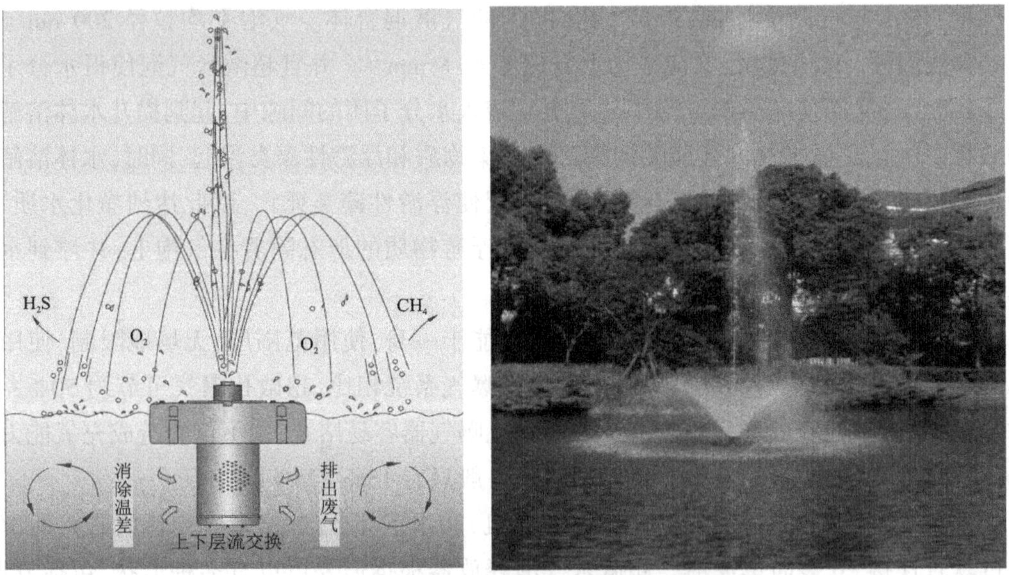

图 4.3-81　喷泉曝气机工作原理及实例

3) 涌泉式曝气机

涌泉式曝气机是一种模拟“趵突泉”的景观型曝气机,具有融冰、超大循环等特点,并配置专用消音器,适合于公园、古建以及环境生态自然等场所的景观水体净化需求。曝气机“趵突泉”,为景观水体增添了灵动与文化气息,这种场景需求,一般曝气机无法实现。

涌泉式曝气机,是一种高效水力提升增氧循环设备,通过双翼弧线形叶轮旋转带动大量水体通过整流通道快速上升,在高速水流中增加空气,迅速提升气水比,并向周边扩散,出现涌泉效果。大量水体在循环过程中使得底部水体与上部水体交换循环,不断更替,不仅提升水体流动性,而且其特有的快速增氧方式为水体自净提供了充足的溶解氧。涌泉式曝气机的超大流量水循环作用,使水体中的溶解氧快速提升,形成富氧的活水流,在强化水体自净能力的同时对水体微生态环境起到了改善作用。涌泉式曝气机工作原理及实例见图 4.3-82。

图 4.3-82　涌泉式曝气机工作原理及实例

4) 推流式曝气机

推流式曝气机是一种多用途曝气增氧设备,叶轮旋转将水推走形成的空隙,利用水与空气比重不同,空气率先补充空缺,形成混合汽水,经过“帆”形叶轮高速运转搅拌剪切形成溶气水,将气体剪切成直径均匀的细微气泡,叶轮旋转的轴向推力将气、水混合物强力注入水中产生二次切割,使气泡的粒径变得更小,平均粒径为 1.5 mm,气水混合物在水中形成长距离的气、水混合扩散柱,从而延长了气水接触时间,大大提高氧的利用率。并推动水体向前运动,达到曝气、混合及推流的目的。

潜水推流式曝气机强大的推动力,可使景观水体短期内溶解氧迅速增加,形成富氧活水流，同时改善微生态环境，强化水体自净能力，短期内明显改善水质。曝气增氧，迅速减轻水体缺氧状态；推流造流，提高水体流动性，减少水体死角；提升底层溶解氧，提高底泥微生物活性；加速分解底泥中有机物及氮磷，减轻底泥释放造成的水体二次污染；迅速去除底泥产生的硫化物、甲烷及氨气，减少水体臭味；提高水中微生物活性及含量，分解水中营养物质。

推流式曝气机由主机、固定支架、进气管及推流曝气叶轮 4 部分组成。采用潜水式电机静音运转，对环境影响小；具有曝气、混合、推流等多重作用；曝气叶轮把极微小的气泡吹入水底，有效地循环增氧，广泛应用于小型景观水治理领域，有效减少基础投资，运行管理方便。

图 4.3-83 为推流式曝气机实例。

图 4.3-83　推流式曝气机实例

5）强化耦合膜生物反应技术（EHBR）

强化耦合膜生物反应技术（EHBR）是一种有机地融合了气体分离膜技术和生物膜水处理技术的新型污水处理技术。微生物膜附着生长在透氧中空纤维膜表面，污水在透氧膜周围流动时，水体中的污染物在浓差驱动和微生物吸附等作用下进入生物膜内，经过生物代谢和增殖被微生物利用，使水体中的污染物同化为微生物菌体固定在生物膜上或分解成无机代谢产物，从而实现对水体的净化，是一种人工强化的生态水处理技术，能使河道水体形成一个循环的具备自我修复功能的自净化水生态系统。其流道式的净化过程特别适应于河道、湖泊等流域治理，具有常规水处理技术无法比及的技术优势、工程优势、成本优势和运行管理优势。

图 4.3-84 为 EHBR 实例。

图 4.3-84　EHBR 实例

6) 太阳能解层式曝气机

太阳能解层式曝气机是一种高效曝气设备,并首次依照解层式曝气理论进行设计,通过微动力方式解决水体自然分层问题,使表层高温富氧水体扩散至水体底部,激发底层生物活性,提高水体自净能力,同时防止磷的厌氧释放。太阳能解层式曝气机由太阳能供电及蓄电系统、控制系统、变频电机、专用浮体、专用叶轮、连接框架、防雨装饰罩等部分组成,通过连接框架有机连为一体。太阳能解层式曝气机设置独特的旋切提拉曝气叶轮,通过叶轮旋转提升作用,将底部缺氧区转移到水体表面,与表层富氧水混合,同时表层富含溶氧水体由于受到挤压横向水平扩散、纵向进入底层缺氧区,由此实现水体解层、增氧和纵横向循环交换三重功效。

太阳能解层式曝气机是一种适合大型水体曝气、消除水华现象的先进设备,广泛适用于河道、湖泊、水库、氧化塘、人工湖等供电条件不足的水体,具有以下特点:

(1)成本低、见效快,安装方便,无须日常人工操作。

(2)无动力层流方式下运行,实现大流量高效水循环。

(3)出水口可根据需要设计,适合于深水湖泊或水库。

(4)采用不锈钢和工程塑料等耐腐材料,使用寿命长。

(5)设备漂浮在水面,无须安装基础,不受水位影响。

(6)生态环保,无须投加任何化学药剂,无二次污染。

太阳能解层式曝气机有一体式结构和分体式结构两种形式,采用漂浮安装方式,安装方便是它重要特征之一,无须专用安装基础,可根据需要灵活调整安装位置。

图 4.3-85 为太阳能解层式曝气工作原理及实例。

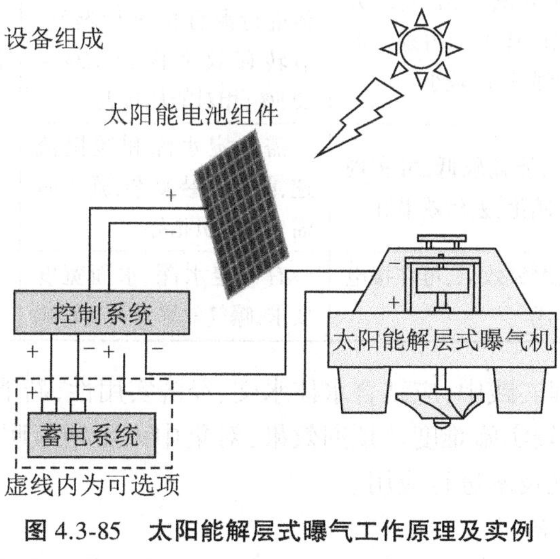

图 4.3-85　太阳能解层式曝气工作原理及实例

续图 4.3-85

各曝气增氧技术优缺点及适用条件一览见表 4.3-8。

表 4.3-8 各曝气增氧技术优缺点及适用条件一览

曝气增氧技术	优点	缺点	适用水体
超微孔曝气机	布气均匀，通气量大、充气能力大、充氧能力强，利用率、动力效率较高，与大中气泡型曝气系统相比，可节约 50%左右的能耗	安装调试稍复杂，能耗较高，且曝气器容易堵塞，氧转移效率不高	适用于水深大于 0.6 m 的水域，水深越深越能发挥优势
喷泉曝气机	具有曝气增氧效果，兼具景观效果	曝气增氧效果稍差；有一定水深、水面宽度要求	适用于增氧效果要求不高，对景观效果有一定要求的水体，水深不低于 0.5 m
涌泉式曝气机	具有较好的增氧效果和一定的景观效果	有一定水深、水面宽度要求	适用于对景观效果有一定要求的水体，停止运行时设备不露出水面
推流式曝气机	构造简单、运转灵活、安装方便、便于调节、基本不占地。混合搅拌作用强，噪声较小	使用时必须将水体与气体进行混合再进行曝气，氧转移效率仅为 12%～22.5%，相对能耗较大	适用于水深大于 0.6 m、流动性差的水体
EHBR 膜曝气	曝气均匀，能耗较低，可实现同步硝化反硝化，去污效果好	需一定水深和缓慢流速，前期安装复杂，施工时需专业人员指导	适用于水深大于 0.8 m、流速小于 1.5 m/s 的水体
太阳能解层式曝气机	具有曝气增氧效果，可在接电不便区域使用	有一定水深、水面宽度要求；曝气效果受天气影响	适用于水深较深（1.5～3 m）、接电困难水体

在幸福河建设工程实践中，应结合水体水文、经济实用性、新能源应用前景、项目区实际情况等因素，综合比较实施难度及预期效果，对集中人工增氧曝气设备进行对比，选择更适合工程河道的曝气技术进行应用。

5.湖库富营养化防治

流域内可能由于村庄农田分布较广、部分塌岸地带存在水土流失现象、农田茶园种植产生的农业面源和周边村庄生活污染等面源污染，对流域内湖库水质造成一定威胁。针对此类问题，可采取相应管控措施，降低富营养化风险，保障流域河湖水质。

(1)加强流域综合管理，进行总量控制。

在水环境承载能力核算和污染物总量控制的基础上进行污染源综合治理，结合湖库水环境承载力和水生态功能区划，实施流域氮磷总量控制，污染源实行集中与分散治理相结合、点源与面源治理相结合、工业源治理和生态工业园区建设相结合、农业面源治理和流域农村连片综合整治相结合。同时结合水生态修复及综合治理工程项目的实施，开展陆域、入湖河流、湖滨带及水体的综合修复。

(2)分区分类制订湖库富营养化防治方案。

针对不同类型湖库的污染程度、流域开发强度、污染物来源、生态系统特征等，结合湖库流域的自然条件，进行分类、分区、分期防治，制订流域水环境承载力核算及总量控制方案、流域污染源综合防治方案、湖库及流域生态修复方案、流域综合管理方案，从强化污染源工程治理、实施生态修复，改变居民生活方式、转变经济发展模式、调整社会发展布局等层面，系统地实施湖库流域富营养化控制和管理策略。

①流域人类活动少，处于贫营养状态，水生态系统健康的湖库，以预防和保育为主，合理规划流域的发展布局，控制流域的经济和人口规模，保持自然状态，保障优质饮用水水源地功能和生态功能。集中式饮用水水源地或备用水源地须列为重点保护水域，严守生态红线，防止发生生活饮用水水源地污染事故。

②流域人类扰动较大，处于中度营养或轻度富营养化状态，水生态系统基本健康的湖库，以生态修复和综合管理为主，优先考虑开展水源涵养及湖滨带建设，限制人类活动干扰，维护自然生态功能。

③流域污染负荷重，处于富营养状态，水生态系统破坏严重的湖库，以综合治理和流域产业结构调整为主，在控源减排基础上，逐步恢复湖泊生态功能。

(3)建立流域综合协调机制。

通过建立综合协调机制，加强流域内生态环境、住建、水利等各政府部门的联系、协调与合作，有效治理湖库流域水环境问题，鼓励公众参与。加强湖库流域信息共享平台的建设，积极推进对湖库流域数字化管理，逐步实现对湖库流域水质、水量、水生态的联合调控。

(4)加强流域监控预警及应急管理。

加强流域监控预警及应急，鼓励构建湖泊蓝藻水华监测预警体系，特别是在具有饮用水源功能的湖库实现实时、精确监测与预警蓝藻水华的发生。鼓励综合利用卫星遥感、自动在线和人工监测以及计算机模型模拟等主要监控技术构建水陆空三位一体的监测预警系统。综合研究环保、水利以及气象监测(观测)等信息，对蓝藻水华的发生提出预警机制并制订分级应急方案，建立必要的备用水源地和应急饮水点取水预案。

(5)加强湖库富营养化治理及修复技术的研究。

鼓励支持湖库富营养化控制治理和修复技术的综合研究，建立新技术开发与推广体系。根据不同类型湖库流域经济发展特征，选择国内外已有工程应用实例的、经济实用的污染防治技术和生态修复技术，优先选择国家推荐的技术，鼓励采用新技术，同时注重技术经济效益。

4.4　水生态健康技术体系

4.4.1　构建思路

以问题为导向，结合河流现状，针对幸福河评价体系所考量的标准和指标进行分析。依据河流现状以及暴露出的问题，采取对应的解决措施。

根据《幸福河湖建设成效评估指标体系起草说明》，幸福河评价分为 6 个准则层，其权重分别为安澜、健康、宜居、发展各占 20 分，智慧、文化各占 10 分。其中，“健康”指水生态系统的健康程度，结合《河湖健康评估技术导则》（SL/T 793—2020）、《河湖生态系统保护与修复工程技术导则》（SL/T 800—2020）、《生态河湖状况评价规范》（DB32/T 3674—2019）等相关规范、导则，选取水生态敏感目标、生态流量、河流纵向连通性、岸线开发利用情况、岸带植被覆盖程度 5 个方面作为考量因素，对河流健康程度进行判别和修复。具体构建思路如图 4.4-1 所示。

4.4.1.1　问题分析

1.水生态敏感目标

水生态敏感目标包括生态敏感区域和重要生物资源。

生态敏感区域主要是生态敏感性高、保护价值大、受破坏后不易恢复的区域，包括生态保护红线和自然保护地两大类。具体来说，生态保护红线是政府部门依法依规划定、具有重要生态价值、需要严格执行保护监管的区域。自然保护地是按照自然生态系统原真性、整体性、系统性及其内在规律，依据管理目标与效能并借鉴国际经验划定的区域，按其生态价值和保护强度高低依次可分为国家公园、自然保护区、自然公园三大类。

重要生物资源是指列入《国家重点保护野生动物名录》《中国生物多样性红色名录》《IUCN 红色名录》等红皮书的珍稀保护性动植物，或地方特有的土著生物资源，就河流而言，主要是珍稀特有保护性鱼类、两栖类、鸟类、哺乳类（如江豚）等。

水生态敏感目标存在的问题主要是保护力度不够、生境遭到破坏两类。针对此类问题，采取加大保护力度、湿地建设、受损生境修复等措施。

2.生态流量

生态流量是维系河湖生态系统结构和功能，提升河湖生态系统质量和稳定性的基础。河湖本身不存在生态流量问题，因为水生生物本就是根据河湖生境而自然产生、成长和繁衍的。但由于人类对河湖内外用水量需求日益增加，不断占用自然生态系统依赖的河湖水量，从而出现了生态流量问题。

从管理上来说，制定河流断面生态流量目标，通过加大监管力度维系河流健康所需的生态流量。加装生态流量下泄在线监测设备，数据实时接入生态环境和水利部门监管平

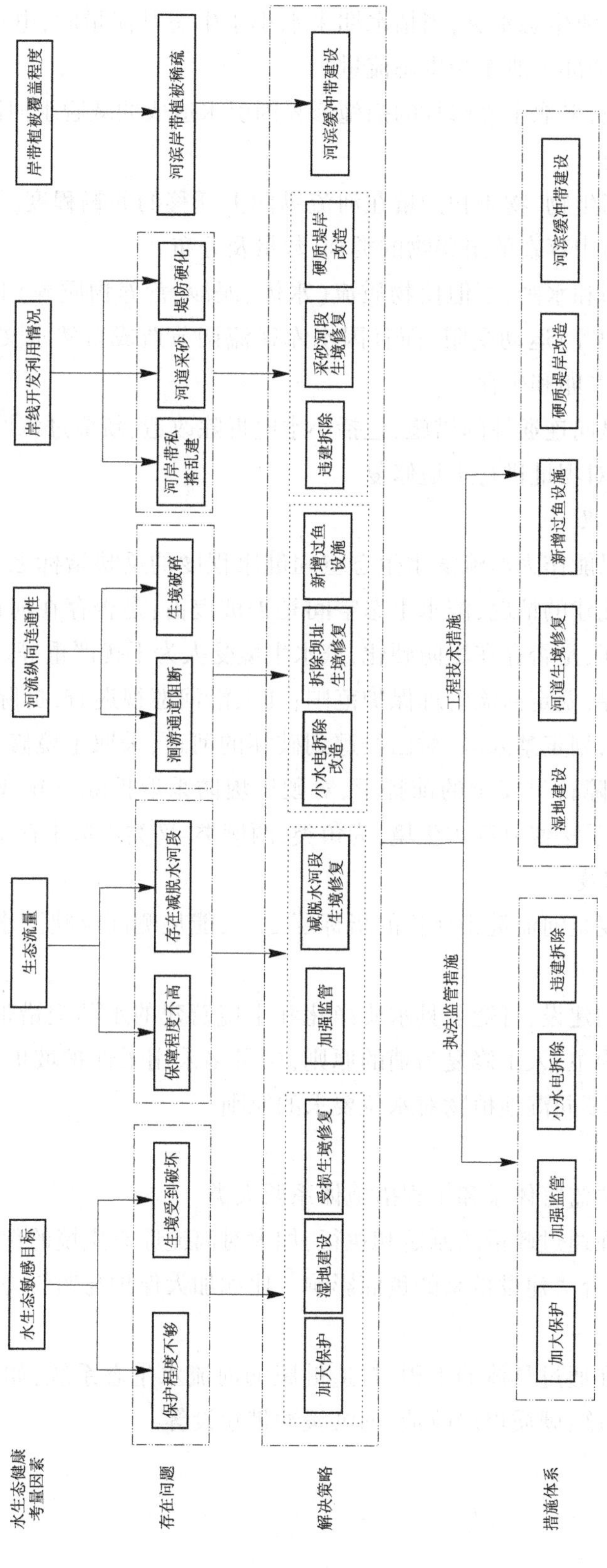

图4.4-1　水生态健康体系构建思路

台，保障水库、电站的下泄生态水量，当枯水期来水小于生态基流量时，电调服从水调，在保障人饮基础上，来水全部下泄作为生态流量。

从工程措施上来说，采取生境修复的措施修复因引水造成的减脱水河段。

3.河流纵向连通性

河流纵向连通性指生物、物质和能量在河流纵向上迁移的通畅程度。河流水系纵向连通性主要取决于河道中存在的阻碍物的类别、数量及分布。

在河流上建造大坝和水闸，不但使物质流（水体、泥沙、营养物质等）和物种流（洄游鱼类、漂浮性鱼卵、树种等）运动受阻，而且因水库径流调节造成自然水文过程变化导致信息流改变，影响鱼类产卵和生存。

恢复和改善河流纵向连通性的措施，包括小水电拆除改造、新增过鱼设施等，同时，针对已拆除的小水电，应对坝址进行生境修复。

4.岸线开发利用情况

岸线开发利用情况能作为河流滨水生态空间健康程度的反映指标之一，具体表现为河岸带是否存在私搭乱建的情况，滨水生态空间是否被侵占；是否存在河道采砂的情况，河滨岸带是否遭到破坏；是否存在堤防硬化，滨水生境受人为干扰严重等。

通过河道确权划界，划定河流管理保护范围；加大沿河巡视巡查，拆除违规违法建筑物；编制河道采砂规划，划定禁采区；对已经遭到破坏的河道，采取生境修复的措施，恢复河流的天然基质；在保障行洪安全的前提下，对硬质堤防采取拆除重建或生态化改造措施，尽可能以近自然的手法修复滨水生境，为鱼类、两栖类、鸟类创造生存空间。

5.岸带植被覆盖程度

岸带植被覆盖程度是河流健康评价的指标层之一，能从侧面反映滨水及陆域辐射带生态系统的健康程度。

通过河滨缓冲带的建设，打造兼具水质净化和生境营建的水陆交错带。河滨缓冲带建设应坚持自然修复为主、人工修复为辅的原则，尽量多采用柔性护坡护岸形式，结合现状河道断面水位，满足不同湿地植物对水位要求的原则。

4.4.1.2　措施体系

措施体系包括执法监管体系和工程措施体系两大类。

执法监管体系旨在通过政策的制定和执行，加大对河流原有生境的保护，或消除不合理、不适宜、不合规、不合法建设带来的负面影响。比如加大保护与监管力度、废旧小水电拆除、河流违建拆除等。

工程措施体系旨在通过具体的工程，打造健康的河流水生态系统，如河流湿地建设、河道生境恢复、过鱼设施、硬质堤岸改造、河滨缓冲带建设等。

4.4.2　建设标准

4.4.2.1　建设目标

通过执法监管措施与工程技术措施结合，打造“水流畅通、生境连通、蓝绿交织”的健康水生态系统。

在保障河流水安全的前提下，以近自然、低人工干扰的手法，修复河流受损生境，恢复河流原有的生境面貌，保障河流健康，为幸福河的建设提供良好的生态基底条件。

4.4.2.2　规范标准

(1)《地表水环境质量标准》(GB 3838—2002)；

(2)《防洪标准》(GB 50201—2014)；

(3)《堤防工程设计规范》(GB 50286—2013)；

(4)《河道整治设计规范》(GB 50707—2011)；

(5)《城市园林绿化评价标准》(GB/T 50563—2010)；

(6)《公园设计规范》(GB 51192—2016)；

(7)《堤防工程管理设计规范》(SL/T 171—2020)；

(8)《治涝标准》(SL/T 723—2016)；

(9)《河湖生态环境需水计算规范》(SL/T 712—2021)；

(10)《河湖生态系统保护与修复工程技术导则》(SL/T 800—2020)；

(11)《河湖健康评估技术导则》(SL/T 793—2020)；

(12)《河道管理评价规范》(DB32/T 3936—2020)；

(13)《生态河湖状况评价规范》(DB32/T 3674—2019)；

(14)《水利风景区评价规范》(DB32/T 3840—2020)；

(15)《集中式饮用水水源地管理与保护规范》(DB32/T 4030—2021)；

(16)《河湖生态疏浚工程施工技术规范》(DB32/T 3258—2017)；

(17)《湖滨生态系统构建与稳定维持技术指南》(DB32/T 4045—2021)；

(18)《河湖生态缓冲带保护修复技术指南》；

(19)《海绵城市建设技术指南——低影响开发雨水系统构建(试行)》；

(20)幸福河湖建设除应符合上述文件规定外，还应符合国家现行有关规定。

4.4.3　工程措施建设

4.4.3.1　湿地建设

湿地是水域与陆域之间的过渡地带，具有保持水源、净化水质、调蓄洪水、储碳固碳、调节气候、保护生物多样性等多种不可替代的生态服务功能，被誉为“地球之肾”。

湿地从定义上来说分为广义湿地和狭义湿地两种。广义湿地一般是按照《关于特别是作为水禽栖息地的国际重要湿地公约》(简称《湿地公约》)给出的定义：天然或人工、永久或暂时的沼泽地、泥炭地和水域地带、静止或流动的水域，淡水、半咸水和咸水水体，包括低潮时水深不超过6 m的海域。狭义湿地一般是指水深浅于2 m、湿生或水生植物占优势、土壤为水生土的区域。

生态类湿地建设主要分为河流湿地和自然湿地公园两种。

1. 湿地布置模式

自然形成的河流湿地,其运行方式是依据年度水文情势变化,季节性湿地补水。在非汛期,湿地靠陆地地下水补给,湿地水位高于河流常水位,湿地通过土壤渗透向河流补水。在汛期河水水位上涨,当水位超过漫滩水位后,水流漫溢越过自然堤向湿地补水。湿地开始蓄水并逐步达到高水位。在汛后,洪水消退,水流归槽,湿地内泥沙、化学物质和腐殖质在河漫滩淤积和保存。这种自然湿地运行的主要特点是湿地补水的季节性。若地下水位较低,非汛期没有补水水源,湿地主要靠汛期洪水补水,这时就会出现旱季湿地水位逐渐下降,甚至出现干涸的情况。特别是遇有枯水年份或当年降水较少,湿地干涸的风险会更大。

根据湿地补水方式,湿地布置可以有以下几种模式。

1) 自流补水湿地模式

仿照自然湿地的补水模式布置自流补水湿地,按照季节性补水进行湿地设计。将开挖的湿地布置在河流的一侧,通过渠道将湿地与河流相连。在河流上游端布置进水渠、下游端布置退水渠。自流补水湿地示意如图 4.4-2 所示。

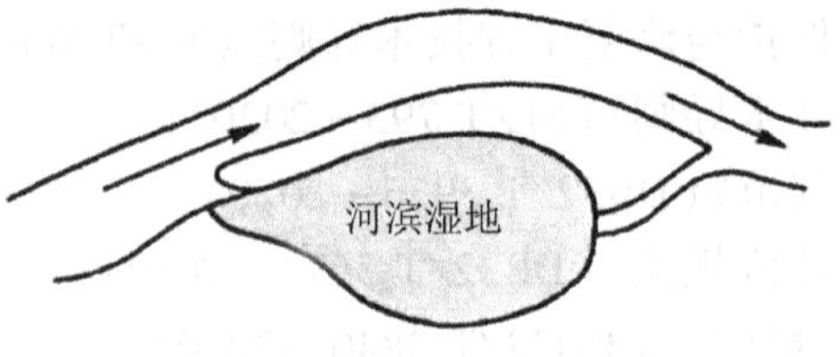

图 4.4-2　自流补水湿地示意

根据湿地容积、河流年水位变化过程线计算湿地入口和出口的底高程。当河道水位高于湿地入口底高程时,河道水体以自流形式进入湿地补水。当湿地蓄水完成时,水位超过湿地出口底高程,湿地内水体从出口处漫流进入退水渠。退水渠的出口可以设在河道,也可以设在河漫滩。

当遭遇洪水时,退水渠水位受河道高水位顶托排水不畅,导致湿地水位上涨,可能对湿地产生破坏或产生大量的泥沙淤积。为避免这种情况发生,可将退水渠的出口布设在河漫滩,以保护湿地免受破坏和淤积。引水渠和退水渠断面根据湿地蓄水量、补水时间和地形,通过水力学计算确定。

自流补水湿地模式的优点是靠自然落差实现补水,注水和排水靠进出口底板高程控制。由于不设水泵等设备,工程造价和运行成本较低。缺点是补水保证率较低,湿地存在间歇式干涸的风险。如果项目所在区域的地下水位较高,能够在非汛期为湿地补水,那么自流补水湿地是一种不错的选项。

2)有闸门的自流补水湿地模式

为有效控制湿地水位,防止湿地被洪水破坏,可选择带闸门控制的自流补水模式。这种模式是在自流补水模式基础上,在河道引水渠进口以及退水渠出口分别增设闸门。湿地退水渠出口为双孔,其中一孔与河道衔接,另一孔直接连接河漫滩,用于汛期向河漫滩排水。渠道出口处,均应做好底板护坦,防止水流冲刷。闸门运行方式依据河道水位变化确定。有闸门的自流补水湿地示意如图 4.4-3 所示。

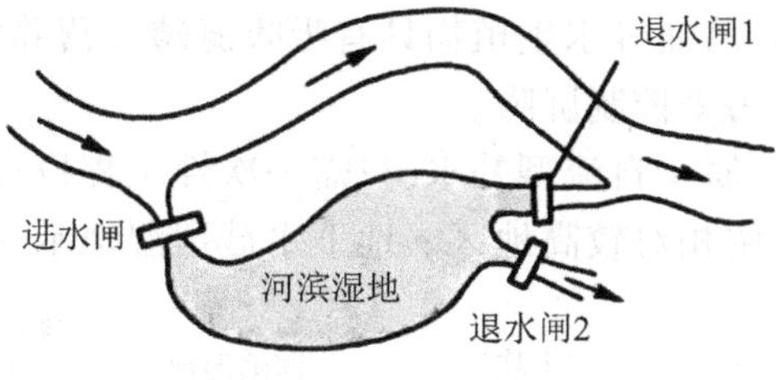

图 4.4-3　有闸门的自流补水湿地示意

非汛期时,引水闸和退水闸均开启,在河道一侧形成水流循环。汛期时,河道水位上涨,当湿地水位达到预定蓄水水位时,关闭引水渠闸门,防止洪水涌入湿地造成破坏。同时,关闭退水闸与河道相连接的闸门,防止水流倒灌进入湿地。开启湿地与河漫滩相接的闸门,将水流排到河漫滩。

闸门控制的自流补水湿地模式的优点是能有效防止洪水破坏,但与单纯依靠自流补水湿地模式相比,工程造价有所增加。

3)水泵补水湿地模式

为维持湿地必要的水文条件,可以选择水泵补水模式。水泵补水模式可以弥补自流补水模式的不足,特别是在旱季河道水位较低、无法向湿地自流补水的区域。通过水泵从河道中抽水,经进水渠向湿地补水。与自流补水模式相比,水泵补水提高了湿地水文保证率,降低湿地干涸风险。如果水泵补水模式与闸门模式结合,还能降低汛期洪水破坏湿地风险。当然,水泵补水模式的缺点是提高了工程造价和运行成本。

一般来说,水泵补水模式适合水资源相对匮乏、河流多年平均流量较小的地区。水泵补水湿地示意如图 4.4-4 所示。

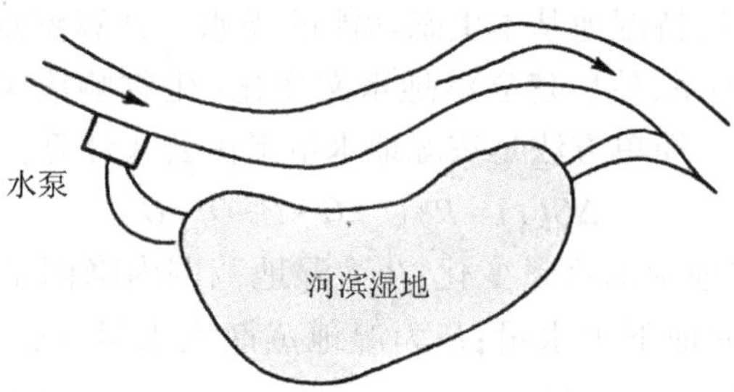

图 4.4-4　水泵补水湿地示意

4）地下水截留湿地模式

在地下水位相对较高地区，采用地下水截流湿地模式，有利于湿地维持期望的水位条件。

河流湿地高程高于河道内水位，在非汛期时湿地通过渗透向河道补水。此外，河道还有支流汇入和地表径流的汇流方式。湿地高程位于不透水层以上，湿地所接收的地下水属于表层水。为保证湿地有足够的水量，在湿地集水区范围内埋设透水的排水管网，收集浅层地下水并注入湿地。这种模式不但能有效地汇集浅层地下水，而且对于位于农业区的河流，还具有水质净化功能。这是因为排水暗管收集富含化学物质的农田退水，注入湿地后，湿地内种植的芦苇、菖蒲等水生植物具有吸收氮磷等营养物质的功能。湿地作为河道的前置池，形成了面源污染控制屏障。

地下水截流湿地模式属于自流型补水，只需一次性工程投资建设暗管系统，其维护运行费用低，适用于地下水位相对较高地区。地下水截留湿地示意如图 4.4-5 所示。

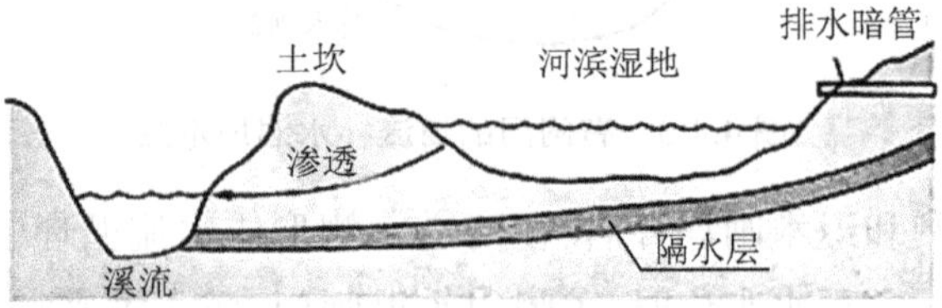

图 4.4-5　地下水截留湿地示意

2. 维持适宜的水文条件

修复或重建一块湿地的关键是创造和维持一个适宜的水文条件，具体体现为创造和维持一定的水位条件，为此需要寻找稳定可靠的水源。地下水与地表水比较，选择地下水更为适宜。一般来说，地下水具有可预测性，受季节影响较小，可以在干旱季节为湿地补水，能防止湿地水位过低，也能降低湿地干涸风险。而靠河流给湿地补水，往往受季节性影响较大，在干旱季节补水保证率下降。一些水位变幅较大的河流，干旱季节水位大幅下降，湿地自流补水难以为继。在水资源匮乏地区，干旱年份为保证生活供水，抽水补水受到限制。值得注意的是，靠地表径流或小型河流单一水源补水的孤立湿地，补水保证率低，水体流动性差，容易变成蚊虫滋生的积水池塘，不仅起不到美化环境、提升水质的作用，反而给人居环境带来负面影响，因此要尽量避免规划这类湿地。

为维持湿地的基本生态功能，需要进行湿地生态需水计算。湿地生态需水是指为实现特定生态保护目标并维持湿地基本生态功能的需水。计算湿地生态需水量，首先要建立河流–湿地水文情势关系，然后建立湿地水文变化–生物响应关系模型，最后根据保护目标确定湿地生态需水。简单方法是按湿地水量平衡公式计算：

$$\Delta S(t)=P+Q_{\mathrm{i}}+G_{\mathrm{i}}-E-Q_0-G_0$$

式中：$\Delta S(t)$ 为储存在湿地中的水量变化；P 为湿地范围内降雨量；Q_{i} 为流入湿地的地表水水量；G_{i} 为流入湿地的地下水水量；E 为湿地蒸散发水量；Q_0 为流出湿地的地表水水量；G_0 为湿地范围内土壤渗透水量。

与任何供水工程一样，在湿地设计中，也应确定湿地的补水保证率。这就意味着在干旱季节的一定时段内允许湿地出现低水位,达不到湿地生态需水的要求。本地乡土种湿生植物和水生植物对于干旱等恶劣环境往往具有一定的抗逆性,能够靠自身力量度过困难时期并能自我恢复。而部分湿地植物群群落已经适应了湿润与干旱环境的交替转换,形成了水生植物、湿生植物以及陆生植物交替生长的规律。如果盲目提高补水保证率而增加如抽水、蓄水、闸坝等工程设施,进而导致工程造价和运行成本大幅上涨,则是不经济、不合理的设计方案。

在河道外侧河滨带开挖形成的湿地,无论是河道原有堤防还是湿地挖方填筑的堤岸,都需要布置引水渠穿过堤岸结构并且设置控制装置。对于中小规模的湿地来说,控制装置应尽可能小型灵活,结构简单,手动操作,不但工程造价低,而且运行维护成本低。控制装置形式多样,有竖管式、叠梁插板式、组合式以及翻板式。

3.土壤选择

自然湿地土壤称为水生土。水生土处于生物、水体和气体的界面,在水分、营养物质、沉淀物、污染物、温室气体的迁移过程中具有独特作用。水生土长期处于过湿状态,生物残体难以充分分解,使得土壤中积累了大量养分,尤其是泥炭土,其有机质养分含量很高。水生土长期处于水下或周期性洪水泛滥过程中,水体中的营养物质沉淀在土壤表层,增加了土壤肥力。因此,水生土有着储存和提供营养物质的"营养库"之称。多年形成的水生土,足以支持湿地植被和整个生态系统。一般来说,水生土中已经建立了湿地植物的种子库,是湿地的重要生物资源。恢复、重建或扩大湿地,都要充分利用当地的水生土。

在为新建湿地选址时,要选择在水生土上构筑湿地;在原有湿地基础上扩大湿地时,宜用挖方的水生土构筑堤岸。

4.植被修复

利用当地乡土物种是植物修复的最佳策略。乡土植物适应当地土壤气候条件,成活率高,病虫害少,维护成本低,有利于维持生物物种多样性和生态平衡。水生土包含的种子库,为利用乡土物种提供了生物资源。所谓种子库(seed bank),是指埋藏在土壤中休眠状态长达一个生长季以上的全部植物种子。观测资料显示,由种子库中的种子萌发形成的植被比人工植被更接近原有植被状态,有利于向原有植被方向恢复。不同类型湿地植被形成的种子库有很大区别,丰水—枯水周期变化较为明显的湿地土壤中通常包含大量的一年生植物种子库,可以利用这些种子库进行湿地修复或重建;持续保持高水位的湿地中,种子库则相对匮乏;水位较为稳定的湿地土壤中种子库一般发展不好。

植被修复有两种方法:自然挑选法和人工引进法。

(1)自然挑选法是指按照自然过程,湿地系统以自己的方式自发地选择物种和群落,通过持续的演替,最终成活下来并逐步形成完整的湿地生态系统。用这种方法修复或重建的湿地称为"自设计湿地"(self-designed wetland),指靠生态系统自设计、自组织功能形成的湿地。选择这种方法重建或修复的湿地，仅在项目开始时提供一些人工辅助性措施，例如选择性清除杂草。

(2)人工引进法是指靠人工引进若干植物物种，引进的物种可能成活也可能失败，这些物种就成为这块湿地的成功或失败的指示物种。用这种方法修复或重建的湿地称为“设计湿地”(designer wetland)，指由人为设计的湿地。设计湿地通过适当的工程措施和植物重建，可加快湿地的恢复或重建过程。这种方法认为植物的生活史(种子的传播、生长、定居过程)是重要影响因子，可以通过强化物种的生活史来加快湿地的恢复。强化措施主要包括人工播种、种植幼苗、种植成树等。

两种方法相比较而言，自设计湿地的工程成本和维护费用比设计湿地要低，对于湿地的演替方向也有一定的预测性。但在有些情况下，设计湿地也有其独有的优势，譬如为了实现湿地的景观功能，就需要引进一些观赏植物；而为了实现湿地的污染物控制功能，就要引进一些具有水体净化功能的植物。

研究发现，在湿地建设的初期人为引进多种物种，可以保证湿地长期的物种多样性和丰度。如果仅仅依靠自然建群，可能会出现某单一物种(如香蒲、芦苇)迅速发展为优势种群，单一植被覆盖度高而湿地内其他植物生存空间被压缩排挤、湿地生态系统植物多样性差、生态系统不稳定等局面。

著名生态学家 Mitsch 认为，在一块新建的湿地上种植或不种植植物都无关紧要，最终环境将决定植物的存活和分布。他比较了外界环境基本相同的两块湿地，一块人工种植植物，另一块没有种植植物，用对比方法来观察两块湿地的重建过程。在开始几年这两块湿地差别不大，随后出现差异，但是最终两块湿地发育得几乎一样。说明湿地具有自设计功能和自恢复功能，至于是否种植植物仅在湿地的发育过程中产生影响，但对于最终结果不起主要作用。需要指出的是，湿地重建或修复需要 15~20 年的时间，短时间尺度内是否人为引进植物物种，自设计湿地和设计湿地依然存在较大差异。

5.横断面种植设计

根据河道的生态修复建设要求，河道横断面种植设计采用灌木-草本-河槽的断面形式。其中，河道 5 年一遇淹没线范围内，在地势较陡、紧邻陡坎的滩地，选择种植既耐旱又耐水湿，且具有固土作用净化水质的草本为主，如马蔺、紫花苜蓿、小冠花等，减少河道输水期间对河道两岸的冲刷，避免水土流失；在平缓地段、近岸线位置，选择种植芦苇、马蔺、水蓼等具有净化水质、护岸功能的河道乡土植物，其他范围选择种植具有一定耐水湿的低矮灌木和草本，采用大面积曲线形种植形式，通过不同高度草本植物的布置，突出自然岸线的曲线形式，营造丰富的植物岸线形态。

河道 5 年一遇淹没线至 10 年一遇淹没线范围内大面积河滩主要满足防洪需求，明确河道行洪范围，选择种植具有一定耐旱性、固土护坡力强的灌木，通过密植分支点低、丛生的耐旱灌木，如枸杞、胡枝子、沙棘、沙打旺、柽柳在河道与农田之间形成一道隔离且能减少面源污染、丰富生物多样性的植被缓冲带，进行局部围挡，较好地实现退耕还河；在灌木与河岸线之间进行片植具有观赏价值的耐旱草本植物，如甘野菊、紫花苜蓿、小冠花、白刺等。局部为避免裸露土壤，可采用多种适生草本间种或混种。实现对河道生态保护，同时保障季节性河道的生态恢复能力。

6.纵断面种植设计

河道纵断面整体种植设计：为保证较好的视线通廊，从上游至下游，结合周边用地和所要实现的保护要求，植物造景上采用高低相间，通过灌草-高草低草的搭配，如紫花苜蓿-沙打旺-马蔺-甘野菊-小冠花等草本植物，形成高低错落明朗的绿化空间和线性流畅、简洁的绿化风格，打造既具郊野又有一定观赏价值的河道景观，避免传统的杂乱无章的植物景观。

4.4.3.2　生境修复

河流水生态健康技术体系下的生境修复主要涉及以下 4 种情形的生境修复：一是鱼类、鸟类等重要敏感生态目标的原始生境遭到破坏，需要进行生境修复；二是由于河道生态水量无法保障，存在减水甚至脱水河段，水生生物缺少避难场所，需要进行生境修复；三是为恢复河道纵向连通性、提高生态流量保障程度、修复割裂破碎的生境，从而依据相关法律法规、政策文件，对小水电站等拦河建筑物进行拆除，拆除后的区域需要进行生境修复；四是取缔河道非法采砂后，对受采砂破坏的河床底质进行生境修复。

通常采取的措施主要有：河道内设砾石群、采取圆木支撑、岸边设丁坝、增设生态堰等。

1.砾石群

在河道内放置单块砾石或砾石群有助于创建具有多样性特征的水深、底质和流速条件。砾石具有良好的掩蔽性，其后的局部区域是良好的生物避难和休息场所；同时，砾石有助于形成相对较大的水深、气泡、紊流及流速梯度。这些作用对于增加河道的栖息地多样性具有重要作用。

除鱼类外，砾石所形成的微栖息地也能为其他水生生物提供庇护所或繁殖栖息地。砾石的下游面流速比较低，河流中的石蛾、飞蝼蛄、石蝇等动物均喜欢吸附在此处。砾石区流场及生物栖息示意如图 4.4-6 所示。

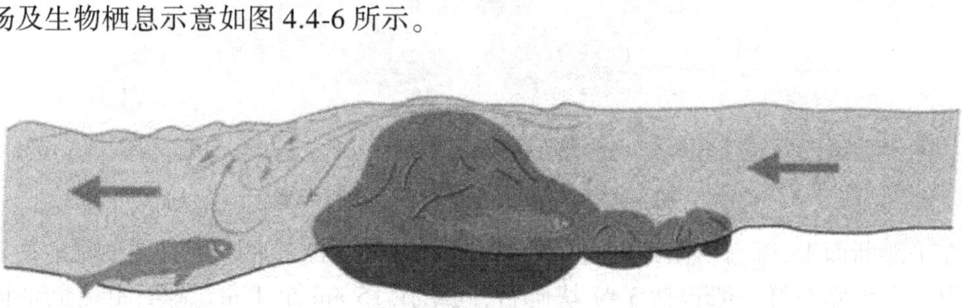

图 4.4-6　砾石区流场及生物栖息示意

在砾石群的设计中，不仅要考虑栖息地改善问题，同时还要考虑冲刷、河岸稳定等水力学和泥沙问题。如果细颗粒泥沙含量很高，砾石下游的冲坑很可能被淤积。在设计中应细致分析砾石自身的稳定问题；泥沙淤积所造成的砾石被掩埋等问题。如果河流存在主槽摆动倾向,会因主槽偏离而使砾石群丧失栖息地功能。当砾石群安放在相对较高的河床位置时,则可能引起回水问题。因此,设计中应对可能出现的淘刷、淤积、洪水和河岸侵蚀等问题进行分析。

砾石群的栖息地加强功能能否得到充分发挥,取决于诸多因素,例如河道坡降、河床底质条件、泥沙组成和水动力学等问题。砾石群一般应用于微观栖息地的修复与加强,比较适合于顺直、稳定、坡降介于 0.5%～4%的河道,在河床材料为砾石的宽浅式河道中应用效果最佳。注意:这种结构不适用在细沙河床上,否则会在砾石附近产生河床淘刷现象,并可能导致砾石失稳后沉入冲坑。设计中可以参考此类河段的资料来确定砾石的直径、间距、砾石与河岸的距离、砾石密度、砾石排列模式和方向,以及预测可能产生的效果。图 4.4-7、图 4.4-8 为砾石群的几种典型排列示意图。

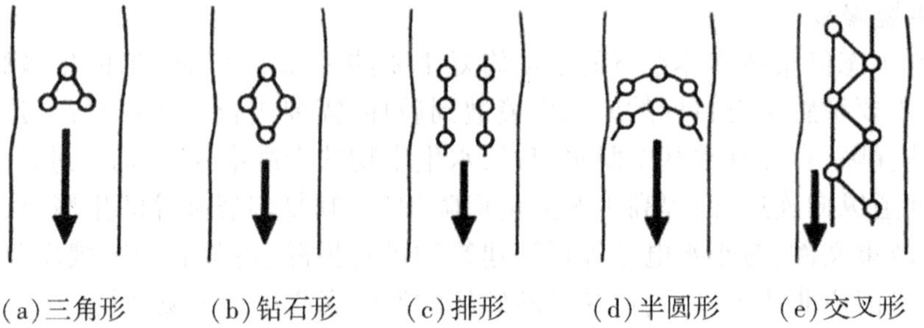

图 4.4-7　砾石群组合形式

图 4.4-8　砾石群在平面上的排列示意

在平滩断面上,砾石所阻断的过流区域应在 20%～30%范围内 ,具体情况取决于河道的规模。一组砾石群一般包括 3～7 块砾石,间距在 15 cm 至 1 m。砾石群之间的间距一般介于 3～3.5 m 。砾石要尽量靠近河道主槽,约在深泓线两侧各 1/3 的范围,以保证在枯水期能相对存蓄更多的水体,加强枯水期栖息地保留功能。

2.圆木支撑

圆木具有多种生境营造与强化功能,不仅可以构筑护坡、挑流,还可以向水中补充有机物碎屑。构筑护坡用于挡土及抵御水流冲击时,常采用较粗的圆木或树墩。一般与植物纤维垫组合应用,可同时起到抗冲刷防侵蚀的作用,见图 4.4-9。

图 4.4-9　圆木掩蔽物示意(一)

置于河道主槽内的圆木或树根除具有保护河槽、补充碳源的功能外,还具有掩蔽作用。可采用带树根的圆木或树墩导控水流,减少水流对岸坡的冲刷,并为鱼类和其他水生生物提供栖境,为水生昆虫提供食物来源。一般而言,树墩根部的直径为 25~60 cm,树干长度为 3~4 m。树墩主要应用于受水流顶冲比较严重的弯道凹岸坡脚防护,可以连成一排使用,也可以单独使用,用于局部防护。圆木掩蔽物示意如图 4.4-10 所示。

图 4.4-10　圆木掩蔽物示意(二)

1) 半圆木掩蔽物

半圆木掩蔽结构是河底的架空结构,在河道中顺长设置,为鳟鱼和其他鱼类提供掩蔽物。用直径 20~30 cm 的圆木顺长劈开制成半圆木,下部用方木支撑,方木间隔为 150 cm。用钢筋把半圆木和支撑方木连接并锚固在河底砂砾石层中。半圆木掩蔽结构与水流平行或稍有角度布置,并且毗邻主泓线。一般来说,半圆木掩蔽结构布置在浅滩湍流区域,但是要求下部有足够的水深,能使掩蔽结构处于淹没状态,如图 4.4-11 所示。

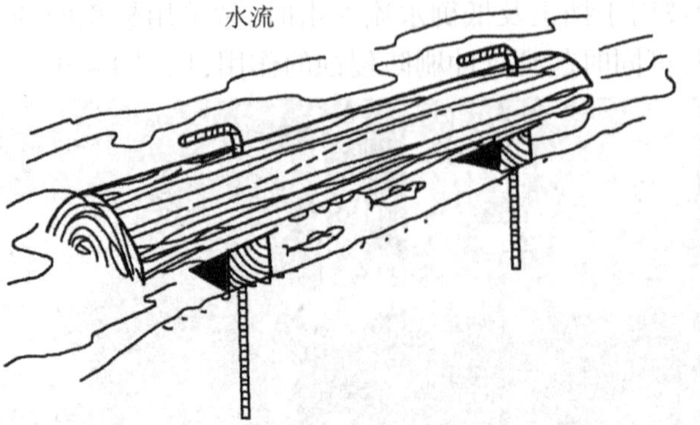

图 4.4-11 半圆木掩蔽物示意

2) 鱼类避难所

用圆木、木桩和块石构筑的掩蔽物，为鱼类提供了遮阴的环境，也成为鱼类躲避食肉鱼类和高速水流的避难所，见图 4.4-12。这种结构设置在水面上下并伸进河床。由圆木或半圆木搭建的平台靠木桩或钢筋混凝土桩支撑，木桩或钢筋混凝土桩牢固地夯入河底。在缓坡河道断面，支撑桩长度不小于 2 m。

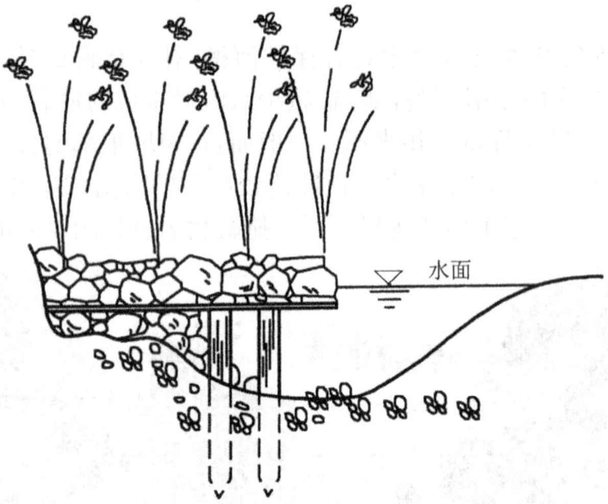

图 4.4-12 鱼类避难所结构

为提高结构的耐久性，可用混凝土基础护脚。平台上放置块石和土壤，在土壤表层播撒草籽或在块石缝隙中插枝。其目的是增加结构物自重以防被水流冲走，也可提高景观效果，并为岸坡植物系统的重建提供机会。

避难所结构下部岸坡放置大块卵石防止基础冲刷，以稳固平台结构。鱼类避难所设置在河道外弯道，与河道控导构筑物和堰坝联合作用。控导构筑物应布置在对岸，以改善避难所结构下面水流流态，并且防止淤积。在低水位条件下，河岸掩蔽物下面要有一定水深，这是因为如果圆木平台始终处于水下，则木材的耐久性要高得多。在高水位情况下，掩蔽物结构会成为行洪障碍物，同时存在掩蔽物被洪水冲走的风险，这就需要在设计中进行周密的分析评估,确定适宜的掩蔽物高程与河道水位之间的关系。

3）树墩护岸

树墩护岸结构能够控导水流,保护岸坡抵御水流冲刷,形成多样的水力学条件,并为鱼类和其他水生生物提供栖息地环境。树墩护岸结构使用的自然材料一般具有较为坚实的表面,有利于水生植物生长,也有利于营造自然景观。同时,树墩作为水生生物和大型无脊椎动物的重要食物来源之一,其木质残骸增加水生生物的食物来源,完善了溪流食物网。

树墩护岸结构一般布置在受水流顶冲比较严重的弯道外侧,树根盘正对上游水流流向。树墩结构高程设置在漫滩水位附近,树根盘的 1/3～1/2 处于漫滩水位以下,见图 4.4-13。一般而言,树墩根部的直径为 25～60 cm,树干长度为 3～4 m,连成一排使用。树墩下部布置若干枕木,方向与其垂直。树墩与枕木用钢筋连接,钢筋下部牢固锚入河底,见图 4.4-14。同时,可根据需要在树墩上部布置若干横向圆木,用钢筋与树墩连接,以增加结构的整体性。在枕木上部布置大卵石或漂石作为压重并起基础护脚作用。树墩护岸结构以上布置土工布或椰壳纤维垫包裹的直径 10～15 cm 碎石和砾石作反滤层。反滤层以上沿岸坡布置土工织物扁袋,即用土工布和植物纤维垫包裹表土和开挖土混合物。每 30 cm 在包裹土层之间扦插 15 枝处于休眠期的活枝条,并用表层土覆盖,充分洒水和压实,见图 4.4-15。在土壤表层播撒乡土种草籽或利用地表原有的草籽。

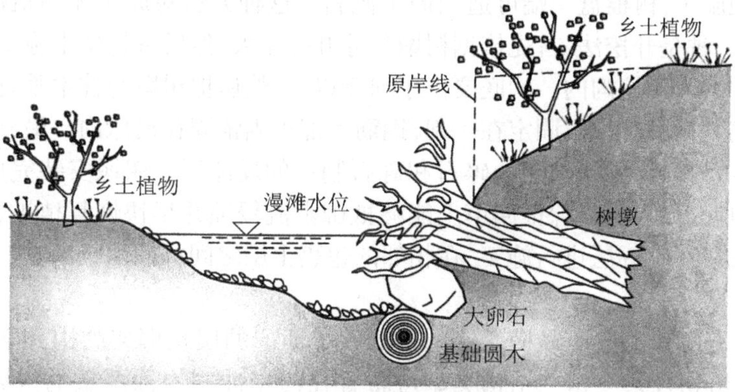

图 4.4-13　树墩护岸横断面

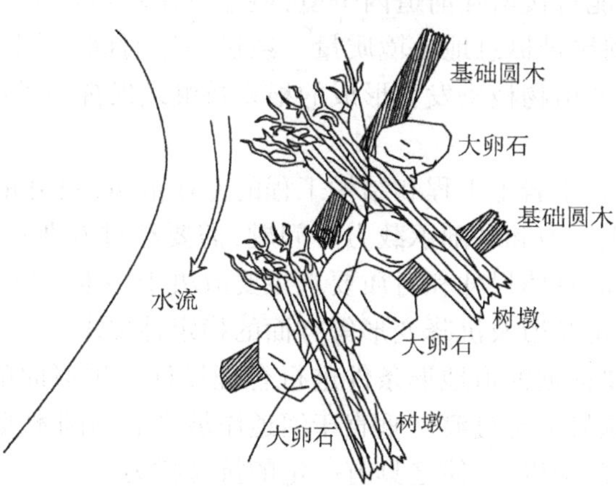

图 4.4-14　树墩护岸平面

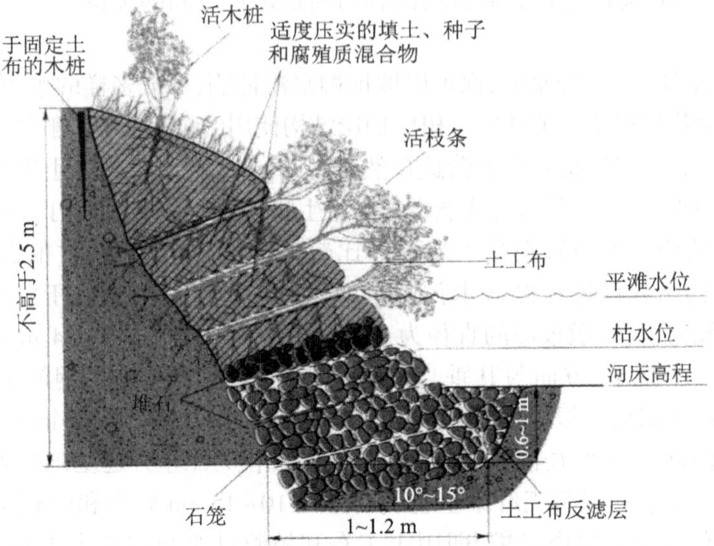

图 4.4-15　土工织物扁袋示意

树墩护岸结构施工方法有两种,一种是插入法,使用施工机械把树干端部削尖后插入坡脚土体,为方便施工,树根盘一端可适当向上倾斜。这种方法对原土体和植被的干扰较小,费用较低。另一种是开挖法,首先依据树墩尺寸开挖岸坡,然后进行枕木施工。枕木要与河岸平行放置,并埋入开挖沟内。沟底要位于河床以下,然后把树墩与枕木垂直安放。在树干上钻孔,用钢筋把树墩和枕木固定在一起,钢筋下部牢固锚固在河床内。最靠近树墩上部表面放置土工布或椰壳纤维垫包裹的碎石和砾石制作的反滤层。树墩安装完成后,将开挖的岸坡回填至原地表高程。为保证回填土能够抵御水流侵蚀并尽快恢复植被,可用土工布或植物纤维垫包裹土体,逐层进行施工,在相邻的包裹土层之间扦插活枝条。

4)叠木支撑

叠木支撑是由圆木按照纵横交错的格局铰接而成的层状框架结构,框架内填入土石,并扦插成活的植物枝条。这一结构类型可布置在河岸冲刷侵蚀严重的区域,起到岸坡防护作用。叠木支撑不能直接增强河道内生境,但经过岸坡侵蚀冲刷作用以及后期形成的植被,将有助于提高河岸带栖息地生境质量。经过一定时间,圆木结构可能会腐烂,但那时这种结构内已成活的植物枝条发育形成的根系将继续发挥岸坡防护作用。叠木支撑结构示意如图 4.4-16 所示。

叠木支撑的设计属于岩土工程和结构工程的专业范畴,须由相关专业人员参与,对所涉及的土坡稳定性、土压力和基础承载力等问题,需要经过专业计算分析。一般来说,圆木的直径在 15~45 cm,具体尺寸和材质要求主要取决于叠木支撑结构的高度及河道的水流特性,要满足抗滑、抗倾覆及沉降变形等方面的稳定性要求。

在平面布置上,要依据河道地形条件进行合理设计。顺河向的圆木要水平布置在河道坡面,在弯道处要顺势平滑过渡。垂直于河道岸坡平面的圆木要深入岸坡内一定深度,一般在 1/2 圆木长度范围以上,使之具有一定的抗拉拔力。

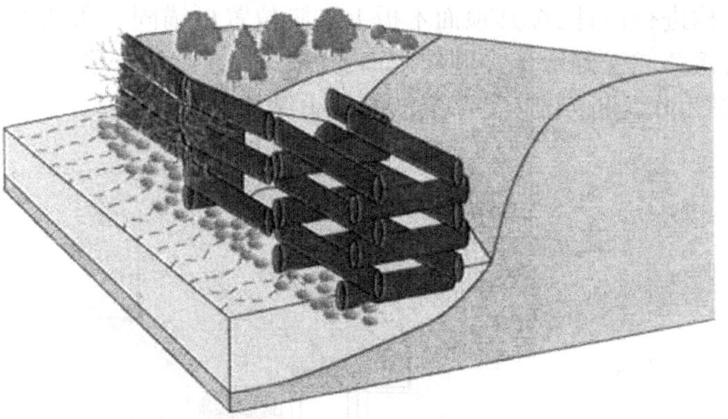

图 4.4-16 叠木支撑结构示意

叠木支撑结构一般与鱼类掩蔽区建设相结合,如图 4.4-17 的 *B—B* 断面,采用叠木支撑结构,在枯水位以下区域,形成圆木结构框架和空腔,这种空腔可以作为鱼类的掩蔽区。其形态和几何尺寸应按照目标鱼种的生活习性进行设计,但考虑到结构设计和施工的可行性,并且要满足框架结构和岸坡的稳定性要求,一般设计成箱式结构。如果岸坡较陡或极易被水流淘刷侵蚀,需要采用圆木挡墙或其他结构对岸坡面进行防护。

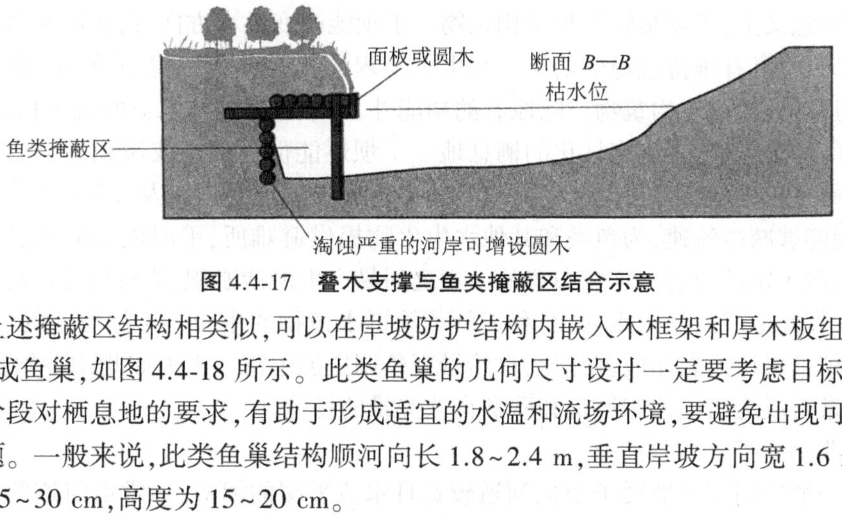

图 4.4-17 叠木支撑与鱼类掩蔽区结合示意

与上述掩蔽区结构相类似,可以在岸坡防护结构内嵌入木框架和厚木板组成的箱式结构,形成鱼巢,如图 4.4-18 所示。此类鱼巢的几何尺寸设计一定要考虑目标鱼种在特定生活阶段对栖息地的要求,有助于形成适宜的水温和流场环境,要避免出现可能的泥沙淤积问题。一般来说,此类鱼巢结构顺河向长 1.8~2.4 m,垂直岸坡方向宽 1.6 m,鱼巢口宽度为 25~30 cm,高度为 15~20 cm。

图 4.4-18 木块与木板组成的鱼巢结构示意

上述结构适用于安装在不同的岸坡防护结构内,例如自然材料护坡、石笼和木框挡土墙、挑流丁坝等。图 4.4-19 为安装在堆石防护结构内的鱼巢示意。鱼巢结构周边堆石要按照岸坡防护结构进行设计,在其顶面木板上坡脚位置可锚固一条圆木块或采用大块石,防止后面的堆石滚落或受到水流冲刷作用而失稳。鱼巢要位于稳定的河床之上,若为沙质河床,可采用圆木作为桩基础,支撑上部的鱼巢结构框架。

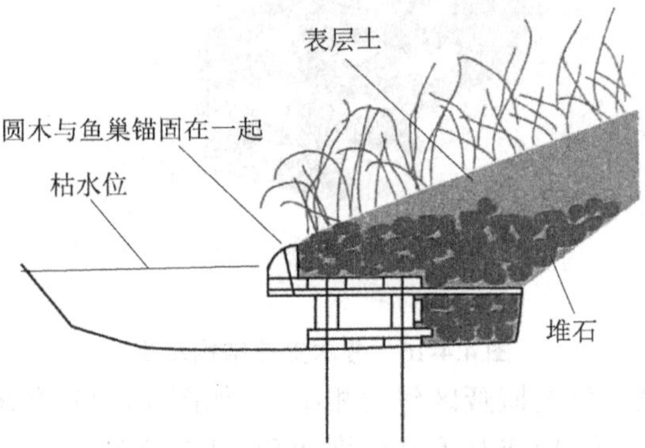

图 4.4-19　堆石岸护坡与鱼巢结构组合示意

3.丁坝

1)功能

在传统意义上,丁坝是防洪护岸构筑物。丁坝能改变洪水方向,防止洪水直接冲刷岸坡造成破坏,也具有维持航道的功能。在生态工程中,丁坝被赋予新的使命,成为河道内栖息地加强工程的重要构筑物。除原有的功能外,丁坝能够调节水流的流速和水深,增加水力学条件的多样性,创造多样化的栖息地。丁坝还能促使冲刷或淤积,形成微地形,特别在河道修复工程中,通过丁坝诱导,河流经多年演变形成河湾以及深潭-浅滩序列。洪水期,丁坝能够减缓流速,为鱼类和其他水生生物提供避难所,平时能够形成静水或低流速区域,创造丰富的流态。连续布置的丁坝之间易产生泥沙淤积,为柳树等植物生长创造了条件,丁坝间形成的静水水面,有利于芦苇等挺水植物的生长。丁坝位置的空间变换,使生长的植被斑块形态相应多样化,自然景观色调更加丰富。正因如此,城郊河流的挑流丁坝附近常常成为居民休憩游玩和欣赏自然美景的场地。

2)丁坝的布置

丁坝一般应用于纵坡缓于 2%,河道较宽且水流平缓的河段,通常沿河道两岸交错布置,也可以成对布置在顺直河段的两岸,见图 4.4-20。

迄今为止,丁坝还没有严格的设计准则和通用标准。丁坝布置方案和具体尺寸,应通过论证或参考类似工程经验确定,有条件的工程可以开展水力学模型试验。当然也可以参照现有文献的案例数据,但是这些案例中,因河道条件不同,有时参数的差别较大。有文献提出,上下游两个丁坝的间距至少应达到河道平滩宽度;丁坝向河道中心伸展缩窄河宽,缩窄后河道宽度为原宽度的 70%~80%;丁坝顶部高程不超过低水位的 0.15~0.3 m,且顶部高程必须低于平滩水位或河岸顶面,以确保汛期洪水能顺利通过,洪水中的树枝等杂物不至于被阻挡而堆积,否则很容易造成洪水位异常抬高导致严重的河岸淘刷侵蚀。也有文献指出,丁坝的长度为河宽的 1/10 以内。还有文献认为,丁坝的长度起码达到河宽的 1/2,才能发挥创造栖息地的作用。丁坝轴线与河岸夹角,其上游面与河岸夹角一般在 30°左右，以确保水流以适宜流速流向主槽；其下游面与河岸夹角约 60°，以确保洪水期间漫过丁坝的水流流向主槽，从而避免冲刷该侧河岸。另有文献称，丁坝方向与水流的夹角，上、下游均采用 45°。为防止丁坝被冲刷，可在丁坝的上下游端与河岸交接部位堆放块石，并设置反滤层。

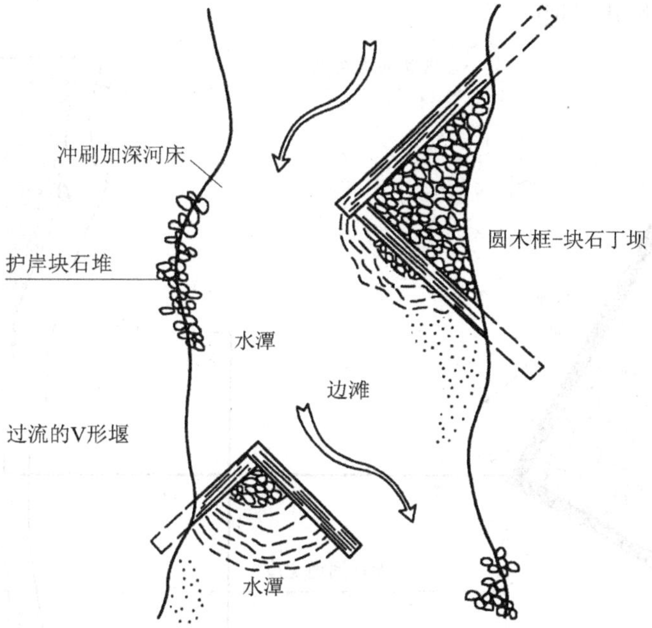

图 4.4-20　圆木框-块石导流丁坝结构平面布置

3) 丁坝的种类

传统意义上的丁坝按照坝顶高程与水位的关系，可分为淹没和非淹没式两种。按照功能划分可以分为控导型和治导型两种。在生态工程中，按照功能分可以分为栖息地改善的丁坝、调节河势的丁坝等。此处按照结构材料性质，将丁坝分为圆木框-块石丁坝、块石丁坝和混凝土块体丁坝，下面分别予以介绍。

(1) 圆木框-块石丁坝。

圆木框-块石丁坝是由圆木制作的三角形框架内放置块石构成。图 4.4-20 显示了圆木框-块石丁坝结构平面布置图，图中上游布置三角形圆木框-块石导流丁坝。经丁坝挑流，水流转向对岸，对岸河床底部被淘冲逐渐形成水潭。为防止对岸坡的冲刷破坏，在对岸偏下游部位堆放块石以防护坡脚。圆木丁坝下游毗邻部位形成水潭，其下游与边滩衔接。图中下游右岸布置有 V 形堰，为圆木框-块石结构。堰顶高程低于上游丁坝，顶部常年过流。V 形堰的作用是进一步缩窄水流，同时挑流使主流导向左岸。左岸靠下游侧堆放块石用以防护坡脚。V 形堰本身的下游方，形成近于静水的水潭。如上述通过多次挑流，使水流呈现紊动的复杂流态，形成了多样化的水力条件，为鱼类及其他水生动物创造了多样化的栖息地。

图 4.4-21 为圆木框-块石丁坝结构。丁坝施工时，首先要平整场地，为圆木就位做准备。用钢索和锚筋将圆木牢固锚固在河床或岸城，根据圆木受力状况和河床地质条件，通

过计算确定锚固的深度。根据水深和丁坝顶部高程，确定叠放圆木的层数，各层圆木用锚筋或钢索连接固定以保证结构的整体性。挑流丁坝上游端或外层的块石直径要满足抗冲稳定性要求，一般可按照当地河床中最大砾石直径的 1.5 倍确定。上游端大块石至少应有两排，选用有棱角的块石并交错码放，互相咬合。如果当地缺少大直径块石，可采用石笼或圆木框结构修建丁坝。

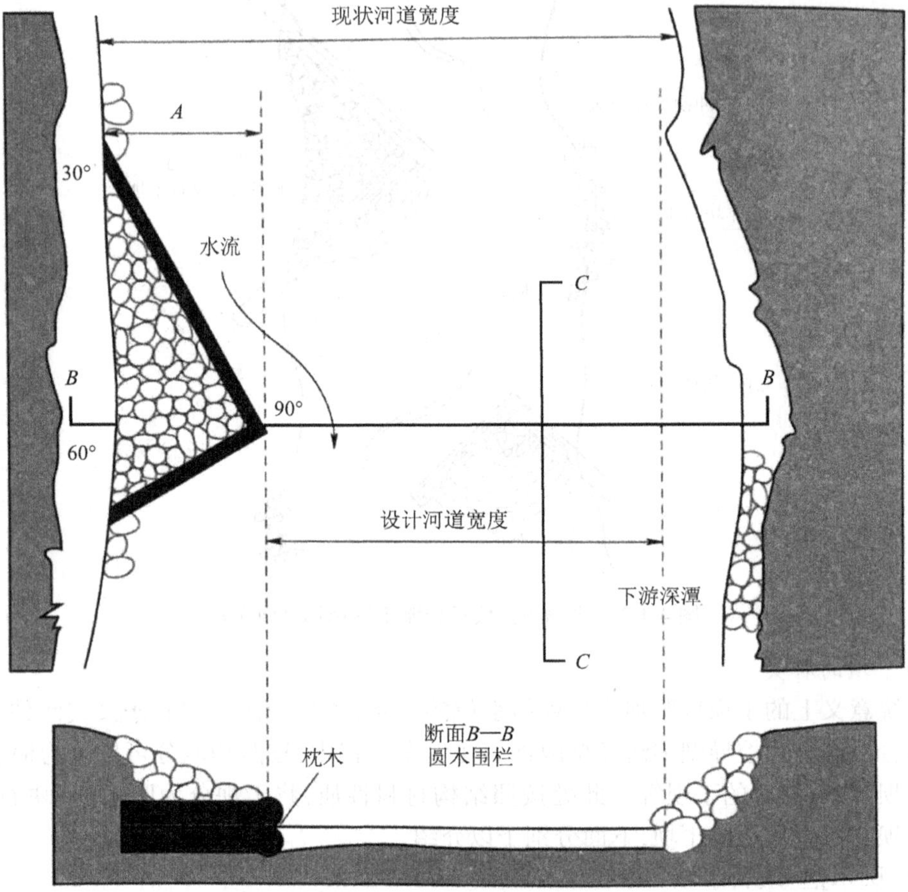

图 4.4-21　圆木框-块石丁坝结构

（2）块石丁坝。

块石丁坝是用毛石干砌或浆砌的不透水丁坝，一般适用于砂砾石河床且流速相对较大的河段。块石丁坝施工方法有干砌、浆砌和混合法 3 种。其中，混合法是指丁坝表面用浆砌，内部填料用干砌。为防止河床砂砾石被水流冲刷流失，应在河床砂砾石表面铺设土工布反滤层。另外，在丁坝坝根部位块石缝隙中填土，用插枝方法种植柳树等乔木，既可发挥柳树根部固土作用，也可营造多样的自然景观。

块石丁坝头部流态较为复杂，流速较高，需要采取相应措施进行加固。这些措施包括丁坝头部用粒径较大的块石；使块石相互咬合连接紧密；丁坝头部砌筑平整，减少表面凹凸起伏；用水泥砂浆灌缝、勾缝，以增强整体性；逐渐降低丁坝头部纵断面的高度，减少垂直流的影响。有的工程在丁坝头部用木工沉排或铅丝笼护脚。

(3)混凝土块体丁坝。

构筑丁坝用的混凝土预制块,其尺寸按照抗冲稳定性设计,也可以按照现场河段最大粒径砾石的1.5倍确定。混凝土预制块应制成不规则形状,以利于相互咬合加强整体性。丁坝伸入河道部分,可采用Y形预制块,目的是利用预制块之间的大孔隙形成鱼巢。

图4.4-22显示混凝土块体、块石及铅丝石笼组合的丁坝结构。结构按照整体设计,即使丁坝结构与护坡结构有机结合,丁坝是护坡结构向河道中心方向的延伸。该案例中,丁坝顶部高程在平均水位以下,年内大部分时间处于淹没状态。丁坝的施工过程如下:河道土体坡面平整后铺垫碎石或铺设土工布作为反滤层,其上方铺设混凝土板块,然后安放混凝土预制块,坡脚用浆砌块石保护。混凝土预制块从丁坝根部向河道中心方向延伸,丁坝最前端采用铅丝笼防冲刷。混凝土预制块的水中部分用抛石和当地材料覆盖,水上部分覆盖当地表层土,利用乡土草籽培育草本植物。另外,在表土上扦插柳树,培育芦苇生长。

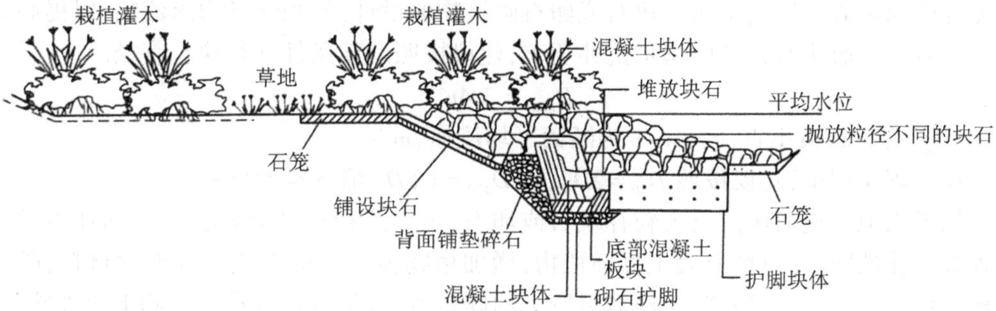

图4.4-22 混凝土块体-块石-铅丝笼组合式丁坝

4.生态堰

生态工程的堰(生态堰)是利用天然块石(卵石)在小型河流上建造的跨河构筑物。生态堰的功能是创造异质性强的地貌特征,形成多样的水力学条件,改善鱼类和其他水生生物栖息地环境。此外,生态堰还具有减轻水流冲刷、保护岸坡的功能。

生态堰的设计以自然溪流的跌水-深潭地貌为模板。山区溪流自然形成的跌水-深潭地貌具有多种功能。首先,跌水-深潭地貌具有曝气增氧的作用,可有效增加水体中的溶解氧。通过跌水-深潭地貌的水流受到强烈扰动,具有显著的消能作用。同时跌水-深潭地貌形成了多样的水力学条件,能够满足不同生物的需求。跌水-深潭地貌的固体表面有利于苔藓、地衣和藻类生长,这些自养生物作为初级生产者在食物网中成为异养生物的食物。特别是数量巨大的硅藻是溪流大型无脊椎动物最重要的食物来源。

生态堰作为一种重要的栖息地加强结构,其作用主要表现在5个方面:①上游的静水区和下游的深潭周边区域有利于有机质的沉淀,为无脊椎动物提供了丰富的营养;②因靠近河岸区域的水位有不同程度的抬高,增加了河岸遮蔽;③生态堰坝址下游所形成的深潭有助于鱼类等生物的滞留,在洪水期和枯水期为鱼类提供了避难所;④深潭平流层是适宜的产卵栖息地;⑤枯水季堰体能够缩窄水流,保证生物存活的最低水深。

生态堰一般布置在纵坡陡峭、狭窄而顺直的溪流上,具体部位设在溪流从陡峭到平缓,纵坡发生变化的河段。在这样的河段设置生态堰,一是可以用多级小型跌水方式调节纵坡;二是发挥生态堰消能的作用;三是创造多样化的水力学条件;四是营造自然景观。

生态堰应满足鱼类游泳通过的需求,其每一级堰体的高度往往不能超过 30 cm,原因是鱼类跳跃能力是有限的。根据台湾石宾鱼类跳跃通过隔板的监测数据,当隔板高度为 27 cm 和 35 cm 时,鱼类跳跃通过率分别为 34%和 32%;而当水位差提高到 45 cm,鱼类通过率仅为 10%;当隔板高度提高到 55 cm 时,没有鱼通过。

生态堰的溢洪口应设在河道深泓线附近,保持自然河道的洪水路径。堰的上游侧铺设块石形成倒坡,既有利于堰的稳定,也能引导水流平稳通过堰顶。堰的下游侧河床应铺设卵石,可起到消能作用,减少对岸坡的冲刷淘蚀。在较大的溪流上设计堰时,要注意避免出现水流翻滚现象,防止在强水流作用下对游泳者造成伤害。

构筑堰的材料包括块石、卵石、圆木、铅丝笼等。具有纹理和粗糙表面的块石和卵石,是无脊椎动物的理想避难所。块石或卵石砌筑物的设计,外观线条力求流畅,以提高景观美学价值。筑堰块石直径应满足抗冲要求,建议按照启动条件计算块石直径。

$$D_{min} = 3.4v^{2.05}$$

式中:D_{min}为块石最小直径,cm; v 为断面平均流速,m/s。

在工程应用中,建议按照 $D_{50}=2D_{min}$和 $D_{100}=1.5D_{50}$筛选筑堰材料。

如果当地溪流河床缺乏大粒径块石或卵石,可以选择铅丝笼构件。为弥补铅丝笼结构外观欠佳的缺点,可填充表土扦插植物,增加植物覆盖。圆木是一种天然材料,既是生物栖息地,又能提供木屑残渣,经数量巨大的碎食者、收集者和各种真菌和细菌破碎、冲击后转化成为细颗粒有机物,成为初级食肉动物的食物来源。一般在溪流上构筑堰时,采用圆木材料。根据圆木尺寸、水深、河宽等条件,可选择单根或多根圆木组合。

根据不同的地形地质条件,生态堰的堰体可以选择不同的结构形式,在平面上呈 I 形、J 形、V 形、U 形或 W 形等。

(1)W 形生态堰。W 形生态堰堰顶面使用较大尺寸块石,以满足抗冲稳定性要求。下游面较大块石之间间距约 20 cm,以便形成低流速的鱼道。堰上游面坡度 1∶4左右,下游面坡度 1∶10~1∶20,以保证鱼类能够顺利通过。堰的最低部分应位于河槽的中心。块石要延伸到河槽顶部,以保护岸坡。堰中部设置豁口作为溢洪口,汛期引导洪水进入主泓线。堰主体采用较大尺寸块石,大块石上游侧铺设块石,既有利于堰的稳定,也能引导水流平稳通过堰顶。上游堆放的块石与大块石之间铺设土工布。生态堰修好后次年,堰上游侧会出现泥沙淤积的情况,之后便趋于稳定。W 形堰体结构示意如图 4.4-23 所示。

(2)圆木堰。在沙质河床中,不适宜采用砾石材料构筑堰,可以应用大型圆木作为构筑材料。圆木堰的高度以不超过 0.3 m为宜,以便于鱼类通过。左右两根圆木做成榫卯接头再用钢构件锚固连接。用圆木桩或钢桩固定圆木,并用大块石压重,桩埋入沙层的深度应大于 1.5 m。在圆木的上游面铺设土工织物作为反滤材料,以控制水流侵蚀和圆木底部的河床淘刷,土工织物在河床材料中的埋设深度应不小于 1 m。圆木堰结构示意如图 4.4-24 所示。

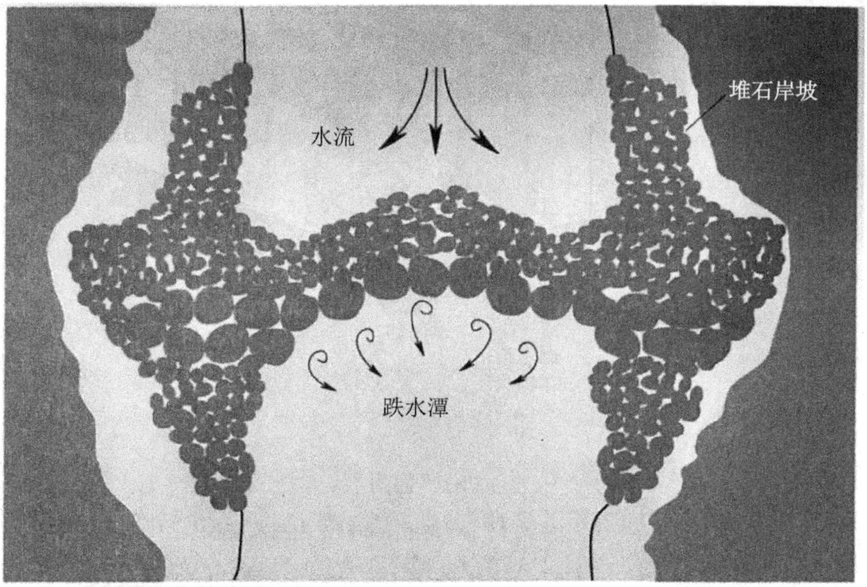

(a)鸟瞰图

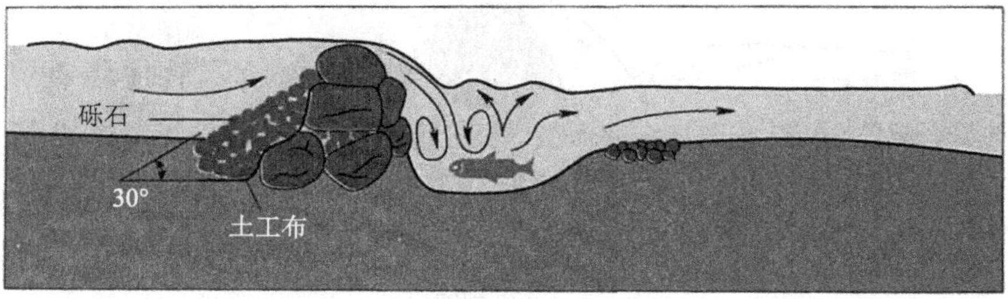

(b)纵剖面

图 4.4-23　W 形堰体结构示意

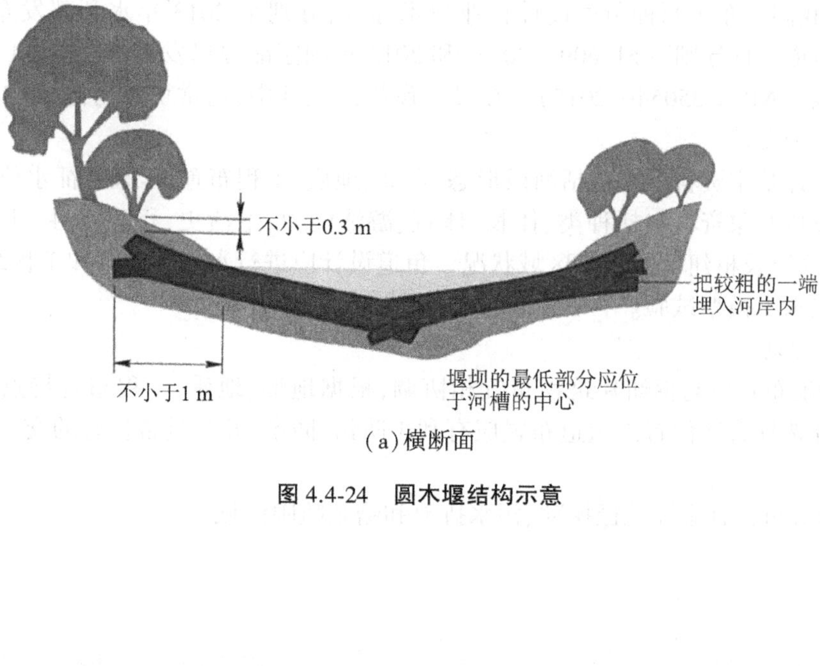

(a)横断面

图 4.4-24　圆木堰结构示意

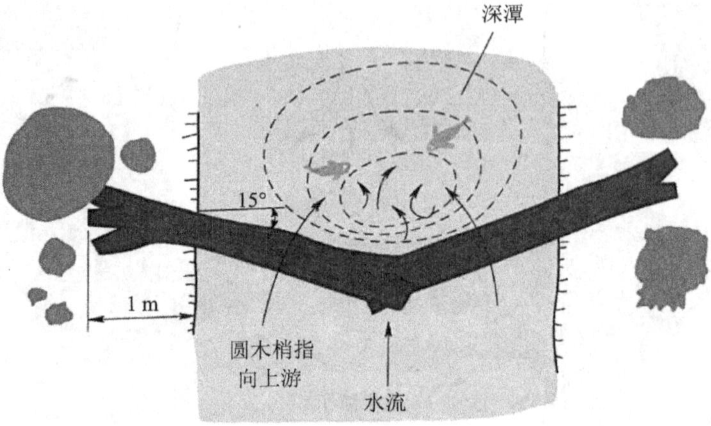

(b)平面图

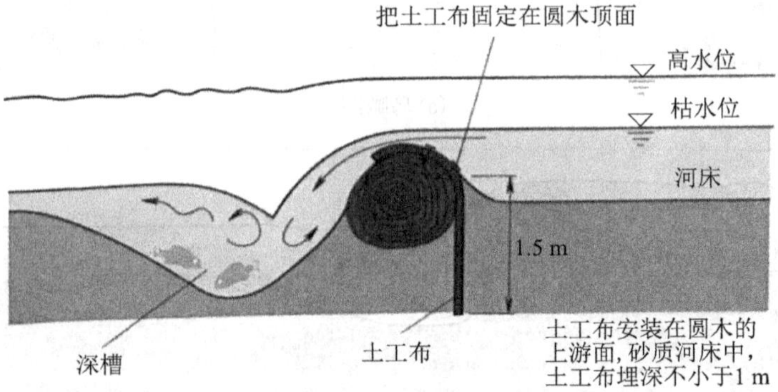

(c)纵剖图

续图 4.4-24

4.4.3.3 过鱼设施

目前，我国发布了两种鱼道设计行业技术标准，分别是 2013 年水利部发布的《水利水电工程鱼道设计导则》（SL 609—2013）和 2015 年国家能源局发布的《水电工程过鱼设施设计规范》（NB/T 35054—2015）。在过鱼设施的设计中，通常可参考这两本规范进行具体的计算和设计。

鱼道设计基本资料主要包括河段形态、水文、地质、工程布置、工程特征水位及调度运行方式。过鱼对象资料包括种类、体长、体宽、游泳能力、生活史、行为习性、主要过鱼季节、洄游路线以及枢纽下游聚集区域状况。鱼道设计应进行水力学计算和工程结构计算，必要时开展水工模型试验。

1.布设原则

（1）鱼道布置应与枢纽建筑物布置相协调，根据地形、地质、工程布置特点以及上下游水流条件选择合适位置。鱼道布置应有利于防污、防淤，并且具备良好的交通条件便于运行管理。

（2）鱼道布置宜避开机械振动、污水排放和嘈杂喧闹区域。

(3)鱼道进口、槽身、出口宜布置在河流同一侧,且避开岸坡地质不稳定区。

(4)鱼道位置宜选择在建坝前自然河流环境下,溯河洄游鱼类逆水游泳靠近的河道一侧。

(5)对于坝后式水电站和河床式水电站,鱼道宜布置在电站旁侧。鱼道进口(出水口)宜靠近水轮机尾水出口。这是因为如果鱼道进口距离水轮机尾水出口远的话,容易形成死水区,溯河洄游鱼类可能不易察觉入口而停留在死水区。

(6)根据过鱼需要,水利枢纽也可以布置2条鱼道。如图4.4-25所示,河床式水电站由溢流水坝和电站厂房组成。布置了2条鱼道,一条布置在左岸厂房一侧,为竖缝式鱼道;另一条布置在右岸溢流坝一侧为鱼坡。非汛期发电时,水流通过厂房水轮机组,经尾水管下泄到下游,尾水水位较高,溯河洄游鱼类沿左岸鱼道通过。这种情况下原河道水位往往较低。汛期水电站满负荷发电,多余水体沿溢流坝溢流,原河道水深加大,短期维持了原河道的水流条件,此时溯河洄游鱼类可以从右岸溢流坝一侧的鱼坡通过。

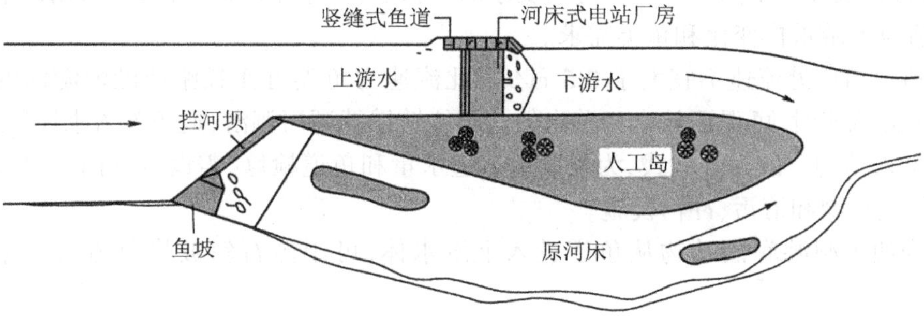

图4.4-25　双鱼道布置示意

2.鱼道的一般设计

1)鱼道进口

(1)鱼道进口应布置在洄游路线上,尽可能靠近鱼类能上溯到达的水域。

(2)鱼道进口前区域的水流不应有漩涡、水跃和大环流。鱼道进口下泄水流应使鱼类易于分辨和发现。

(3)鱼道进口位置应选择水质良好的水域,应避开泥沙易淤积处和有油污、化学性污染和漂浮物的水域。

(4)为适应下游水位变化和不同过鱼对象的要求,可设置多个不同高程的进口并用调节闸门控制。

(5)进口底板高程应低于下游最低设计进鱼水位1.0~1.5 m。在过鱼季节进口水深应大于1.0 m。

(6)吸引流应能被鱼类察觉,水流流出鱼道的流速在0.8~2.0 m/s内。

(7)吸引流汇入河流干流的位点距离水坝越远,吸引流越容易被洄游鱼类察觉。因此,从出水口流出的水流占总流量的比例一般不应小于1%~1.5%,枯水期应占到总流量的10%左右,以保证获得充足的吸引流。

(8)进口布置在电站尾水口上方，利用电站泄水诱鱼，或者布置在溢洪道旁侧、可提高吸引流的强度。

(9)俄罗斯、法国和美国的鱼道设计中，在鱼道一侧平行设置旁路水道或管道为鱼道补水。两股水流在前室混合流出出水口形成吸引流。

(10)鱼道进口前宜设计成平面呈“八”字形张开的喇叭形水域，供鱼类休息并帮助鱼群发现进口。

2)鱼道出口

(1)鱼道出口(进水口)应近岸布置，水流平顺，远离电站和引水建筑物的取水口，防止鱼类被水流卷入取水口。出口周边不应有妨碍鱼类继续上溯的不利因素，如码头和船闸上游引航道出口、水质污染区等。

(2)出口高程应能适应水库水位涨落的变化，确保出口处有一定的水深。出口高程一般应低于过鱼季节水库最低运行水位以下 1～2 m。出口高程还需适应过鱼对象习性，对于底层鱼应设置深潜出口，幼鱼、中上层鱼的出口一般在水面以下 1～2 m 处。当水库水位变幅较大或存在不同水层鱼类过鱼要求时，可设置多个不同高程的出口，用调节闸门控制，以适应上游水位变化和鱼类需求。

(3)鱼道出口处流速不宜大于 0.5 m/s。此流速为鱼类可作长距离溯河游泳的喜爱流速，低于此流速时，可保证从出口游出的鱼类能够继续溯河洄游，避免卷入水库取水口。

(4)出口结构一般为开敞式，为控制鱼道进水量和鱼道检修，需设置闸门。出口视情况设置拦污、拦漂和清污、冲污设施。

(5)为便于洄游底栖动物从鱼道进入上游水体，可用抛石斜坡将鱼道与河床底质衔接。

3)设计水位与设计流速

(1)设计水位。

过鱼设施上下游运行水位，直接影响到过鱼设施在过鱼季节中是否有适宜的过鱼条件，过鱼设施上下游的水位变幅也会影响到过鱼设施出口和进口的水面衔接池室水流条件。合理的运行水位，可使下游进口附近的鱼能够进入过鱼设施，也可使出口处的鱼顺利进入上游河道。一般情况下，设计水位需要满足过鱼季节中可能出现的最低及最高水位要求，使过鱼设施在过鱼季节中均有适合的水流条件。鱼道设计运行水位应根据闸坝上下游可能出现的水位变动情况合理选择。

①当上下游运行水位较为稳定时，鱼道上游设计水位范围可选择在主要过鱼季节相应的闸坝正常运行水位和死水位之间。下游设计水位取主要过鱼季节的多年平均低水位。

②当上下游运行水位变化较大时，鱼道上游设计水位范围可选择在主要过鱼季节的工程限制运行水位和死水位之间。下游设计水位可选择在主要过鱼季节闸坝下游常见平均高水位和常见平均低水位之间。

(2)设计流速。

鱼道内设计流速取决于目标鱼类的游泳能力，应根据过鱼对象游泳能力试验、水工模型试验并结合经验确定。鱼类的游泳能力一般用鱼在一定时段内可以克服某种水流的流速大小表示，分为感应流速、巡游流速和突进游泳速度。感应流速是指水体从静止到流动时，鱼类开始感应并趋流前进的水流速度；突进游泳速度是鱼类所能达到的最大游泳速度，也称极限速度，通常指持续时间小于 20 s 的游泳速度。流速的设计原则是：鱼道过鱼孔和进口水流流速不应小于鱼类的感应流速，如果小于鱼类的感应流速，鱼类会迷失洄游方向。过鱼设施断面流速小于鱼类的突进游泳速度，这样鱼类才能够通过过鱼设施中的孔或缝。过鱼设施内缓流区流速小于鱼类的巡游流速，这样鱼类可以保持在过鱼设施中前进。

4）池室设计

鱼道的几何尺寸应依据鱼类体长、游泳能力、习性，以及现场地形地貌、上下游总水位差、流量、消能效果等因素确定，以下给出若干参考值。

（1）纵坡。工程型鱼道最大允许纵坡为 1:5～1:10；仿自然型鱼道的最大坡度应低于 1:15，相当于自然河流的急流段。

（2）水池间水位差。鱼道水池之间的水位差不宜超过 0.2 m，这是因为若存在 0.2 m 的水位差，在孔口或隔板部位就可能出现最大流速 2.0 m/s，而这个流速是大多数鱼类难以克服的。

（3）池室长度、宽度。鱼道池室长度应按池室消能效果、鱼类体长、习性和休息条件等确定，应大于 2.5 倍最大过鱼体长，长宽比宜取 1.2～1.5。池室水深应视过鱼对象体长和习性确定，可取 0.5～1.5 m。

（4）休息池。对落差较大或长度较长的鱼道，无论是工程型鱼道还是仿自然型鱼道，都必须设有休息池，鱼可以在这里暂停上溯，恢复体力。丹尼尔鱼道对鲑科鱼类至少每隔 10～12 m、鳟鱼至少每隔 6～8 m、鲤科鱼类至少每隔 6～8 m 直线距离设置休息池。休息室长度宜取池室长度的 1.7～2.0 倍。

5）鱼道底部设计

鱼道底部应沿全线铺设至少 20 cm 厚的粗糙砾石，其颗粒级配尽可能与自然河流底质相同。砾石应连续铺设，即从鱼道进口直到出口，包括狭槽和孔口部位。底部铺设砾石的功能是多方面的。首先，由于铺设层可形成大小不同的缝隙。幼鱼、小型鱼类以及无脊椎动物可以在这些缝隙中躲避，以免被水流冲走，然后开始上溯运动。砾石铺设的另一项功能是起消能作用，可降低流速并防止冲刷。

3.过鱼设施技术选择

过鱼设施包括仿自然型鱼道与工程型过鱼设施。

仿自然型鱼道仿照自然溪流的形态、坡度、河床底质以及水流条件等特征，形成连接障碍物上下游的水道，为鱼类提供洄游通道。仿自然型鱼道有旁路水道、砾石缓坡、鱼坡等多种形式，适合低水头水坝或溢流堰。仿自然型鱼道按照天然河道水流特性进行设计，适合鱼类的自然洄游习惯，能有效地吸引鱼类，集鱼效果好。又因水流条件多样，所以过鱼种类多。大部分仿自然型鱼道允许水生生物溯河和降河双向通过。这种鱼道具有蜿蜒的河道和岸边植被，能够融入周围的景色，美学价值较高，而维护成本较低。仿自然型鱼道的缺点是占地面积大，通道距离长，对上游水位波动敏感，运行所需流量较大。

工程型过鱼设施包括鱼道、鱼闸和升鱼机等。鱼道是目前应用最为广泛的过鱼设施，它是连续阶梯状的水槽式构筑物，主要类型有池式鱼道、槽式鱼道和组合式鱼道等，适用于中低水头电站。鱼道设计原理是通过水力学计算和试验，设计特殊的工程结构，力求满足溯河洄游鱼类需要的流速、流量、流态及水深等水力学条件。一般来说，鱼道过鱼能力强，且能连续过鱼，运行保证率高。其缺点是水流形态相对较为单一，过鱼种类较少；经济上一次性投资较高。鱼闸的工作原理与船闸相同，即上下游分别设置闸门，通过闸门控制水位帮助鱼类溯河运动。鱼闸适合于上下游水位差小于 40 m 的水电站，对于大型鱼类洄游作用明显。但鱼闸造价高，日常运行和维护费用高。升鱼机是通过配置有运送水槽的升降机，将鱼类吊送到上游。通过旁路水道注水创造吸引流。升鱼机适合高水头水坝，但是造价和运行维护费用高。

仿自然型鱼道主要有旁路水道、砾石缓坡、鱼坡 3 种类型，各类仿自然鱼道适用条件、优缺点、运行效果等见表 4.4-1。

工程型过鱼设施包括鱼道、鱼闸、升鱼机和集运鱼系统，其中鱼道有包括池式鱼道和槽式鱼道两种类型。各工程型过鱼设施适用条件、优缺点、运行效果等见表 4.4-2。

4.仿自然型鱼道设计

过鱼设施包括仿自然型鱼道和工程型过鱼设施。工程型过鱼设施包括池室鱼道、槽式鱼道、鱼闸、升鱼机、集运鱼系统等，多结合电站、水库的坝体进行统筹考虑与设计，需要水工结构等多个专业参与和计算，此处主要就仿自然型鱼道的设计进行阐释。

1)旁路水道

旁路水道是指绕过障碍物(堰、坝等)，仿照自然河流外观，呈现自然水道形式的鱼道。旁路水道适用于不改造障碍物本身结构，而场地的地形地貌允许布置这样较长水道的项目。从理论上讲，旁路水道恢复了河流斑块的完整性，创造了类似自然水流条件的通道，允许鱼类绕过障碍物自由迁徙，它不仅为洄游鱼类提供了洄游通道，同时也为其他喜流物种提供了栖息地。

旁路水道的仿自然特征，使其容易融入周围景观。旁路水道的设计要点：以仿自然的手法，创造类似天然河流的水流条件、底质和植被，同时，考虑到纵坡较陡，需采取措施消能以降低流速，保持水道边坡稳定。

(1)平面布置。

旁路水道的平面形态既可采取蜿蜒型，也可采用弓形或微弯形，采取何种平面形态取决于场地地形地貌。鱼道进口(水流出口)位置布置在堰坝下游侧，靠近水电站尾水出口。鱼道出口(水流进口)布置在堰坝上游水库。宜近岸布置，使水流平顺，要远离电站和引水建筑物的取水口，防止鱼类被水流卷入取水口。旁路水道沿线间隔 6~10 m 布置鱼类休息池或水塘，休息池或水塘是水道加宽部分。水道与休息池或水塘之间通过蛮石槛连接，在连接处形成小型跌水。平面示意如图 4.4-26 所示。

表 4.4-1　仿自然型鱼道适用条件及优缺点

类型	构造描述	尺寸	流量 Q/(m^3/s)	适用条件	优缺点	运行效果
旁路水道	堰坝旁侧，模仿自然形态坡度、河床底质以及水流条件	B>1.2 m h>0.3~0.4 m i<1:20	>0.1	现存堰坝不能改建，河流一侧有足够空间，水位差小于 20 m	造价低，与周围自然景观融合。但占地面积大，可能涉及与道路、管道交叉问题	所有水生生物物种能够通过，为激流型生物提供栖息地
砾石缓坡	横跨河流，底质具有粗糙表面的构筑物，砾石呈阶梯状布置	B 与河床等宽 h>0.3~0.4 m i<1:15	>0.1	用于改造已经失去功能的堰坝，水位差小于 20 m	造价较低，维护费用低，容易融入周围景观	所有水生生物物种能够溯河或降河双向通过
鱼坡	坡度平缓，具有粗糙表面。用砾石嵌入堰坝，用大蛮石槛降低流速	B<20 m h=0.3~0.4 m i<1:20	>0.1	将水电站拦河坝、防洪或灌溉闸的一个区段改造成鱼坡，闸坝高度低于 3 m	维护成本低，能够形成吸引水流，洪水期自净能力强。构造相对复杂	大多数水生生物物种能够溯河或降河双向通过

注：表中 B 为宽度；h 为水深；i 为纵坡。

表 4.4-2　工程型过鱼设施适用条件及优缺点

类型		构造描述	尺寸	流量 Q/(m^3/s)	适用条件	优缺点	运行效果
池式鱼道	竖缝式	具有隔板的混凝土通道，且具有一两个与隔板及侧墙高度相同的狭槽	L_b>1.9 m B>1.2 m h>0.5 m 狭缝宽度 s>0.17 m	>0.14	适用于蓄水位变化较大的中小水头水坝，尾水平均深度大于0.5 m	消能效果好；可通过流量较大，能够形成吸引水流，不易被碎屑阻塞。鱼道下泄流量较小时，诱鱼能力不强	效果好，应用广泛，适于多种鱼类。如底质连续，可通过无脊椎动物
	溢流堰式	布置若干隔板，将阶梯式水池分隔开，在隔板开凹槽溢流	B>0.1 m h>0.6 m	>0.04	上游水位变幅小	所需流量低；可适合小型鱼类(<20 mm)。池室易淤积	适于大多数鱼类，尤其是表层鱼类和喜跳跃鱼类

续表 4.4-2

类型		构造描述	尺寸	流量 Q/(m^3/s)	适用条件	优缺点	运行效果
池式鱼道	堰孔结合式	混凝土通道中的隔板具有顶部凹槽和潜水孔，凹槽和潜水孔交错布置	L_b>1.4 m B>1.0 m h>0.6 m,潜水孔宽25 cm,高25 cm	0.08~0.5	适用于中小水头	所需流量较低,但易被碎屑阻塞;低流量时无法形成足够的吸引流	尺寸设计合理时,能够通过所有鱼类
槽式鱼道	丹尼尔鱼道	混凝土通道,其间有若干U形隔板逆水流方向呈45°布置	通道:长度6~8 m B=0.6~0.9 m h>0.5 m i<1:5	>0.25	适用于低水头堰坝改造	结构简单,安装建造方便。适用于游泳能力强的大中型鱼类(>30 m)。砾石易在隔板淤积	不适合游泳能力弱的鱼类和小型鱼类。底栖动物无法通过
鱼闸		由闸室和上下游闸门组成,通过操纵闸门控制水位,辅助鱼类溯河运动	根据工程项目具体条件确定		适用于中高水头的水坝,并有足够空间布置建筑物	日常运行和维护要求高,运行费用高。适用于大型洄游型鱼类	适合鲑鳟类鱼以及游泳能力弱的鱼类,但对底层鱼类好、小型鱼类不适合
升鱼机		通过配置有运送水槽的升降机,将鱼类吊送到上游	水槽体积 2~4 m^3		适合于高水头水坝,上下游水位差大于6~10 m	造价和运行维护费用高,操作复杂	适合鲑鳟类鱼以及游泳能力弱的鱼类,但对底层鱼类、小型鱼类、大型底栖动物和降河洄游鱼类不适合
集运鱼系统		包括集鱼设施、运鱼设施及道路、码头等配套设施			上下游水位差超过60 m的高水头水电站	对难以采用鱼道等过鱼设施的水电站是一种补救措施。但造价和运行费用高,操作复杂	

注:L_b 为水池长度;其余字母含义同表 4.4-1。

1—进鱼口;2—水流控制断面;3—近自然型弯道;4—阻水设施;5—出鱼口;
6—进鱼口诱鱼水流;7—生态岛;8—休息池。

图 4.4-26　旁路水道平面示意

(2)纵坡。

旁路水道的纵坡尽可能平缓,一般为 1∶100~1∶20,上限值为 1∶20。沿水道全长纵坡可以有所变化。在休息池或水塘部位纵坡可略放缓,加入蛮石槛可中断陡坡,形成小型跌水。旁路水道的最低临界水深取决于目标鱼类的游泳能力,但不得低于 0.2 m。

(3)横断面。

横断面底宽按照流量和纵坡坡降确定,但不能低于最低值 0.8 m。旁路水道沿线因设置休息池或水塘,横断面形状会发生变化。底部铺设至少 20 cm 厚的粗糙砾石或卵石,其下部铺设土工布。旁路水道两岸采用自然化岸坡防护技术,即采用植物、天然材料混合的护坡结构。沿岸按照乔灌草合理配置原则种植植物,既可为鱼类遮阴,又可成为鱼类隐蔽所,同时可使旁路水道融入周围景观之中。

(4)大蛮石和蛮石槛。

对于纵坡降为 1∶20~1∶30 的旁路水道,如果不加大糙率和设置小型跌水的话,无法保证流速控制在允许流速范围 0.4~0.6 m/s。布置大蛮石和蛮石槛是一种有效的控制流速的方法。

①大蛮石。为加大糙率,可在水道底部布置大蛮石,用以降低流速、增加水深。在中低流量期间,水流环绕大蛮石流动,或仅在其上部存在薄薄的一层水流。上溯鱼类可在石块间隙中寻找隐蔽场所。为了防止砾石移动,其尺寸要足够大。砾石间距为

$$a_x = a_y = (2 \sim 3)d_s$$

式中:a_x、a_y 分别为砾石间纵向和横向的平均轴距;d_s 为砾石宽度。

将砾石嵌入底部至其深度的 1/3~1/2,且大蛮石间的净距离应至少为 0.3~0.4 m。

②蛮石槛。蛮石槛由不同深度嵌入旁路水道底部的大蛮石构成。具体施工程序是:水道底部铺设土工布,其上铺设碎石垫层,垫层上部用半干砌石技术即所谓坐浆法嵌入大蛮石。大蛮石高低错落布置,在横向形成蛮石槛。砾石尺寸为 0.5~0.8 m,所用大蛮石材

料是至少具有一个平面的琢石，以使石块间互相咬合固定。由于蛮石槛的拦截作用，降低了流速，并在两个蛮石槛之间形成水池，成为鱼类休息池。水池水深 0.3～0.6 m，不得低于 0.2 m。蛮石槛间距不应小于 1.5 m，各蛮石槛间的水位差不应超过 0.2 m。因水道纵向为缓坡，蛮石槛之间呈阶梯状布置，形成了连续的小型跌水。蛮石槛间距的确定原则是：上一级蛮石槛始终处于下一级蛮石槛的回水区内，保证不出现孤立的射流式跌水。

(5) 进水口和出水口。

为控制旁路水道进水量和检修，进水口（鱼道出口）处需设置闸门。出口视情况设置拦污、拦漂和清污、冲污设施。进水口高程必须确保鱼道在低水位时不干涸。出水口（鱼道进口）设计必须确保出水口处能够形成有效的吸引流。吸引流应能被鱼类所察觉，水流流出鱼道的流速在 0.8～2.0 m/s。出水口布置在电站尾水口上方，利用电站泄水诱鱼，或者布置在溢洪道旁侧，可提高吸引流的强度。

2) 砾石缓坡

砾石缓坡结构是改造河道障碍物的一种技术。用砾石缓坡结构取代河道中人工构筑的陡坡和垂直跌水，将水位差分散到加长的砾石缓坡上，使得溯河和降河的水生动物都能自由通过。砾石缓坡经过常年淤积，逐渐接近自然状况，更容易被上溯或降河水生动物所接受，也更容易融入周围自然景观之中。砾石缓坡结构造价不高，维护成本低，其结构类型与鱼坡相同，包括大蛮石嵌入式缓坡、松散填石缓坡和蛮石槛阶梯式缓坡。

(1) 平面布置。

在底宽大于 15 m 的河流中，平面上砾石缓坡呈拱形布置。拱形布置可加大过水前沿长度，降低单宽流量。底宽小于 15 m 的河流，在平面上布置成直线形。砾石缓坡平面示意如图 4.4-27所示。

图 4.4-27　砾石缓坡平面示意

（2）纵坡。

一般来说，大蛮石嵌入式缓坡纵坡降为 1∶10～1∶8；松散填石缓坡和蛮石槛阶梯式缓坡的纵坡降为 1∶30～1∶15。实际上，1∶8以上的纵坡出现的流速，可能超过最大允许流速 v_{max} = 2.0 m/s，在这种情况下，还需要采取更多的消能措施。在纵断面上，无论是松散填石缓坡结构中的大蛮石，还是阶梯式缓坡结构中的蛮石槛，都有助于在其下游形成小型水池，应能保证在枯水时水深 0.3～0.4 m。

（3）跌水拦河堰改造成砾石缓坡。

跌水拦河堰具有壅高上游水位的功能，但是成了鱼类洄游障碍物。为解决洄游通道问题，可以采用旁路水道方案，也可以把跌水拦河堰改造成砾石缓坡结构。采用后者，改造后的结构仍然保留壅高水位的功能，但允许鱼类和底栖动物溯河或降河自由运动。经过长期运行后，通过泥沙淤积作用填满砾石间隙，砾石缓坡逐渐演变成接近自然形态的缓坡河床，其流态和底质能被更多的水生生物所接受。

图 4.4-28 显示了一个跌水拦河堰被改造成砾石缓坡的实例。根据设计方案，拆除了原有拦河堰的上部结构，在旧堰下游消力池及其上下游部位充填砾石，用简单的松散填石缓坡结构代替原来的跌水拦河堰，缓坡的纵坡降小于 1∶20。在填充的砾石中，间隔布置大蛮石或蛮石槛，大蛮石直径 0.6～1.2 m，起消能和保持下游水深作用。缓坡结构下游需延长 3～5 m 作为缓冲区与河床连接。为保证结构稳定性，缓坡结构堰顶、缓坡结构与河床衔接处，用钢板桩或型钢、圆钢等构件加固。缓坡结构上游的填石用黏土灌浆以提高抗渗性，防止渗流破坏。填石与地基接触部位铺设土工布。

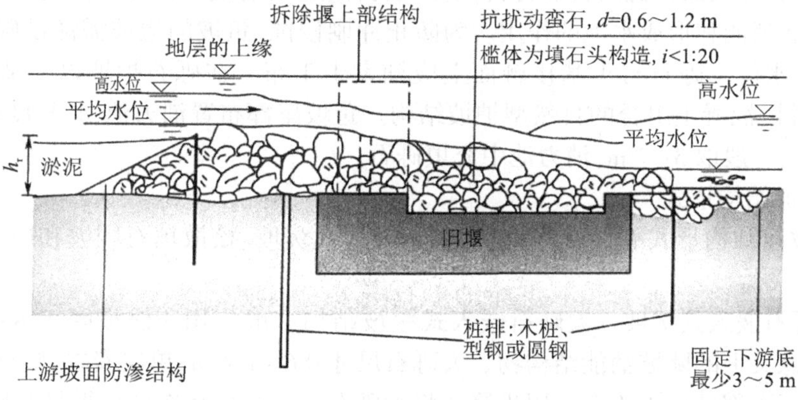

图 4.4-28　跌水拦河堰改造成砾石缓坡

3）鱼坡

鱼坡布置在流量较大的河岸一侧，占据原有堰坝的部分位置。在鱼坡与原有堰坝之间，布置起隔离作用的导墙；也可以在鱼坡与原有堰坝衔接处，布置横向砾石缓坡起高差过渡作用，同时防止出现死角产生漩涡。鱼坡上游端可以设置调节闸门，主要用于汛期控制洪水下泄，防止冲毁鱼坡，也防止流量过大导致流速超过洄游鱼类的极限流速。鱼坡下游段尽可能向河道下游延伸，使鱼类尽早探测到感应流速。鱼坡示意如图 4.4-29 所示。

1—溢流堰或闸;2—鱼坡。

图 4.4-29　仿自然鱼坡示意

(1)一般要求。

鱼坡的一般性设计参数:平均水深 $h=30\sim40$ cm;纵坡降 $i<1:20\sim1:30$;最大流速$v_{max}=1.6\sim2.0$ m/s。

采用砾石等表面粗糙的自然材料,沿鱼坡斜面连续铺设。在砾石群间隔布置大砾石或砾石槛,起消能和形成水池的作用。为防止冲刷侵蚀,鱼坡的边坡需铺设砾石,其高度应超过最高水位。砾石与土基接触面上应铺设土工布。在砾石护坡以上部位,采用植物-天然材料-混凝土组合的自然型护坡结构。鱼坡尾部布置消力池,其长度视单宽流量和流速确定,一般取 3~7 m,消力池中充填砾石。

(2)坡面结构形式。

鱼坡坡面结构形式有 3 种类型:大砾石嵌入式缓坡、松散填石缓坡和嵌入式砾石槛缓坡。

①大砾石嵌入式缓坡。大砾石嵌入式缓坡结构一般应用于纵坡降 1:8~1:10 的陡坡,是传统意义上的陡坡消能结构物。大砾石尺寸 0.6~1.2 m,单层安置,竖放,下部为碎石垫层,垫层下部铺设土工布。用坐浆法将大砾石固定并相互连接。所谓坐浆法,是指在下部垫层混凝土凝固之前,将大砾石嵌入固定的工法。在斜坡下游用钢板桩、夯入式钢梁、钢轨等横向连续构件固定大砾石,防止滑动或被冲刷。斜坡下游布置消力池,其长度视单宽流量和流速确定,一般取 3~7 m。用开挖方法构筑消力池,消力池中充填砾石。

②松散填石缓坡。松散填石缓坡结构是由多层砾石沿斜坡铺设构成,填石厚度为最大砾石尺寸的 2 倍以上。在填石层中,间隔布置大砾石,大砾石顶部高出平均水位。其作用一是在枯水时仍然保持一定水深,二是提高消能效果。斜坡下游与河床衔接可布置消力塘,消力塘长度视单宽流量和流速确定,一般取水深的 7~10 倍。如果河道侵蚀作用不强,斜坡下游可用填石延线与河床衔接。斜坡尾部布置桩排固定填石。在横断面上,填石要全断面铺装,即从河床底延长铺设到岸坡或堤防高水位线处。岸坡或堤防高水位线以

上部位,应配置植物,既可固土防冲,又可遮阴及提供隐蔽场所。

③嵌入式砾石槛缓坡。嵌入式砾石槛缓坡由砾石及大砾石构筑的砾石槛组成,大砾石直径为 0.6~1.2 m。砾石槛沿斜坡间隔布置,形成阶梯式缓坡。砾石槛间距以不超过水位差 20 cm 为原则确定。在平面上,砾石槛呈"人"字形,使砾石间紧密咬合,以提高砾石槛稳定性,还可增大过水前沿长度。在砾石槛斜坡尾部,构筑体积更大的砾石槛与河床平坦段衔接。

针对岩基和粗砾石地基,为加固砾石槛阶梯式缓坡,需加大大型砾石的嵌入深度,有的深度可达到 2.5 m,同时还用钢板桩或其他构件固定。针对沙质地基,需铺设碎石垫层,可以采用坐浆法嵌入大砾石。

4)水力学计算

旁路水道、砾石缓坡、鱼坡等均属于仿自然型鱼道,需要进行相关的水力学计算。

(1)流量计算。

运行流量 Q 定义为:保证鱼道正常运行的流量或流量范围,年内大部分时间鱼道都能保持运行流量。在运行流量范围内设计鱼道,必须满足溯河洄游鱼类需要的水深,且不超过允许流速。

临界流量定义为:在某频率下的洪水流量,鱼道设计洪水频率与项目的水工建筑物设计洪水频率标准一致。依据临界流量复核鱼道结构安全性。遇到有临界流量发生时,鱼道靠调节进口闸门进行控制。在发生临界流量状况下,无须考虑洄游要求。

明渠的平均流速 v_m 根据达西公式计算:

$$v_m = \frac{1}{\sqrt{\lambda}}\sqrt{8gRi}$$

$$R = \frac{A}{\chi}$$

式中:A 为过水断面面积;χ 为湿周;i 为坡度;R 为水力学半径;λ 为阻力系数。

(2)嵌入大砾石渠道的阻力系数 λ。

无论是嵌入大块砾石的旁路水道还是鱼坡,其总阻力系数 λ 应包含两部分,即底部粗糙表面的阻力系数 λ_0 和嵌入大砾石阻力系数 λ_s。总阻力系数 λ 参照下式计算:

$$\lambda = \frac{\lambda_s + \lambda_0(1 - \varepsilon_0)}{1 - \varepsilon_V}$$

式中:ε_V 为容积比,即大砾石浸没体积与总体积之比;ε_0 为面积比,即大砾石表面积与底面积之比。

$$\lambda_s = 4C_w \sum A_s/A_b$$

式中:C_w 为形状阻尼系数,$C_w \approx 1.5$;A_s 为大砾石浸湿面积,$A_s = d_s \times h^*$,d_s 为砾石直径,对 h^* 而言,若水仅环绕砾石流动,则 h^* 等于平均水深 h_m,若砾石完全浸没,则 h^* 等于砾石高度 h_s;A_b 为基底总面积。

底部的阻尼系数 λ_0 可由总横断面的水力半径 R 大致确定。与大砾石的阻力系数相比,底部的阻尼系数很小。

4.4.3.4 河滨缓冲带建设

河滨缓冲带是指陆地生态系统与河流水域生态系统之间的连接带和过渡区,包括从河湖多年平均最低水位线向陆域延伸一定距离的空间范围,其主要功能是隔离人为干扰对河湖负面影响、保护河湖生物多样性、减少面源污染。

从流域管理角度出发,可以把河滨带视为河滨缓冲带。与宽阔的河漫滩不同,缓冲带是沿河道的狭窄条带。因为直接涉及河流水质问题,所以人们更注重对缓冲带的管理和改善。缓冲带的结构一般为岸边草地与乔木、灌木相结合的形式,并根据岸带的不同类型与功能,在具体设计上,采用不同的形式。

1.缓冲带功能

缓冲带具有以下重要生态功能:

(1)过滤和净化水质功能。缓冲带植被通过过滤、渗透、吸收、滞留、沉淀等作用使流入河道的城镇污水和农田排水的污染物毒性减弱。研究表明,缓冲带植被平均污染物去除率约为:悬浮固体物,70%;重金属,20%~50%;营养盐,10%~30%。缓冲带生长的水生植物如菖蒲、芦苇、菰等植物,不仅能从水中吸收无机盐类营养物,吸附和富集重金属和其他有害物质,而且这些植物茎和根系还是以生物膜形式附着的大量微生物的良好介质,进一步提高了净化水体的功能。大量研究表明,河滨生态系统能够有效地减少地表水和地下水氮和磷的聚集。从机制分析,有 3 种生物过程可以去除氮:①植物摄取和储存;②微生物固定、储存土壤中的有机氮;③由微生物通过反硝化作用、硝化作用和氨化作用把氮转化为气态氮。图 4.4-30 显示缓冲带的水文过程、营养物质转化过程和营养负荷环境压力间的关系。

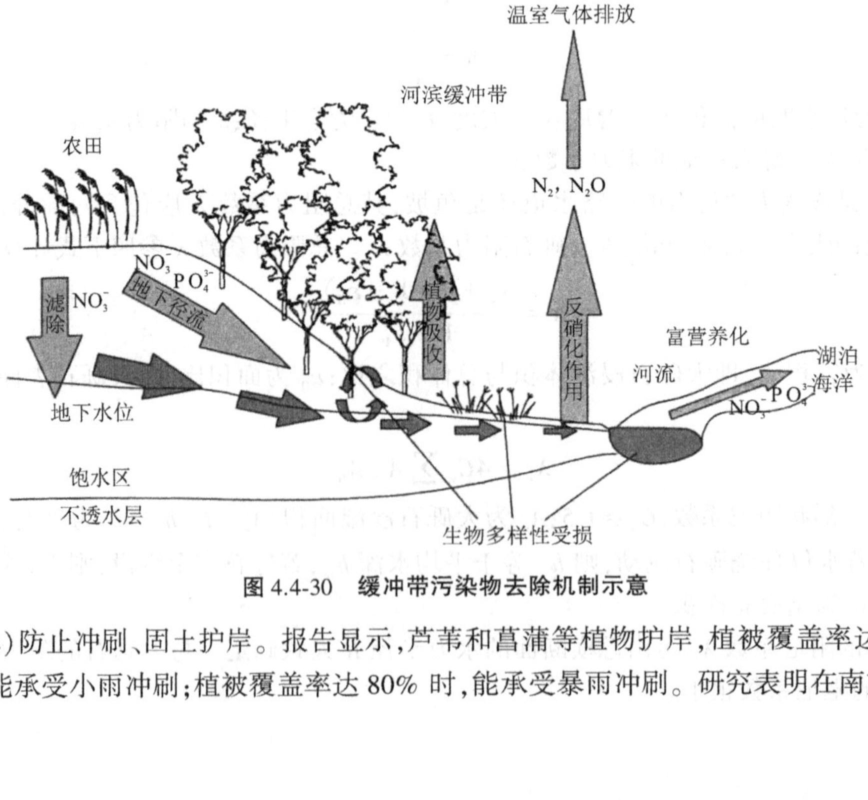

图 4.4-30 缓冲带污染物去除机制示意

(2)防止冲刷、固土护岸。报告显示,芦苇和菖蒲等植物护岸,植被覆盖率达 30% 以上时,能承受小雨冲刷;植被覆盖率达 80% 时,能承受暴雨冲刷。研究表明在南方湿润地区，河岸地表采取乔灌草植物措施覆盖一年后，无明显水土流失现象出现。由于植物群落根系密集、纵横交错地盘踞在土体中，能够增加土体的坚固和稳定性。根系吸收土壤水分，降低土壤孔隙压力，增强土壤颗粒间的黏聚力，提高土体的抗剪强度，抵御洪水、风力、船行波对岸坡造成的波浪冲刷，稳定河道边坡。例如，禾草、豆科植物和小灌木在地下0.75~1.5 m深处的根系有明显土壤加强作用，其根系的锚固作用可影响到地下更深的岩土层。而且根的直径越细，其提高抗拉强度的作用越大。

(3)树冠遮阴作用。河流两岸树冠的遮阴作用，是维系河道水生生物的重要因素。树冠遮阴作用能降低水温，保持河水中的溶解氧。如上所述，溶解氧是水生生物生存的基本条件之一，如果鱼类和其他水生生物长期暴露在DO浓度为2 mg/L或更低的条件下时则会死亡。此外，树冠遮阴作用可抑制河道大型水生植物的光合作用和代谢作用，有助于去除河道中茂密的大型水生植物。有报告显示，溪流表面遮阴率S_n与河道大型水生生物生物量B之间有明显的相关关系。遮阴率S_n定义为遮阴的水面光强度与无遮阴水面光强度之比。报告显示，采取适中的遮阴方案，将光强度减少一半，即$S_n \approx 0.5$是适宜的，对应的大型水生植物生物量(干重)$B \approx 300\ g/m^2$。另外，茂密树冠散落的残枝败叶、木质碎屑是水生生物的食物来源。

(4)调节功能和美学价值。河滨带植被具有调节局地气候功能。河滨带多样的植物群落和蜿蜒曲折的河岸环境，具有很高的美学价值，成为居民户外运动和休闲的理想场地，也是人们接近大自然的亲水空间。

2.岸带分类

河湖岸带可根据人为活动对河湖岸带干扰程度、河湖岸带土地利用方式、生态退化特征等因素，分为生态保护型与生态修复型两大类。其中，生态保护型河湖岸带指生态环境现状较好或无人为干扰或仅有轻度干扰的类型。生态修复型河湖岸带指由于受人为干扰，存在不同程度的生态退化，需要采取生态修复措施的类型。

1)生态保护型河岸带

(1)植被良好型。指土地利用类型为天然林地、草地和自然湿地等植被良好的河岸带。

(2)沙漠型。指河湖水体直接与沙漠、戈壁相邻的河岸带。

(3)岩石型。指从多年平均最高水位线向陆域延伸有自然存在的大片岩石区(一般宽度不小于10 m)的河岸带。

2)生态修复型河岸带

(1)堤防型。指具有防洪堤且堤顶高于陆域区域的河岸带。堤防具有防洪功能，一般短期内无法去除大堤、恢复原有地形地貌。根据堤防与河湖水位关系及可能采取的修复措施，可分为硬质堤防型和土质堤防型(见图4.4-31)。

(a)硬质堤防型

(b)土质堤防型

图 4.4-31　硬质堤防型及土质堤防型河岸带示意

(2)农田型。指土地利用类型为耕地或园地的河湖岸带(见图 4.4-32)。

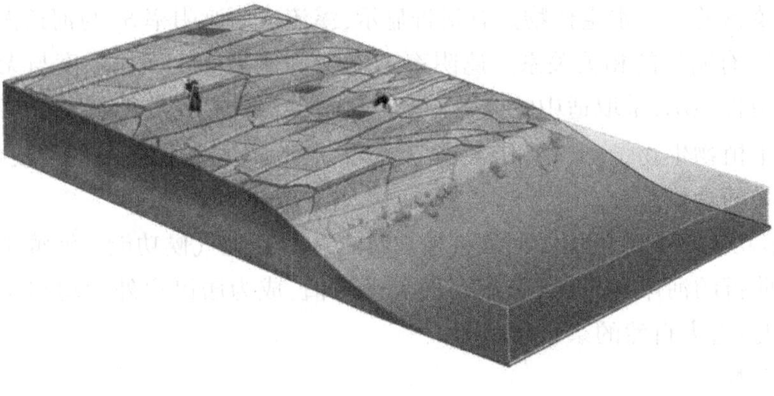

图 4.4-32　农田型河岸带示意

(3)村落型。指土地利用类型为农村住宅用地的河湖岸带(见图 4.4-33)。

图 4.4-33　村落型河岸带示意

(4)养殖塘型。指土地利用类型为水产养殖塘的河湖岸带(见图 4.4-34)。

图 4.4-34　养殖塘型河岸带示意

(5)城镇型。指土地利用类型为商服用地、工矿仓储用地、城镇住宅用地、公共管理与公共服务用地、交通运输用地(公路、道路)或其他建设用地的河岸带(见图 4.4-35)。

图 4.4-35　城镇型河岸带示意

(6)河口型。指有出入湖河流,且生态退化的湖岸带(见图 4.4-36)。

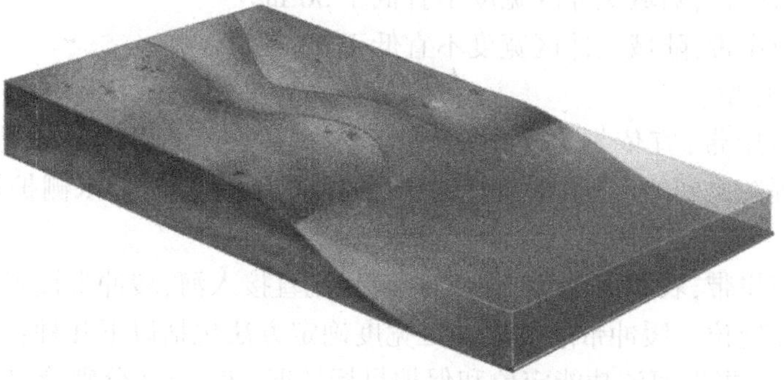

图 4.4-36　河口型河岸带示意

(7)复合型。指具有上述两种或者两种以上类型的河湖岸带。

3.缓冲带范围确定

河湖生态缓冲带由水位变幅区和陆域缓冲区两部分构成。水位变幅区是多年平均最低水位线和多年平均最高水位线之间的区域;陆域缓冲区是由多年平均最高水位线向陆域延伸一定范围的岸带空间,具体宽度根据河湖岸带类型确定。典型河湖生态缓冲带结构见图 4.4-37。

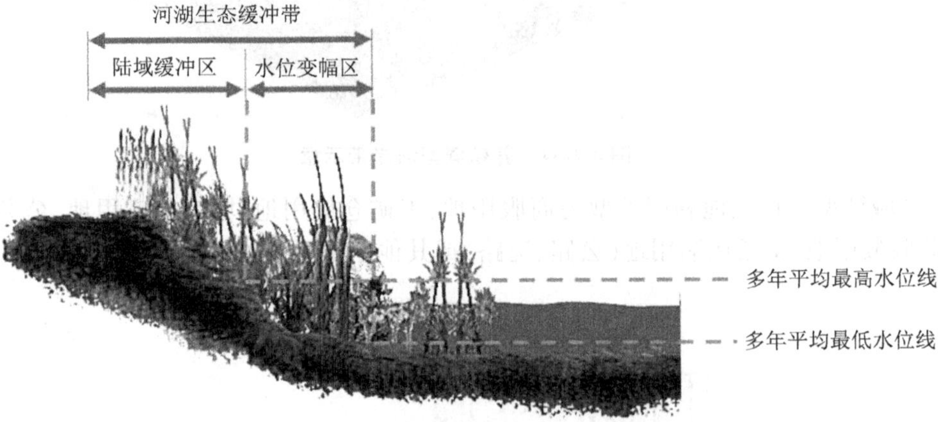

图 4.4-37　典型河湖生态缓冲带结构

多年平均最低水位线和多年平均最高水位线优先选用水文站资料进行判断,若无水文站资料,可采用近 20 年遥感数据进行反演判断。

河湖生态缓冲带的宽度指垂直河流方向的水平距离。

1)水位变幅区范围

水位变幅区是河流多年平均最低水位线和多年平均最高水位线之间的区域。

2)陆域缓冲区范围

(1)生态保护型。

①植被良好型河岸带,陆域缓冲区宽度不宜低于 30 m。河流沿岸具有天然湿地、水源涵养林、水土保持林的,宜全部划为缓冲带。

②沙漠型河岸带,陆域缓冲区宽度不宜低于 50 m。

③岩石型河岸带,陆域缓冲区宽度不宜低于 50 m。

(2)生态修复型。

①堤防型河岸带,宜依据《河道管理条例》和《堤防工程设计规范》(GB 50286—2013),将两岸堤防之间的沙洲、滩地、行洪区和堤防,以及堤防背水侧护堤的范围全部划为缓冲带。

②农田型河岸带,农业面源污染物随降雨径流直接入河,缓冲带设置以降低农业面源污染为主要功能定位。缓冲带陆域缓冲区宽度确定方法包括以下几种:

a.推荐值法。根据河流功能定位和保护目标情况,表 4.4-3 分别给出缓冲带陆域缓冲区最小宽度推荐值。参考表 4.4-3 推荐值确定陆域缓冲区宽度。推荐宽度值 1 适用于满足水功能区水质目标要求、无特殊生态环境保护目标的河流;推荐宽度值 2 适用于不满足水功能区水质目标要求或具有特殊水生态保护目标的河流，如涉及生态保护红线、鱼类"三场"及洄游通道、重要湿地等特殊保护区域。

表 4.4-3　农田型河岸带陆域缓冲区最小宽度推荐值

类型	坡度/%	推荐宽度值 1/m	推荐宽度值 2/m
农田型	1	25	45
	3.5	30	60
	9	35	80
	30	70	125

不同坡度条件下对应的陆域缓冲区宽度可按照表 4.4-3 给出的坡度值采用插值法计算。

若土壤类型为砂土，缓冲带陆域缓冲区宽度可在表 4.4-3 推荐值基础上适当降低。若土壤类型为黏土，陆域缓冲区宽度可在表 4.4-3 推荐值基础上适当增加。对于涉及基本农田（耕地红线）或其他原因导致缓冲带宽度无法达到推荐值的河段，可在因地制宜实施农田径流收集、强化处理等技术措施减少污染物入河量的基础上，适当降低陆域缓冲区宽度。

b.经验值法。具有农业面源污染特征研究基础的区域，可根据经验值或已开展的现场实测与分析，确定缓冲带陆域缓冲区宽度。

c.模型模拟法。应用数学模型如植被过滤带模型、河岸带生态系统管理模型等，综合考虑降雨强度、河岸带地形坡度、土壤类型、植被情况等因子，模拟计算得到陆域缓冲区宽度。

③村落型河岸带。

对于排水系统缺乏或不完善的村落型河岸带，缓冲带设置以降低面源污染为主。陆域缓冲区宽度确定方法同农田型河岸带，即采用推荐值法（见表 4.4-4）、经验值法或模型模拟法。

参考表 4.4-4 推荐值确定村落型河岸陆域缓冲区宽度，推荐宽度值 1 和推荐宽度值 2 适用情况同农田型河岸带。不同坡度条件下对应的陆域缓冲区宽度可按照表 4.4-4 给出的坡度值采用插值法计算。若土壤类型为砂土，陆域缓冲区宽度宜在表 4.4-4 推荐值基础上适当降低。若土壤类型为黏土，陆域缓冲区宽度可在表 4.4-4 推荐值基础上适当增加。

表 4.4-4　村落型河岸带陆域缓冲区最小宽度推荐值

类型	坡度/%	推荐宽度值 1/m	推荐宽度值 2/m
村落型	1	20	35
	3.5	25	45
	9	30	60
	30	70	120

对于排水系统完善的村落型河岸带，缓冲带设置以增加河流生态空间为主，降低生产、生活活动对河流的负面影响。陆域缓冲区宽度宜结合地方河道管理范围确定。未划定河道管理范围的河岸，陆域缓冲区宽度按照经验值确定，宽度不宜低于 15 m。

④养殖塘型河岸带，缓冲带陆域缓冲区宽度按农田型河岸带推荐值法（见表 4.4-3）确定。

⑤城镇型河岸带，缓冲带设置以提供河流生态空间为主，减少生产、生活活动对河流的负面影响。

城镇型河岸带，缓冲带宜综合考虑城市水系的整体性、协调性、安全性和功能性，依据《城市蓝线管理办法》和《城市水系规划规范（2016 年版）》（GB 50513—2009），将蓝线管理范围内区域划为缓冲带。

未划定城市蓝线的河段，可按照河道管理范围或滨河绿地规划范围确定缓冲带范围。

未划定城市蓝线、河道管理范围或滨河绿地规划的城镇型河岸带，缓冲带陆域缓冲区宽度按照经验值确定，宽度不宜低于 15 m。

⑥复合型河岸带，宜根据多年平均最高水位线向陆域延伸一定范围内（一般 500 m）面积占比最高的河岸带类型确定缓冲带宽度。

4.缓冲带保护修复目标与要点

1）保护修复目标

（1）缓冲带保护。

根据河湖岸带调查结果，科学评估并确定河湖生态缓冲带范围和保护目标，保证河湖自然岸线比例不降低、水生动植物物种数不减少、植被覆盖度和湿地面积等不降低。

（2）缓冲带修复。

缓冲带修复的总体目标是去除干扰因素，创造受损河湖岸带生态系统能够逐步自然恢复的生境条件，使退化的河湖岸带恢复到健康状态，并满足其主要生态服务功能。

可根据河湖主导功能和缓冲带类型，确定缓冲带修复的具体目标，细化生态修复技术指标，主要指标包括缓冲带修复长度和面积、河湖自然岸线比例、生态护岸增加长度等。

生物多样性保护修复指标主要包括植物物种数（种）、本土植物物种百分比、缓冲带植被覆盖度、植被平均生物量、生物多样性指数等。

2）保护修复要点

生态保护型缓冲带的生态环境现状较好、无人为干扰或仅有轻度干扰。确定缓冲带范围后，宜采取封育与自然恢复措施，避免和减少人为干扰。

（1）缓冲带保护。

对于河湖岸带自然植被现状良好的生态保护型河湖生态缓冲带，宜以保护、保持现状生态环境为主，不宜采取过多的人工干预措施。

（2）封育与自然恢复。

为实现生态保护型河湖生态缓冲带的保护和自然恢复，可参照《封山（沙）育林技术规程》（GB/T 15163—2018），采取全封育或半封育方式。

江河上游、水土流失严重地区以及生态脆弱、植被恢复较困难区域宜采用全封育方式；植被生长良好、林草覆盖度较大、受人畜活动影响较小区域宜采用半封育方式。

5.河滨缓冲带技术措施

生态修复型缓冲带,根据河流与河岸带现状问题,首先应去除干扰。对于农田、养殖塘等侵占岸线情况,应按确定的缓冲带范围有序退出,其他土地利用类型应根据实际情况尽量降低人为干扰对河流生态缓冲带生态功能的影响。进而按照河流生态缓冲带空间结构,从河流多年平均最低水位线至陆域范围实施生态修复,分区域可采用的修复措施主要包括以下几种:

(1)水位变幅区生态修复。范围为河流多年平均最高、最低水位线之间区域,主要修复措施包括基底修复、水生植物群落修复与生境营造。

(2)陆域缓冲区生态修复。范围为河流多年平均最高水位线以上陆域区域,主要修复措施包括基底修复、植物群落构建与物种配置。

另外,对有护岸需求的河岸带,应选择生态型护岸。

缓冲带功能强化措施主要包括湿地、生态拦截沟、绿篱隔离带、下凹式绿地、生态塘及生物滞留带等措施或组合技术措施,达到拦截初期雨水及阻控面源污染物的功能,提高缓冲带水质净化效果。

1)水位变幅区生态修复

水位变幅区生态修复应注意保持变幅区内高低起伏的自然形态,对被束窄的河道宜尽量退还河流生态空间,恢复河滩地;对已硬化的堤脚可采用抛石、石笼等方法营造河滩。

水位变幅区生态修复主要包括基底修复、植物群落修复和生境营造。

(1)基底修复。

基底底质物理化学特性调整改造包括淤泥清除、污染底泥覆盖及部分换土等,以满足水生生物生长、繁殖与栖息要求。

参照《湖泊河流环保疏浚工程技术指南(试行)》进行基底调查评估,根据调查评估结果,对于含有污染底泥、重金属、有毒有害垃圾等污染物的基底,应进行生态疏浚、改造或修复,对疏浚底泥妥善处置与资源化利用,防止二次污染环境。常用的基底修复方法包括生态疏浚、底泥掩蔽、底泥磷固定、垃圾清理及土壤换填等。挺水植物恢复区为增强生境多样性,可适当清理污染底泥及腐殖质堆积区,或采取覆盖、部分换土的方法进行土质调整;沉水植物恢复区应根据情况适当清除淤泥,加强植物根系固着能力。

(2)植物群落修复。

水位变幅区植物群落修复主要针对由于乱挖、乱占等生产建设活动导致植物群落被破坏的河滩地。应结合地形、水文条件等,在遵循本地物种优先、保护当地特有生境、提高生物多样性等基本原则的基础上,注重植物的生态习性、空间配置和时间配置,可重点种植常绿植物,提高滩地植物的拦截净化功能,改善河岸生态景观效果。

植物群落修复宜遵循生态系统自身的演替规律,构建生物群落和生态系统结构,实现植被的自然演替。水位变幅区植物群落修复应基于河滩地的水流条件,确保植物群落修复后的稳定性。水位变幅区植被修复范围为设计高、低水位之间的岸边水域,一般保证有3~5 m的宽度范围。植被修复种类主要包括水生维管束植物(沉水植物、浮叶植物、挺水植物)。河道有行洪排涝需求时,不宜种植沉水植物、浮叶植物和大型木本植物。

通过人工措施或辅助措施,配置沉水植物群落形成水下森林。水下森林主要用于深度净化水体,直接快速地对水体中污染物进行吸收同化,削减氮磷等营养物质,改善水体溶解氧,抑制藻类生长,促进河道自净能力,改善内部循环。若目标水体浊度高,需在前期辅以措施降低浊度,改善水体透明度,以满足沉水植物生长所需光照等条件。此外,应考虑草食性动物(如草鱼等)对沉水植物的破坏影响。

合理规划水生植物种植。水生植物种植的最佳时间一般是春季或者初夏,设计时应考虑各种配置植物的物候期和繁殖特征。

水生植物种植要点见表4.4-5,修复示意见图4.4-38。

表4.4-5　水生植物种植要点

类型	技术要点	适用条件	限制要素
挺水植物	采用扦插、籽播方式种植,种植密度根据不同种类控制在10~25株/m²	配置在水位变动带或浅水处,多数植物种植水深以0~0.4 m为宜	具有较强无性繁殖能力物种宜采取定植措施加以控制
浮叶植物	采用扦插、穴埋方式种植,种植密度根据不同种类控制在1~10株/m²	配置在水深0.5~1.5 m的静水或缓流水域	易蔓延物种宜采取定植措施加以控制
沉水植物	采用扦插、籽播或芽体定投方式种植,种植密度根据不同种类控制在15~35丛/m²	配置在水深不低于0.5~2.5 m的静水或缓流水域	水体透明度较低、流速较快、水深较浅时不宜配置

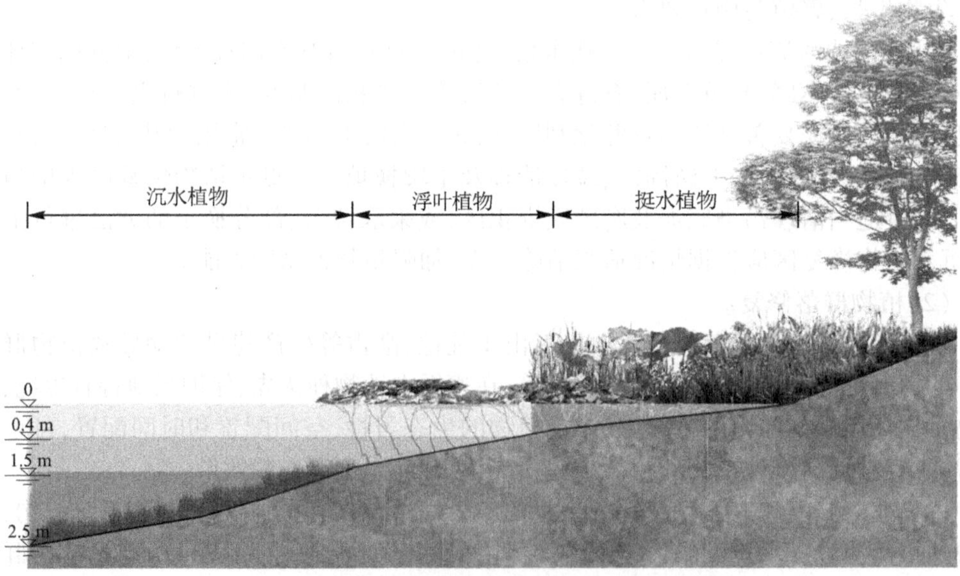

图4.4-38　水位变幅区水生植物群落修复示意

水位变幅区植被修复可与表流湿地或生态塘构建相结合,实现最佳的污染物削减效果。

水位变幅区植物应考虑河道及漫滩行洪要求，避免野生的乔灌木影响行洪效果，每年定期开展乔灌木清除。

(3)生境营造。

基于生物群落修复，创造两栖类、鸟类等动物栖息环境，增加植物种类多样性，形成小型生态系统，在必要的情况下通过人工手段加以保护，营造动物栖息地封闭区域，如利用树木或不规则石块等制造鱼类繁殖场所；使用木桩、铺草、抛石或沉石等模拟自然状态，并增设人工渔礁，优化其生存环境。应注意保护水位变幅区与河岸带结构的完整性，促进浅滩与边滩的发育，保护沙洲景观，保护水生生物的栖息环境。基于湿地现状，根据水生动植物对生境要求的差异，通过保障水源、营造鸟岛及涵养水生植物等措施，形成丰富的湿地环境，构建湿地保护空间。

对受人为活动影响大、栖息地结构单一的城市河流，在条件允许时，构筑必要的滩、洲、湿地或砾石群等，提升河道的生境多样性。宜适度形成深浅交替的浅滩和深潭序列，构建急流、缓流和滩槽等丰富多样的水流条件及多样化的生境条件。浅滩和深潭的设计包括断面宽度、位置、占河流栖息地百分比及河床底质的确定等。浅滩和深潭可结合小型结构物(导流装置、生态潜坝)、河床抛石(面积不超过河底面积 1%～3%，直径不小于 0.3 m)、人工鱼巢等设计。水位变幅区河滩地中构建的过水区域(深潭、浅滩等)应注意对流量、流速和泥沙淤积的管理，可参考《河湖生态系统保护与修复工程技术导则》(SL/T 800—2020)。

针对地势较为平坦、受人类干扰破坏较为强烈的平原区河流，可通过抛石、丁坝等营造河流丰富的流态。针对海拔高、河流坡降大、水流速度快的山区河流，宜利用河流地貌自然结构营造生境，结合高坡降、垂直侵蚀大的河道特点构建人工阶梯-深潭等生境。

2)陆域缓冲区生态修复

陆域缓冲区生态修复重点构建乔木-灌木-草本植被带，生态修复内容主要包括基底修复、植物群落构建和物种配置。

(1)基底修复。

陆域缓冲区基底地形地貌改造应衔接汇水区域地形，使得径流均匀流入缓冲带区域。在总体坡度控制条件下，允许河岸带的地势起伏及小洼地存在。

基底地形地貌改造主要包括侵占物拆除、地形平整和重建。拆除侵占河流生态缓冲带的构筑物后，根据植被恢复要求，因地制宜对地形进行整理，一般无须调整底质的物理化学特性。

(2)植物群落构建。

植物的选取应遵循自然规律，尽量选择本地优势物种，慎重引进外来植物品种，且宜选择对氮磷等污染物去除能力较强、用途广泛、经济价值较高、观赏性强的物种；同时应考虑常绿树种与落叶树种混交、深根系植物和浅根系植物搭配、乔灌草相结合等。植物搭配可采用乔木+灌木+草本、乔木+草本、灌木+草本配置方式。

乔灌草植被区域一般分为邻水区、中间过渡区和近陆区(见图 4.4-39)。邻水区位于河流水陆交错区，以乔木林带为主，可保护堤岸、去除污染物并为野生动物提供栖息地，宽度一般不低于 5 m；中间过渡区以乔灌木树种为主，可减少河岸侵蚀、截留泥沙、吸收滞纳营养物质、增加野生动物栖息地，宽度一般不低于 15 m；近陆区位于外侧远离河岸的区域，主要以草类植物为主，可穿插配置灌木，用于阻滞地表径流中的颗粒物，吸收氮磷、降解农药等污染物，宽度一般不低于 6 m。

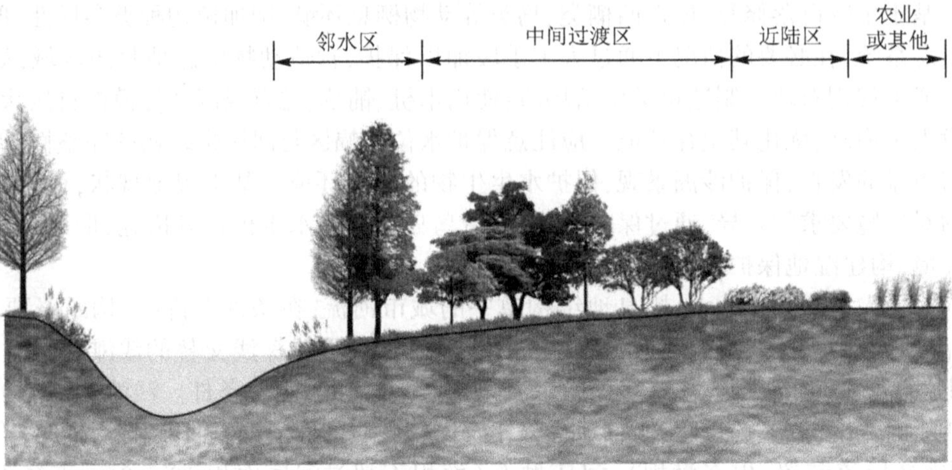

图 4.4-39　陆域缓冲区乔灌草植被区构建示意

地表径流进入生态缓冲带前，可通过设置草障分散径流。草障宜选取茎秆较硬的草本植物，平行于缓冲带种植，起到屏障减缓和蓄集径流，促进径流中颗粒物的入渗和沉积的作用。

(3)物种配置。

树(草)种选择。选择根系发达、耐水湿、固持土壤、培肥改土能力强的植物种类。不同区域的选择如下：邻水区选择根系发达、生长量大、固土力强、耐水湿水淹的乔灌树种；中间过渡区选择根量多、根系分布广、改良土壤作用强，生长量大、生长稳定、抗逆性强的乔灌树种和草本植物；近陆区选择根系发达、生长旺盛、固土力强、氮磷营养物质吸收能力强的草本植物。

自然乔草带修复，宜注重与现有植被物种的融合，采用小片区种植方式，细化植物种类和布局，在乔草带内铺设透水铺装，满足群众休闲娱乐需求；灌草带以彩叶灌木、花灌木为主，采用孤植、丛植和行列栽植。植物选用根系发达、冠幅大、防风保水能力强的乔木树种，以达到稳固河岸、减少泥沙和污染物入河的目的。

灌草带可以缩窄其设计宽度，为乔草带保留更多空间，防治水土流失。村落和农田地区缓冲带内乔草带修复宜根据地区偏远程度选择，远离农村的地区，可种植根系发达、冠幅大、防风保水能力强的乔木树种。

植被物种选择可参考《裸露坡面植被恢复技术规范》(GB/T 38360—2019)，华北地区可参考《华北地区河溪植被缓冲带建设技术规程》(LY/T 2639—2016)。

此外，对于具有硬质护岸的河床和河道，在满足防洪安全的前提下，宜依据场地条件、泥沙冲淤分析开展生态护岸修复改造，恢复河流自净能力与生态功能。护岸带主要是通过水生植物和湿生植物的合理构建来实现的。

典型河岸带生态护岸示意见图 4.4-40。

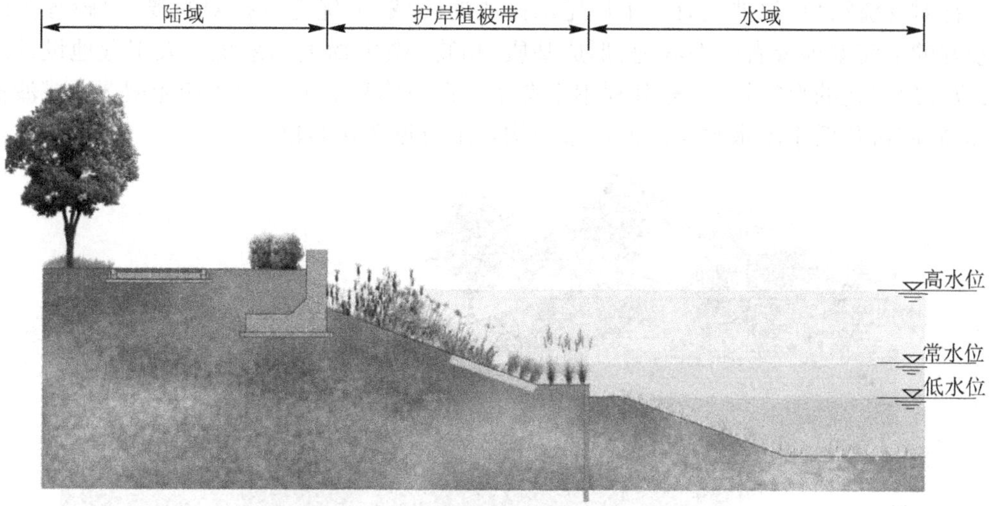

图 4.4-40　典型河岸带生态护岸示意

3) 河滨缓冲带功能强化措施

(1) 河流湿地。

人工湿地一般由基质和生长在其上的水生植物组成，利用湿地中填料、水生植物和微生物之间的相互作用，通过一系列物理、化学及生物过程实现对污水的净化。污水处理厂尾水湿地建设可参照《人工湿地水质净化技术指南》，尾水湿地构建示意见图 4.4-41。湿地选址及布置要求应充分结合河流水文、地质条件，选择面积适宜、对河道流态影响较小的区域布置湿地设施，避免因选址不当导致的湿地裂损、倒灌、排水不畅等问题。应选择便于施工、维护和管理的位置布置设施。根据河流生态缓冲带的空间位置及结构形态，污染负荷削减需求等因素，选择适合的工艺组合。湿地出水水质原则上应达到受纳水体水生态环境保护目标要求。

图 4.4-41　尾水湿地构建示意

针对支流河口、汊港或有污水厂尾水排放的区域,可优先选择对总氮、总磷等去除效果较好的潜流湿地或者生态滤池,形成基质-植物-微生物生态系统。人工湿地设计过程中,应突出湿地的自然特点,充分利用生态系统自我修复能力。注意功能型湿地或滤池表面标高,应避免低于洪水水位。河口湿地构建示意见图 4.4-42。

图 4.4-42　河口湿地构建示意

城市湿地的构建应注重城市生态景观,充分利用河道景观、公园、水塘及公路两侧排水沟,构建浅水旁路湿地(见图 4.4-43)。水深一般不超过 0.5 m,最深不超过 1.5 m,利用自然跌水富氧,低成本运行。当人工湿地的进水负荷较高时,宜结合海绵城市建设,尽量降低进水负荷。

图 4.4-43　浅水旁路湿地构建示意

(2)生态拦截沟。

生态拦截沟一般指种有植被的地表沟渠,用于拦截降雨后初期径流污染。生态沟渠建设应综合考虑区域特性、经济发展水平、气象水文条件、土壤地形、地下水埋深及种养结构等方面的实际情况。

生态拦截沟的建设鼓励利用原有排水沟渠进行改造和提升，适用于城市滨河道路两侧、公园绿地等区域，作为生物滞留设施、湿塘等低影响开发设施的预处理设施，衔接河流、绿地和城市雨水管渠系统等；也可作为雨水后续处理的预处理措施，与其他径流污染控制措施（渗透设施、生物滞留带等）联合使用，与不透水区域或其他处置措施自然连接。

生态拦截沟适用于小流量径流，设计降雨量一般为 8～10 mm。停留时间一般不小于 9 min，植物高度一般为 100～150 mm。根据土壤类型，其最大流速不能超过 0.8 m/s，流速过大将冲倒植被并降低过滤性能。当浅沟有渗透设计时，要求最高地下水位至少 1 m。生态拦截沟断面常见形式有三角形、梯形（见图 4.4-44）和抛物线形（见图 4.4-45）。

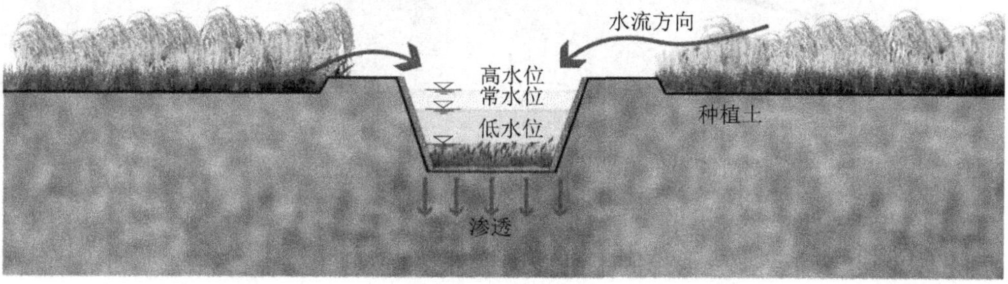

图 4.4-44　农田区生态拦截沟（梯形）构建示意

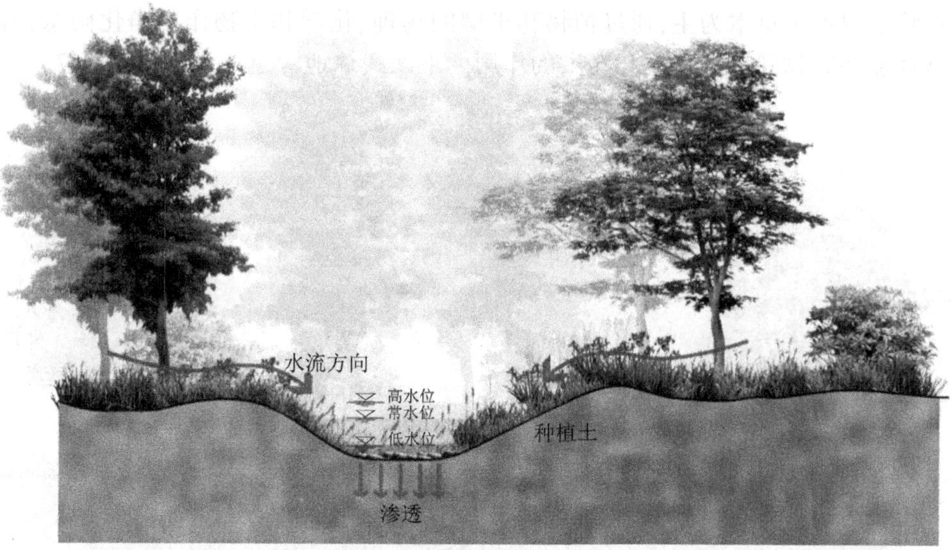

图 4.4-45　自然型生态拦截沟（抛物线形）构建示意

（3）绿篱隔离带。

城镇型河流生态缓冲带外围人类活动频繁，影响缓冲带生态功能，宜采用隔离性较好的绿篱植被。植被主要由小灌木构成，高度在 1.2～1.6 m，可降低人为活动干扰，并可在适当位置开掘，方便居民和游人休闲活动。

村落型河流生态缓冲带外围受人类和牲畜活动的影响，宜采用结构比较稳定、隔离性能较好的绿篱植被，植被主要由灌木或小乔木密植构成。绿篱隔离带构建示意见图 4.4-46。

图 4.4-46　绿篱隔离带构建示意

(4)下凹式绿地。

下凹式绿地是一种高程低于周围路面或地面标高、可积蓄下渗自身和周边雨水径流的绿地，利用开放空间承接和贮存雨水，达到减少径流外排的作用。与植被浅沟的“线状”相比，下凹式绿地能够承接更多的雨水，并且能够增加绿地的土壤肥力。下凹式绿地内部植物多以本土草本为主，通过植物和土壤的物理、化学和生物作用净化雨水径流，起到削减径流污染物及调节径流和滞洪的作用。下凹式绿地构建示意见图 4.4-47。

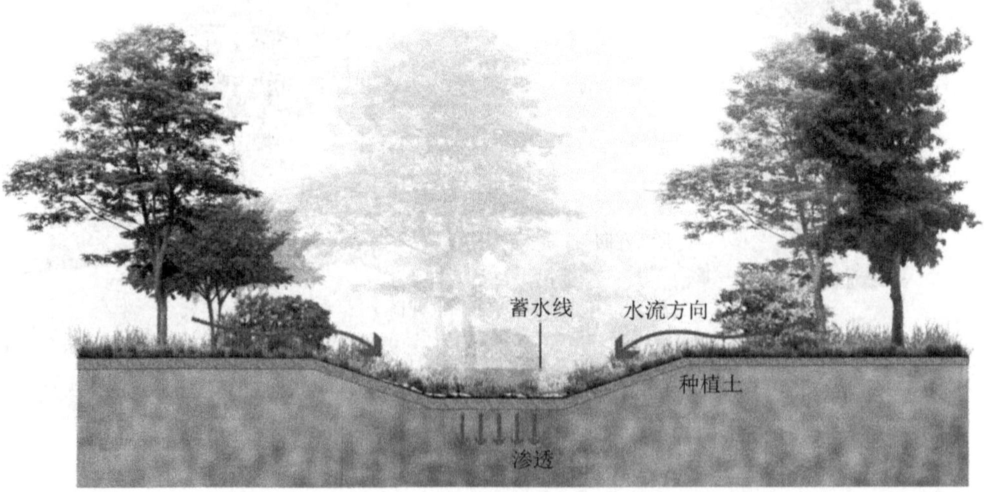

图 4.4-47　下凹式绿地构建示意

(5)生态塘。

生态塘是一种利用自然净化能力处理低污染水的生物处理设施，其对污水的净化过程与自然水体的自净过程相似。生态塘可利用天然的坑、塘，退出或废弃鱼塘、洼地等进行适当的人工修整，并设置围堤和防渗层，在塘中种植水生植物，投放鱼类、蟹类、贝类、螺类等土著水生动物，强化水生生物多样性，形成良性循环的水生态自净系统。通过净化塘中多条食物链对物质和能量的迁移、传递和转化，将污水中的有机污染物进行降解和转化。生态塘构建示意见图 4.4-48。

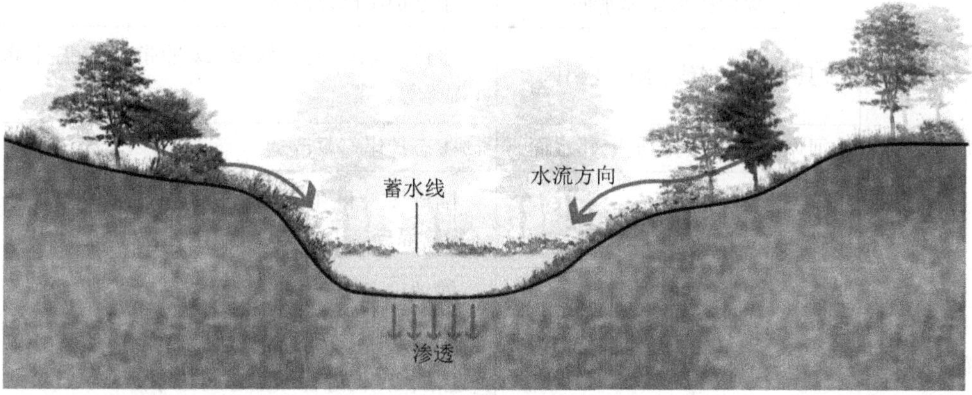

图 4.4-48　生态塘构建示意

(6)生物滞留带。

生物滞留带是一种具有地表径流滞蓄、净化作用的仿自然生态处置技术，主要由预处理设施、进口设施、蓄水层、植物、树皮覆盖层、种植土和填料层、砾石排水和溢流设施组成。通过填料、土壤、微生物和植物等物理、化学和生物作用处置雨水，利用植物截留和土壤渗滤净化雨水，有效减少径流中的悬浮固体颗粒和有机污染物，达到降低雨水径流的流速、削减洪峰流量、减少雨水外排等作用。生态滞留带构建示意见图 4.4-49。

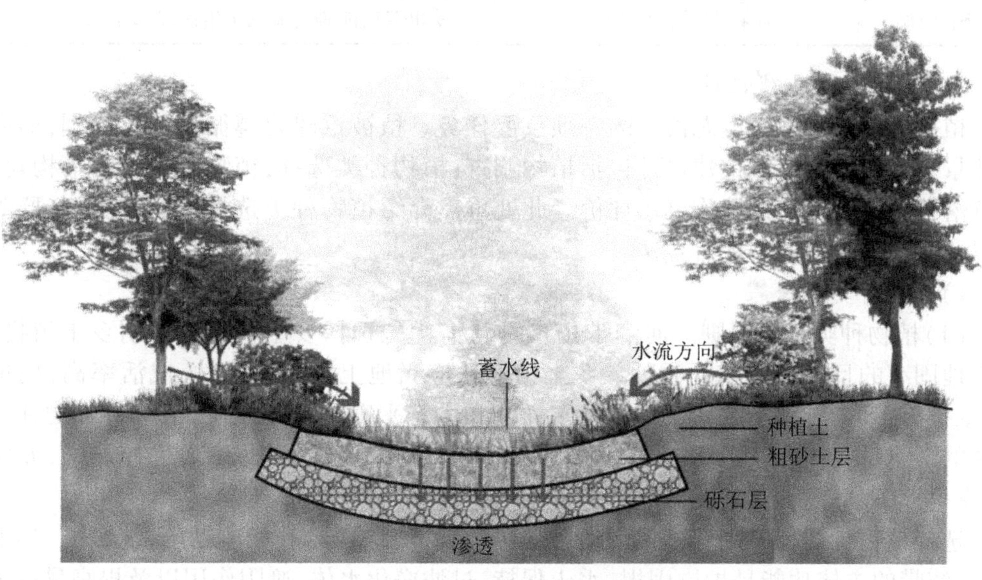

图 4.4-49　生态滞留带构建示意

(7)分类修复措施选择。

按照河岸带类型,采取的主要生态修复措施见表 4.4-6。

表 4.4-6　河滨缓冲带分类修复措施

河岸带类型	河岸带情况	主要修复措施
堤防型	堤内具有滩地	水位变幅区生态修复
	堤内护坡紧邻水面	生态护岸修复改造
城镇型	具有自然岸线、水位变幅区	水位变幅区生态修复、缓冲带功能强化修复(湿地等)
	河岸硬化,堤内护坡紧邻水面	生态护岸修复改造
	具有陆域缓冲带空间	陆域缓冲区生态修复、缓冲带功能强化修复(绿篱隔离带、下凹式绿地、生物滞留带等)
农田型	具有自然岸线、滩地	滩地生态修复
	存在农田面源污染	陆域缓冲区生态修复、缓冲带功能强化修复(生态拦截沟等梯级生态处理等)
	支流、汊港汇入	缓冲带功能强化修复(湿地等)
村落型	具有自然岸线、滩地	水位变幅区生态修复、缓冲带功能强化修复(湿地等)
	河岸硬化,堤内护坡紧邻水面	生态护岸修复改造
	存在村落面源污染	陆域缓冲区生态修复、缓冲带功能强化修复(绿篱隔离带、下凹式绿地、生物滞留带等)
养殖塘型	存在养殖面源污染	缓冲带功能强化修复(生态塘等)

6.河滨带植被重建设计

植被重建是河滨带生态修复的一项重要任务。植被重建要遵循自然化原则,形成近自然景观。河滨带植被重建设计包括植物调查;植物种类选择;植物配置与群落构建;植物群落营造以及河滨带植物群落评价。此处重点介绍植物种类选择、植物配置与群落构建以及河滨带植物群落评价方法。

1)植物种类选择

(1)植物种类选择原则。河滨带植被重建需优先选择乡土植物。所谓乡土植物,是指当地固有的且广泛分布的物种。乡土植物适应当地土壤气候条件,成活率高,病虫害少,维护成本低,有利于维持生物物种多样性和生态平衡。与此相反,某些外来物种具有超强的环境适应性和竞争力,加之缺乏天敌,使其得以蔓延生长,形成失控局面,如凤眼莲、喜旱莲子草等。所以,要优先选择乡土植物,慎重引进外来物种。

选择植物种类的原则是依据河滨带的主体功能,选择具有相应功能的植物。如上所述,河滨带的主体功能是护岸固堤、水土保持、过滤净化水体、遮阴作用以及提高景观美学价值。因此,要优先选择具有这些功能的植物。柳树自古就是我国河流岸坡广泛种植的植物,利用柳树活枝条固堤护岸是我国传统防洪技术。柳树具有耐水、喜水、成活率高的特点,其发育的根系固土作用显著,还为鱼类产卵、避难提供条件。柳枝顺应水流,护岸功能强。柳树品种繁多,适合在河流不同高程和不同部位生存。至于柳树婀娜多姿的形态更是河流自然景观的象征。几千年来,河边柳树成为诗词歌赋经久不衰的吟唱主题。"杨柳岸,晓风残月",体现了岸边柳树群落高度的美学价值。

针对不同恶劣环境,选择抗逆性强的植物,有利于植物成活生长。如平原河道,汛期退水缓慢,植物淹没时间较长,这就需要选择耐水淹的植物,如水杉、池杉等。山地丘陵区溪流水位暴涨暴落,土层薄且贫瘠,需选择耐贫瘠植物,如构树、盐肤木等。沿海地区河道土壤含盐量高,需选择耐盐性强的植物,如木麻黄、海滨木槿等。在北方风沙大的沙质河滨带,可选择具有防风固沙作用的沙棘、紫穗槐、白蜡等。在常水位以上的部位易受干旱影响,可选择耐旱植物如合欢、野桐等。

要区分河滨带植被重建与园林绿化的差别。前者以恢复河滨带生态系统结构与功能为目标,选择符合河滨带主体功能的植物物种,恢复自然景观。人们在自然化的河滨带休闲度假,获得亲近大自然的野趣。而后者以满足人们旅游休闲需求为目标,绿化美化环境,营造人工观赏景观,因而更多选择观赏性植物物种。

选择河滨带植物要遵循经济适用原则,注意选择当地容易获取种子和苗木、发芽力强、育苗容易、抗病虫害能力强、造价便宜的植物,以降低植物养护成本,争取达到种植初期少养护、植物生长期免养护的目标。

(2)植物选择应适应河道主体功能。河道具有行洪排涝、航运、灌溉供水、自然景观等多种功能。不同流域和地区的河流都具有多种功能,但是,一般有起主导作用的主体功能。因此,选择植物时,要优先选择适应河道主体功能的物种。

行洪排涝河道对植物的要求是不阻碍河道泄洪,抗冲性能好。这种河道汛期水流湍急,应防止植物阻流,造成植物连根拔起,导致岸坡坍塌、滑坡等。因此,应选择抗冲性强的中小型植物,而且植物茎秆、枝条具有一定柔韧性,例如选择低矮柳树、木芙蓉等。

航运河道的特点是行船产生船行波,船行波传播到岸坡时,波浪沿着岸坡爬升破碎,使岸坡受到较大的冲击。在船行波频繁作用下,岸坡受到淘刷会引起坍塌。在通航河道岸坡常水位以下,宜选择耐湿树种和水生草本植物,如池杉、水松、香蒲以及菖蒲等。利用植物消浪作用减少船行波对岸坡的直接冲击。

为保证灌溉供水河道满足《农田灌溉水质标准》(GB 5084—2021)规定,河滨带植物宜选择具有去除污染物能力的物种,如水葱、池杉、芦竹、薏苡等植物,利用其吸收、吸附和降解作用降低水体的污染物含量。

对生态景观河道,在满足固土护坡、降解污染物含量的基本要求前提下,可以选择观赏性较强的植物,增强自然景观效果。如木槿、乌桕、蓝果树、白杜、美人蕉等植物,既有固土护坡功能,又具观赏价值。其他物种如黄菖蒲、睡莲、荇菜等,可以选择用于构建优美的水景观。

(3)不同水位的植物选择。河流岸坡土壤含水率随水位变化呈现规律性变化。据此,应依据不同水位高程选择岸坡植物种类。从岸坡顶部(堤顶)向下共划分 3 个高程区间:①岸坡顶部(堤顶)至设计洪水位;②设计洪水位至常水位;③常水位以下区间。各区间植物类型分别为中生植物、湿生植物/湿生林、水生植物,其中水生植物又区分为沉水植物、浮叶植物和挺水植物,见图 4.4-50。

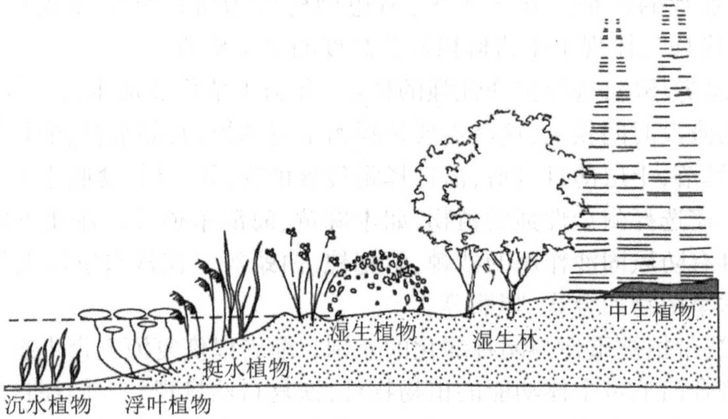

图 4.4-50 河滨带不同高程的植物类型

①堤顶至设计洪水位区间,是营造河道景观的重点。此区间内土壤含水率相对较低,夏季遇有旱情存在干旱威胁。配置的植物以中生植物为主,树种以当地能够自然形成片林景观的物种为主。选择的植物应既具景观效果又有一定耐旱能力,如樟树、栾树、冬青等。物种类型丰富多样,四季色彩变化多姿。

②设计洪水位至常水位区间,是固土护岸的重点部位。汛期岸坡受洪水侵蚀和冲刷,枯水季岸坡裸露,因此宜选择根系发达、抗冲能力强的物种,如低矮柳树、枫杨、荻、假俭草。需根据立地条件和气候特点设计植物群落。立地条件较好的地段可采用乔灌草结合方式,土壤条件较差的地段采用灌草结合方式。接近常水位线的部位以耐水湿生植物为主,上部选择中生植物但能短时间耐水淹。这一区间以多年生草本、灌木和中小型乔木为主。需要注意的是,为满足行洪要求,设计洪水位以下应避免种植阻碍行洪的高大乔木。有挡土墙的河岸,挡土墙附近不宜种植侧根粗大的乔木,以免破坏土体和结构物。

③常水位以下区间,主要配置水生植物,也可以适当种植耐淹的乔木,如池杉、水松等。这个区间是发挥植物净化水体功能的重点部位。沿河道常水位向河道内方向,依次配置挺水植物、浮叶植物、沉水植物。常水位以下,土壤含水率长期处于饱和状态。据此,宜选择具有良好净化功能的挺水植物,如芦苇、蒲草、荸荠、水芹、荷花、香蒲、慈姑等。挺水植物种类的株高需形成梯次,以营造良好的景观效果。浮叶植物有睡莲、王莲、菱、荇菜等。有景观建设要求的河道,可以种植观叶、观花植物,如黄菖蒲、水葱等。

在已经用混凝土硬化处理的岸坡和堤防迎水坡,在不能拆除的情况下,为减轻对景观的负面影响,可采用覆盖、隐蔽手法,如在岸坡顶部或堤顶种植中华常春藤、云南黄馨、紫藤等物种。这种方法对隐蔽垂直挡土墙护岸结构效果更为明显。

2) 植物配置与群落构建

构建健康的河滨带植物群落,是发挥植物生态功能的重要措施,为此需要进行河滨带植物群落设计。

（1）植物种类配置原则。

①乔灌草相结合原则。乔灌草相结合的复层结构既有草本植物速生、覆盖率高的优点，又能发挥灌木和乔木植株冠幅大、根系深的优势，综合发挥固土护坡、减轻污染负荷以及遮阴的作用，优势互补，相得益彰。

②物种互利共生原则。选择的植物应在空间和生态位上具有一定的差异性，避免种间激烈竞争，保证群落稳定。物种生态位既表现该物种与其他物种的联系，也反映了它们与环境相互作用的情况。河滨带植物群落构建，是依据生态位原理，把适宜的物种引入，填补空白生态位，使原有群落的生态位趋于饱和，这不仅可以抵抗病虫害和生物入侵，而且可以增强群落稳定性，增加物种多样性。河滨带选用的植物种类应在植物群落中具有亲和力，既不会被群落物种所抑制，也不会抑制其他植物种类的正常生长。

③常绿树种与落叶树种混交原则。常绿树种与落叶树种混交可以形成明显的季节变化，避免冬季河滨带色彩单调，提高河滨带景观美学价值。林下光环境的季节变化有利于提高林下生物多样性。

④深根系植物与浅根系植物相结合原则。这种结合可形成地下根系立体结构，不仅可以有效发挥植物固土护坡、水土保持功能，还能提高土层营养利用率。需要指出，应防止在堤防护坡种植主根粗壮植物，避免植物根部对堤防产生破坏。

（2）植物布置方式和种植密度。

河滨带植被重建，要坚持自然化原则，以自然状态河漫滩的植物群落为模板，营造近自然的植被景观。近自然植被构建不同于城市园林绿化，要避免植物种类单调，植物布置整齐划一以及修剪造型的人工造景方法。所谓近自然植被构建，是指选择以乡土植物为主体的植物种类，不同植物的合理配置、种植密度的稀疏都应仿照自然植被去布局。比如不同的乔木树种可采取株间或行间混交，灌木随机布置在乔木株间或行间，草本植物播撒在整个河滨带。

植物种植的株行、株距，因植物的大小不同而有所差异，也与立地条件密切相关。种植密度应略高于公园和道路，以便更快发挥固土护坡作用。一般来说，如按照规则布置，乔木林行距为（2 m×2 m）～（4 m×4 m），灌木株行距（1 m×1 m）～（2 m×2 m）。小型灌木的株行距可以适当减小。如按照近自然方法布置，主要控制种植密度。乔木种植密度一般不低于 600 株/hm^2，灌木一般不低于 1 800 株/hm^2。

3）河滨带植物群落评价

参照河流生态状况分级系统原理，构建河滨带植物群落评价指标体系。表 4.4-7 显示了建议的河滨带植物群落评价指标赋值矩阵。该系统分为要素层、指标层和等级层。生态层要素包括群落结构、生态效益、群落稳定性 3 项，生态要素层下设 9 项生态指标，其中群落结构要素下设群落层次、植被盖度、物种多样性 3 项指标；生态效益要素下设土壤侵蚀模数、污染物去除率、景观优美度 3 项指标；群落稳定性要素下设病害发生率、虫害发生率、植物保存率 3 项指标。在分级系统中，把理想植被生态状况定为“优”等级，把植被严重退化状况作为最坏状况，定为“劣”等级。在“优”与“劣”之间又划分“良”“中”和“差”3 级，形成“优”“良”“中”“差”“劣”5 级系统，分值范围 0～ 100 无量纲。定义“优”为 90～100，“良”为 80～90，“中”为 60～80，“差”为 40～60，“劣”为 40 以下。

表 4.4-7　河滨带植物群落评价指标赋值矩阵

要素层			群落结构			生态效益			群落稳定性		
要素层编号			m			n			k		
指标层			群落层次	植被盖度	物种多样性	土壤侵蚀模数	污染物去除率	景观优美度	病害发生率	虫害发生率	植物保存率
指标			a_m	b_m	c_m	d_n	e_n	f_n	g_k	h_k	i_k
等级层	优	1	a_{m1}	b_{m1}	c_{m1}	d_{n1}	e_{n1}	f_{n1}	g_{k1}	h_{k1}	i_{k1}
	良	2	a_{m2}	b_{m2}	c_{m2}	d_{n2}	e_{n2}	f_{n2}	g_{k2}	h_{k2}	i_{k2}
	中	3	a_{m3}	b_{m3}	c_{m3}	d_{n3}	e_{n3}	f_{n3}	g_{k3}	h_{k3}	i_{k3}
	差	4	a_{m4}	b_{m4}	c_{m4}	d_{n4}	e_{n4}	f_{n4}	g_{k4}	h_{k4}	i_{k4}
	劣	5	a_{m5}	b_{m5}	c_{m5}	d_{n5}	e_{n5}	f_{n5}	g_{k5}	h_{k5}	i_{k5}

采用矩阵下标表示法构造指标矩阵。表 4.4-7 中的 9 项指标分别用 a、b、c、d、e、f、g、h、i 表示。下标的标注方法如下：规定第一个下标表示要素层，令群落结构、生态效益、群落稳定性等 3 类要素层的下标编号分别为 m、n、k。规定第二个下标表示等级层，令等级层的“优”“良”“中”“差”“劣”的下标编号分别为 1、2、3、4、5。举例：指标 b_{m2} 为植被盖度指标，第 1 个下标 m 表示属群落结构要素类；第 2 个下标为 2，表示属于“良”等级。可见指标 b_{m2} 表示群落结构要素类，植被盖度指标，等级为良。

指标赋值准则如下：

(1) 群落层次 a_m。具有乔灌草的复层植物结构分值取 80~100；仅有乔灌或灌草结构分值取 60~80；仅有灌木或草本分值取 60 以下。

(2) 植被盖度 b_m。植被盖度 80%以上分值取 90~100；盖度 60%~80%分值取 80~90；盖度 40%~60%分值取 60~80；盖度 30%~40%分值取 40~60；盖度低于 30%分值取 0。

(3) 物种多样性 c_m。采用 Shannon 多样性指数公式：

$$H = -\sum_{i=1}^{s}\left(\frac{n_i}{N}\right)\ln\left(\frac{n_i}{N}\right)$$

式中：n_i 为 i 种的个体数；N 为群落的总个体数；s 为总种数。

当 $H>2.0$ 时，物种多样性 c_m 分值取 100；当 $H=1.0\sim2.0$ 时，c_m 分值取 80~100；当 $H=0.5\sim1.0$ 时，c_m 分值取 60~80；当 $H=0.2\sim0.5$ 时，c_m 分值取 20~60；当 $H<0.2$ 时，c_m 分值取 0。

(4) 土壤侵蚀模数 d_n。当土壤侵蚀模数为 1 500 t/(km^2 · a) 时，分值取 0；当土壤侵蚀模数为 0 时，分值取 100。用内插法确定其他分值。

(5) 污染物去除率 e_n。用下式计算：

$$e_n = \frac{n + p}{2\%}$$

式中：n 为 TN 去除率(%)；p 为 TP 去除率(%)。

当 $e_n>30\%$ 时，分值取 100；当 $e_n=0$ 时，分值取 0；其余按内插法取值。

(6) 景观优美度 f_n。靠定性判断，景观非常优美分值取 90~100，景观优美分值取 80~

90，景观一般分值取 60~80，景观差分值取 40~60，景观很差分值取 40 以下。

(7)病害发生率 g_k。植物病害发生面积占全部面积的比例，此指标为逆指标。当植物无病害时分值取 100；当植物病害发生率大于 10%时分值取 0；其余用内插法确定。

(8)虫害发生率 h_k。植物虫害发生面积占全部面积的比例，此指标为逆指标。当植物无虫害时分值取 100；当植物虫害发生率大于 10%时分值取 0；其余用内插法确定。

(9)植物保存率 i_k。植物保存率 100%时分值取 100；植物保存率小于 60%分值取 0；其余用内插法确定。

计算出指标分值后，在每一要素层内计算指标算术平均值，据此评判各要素的等级。然后计算 3 类要素层指标算术平均值，据此评判河滨带植物群落评价等级。

4.5　水文化先进技术体系

4.5.1　构建思路

河流孕育了人类物质文明和精神文明，在世界文明的起源、传播与发展中起着决定性作用。社会生产力的发展与河流联系紧密，河流的开发治理也对人类的精神文化发展产生了深远的影响。作为文化领域的一个重要组成部分，先进水文化构建逐渐发展成为我国甚至世界都关注的热门话题，是体现文化之河的表征。充分挖掘和传承水文化的幸福河是我国新时期江河治理的新导向、新目标、新要求。传播水文化，弘扬水文化，不仅是推动社会主义文化的大繁荣大发展，建设美丽中国的需要，也是提高水利部门行政管理能力和社会公共服务能力，贯彻落实科学发展观、建设社会主义和谐社会及实现中华民族永续发展的需要。

我国水文化博大精深，源远流长，是中华文化和民族精神的重要组成部分，是各族人民在漫长的历史长河中形成的关于利用水、治理水、爱护水、认识水、欣赏水的物质和精神财富的总和，也是推动社会进步的思想源泉和精神动力。推进先进水文化建设，传承好历史水文化并丰富现代水文化内涵，使人们尊重河流、保护河流、热爱河流，规范人的行为，更好地满足人民日益增长的文化生活需要，形成人水和谐的社会氛围，这是幸福河的最高境界。

推进幸福河建设，离不开先进水文化的引领，也需要丰富水文化的支撑。河湖流域不同，水文化特征也不同。越是具有当地特色的文化，越是新颖、有价值；越是历史悠久的文化，越具有生命力、竞争力。在“一河一策”修编修订中，要明确水文化提升目标导向，推动生态景观与文化传承相结合，将当地的风土人情、传统文化、历史沿革、人文轶事等内容融入河湖治理，展示河湖与地域的文化特色，发挥河湖治理的综合效益。如果每个幸福河湖建设项目都具有文化内涵，都有故事、有生态美景、有人文风光、有文化廊道、有湿地岸带，河湖的幸福指数就肯定会加倍提升，人民群众也肯定会从河流中获得更多的幸福感，那么每条河也就真正意义上成了幸福河。

4.5.1.1　现状问题

所谓幸福河湖建设工程的短板，不仅包括防洪、供水、生态文明建设等方面存在的薄弱环节，也包括水利工程缺少文化内涵、水文化彰显不足、人水关系不和谐等软问题。当前，水文化建设在水利工程建设中已经得到了普遍重视，在推动传统水利向现代水利转变、提升水利行业文化软实力、推进社会主义文化发展繁荣、加强生态文明建设等方面发挥了重要作用。

在幸福河湖建设中，先进水文化已经成为一项重要的建设和考核指标，它的生态、人文、历史价值和作用越来越凸显，越来越重要。近年来，在国家的大力倡导和扶持下，我国的水文化传播虽在总体上取得了一定进展和成绩，包括国家与地方政府建设的一些博物馆、水利先贤塑像和水文化纪念场馆等，创办了一些刊物和文化网站；利用“世界水日”“中国水周”等节日开展水文化宣讲活动，借此契机传播水文化和惜水、节水、护水的意识等，引导全社会自觉遵守水法规、保护河湖水生态，建立有利于水资源可持续利用的社会制度和生产生活方式；在各地各领域基本形成了一支水文化研究队伍，是水利实践中水利行业精神的彰显。水文化的传承越来越受到社会公众的关注，水资源的保护意识、水资源节约意识、水危机意识、水忧患意识等都得到了不同程度的提高。

但是，目前的水文化传播所取得的成绩并没有达到预期的效果，还有着较大的差距，仍然存在许多亟待解决的问题，水文化的理论成果和融合传承模式没有真正走近群众。在建设实践过程中，仍然存在一些问题，如水利法规体系有待进一步完善，“政府主导、社会支持、群众参与”的水文化建设体制机制尚未建立。许多水行业主管部门对先进水文化的引领作用认识不足，水文化建设队伍力量薄弱。参与水文化研究的人员不少还处于自发状态，水文化研究与解决当地水问题的结合也不够紧密，水利工程普遍缺乏文化内涵，水文化遗产保护和开发不足。水利风景区水文化特色不鲜明或没有形成规模优势，难以满足人民群众多元化、多样化、多层次的需求等，先进水文化建设亟待进一步加强。河湖长制实施以来，把重点工作放在建立健全制度、改善河湖面貌上，对水元素、水内涵挖掘不够，大部分涉河湖水利工程、建筑工程，在水文化的渗透融入上做得不够，河湖水文化品质亟待提升。

从物质文化层面来看，总体上讲物质水文化建设的重视程度远低于水利工程中其他物质建设，对水文化的理解还不够，有的甚至不理解物质层面的文化存在，普遍存在以物质建设代替水文化建设的现象。许多物质类水文化遗产历经岁月的侵蚀，老化破损程度高，还要经受城市规划如公路修建、工程建设、地产开发等影响，处境岌岌可危。从幸福河湖水利涉及的领域主要物质水文化领域来看，水景观建设有机构、有政策、有制度，已经形成水景观建设物质水文化规模；水工程物质文化建设处在自由发展阶段，在文化、人才、经济条件较好的地区发展较快。从地域上看，江浙沪地区对物质水文化建设的理解和重视程度明显高于其他地区，西部地区则偏弱。

从制度文化层面来看，河长制成立以来，水法律、水利方针政策、重大决定和法规、条例、制度等建设已纳入水利日常监管工作序列，已经形成了机构、队伍、人才、计划相对齐备的制度体系。不足之处在于基层执行乏力，人们依照制度文化进行实践再创造的认识不足，机制缺乏，人力有限，管护效果难以令人满意。饮水、亲水、节水、护水等领域的制度文化建设相对滞后。我国水文化传播队伍不稳、素质不高、能力不强、智慧化程度低的原因，导致在各地一直以来都没有形成一套科学、合理、有效的水文化传播队伍培训制度和计划。

从精神水文化层面来看，可以说认识不足、重视不够、研究人才队伍缺乏、投资不足、成果不多，有影响力的成果更是少之又少。从精神水文化的主要方面来看，水精神、水科学已纳入水利机构的正常工作范围，有机构，有计划，有人才，有投入，抓得很成功；水历史研究渐多，但与治水关联的应用缺乏，文化与群众的结合尚待深入；水风俗，还没有得到应有的重视，未见系统、深入研究；水文艺，机构缺乏，人才短缺，投入不足，许多文艺形式还是局限，有些社会热门的文艺形式被冷落或无视。水产业，近年来各地广泛重视，但结合形式千城一面，缺乏新的创新模式。

对照幸福河文化建设要求和标准，发现当前水文化建设存在的问题和不足，具体表现在以下几个方面。

1.水文化遗产保护对象覆盖不全面

水文化遗产是水文化的重要组成部分，所有水文化遗产无论是河流湖泊，还是桥坝堤堰都是城市与水文化紧密相连的见证者，具有重要的价值和意义，都值得充分关注。历史上由于水文化意识的薄弱，在各种建设过程中对古代水利工程的保护并没有引起足够的重视。人们对文化遗产保护的了解和掌握程度较低，对触犯法律条例需要付出沉重代价还没有形成一个清晰的认识，对文化的保护意识还没有深入到公众的内心。甚至随着生态环境和社会环境的变化，在经济利益的驱使下，大量的古建筑、古遗迹遭到人为破坏，或者因为缺少保护和维修，因遭受自然侵害而损毁，更多的非物质文化遗产因环境的改变而面临生存危机。前期虽然对水文化遗产进行了调查统计，但是由于水文化遗产的界定、分类标准和程序在不同历史时期和省市不统一，水文化遗产的调研没有合理和深入的展开，调查统计数据也没有做到实时更新，导致水文化遗产保护对象统计不全。水文化遗产保护，主要的保护方式是申报成为各级文物保护单位，没有被纳入文物保护的水文化遗产，仅凭管理主体单方面的努力，没有过多的资金投入，难以达到理想的保护效果。同时，缺乏系统性地整理和收集有关水文化方面的资料和文献，古代水文化遗迹的挖掘和资料归档工作有待加强。水文化的调查应该不断深入，调查统计数据不断更新，根据现有的水文化遗产统计，针对所有流域内的水文化遗产，包括非物质文化类文化遗产的调查，还需进一步完善。水文化遗产的保护，既注重与水有关的文化遗产保护，又注重地域历史文化遗产保护，提高水文化遗产保护的整体性、全面性、原真性。

2.水文化遗产保护制度不完善

当前，水文化遗产保护管理法律法规和政策体系还不完善，落实不够到位；管理存在不协调现象和权力交叉与真空，缺乏制度保障。行业规范方面，存在着缺乏保护标准以及保护工作指导不足的情况。管理规范缺失，导致这些管理主体与文保单位以及水利部门之间管理目标不一致，具体工作难以协调，造成管理不到位等问题。水文化遗产种类繁多，尚无明确的标准来评判水文化遗产的价值，不同的水文化遗产应该有不同的保护管理规范，无法对水文化遗产工作做出明确的行业指导，因此加大了水文化遗产保护难度。针对我国水利工程，先后制定了《中华人民共和国水土保持法》《中华人民共和国防洪法》《中华人民共和国水法》《中华人民共和国文物保护法》《中华人民共和国河道管理条例》等一批水法律法规，初步形成了水管理的法律体系，但还不能满足治水、用水、护水、节水等方面的需要，缺乏一个从勘探设计到施工建设，从工程竣工到后续使用、养护和管理的全面的水法律体系。在实践中，依法治水、管水的局面还没有完全形成，有关水文化遗产保护的法律法规更是较少或是没有明确的保护说明，包括《水利风景区管理办法》都没有对水文化遗产保护利用做出明确规定。水文化遗产保护法律法规严重滞后，有待制定和规范化执行。水文化遗产是文化遗产的重要组成部分，除具有文化遗产的特征外，又有其特殊性，现行的文化遗产保护法律法规并不能完全适用于水文化遗产。管理经费保障不足和落实不到位，水文化遗产没有专项保护资金，除列入文物保护范围的外，绝大部分缺乏财政经费支持，尤其是那些位于村镇的小型堰坝陂塘等工程类型水文化遗产，大多因经费不足而面临年久失修的困境。另外，水文化遗产价值评估主观随意，科学规范权威的价值评估体系尚未得以构建，主观片面、武断随意定性水文化遗产现象比较突出。没有统一的技术标准体系，各水利风景区水文化遗产保护利用技术手段各异，控制标准不一，难以真正进行有效管理和科学保护。这些问题的存在，导致在水利工程规划建设中只能依靠传统经验认知对水文化遗产保护利用进行主观判断，这使得许多有价值的水文化遗产根本得不到科学有效的保护。

3.水文化遗产保护管理不明确

水利工程水文化遗产保护利用管理职责的界定不够清晰严谨，部分领域监管边界存在盲区，不利于保护利用工作的具体落实。一是职能主管部门业务交叉，一些水文化遗产资源分割隶属不同地方和部门，具体管理单位职责不清，如水利风景区水文化遗产保护利用涉及水利、住建、国土、环保、文物、旅游、林业、渔业等部门，各水利风景区管理单位关于水文化遗产保护利用职责没有明确界定，难以形成整体合力。二是行业管理机构体制不健全，水文化建设在水利单位内部没有明确的职责分工，存在着管理主体不明以及管理不协调的问题，水文化遗产保护利用工作尚未深入开展。目前，水利系统还没有建立统一的水文化组织机构，水文化的建设和规划也未纳入当地水利的远景规划之中。由于缺乏一定的组织机构，导致水文化的建设和保护及开发方面缺乏一定的组织基础。由此，影响了水文化建设的长远建设和规划。根据产权隶属关系，每个重要水文化遗产都有一个管理机构，其大多是村民委员会，少量的还有公司、水利局以及景区管理方。由于缺乏统一的管理规范，也受专业领域的限制，各管理主体在水文化遗产保护工作中出现认识不到位、工作内容有偏差、保护效果不佳等问题。

4.水文化建设缺少整体系统规划

水文化建设包含理念层、制度层、行为层和物质层的建设，调查结果显示，目前水文化建设仅在理念层上有所认知，但在具体的水文化理念上还有待总结、提炼和提高，在制度层上缺乏明确的水文化建设规范，导致在行为层和物质层上的水文化建设缺乏核心规划和规范的操作流程，水文化建设付诸行动较少，保护工作缺乏科学、系统的规划，显得比较零碎，进而影响了水文化建设的社会影响力。有些水利工程建设开展对水文化遗产的保护虽然有一定的规划考虑，但是从规划的具体情况来看，很多工程不注重与周边人文自然环境的统一规划设计，不能对水文化遗产进行科学完整的保护，也存在着规划内容不够全面、要求不严格等问题，很多具体的要求并没有在专项计划中得到充分执行，还会出现监督机制不够健全的问题。水文化与水利工程的融合需要一个整体的策划，在水文化体系梳理的基础上，落到实体的地域范围内和物质载体上，突出重点，形神结合。各个区域在水文化的承载和传承上，需要形成一个完整的系统。

5.水文化内涵挖掘不深刻

水文化是一种客观存在的文化形态，涉及面非常广泛，其历史悠久，又具有独特魅力。历史上，由于没有充分认识和认真研究，使这一独具特色的文化形态被人们忽视了，并缺乏系统性的研究。近年来随着人们物质文化生活水平的提高、经济的发展，水资源问题的日益突出，水利工程所承载的历史也为人们日益所重视，开展水文化研究也被提上了议事日程加快研究。但是由于水文化的研究还处在初级阶段，水文化的传播内容挖掘得深度不够、十分单调，所以出现的水文化产品内容也很单一，主要包括对古代治水历史经验的总结和水文化成果的整理，难以向社会提供内容丰富的水文化产品。以治水文化的传播为例，我国的治水历史悠久、文化深厚，但是用来表现和歌颂伟大治水事件和英雄人物的作品却很少见。有的地方固守传统保护观念，没有进行资源优化整合与深入挖掘整理，无法充分发挥水文化遗产功能和作用，未能深刻反映工程所承载水文化内涵。需要在深刻、全面挖掘水文化内涵的基础上系统分析，进一步提炼主题，开展水文化与水利工程的融合发展工作。

6.水文化融合、传承利用不足

保护、传承和弘扬水文化，应该成为建设幸福河四梁八柱中不可或缺的重要支撑。但目前水文化感召力与吸引力发挥不足，传统水文化传承不够，现代水文化建设培育不够。文化有其独特的生存土壤，水文化不仅包括因水而生的文化，还应该包括水文化滋养下的与水伴生的地域历史文化，甚至可以说地域历史文化的融入是体现水文化特色的重要组成。目前的水文化传承，尚未将地域文化内涵充分融入。水文化遗产不仅拥有其他文化遗产的观赏性，而且在人们的生产生活中发挥着一定作用。因此，水文化遗产不仅需要保护，还需要传承利用。很多城市对水文化遗产工作的重点还停留在保护方面，融合、传承利用方面相对薄弱，现有的融合展示手段较为简单，与水利工程遗产的文化地位不相匹配，产品开发明显滞后，缺少新意。在开发利用有些水文化遗产过程中，保护利用理念相对保守，活化传承效果不明显，弱化了水文化遗产的影响力。水文化遗产的开发利用与经济社会的融合还需加强，多数水文化遗产目前基本都处于自然保存状态，少数进行开发利用的水文化遗产的经营管理状态不佳，甚至存在遭到破坏的安全隐患。目前，在水文化融合研究上还缺乏一定的研究基础，还未形成一批有影响力的研究成果，还没有形成一定数量的水文化研究机构和研究人员。许多遗产古迹处于自然展示状态，缺乏主题的提炼和集中展示，很难让人有充实的参观学习体验。

7.水文化宣传力度不够

水文化宣传力度不够，对各种宣传媒体、宣传内容、宣传时机缺乏规划，在水利建设的重要性、紧迫性和民生意义等方面缺乏重点宣传，水利事业在国民心中的形象定位有待明确和加强。如今正处于水利事业高质量发展的重要时期，正经历着从传统水利向民生水利加快转变的关键阶段。建设幸福河湖，提升群众的幸福感、获得感，必须清醒认识时代发展的新形势、新变化，全面把握，深入了解人民群众的新要求、新期待，建设好、宣传好有特色的水文化。但是水文化存在传播机构不健全，传播内容单调、重视程度不够、资金投入少等问题。水文化传播的内容没有紧跟时代脉络,对文化传承和文化遗产保护等报道不多,缺乏生动感和时代感。在进行水文化传播的实际过程中,主要以古代水文化为主,缺乏现代水文化的宣传,并且主要以宣传标语、水知识资料发放、水文化展览、水知识讲座、水工程参观、水生态考察、水知识竞赛等形式展开,常常因其内容单调枯燥而达不到预期的效果。

直到现在还没有形成水文化传播立体多元、互相配合、功能互补的传播网络,水文化传播研究还仅在一定程度上局限于水利行业的圈子,传播渠道单一。水文化研究成果的传播主要依托于水利行业报刊、网站;水文化宣传主要通过举办培训班、论坛(研讨会)、展览等形式展开,效果欠佳;缺乏深受大众喜爱的影视、广告、文学艺术等传播渠道。水文化传播内容没有充分考虑到与现代人们的喜好、兴趣相结合,也未能反映新的形势要求。水文化传播的内容应该体现现代科技进步,用好主流媒体作为公众获取信息的重要渠道,充分发挥主流媒体社会宣传以及舆论监督功能,及时拉近人与水的关系,为水文化遗产保护做好宣传推广,满足现代人对水文化的基本需求。

8.水文化社会关注度不足

尽管水文化建设已取得了一定的成果,但是水文化还没有受到社会各界应有的关注,水资源节约意识、水环境保护意识以及对优美水环境的生活追求和文化品位等也还需要不断增强,人水和谐的科学理念还没有深入人心。随着人们物质生活水平的不断提高、精神生活的不断丰富,公众对文化遗产保护的意识已经有所提升,但是对文化遗产保护的关注度仍然不够。水文化遗产作为近几年出现的新概念,公众对其认知度并不高。很多水文化遗产如井、堤、堰等在以前的生产生活中发挥着重要作用,人们会自觉地去维修保护这些设施。然而,随着生活水平的不断提升,这些水文化遗产的实用功能淡化,严重脱离公众的生活,也不再受到公众关注和保护。我国水文化遗产保护利用尚处于起步阶段,社会各界对水文化遗产的认知程度存在很大差异,在水利工程规划建设过程中,偏重自然风光开发营造,存在不重视或不够重视水文化遗产资源的现象。有的地方既不进行保护也不加以利用,致使很多地区的水文化遗产基本处于无人关注的状态。

9.水文化产业发展水平有待提高

我国河湖资源丰富,治水历史悠久,水文化源远流长,博大精深,但是水文化产业没有引起人们的重视。因此,水文化资源的产业优势难以形成,缺乏科学的规划和政策性的保护。我国水文化产业处于发展的初级阶段,水文化市场不完善,由于缺乏产业发展的战略和规划而导致没有形成自己完整的产业体系和产业形态。水文化产业和其他产业相比,其发展的水平还不是很高,存在许多不足的地方。一方面是水文化的产品十分单一,在国内的水文化市场中,水文化产品以旅游产业的形式存在居多,水利旅游产业又以水利工程为依托,利用和开发周围的林木、岸地等来打造旅游景区,以此来创造经济效益。虽然这种以水利工程为依托的旅游业形态能够取得一定成效,但是水利工程景观营造上的相似度非常高,单纯依靠水利工程的景观来开发旅游业产品就会导致水文化产业的产品雷同和单调。另一方面是产业的主体单一,在组织形式上,水文化产业主体仍以国有资本为主,社会金融资本和民间资本的运作模式很薄弱,大多和水文化有关联的组织都以事业单位的形式存在。水文化产业市场的发展不健全,水文化产业很难走向市场,所需要的消费市场、资本市场、信息市场、产品交易市场等还没有形成有序的相互衔接,水文化产业主体的多元化和梯度化的竞争格局很难形成。

10.水文化人才队伍有待完善

水文化传播开展得好坏,与水文化传播队伍的建设状况密切相关。水文化的广泛传播离不开一支高素质、业务强的队伍。近年来,随着水文化传播的不断推进,各地、各领域基本形成了一支水文化传播队伍,并取得了不少成果。但是现有人才队伍难以适应水文化传播的新形势,不能满足工作任务的新要求,已成为有序开展水文化传播活动的明显短板,制约水文化遗产保护利用工作的良性发展,主要表现为队伍的整体素质不强,成员的年龄普遍偏大,思想意识落后;很多水利风景区建设管理人员大多缺乏水文化遗产的基本知识,水文化遗产保护专业技术人才更是十分匮乏,现有人才队伍结构难以适应水文化遗产保护利用的新形势,不能满足工作任务新要求;水文化传播队伍主体单一,以社会自发群体为主,参与度不足,成员也多为兼职;很多人员的专业素质良莠不齐,知识结构不合理,知识老化,创新能力不够,对现代各项技术特别是网络信息技术的掌握尤为欠缺;水文化传播队伍不稳定,水文化活动难以开展,严重制约了水文化的建设与传播。

水文化传承利用和水文化遗产保护利用涉及文化遗产、景观园林、水利工程、旅游管理和经济社会发展等诸多领域,工作千头万绪,任务十分繁重,需要大批既精通水文化知识又专于景区建设管理的高素质复合型人才。加强水文化建设,不仅可以从思想观念、管理制度方面激励广大水利干部职工积极投身水利改革发展事业,也能激励广大水利干部职工在水利改革发展事业中,进一步提高知识水平、科学素养和文化自觉,为推进幸福河湖建设提供智力支持和精神动力。

4.5.1.2 措施体系

以河流为载体,围绕河的多种功能,以涉河及沿岸水文化挖掘、保护、传承、弘扬与利用为主线,以水文化与防洪、供水、水生态、水产业的融合为延伸,提出主要措施,推进水文化建设不断取得新进展新成效,为打造幸福河建设提供强有力的文化支撑与保障,也为推动新阶段水利高质量发展凝聚精神力量。开展沿河水文化遗产普查及河道演变溯源,为水文化保护、传承奠定基础;建设水文化展示平台,创作水文化艺术作品,继承水文化精神,讲好河湖故事,为水文化传承、弘扬提供支撑;打造水文化节点,建设精品水文化工程,在河湖建设中注入水文化元素,建设一批富含文化性、艺术性的精品水利工程和亲水文化景观,营造良好的河湖生态环境,为水文化宣传、展示提供媒介;开发沿河文化旅游路线,建设文化主题节点,创建文化内涵水利风景区,用好水资源,为水文化利用创造条件,满足人民群众的精神需求,实现人与水的和谐共生,促进河湖生态保护和高质量发展。

4.5.2 建设标准

4.5.2.1 建设目标

建设造福人民的幸福河,必须做到保障水安全、优质水资源、健康水生态、宜居水环境、先进水文化、繁荣水经济。先进水文化是幸福河湖建设成效评估的六项指标之一,是打造幸福河的必举之措,要深刻认识到加强水文化建设的重大意义。水文化建设既是幸福河建设的重要内容，又是幸福河建设的基石，更是贯穿始终的脉络。按照安澜、生态、宜居、智慧、文化、发展的目标，实施河湖系统治理。以河湖系统治理促流域协同发展，绘人民幸福生活，实现河畅、水清、岸绿、景美、人和的幸福画卷，打造人民群众满意的幸福河。

建设造福人民的幸福河，要站在文化自信的政治高度，切实提高对水文化的认识，像重视水利工程建设一样，高度重视水文化建设。现代水利工程，要打破传统的思维定式，充分发挥水利工程的文化功能，进一步提高水利工程对生态和文化的承载能力，实现水工程与水生态、水环境、水景观的有机结合，把文化的元素渗透到水利工程建设之中，体现现代水利建设的文化内涵，彰显水利工程的文化功能，这是发展现代水利、坚持走可持续发展之路的必然要求。推进水文化建设，可以延续历史文脉、弘扬中华文明、为实现中华民族伟大复兴的中国梦凝聚精神力量。水文化是建设社会主义文化强国的重要组成部分，是中华优秀传统文化的重要传承，是人民群众对水利事业新期待的重要内容，也是推动新阶段水利高质量发展的应有之义。

水文化研究和建设要在已有成绩的基础上，以积极态度正视水文化研究和建设方面存在的不足，不断深化促进我国水文化研究和建设，发展与现代社会相适应的先进水文化，要坚持传承优秀传统水文化、挖掘特色水文化、弘扬先进水文化、创新时代水文化，努力创造经得起历史和人民检验的治水实绩，从而更好地实现人水和谐，促进社会的生态文化发展。强化宣传，传承文化河湖，始终坚持幸福河湖建设与本土文化相融合的原则。在创建幸福河湖中，通过挖掘、保护、传承、弘扬河湖沿岸历史故事、风土人情、人文景观，建设内涵深厚、特色浓郁的文化河湖。积极借鉴流域内的重要文化景点，深挖其他河湖特色水文化，结合沿线特色乡村文旅资源，努力让每一条河湖都成为承载历史记忆、展现文化底蕴、充满生命色彩的文化河湖。

4.5.2.2　规范标准

（1）《城市园林绿化评价标准》（GB/T 50563—2010）；

（2）《河湖生态系统保护与修复工程技术导则》（SL/T 800—2020）；

（3）《水利风景区评价规范》（DB32/T 3840—2020）；

（4）《水利风景区评价规范》（SL/T 300—2023）；

（5）《旅游区（点）质量等级的划分与评定》（GB/T 17775—2013）；

（6）《公园设计规范》（GB 51192—2016）；

（7）《城市绿地设计规范（2016 年版）》（GB 50420—2007）；

（8）《城市夜景照明设计规范》（JGJ/T 163—2008）；

（9）《海绵城市建设技术指南——低影响开发雨水系统构建（试行）》；

（10）《城市绿地规划标准》（GB/T 51346—2019）；

（11）《城市道路工程设计规范（2016 年版）》（CJJ 37—2012）；

（12）《无障碍设计规范》（GB 50763—2012）；

（13）《园林绿化工程项目规范》（GB 55014—2021）。

4.5.3　工程措施建设

4.5.3.1　河湖遗产本体保护

1.水文化遗产保护的意义

水文化遗产，是一个民族或国家文化的重要标志，是各历史时期人类对水的利用、认知所留下的文化遗存，也是民族认同性的形象教材，是不可替代、不可再生的珍贵文化资源。对文化古迹的保护，带来的不仅是经济效益和社会效益，更是一个民族或国家文化认同和文化凝聚力的重要标志，是民族团结、社会稳定的内在精神支撑，也是国家软竞争力的体现。水文化遗产具有极高的文化价值、历史价值、科学技术价值、生态环境价值，保护利用价值重大，是我国悠久水文化传承的主要载体，是人类治水文明的表现形式，也是重要的人文旅游资源，既是对中华优秀传统文化的继承，也是打造幸福河湖水文化品牌的前提。近年来，我国逐渐认识到水文化遗产的历史重要性，水文化遗产的保护工作逐步开展，一些水文化遗产得到开发、保护和利用。但也要清醒地认识到，相比于我国丰富多彩的水文化遗产，目前对水文化遗产整理、发掘、保护的力度还不够。要把水文化遗产的开发、利用和保护统一起来，防止只开发利用而不保护，以致造成水文化遗产被破坏或消失的现象。

水文化遗产是文化遗产的组成部分，主要包括物质形态水文化遗产和非物质形态水文化遗产。水文化遗产的物质形态资源主要是指与水资源相关的历史文物、建筑物等，水文化遗产非物质形态资源主要包括制度形态水文化遗产和精神形态水文化遗产。在水利建设的历史长河中，流传了丰富的物质形态水文化遗产，如长江三峡工程、黄河小浪底工程、都江堰水利工程等众所周知的大型水利枢纽工程带来的水文化；三门峡水库、密云水库、丹江口水库等水库工程带来的水文化；长江防洪大堤、黄河防洪大堤、钱塘江海塘工程等堤防工程带来的水文化；南水北调工程、引滦入津工程等调水工程带来的水文化；京杭大运河等运河工程以及北京十三陵水库旅游区、安徽太平湖风景区等水利风景名胜区的水文化。制度形态水文化遗产是指与水利相关的水利法规、风俗民俗、祭祀信仰等，精神形态水文化遗产是指以水为载体的人类社会传承下来的神话故事、诗词歌赋、音乐戏曲、娱乐文化等。

水文化遗产作为一种不可再生的水利遗产，其智慧与魅力体现在建筑材料、施工工艺、管理制度等方面，是中华民族智慧与创新能力的实证。随着水文化遗产的开发与利用，水文化遗产因不合理的开发与综合运用而受到威胁，因此讨论水文化遗产的创新传承与保护，协调保护与合理利用的关系，对水文化遗产的保护与合理开发利用有着极其重要的意义。在水文化遗产保护中，尚存在宣传不够到位、保护规范不够完善、保护方式比较单一、活化利用程度不高等问题。因此，应加强水文化遗产保护宣传力度，营造良好的水文化遗产保护氛围；充分协调，不断完善水文化遗产保护的各项规范；科学谋划，建立水文化遗产数据库；文旅融合，做到在保护中开发，在开发中保护。当前在水文化遗产保护方面，要提高对水文化遗产重要性的认识，将其提升到民族文化建设的高度。建设先进水文化，就要深入挖掘本地区现存的传统水文化遗产，在加强保护的基础上进行科学合理地开发利用。展开水文化遗产调研，查清我国水文化遗产的数量、分布以及生存状况，针对存在的问题制定相应的策略。

幸福河建设要重视结合当代伟大水利实践和现代化建设对当代水文化遗产价值的研究，加强水文化传播理论探究，把水文化的理论成果运用到水文化遗产保护实践中去，使其转化成为人们认识和改善水文化遗产保护问题、完善保护体系的思想武器。通过水利风景区、幸福河湖、美丽河湖等与水文化特色相结合的建设，为加快水利的改革与发展提供更加科学的战略思维和更加完善的对策。要研究水文化与水利实践、水文化与经济社会发展的关系，不断揭示出先进水文化理念的创造力、整合力、引导力等物质价值，增强人们对水文化实用功能的认同，逐步建立水文化保护的意识，保护好、传承好、利用好我们国家宝贵的水文化。

2.水文化遗产保护取得的成绩

随着水资源和水生态环境问题日益突出，公众对水文化的认知逐渐发生转变，水文化遗产的保护传承与价值发掘受到重视，并逐渐形成以河、湖水域为核心的多层次、多维度研究。近年来，国务院及有关部门不断推动落实中央相关决策部署，积极开展水文化遗产的开发与综合利用工作，在社会各界的共同努力下，水文化遗产保护工作取得了阶段性成果，水文化遗产保护和开发利用发展势头良好。水文化遗产工作的管理机制、体制已经基本形成；相关政策与法律法规逐步形成、完善和落实，各地用于遗产保护的经费也在逐步增加；保护和利用的技术水平不断提升；社会关注度和保护意识逐步增强，科学研究向纵深发展，水文化遗产合理利用稳步推进。具体开展了以下工作：

(1)推动立法，完善相关法律体系。

制定水文化遗产保护的相关法律法规，是推进水文化遗产保护的重要前提。一是制定相应法律法规和政策。在《中华人民共和国文物保护法》和《中华人民共和国非物质文化遗产法》作为法律依据的上位法的基础上，近年来，国务院及有关部门先后出台了《中华人民共和国水下文物保护管理条例》《大运河遗产保护管理办法》《世界文化遗产保护管理办法》等相关法规和部门规章。各省市结合水文化遗产分布与保护利用的实际情况，水文化遗产集中的省市结合保护实际相继出台了保护水文化遗产的地方性法规，如《四川省世界遗产保护条例》，提供了明确、规范、法定的认定标准，也为各地提供了借鉴。

(2)推进水文化遗产普查，逐步建立保护数据库。

按照水利部办公厅《关于开展水文化遗产调查工作的通知》要求，各省市已陆续开展对辖区内水文化遗产进行资源摸底和调查工作。各地水利局协同旅游局、文化局、文管所等部门开始多年分阶段地对水利遗产分工程类、管理类(文献类)和非物质遗产进行分类统计。全国各地还在持续推动水文化遗产保护，在河湖建设中继续深入开展水文化资源调查研究，努力摸清其种类、内容、分布等情况，将具体分布状况、生存环境等进行详细记录，加大水利文献与档案的整编、分析与共享力度，建立起各省市的水文化遗产保护数据库，逐步研究制定统一的认定标准和认定程序，逐步构建完善水文化遗产保护传承的体制机制，为掌握水文化遗产从而最终形成全国数据库打下了基础。

(3)合理规划，促进合理适度利用。

要做好幸福河湖水文化遗产的开发利用，可通过原址展示、实物复原、陈列展览、虚拟现实技术复原、科普著作和数字影视作品发行等技术手段，加大向社会公众的宣传力度。深入挖掘有特色的水文化遗产，与当地社会文化、周边环境相结合，推动河流治理与生态修复，保持水系的特点及完整性，提升滨水空间水文化质量，打造独一无二的特色文化旅游景观。目前，较有代表性的有都江堰、杭州西湖、钱塘江海塘等，都是国内外的旅游胜地，成为当地的文化名片。都江堰、中国大运河被联合国教科文组织列入《世界遗产名录》，成为中华文明的瑰宝。无论是著名的水文化遗产，还是各地不被人熟知的水文化遗产，它们都是宝贵的时代记忆，是治水历史上不可或缺的重要财富，为了更好地保护它们，在开发利用过程中也要注意科学、合理，不可大拆大建或过分商业开发，必须找到保护和利用的最佳平衡点。同时，政府加强领导，财政部门积极投入专项经费，为水文化遗产的保护与利用提供了资金保障。

(4)积极推动文化遗产的研究和宣传普及，提高水文化遗产保护关注度。

在幸福河湖水文化建设过程中，当地有关部门、研究机构与社会各界应该积极推动文化遗产的研究和宣传普及。充分挖掘流域内资源丰富、民族特色鲜明，地域特点独特的滨水文化遗产，对文化遗产进行梳理和保护，深入了解其中蕴含的治水文化中的先进思想和科学精神，促进优秀水文化的传承和弘扬。同时建设各类水利博物馆、纪念馆等，结合当地水利部门的智慧平台展示，同步利用各种文体活动以及大众传媒资源宣传等方式传播普及水文化遗产。让市民及游客在沿河游览、展馆参观、文化活动中体会河湖水文化遗产与多元文化的深度融合，不断增强广大群众对流域文化传承保护的热情，提高水文化遗产在公众中的认知度和关注度，对于提升市民文化凝聚力和自豪感、推进文化发展繁荣具有重要意义。

3.水文化遗产保护原则

1)树立全民保护意识

保护历史水文化资源不仅是文物、水利等部门的事，更是全国各地人民群众的共同使命。要从确保历史水文化的原真性、整体性、协调性入手，大力倡导历史水文化保护的全新理念，引导全社会树立和形成“保护历史水文化就是保护人类未来”的共识，自觉保护现存的水文化遗产。

2)坚持依法科学保护

(1)依法保护。

加大对水文化遗迹保护的执法力度，进一步加强对水文化遗产保护法律法规的深层次制定。对破坏水文化古迹和文化风貌的单位及个人严厉追究其责任，努力营造依法保护历史水文化资源的法律环境。

(2)科学保护。

对水文化遗产及其附属、配套设施的保护进行全面的规划设计，把历史文化遗产完整地保护起来，生动形象地展示出来。做好水文化遗产的保护工作，加快制定各地水文化遗产保护规划，并纳入相关一河一策等管理文件内。

(3)永续保护。

对已经被保护、利用和开发的水文化遗产，要推进永续保护工作。对暂时未纳入或不具备开发利用条件的水文化遗产，要坚持可持续原则，预留发展空间，需尽快引起当地管理部门的重视,合理有效的保护,保证遗产不被破坏,后期有条件时,实施全面保护和开发。

4.水文化遗产保护措施

水文化遗产保护应当以习近平新时代中国特色社会主义思想为指导,弘扬和体现中国特色社会主义文化,在遵循水文化遗产保护的相关法律法规和制度的前提下进行传承与创新。单一的保护难以实现水文化遗产的可持续发展,只有深化水文化研究,活化利用水文化遗产资源,充分挖掘水文化遗产潜在价值,发挥水文化遗产综合效益,才能实现水文化遗产在保护中发展,在发展中保护。

1)做好水文化遗产普查,形成全国水文化遗产数据库

各省市水利局对幸福河流经区域的水文化遗产需要进行分批调查,协同组建涵盖水务、文物、旅游、档案等多个部门的专家团队,深化遗产的挖掘整理工作,通过调查数据统计分析和汇总整理,建立水文化遗产专项数据库,形成本省市或流域内的水文化遗产调查名录。组织开展风景名胜资源普查,将全面掌握包括水景观资源在内的各类风景名胜资源分布、价值、数量、保护、管理等情况。调查内容包括流域内的世界级遗产(灌溉工程遗产、全球重要农业文化遗产、文化遗产、非物质文化遗产等)、国家级遗产(水利遗产、国家文物保护单位、全国重要农业遗产等)、省市县文物保护单位与水利遗产等。明确遗产数量、类别、保存程度、建造年代及功能性质等基础资料,编制、完善保护名录,并制定不同等级遗产的管理方法及细则。

由于水文化遗产种类较多,尚无明确的标准来认定水文化遗产,导致许多有价值的水文化遗产处在保护管理的空白地带。水文化遗产的保护还处于起步阶段,数据化管理还停留在初始阶段,给水文化遗产的保护工作带来诸多不便,水文化遗产调查中存在着评价标准和申报程序不一致的情况。因此,后期调查研究应运用现代多元化的手段如文字、影音、数字化多媒体等,对辖区内水文化遗产的种类、分布状况、数量、生存环境、保护现状及存在问题进行全面系统和真实有效的记录,尽可能详尽地梳理归档。需要水利部门研究制定工程类、资料类和非物质水文化遗产评价体系和申报程序,科学设定水文化遗产的认定、保护、管理等内容,逐步建立部级和省、市、县级水文化遗产数据库,最终建立一个全国性的水文化遗产数据库及管理信息系统。

(1)应采取有效的保护措施,开展沿河重要水利遗产普查。在文化溯源的基础上,在已有主要文物点调查及沿河历史遗迹调查的基础上,适时开展河流故道线路遗址遗迹、传统水利科学技术的前期调查,挖掘文化内涵。利用空间地理信息等技术手段系统加强古闸、古堤、古渡、古桥、古井、古塘、古潭、古堰、古碑刻、古栈道、古渡口、古码头、古港口、古灌排工程等水利遗产进行全面普查及系统梳理,进行水文化遗迹保护和修复工作,科学构建水利遗产分类体系。通过查阅资料、实地调查等多种方式了解各工程类遗产的建设时间、主要作用等基本信息,了解各非工程类遗产的历史渊源等基本信息,建立名录库,完成普查遗产全部入库工作,并在此基础上与智慧河道相结合。建立数据库,将普查的信息全部实现数字化管理与展示。系统整合已有部门的相关工作,编制《水文化遗产名录》(见图4.5-1),对列入名录库的水利遗产做好跟踪保护工作,启动水利遗产保护标识工作,有序推进已调查认定的水利遗产标识认定工作,并定期进行维护,从而充分发挥水利遗产的社会文化功能与示范作用。梳理河湖管理范围内水文化遗存条目,建立保护档案。明确

保护重点，充分挖掘水利遗产的时代价值，展现治水历史及其蕴含的治水智慧，创新水利遗产利用方式，讲好水文化故事。做好与河湖防洪、排涝、供水等基本功能的衔接，延续历史文脉。

图 4.5-1　水文化遗产名录意向图

(2)应深入挖掘当地沿河文物古迹、人文历史以及地方民风民俗，系统收集整理有关的古籍文献、水利历史档案、书画、雕塑等文化作品及历史名人、传说、民俗、治水事迹等其他水文化遗存。梳理河流演变历程，追溯水文明之源，划定影响河流演变的重要时间节点及重大事件，并编纂成册，形成河源文化溯源成果，作为重要的非工程类水利遗产调查成果。

(3)应加强古代水利工程和水文化遗址的保护与修复。对已受到破坏的文物古迹等，应尽量采取修复、重建等方式恢复，无法修复或重建的，应保护好遗址。重要的古迹应设围墙围挡，重要文化艺术作品应收录博物馆。

2)科学规划，完善水文化遗产保护与利用规划

科学规划是水文化遗产有效保护与合理利用的前提，当地水利部门应当加强对水文化遗产的管理和保护工作，努力促使水文化遗产保护纳入水利工程幸福河建设中，尽量减少水文化遗产与现代工程的冲突。借助重要水文化遗产调查的成果，根据水文化遗产涉及的文物保护、环保、住建、水利等相关法律法规，编制科学系统的水文化遗产保护规划。在调查、评估、确定水文化遗产保护级别登录名册的基础上，研究制订水文化遗产保护规划纲要，明确规划范围和要求，确保计划能够严格执行。针对如水利风景区等特殊区域编制保护管理规划，提出切实可行的保护措施，开展对各水利风景区水文化遗产保护利用的相关规划、建设项目的评估和论证工作。应当根据水文化保护的需要，在项目建设过程中设立水文化遗产保护利用专项费用，并监督各部门切实落实保护与利用资金，为水文化遗

产保护工作提供资金保障。各省市水利部门应当依据幸福河湖流域内水文化遗产普查结果建立水文化遗产保护库，将水文化遗产保护与利用规划融入水利工程管理保护、水资源保护等专项规划中，并定期对水文化遗产保护的理念、方式、资金落实等各方面进行评估并提出切实可行的保护措施，为水文化遗产保护提供指导依据。水利部门应当制定水文化遗产的历史价值评价标准，针对不同历史价值程度的水文化遗产保护方案，加大水文化遗产保护的范围。

3）明确管理职权，完善管理体制

长期以来，所有文化遗产基本上归文物部门保护和管理。由于水文化遗产涉及多个管理主体，横跨多个行业，尚未形成统一的认知和管理规范，单个部门简单的管理并不适应水文化遗产的复杂性，但随着水文化建设的深入，水文化遗产保护应该摆上重要议事日程，高位推动、系统谋划，研究出台一系列制度文件，应从政府管理、行业管理、法律管理等方面采取措施，按照有法可依、有法必依的原则，加强水文化遗产的保护与利用。

（1）制定法律法规，加强保护管理。

制定规范完备健全的水法律法规，促进水利事业健康有序发展，加强当代水利法律法规的建设是当前促进水利事业发展重要而迫切的任务之一。应当创新各部门统筹合作的协调管理机制，针对水文化遗产保护与利用涉及较多法律关系，法律交叉与空白较多的现实情况，应当积极调研，针对水文化保护和利用开发中存在的问题，制定水文化遗产保护的制度和相关法律法规，各部门依据法律赋予的权力分工协作，提高保护和合理利用工作的实效性。应当按照法律法规和公约，加强包括水景观资源在内的风景名胜区和世界遗产地的保护管理，通过严格的规划建设管控制度，指导各地妥善处理保护与利用的关系。完善健全水法律法规要注意以下几个方面：首先，要完善已有的水法律法规，在实践中不断补充、修改，以适应社会的发展需要；其次，制定新的水法律法规，从对文化遗产的保护到对现代水文化成就的保护等，都需要制定相关的法律法规；最后，要把水的法律法规提高到国家高度，严格依法治水，违法必究，执法必严。通过完善治水法律法规，严格执法，实现依法治水局面的形成。

（2）部门落实责任，完善管理机制。

相关部门要对水文化遗产保护工作进行统一规划，加强组织领导，明确责任机构、责任人，逐步形成完善的制度保障体系。具体责任单位，落实责任内容。健全监督制度，形成以水利部门为主体的全方位保护责任机制。由于水文化遗产的复杂性，还应协同交通、住建部门，建立相关部门统筹合作的协调管理机制，形成高效有力的水文化遗产保护管理体系。督促指导地方文物部门落实文物保护主体责任，切实落实国家重点文物保护专项经费，加强水文化遗产的日常管理，制定科学可行的具体保护措施。抓好景区水文化遗产保护监测工作，建立重要水文化遗产日常监测制度，明确监测对象、监测范围、监测人员，规范监测台账，做好管理流程档案记录，切实提高水文化遗产的日常监测水平，实现水文化遗产抢救性保护与预防性保护的有机结合。围绕构建规范有序的约束与退出机制，进一步完善水利风景区等复查工作内容、工作机制和工作流程，对水文化遗产保护落实不力的景区，要根据情况分别给予通报批评、降低等级、取消命名等处理，提高水文化的重视程度，确保流域内水利风景区、农业文化区等的整体发展质量。

(3)行业归口管理,制定统一规范。

加强景区水文化遗产保护政策支持,政府应与社会各方面共同努力,做出全面部署,提出明确要求,推动地方各界注重水文化遗产保护利用,融合相关行业技术力量,共同制定重要水文化遗产的认定、保护、管理工作的政策性文件以及具体条款,修订完善如水文化遗产保护管理条例和水文化遗产评价标准体系等行业规范标准。应当加强基础研究,结合实际需求考虑制定水文化遗产相关的规范及标准。要完善水利工程建设规划与标准等政策体系,将水文化遗产保护与利用纳入水利工程建设标准体系,确保水利工程与文化保护建设同步规划、同步设计、同步实施。梳理总结水利历史,形成有典可依、有据可查的规范标准,为后续的幸福河湖建设提供支撑。

(4)保护单位建立规章,完善具体制度。

作为文化遗产的重要组成部分,水文化遗产保护单位也应该制定具体制度,对破坏水文化遗产以及玩忽职守等行为进行严惩,从制度上保障水文化遗产保护工作的顺利开展。管理部门切实履行职责使命,把水文化遗产保护利用工作列入重要议事日程,纳入业务考核评价体系,加大督促指导力度。应积极进行水文化遗产的调查工作,加强与文物、住建、国土等有关部门的沟通联系,推动地方政府将水文化遗产保护纳入经济和社会发展计划以及城乡规划,在规划、管理利用等各环节,注重对水文化遗产的保护,同时会同有关部门进一步加大对水文化遗产的宣传,提升公众依法保护意识。

(5)保障水文化遗产保护资金渠道。

将幸福河湖水文化遗产保护和利用经费,纳入项目整体建设投资,推动设立重点水文化遗产保护专项基金,保证专款专用,争取更多的水文化遗产进入文物保护范围。同时,调动社会资本参与水文化遗产保护的积极性和主动性。

4)以保护传承的能力建设为着力点,全面提升水文化遗产保护传承水平

水文化遗产具有涉水性、历史性、艺术性、地域性和不可再生性的特点,合理保护和利用显得尤为重要。水文化遗产保护的传承与创新,就是要创新水文化遗产价值内涵,提高保护传承的技术水平,通过科学合理利用促进水文化遗产资源的可持续发展。水文化不仅是水利部门的文化,水文化遗产保护和利用工作也不仅仅是水利部门和其他政府部门的工作,而应该是达成共识,提高公众的水文化遗产认知,树立水文化遗产保护利用理念。

(1)继承和创新工艺技术,切实加强对水文化遗产自身的保护。

采取更多元化、现代化的方式鼓励公众自觉参与水文化遗产保护利用工作;积极组织开展市、乡镇街道水文化遗产保护和利用交流活动,倡导人水和谐的社会价值理念;大力加强水文化遗产保护利用专业技术培训教育,以培养高层次复合型水文化工作人才为核心,充分发挥高等院校、科研院所、科研基地、培训基地的师资力量优势,提高水文化建设队伍的保护水平。加强水文化遗产保护研究攻关,鼓励各领域专家在水文化遗产保护利用的基础理论、技术标准、政策措施等方面进行深入研究,在公益性水利科研项目立项上予以适当倾斜支持。结合幸福河湖水利风景区建设,选择一批水文化遗产地作为保护实验区,全面提高水文化遗产保护利用的技术理论水平。对工程建筑类水文化遗产,及时采取创新工艺技术补救修复措施,最大限度维护其功能和文化景观的完整性和真实性。

对于一些水文化遗产原有功能逐渐被现代产品和技术替代、不适应现代社会发展的

情况，例如水井在历史长河中曾经发挥过重要作用，现在逐渐被自来水替代，被边缘化，甚至被遗弃，这些水文化遗产既不能拆除也无法发挥作用，与周边环境格格不入，就需要充分考虑用继承和创新工艺技术对其保护和活化利用。遗产活化也在成为地区文化遗产资源可持续利用的驱动力之一，它可以有效地展示遗产保护、利用与城市发展之间的相互平衡、相互促进关系。因此，需要深入研究让这些水文化遗产与周围环境相适应的途径，让宝贵的文化遗存与现代生产生活和谐统一，是幸福河水文化保护和建设一个非常重要的措施。

（2）创新文化遗产传承利用的方式，结合当地文化产业和旅游等，适度综合开发利用。

幸福河湖水文化建设应以开展水利遗产调查、修复工程以及助力流域发展工程为载体，进一步传承水利文化、助推乡村振兴和生态文明建设。水文化遗产传承利用需要改变以往静态展览的单一模式，让遗产的原始风貌、技术原理和蕴含的古代的治水智慧真正得到传播和推广，满足其保护与传承的客观需求。在充分挖掘遗产人文内涵的基础上，从静态保护向活态保护转变，让水文化遗产活起来。同时，可以深挖当地水文化遗产的人文、生态等元素，积极探索"水利+"模式，深度融合旅游品牌，将水文化遗产转变为旅游景点。以水利工程遗产为依托，可以进一步提升自然景观和人文景观的观赏、文化、科学价值，扩展水景观、水文化、水生态等功能区，成为文化特色鲜明、景色宜人的休闲、观光、娱乐区，将水文化遗产融入生活，密切联系现代经济发展需求，做到既保护又开发，服务乡村振兴，助推全域旅游，做大做强水经济、水产业。创建各类水文化遗产陈列馆、博物馆、户外景点，为人们提供休闲体验空间，满足不同年龄和文化层次人群的需求，增强人们对水文化遗产保护的意识。

推动实施水文化遗产保存记忆工程，应在保护基础上进行合理开发利用。可依托现有博物馆及遗产点或是建设相关场馆编制旅游线路，开发多元化旅游体验，提高研究阐释和展示传播水平。利用数字技术让水文化遗产处于现场活化场景中，建立标识与讲解系统，恢复提升地标的文化价值和场景构成作用，阐释重要遗产点的功能及历史。对遗址遗迹类水文化遗产，因地制宜设立遗址公园或文化基地，探索开发水文化遗产旅游线路，使群众可以参观游览。对非物质类水文化遗产，积极创新、营造有利于传承与展示的条件和平台，使其能够永续传承。将水文化遗产地周边进行功能置换，积极引导有条件的区域，结合实际规划建设水利博物馆、文化馆、科普馆或展览厅，或是将合适的文物建筑改造提升为展览馆、教育基地等，收集水利文物，充实馆藏资源，完善服务设施，健全完善不同层次、不同类型、不同办馆主体兼容并蓄的水文化遗产展览体系，促进水文化遗产复兴和利用。创建水文化遗产保护示范景区。按照水库、湿地、河湖、灌区、水库、水土保持等不同类型，选择一批具备基础条件的水利风景区，分别组织开展水文化遗产保护利用示范景区创建工作，积极探索水文化遗产保护利用新模式，及时总结推广试点成效和经验，充分发挥示范和带动作用。同时，积极举办龙舟会、滨水马拉松等与水相关的节庆、体育赛事活动，激活历史民俗场景，助力非物质文化遗产保护，共建全民健身氛围，使水文化传播深入人心。

（3）深入加强水文化遗产的保护、展示和宣传。

利用水文化遗产研究中心为交流平台，加强水文化博物馆和研究机构合作，合作开展研究，深度挖掘水文化遗产的历史文化价值和科学研究价值，建立和完善水文化遗产研究的理论体系，积极推进文化典籍整理和出版工作。编纂修订水文化书籍，活化利用好水文化遗产，就需要整理重要水文化遗产调查的资料，将调查成果编纂成图文集，加强对水文化遗产的宣传学习。利用各种媒体平台进行宣传，拓展对外交流渠道，拓宽国际视野，加强国际交流，营造良好的舆论氛围和社会环境，积极发展水文化遗产产业，推进水文化遗产合理有效地开发利用。应当增强公众保护遗产的意识，通过开展水文化遗产保护讲座，宣传水文化遗产保护的相关法律法规条文，普及水文化遗产保护知识，从而提高公众自觉保护水文化遗产的觉悟。积极开展中小学水文化遗产研学教育，开展水文化遗产进校园等宣传活动，形成浓厚的水文化保护氛围。搭建多维度遗产展示平台，推进公众参与到保护管理过程当中，是推进遗产活化与传承的必要过程。市域层面，需尽快出台水文化遗产公众参与管理办法，立足遗产特征与发展要求，制定切实可行的实施细则，建立以专家咨询委员会为核心，原住民、游客、民间组织及志愿者为辅助的公众参与团体。规划阶段可采取调查问卷、听证会及研讨会等方式，提高公众参与度，平衡利益相关者的意见与需求。同时，可利用现代新媒体技术搭建网络平台，进行宣传、科普，提升公众对水文化遗产的认知。新闻媒体要多宣传水文化遗产保护工作，多报道水文化遗产相关新闻活动，多颂扬水文化遗产保护先进事迹，多开辟水文化遗产专题栏目；通过新闻媒体监督破坏水文化遗产的行为，让更多的人参与到水文化遗产保护的监督工作中来。广泛进行群众偏好调查，开展竞赛活动，征集民间文化保护与传播创意，提高公众参与的广度和深度。

5）以激励为目的，建立常态化水文化遗产保护评比机制

以省级为单位，各省建立常态化河湖文化本体保护评比机制，促进水文化遗产保护的不断完善。幸福河湖有河湖遗产本体保护的明确指标打分规则，如下所述：

河流（湖泊）遗产保护情况评价水利及涉水遗产本体保护的重视程度。用平均每 100 km^2流域面积拥有的河湖遗产数量表示，遗产数量计算、河流（湖泊）遗产保护情况赋分见下式：

$$He = \frac{He_1 + 2\times He_2 + 3\times He_3 + 4\times He_4}{A_0/100}$$

式中：He 为河湖遗产数量；He_1 为县级遗产数量；He_2 为市级遗产数量；He_3 为省级遗产数量；He_4 为国家级遗产数量。A_0 为评价区域流域面积，按 km^2 计。

$$He_p = \begin{cases} 0 & He \leqslant 2 \\ 100\times\dfrac{He-2}{5-2} & 2<He<5 \\ 100 & He \geqslant 5 \end{cases}$$

式中：He_p 为河流（湖泊）遗产保护情况赋分。

通过评比，对各省进行遗产保护赋分，以激励为目的，促进保护工作的重视程度，推动河湖遗产申报工作。

4.5.3.2　河湖水文化载体建设

河湖水文化载体大致上可以分为物质形态载体和精神形态载体两大类。水文化的物质形态载体是指人们的水意识、水观念通过水利工程、水环境及水务文化场馆等所展示出来的外在表现，是水文化的物质表现形式。水文化的精神形态载体是指人们对水的作用

与价值的认识、审美、情感等。开展水文化载体建设，对水文化进行传播展现，应该把这两者结合起来。目前，幸福河湖水文化物质形态载体建设主要是通过水文化保护、传承、弘扬与利用，形成一批水文化研究成果，建成一批精品水文化工程，打造多种水文化展示平台与窗口，全面提升了水文化软实力，充分彰显水文化内涵，幸福河湖的文化功能得以充分发挥。结合工程中自然岸线的生态恢复、亲水河漫滩地景观的建设、沿河生态巡查系统和绿化廊道的建设，打造生态文化绿廊，实现人水和谐。

河湖建设中的水文化在几千年治水管水的过程中，孕育了许多优秀的治水传统和精神财富，如'98年抗洪精神、三峡精神等，已成为中华文化的重要内涵。建设幸福河湖，不仅要继承和弘扬这些传统精神，还要深入挖掘和总结优秀水利行业精神和水利人精神，向全社会传递管水治水的正能量。在严格保护河湖生态环境前提下，将幸福河道蕴含的精神文化需求转化并激发出来，建设水文化工程载体，将幸福河道建设与文化深度融合升级，推动幸福河道与乡村旅游、休闲观光、体育运动、民俗文化等深度融合，推动流域经济发展。在流域建设水情教育基地、水农旅结合项目、河长制公园、水文化生态节点等，培育生态价值、激发滨水活力，让幸福河湖建设成为支撑经济发展的动力，引导形成绿色发展方式、生产方式和生活方式，实现河湖生态环境保护与经济发展协同推进，助力乡村振兴。

目前，水文化精神形态载体传播活动的载体比较单一，主要包括在水利行业内部开展各种各样的文化教育活动，如知识竞赛、专业培训以及各种争创先进和创建文明的活动等；在学术界开展重大水利问题的水利理论研究、水文化研究、水利科学技术讲座等。水文化展示传播的形式主要集中在图文、声、光、电等方面，以观众参观体验为主。我国水文化涉及面极为广泛，在开展水文化传播活动时不能仅停留在水利行业的内部，还要丰富水文化传播的载体。在人们物质和文化需求不断提高的背景下，水利工程水文化建设发展趋势之一就是建设亲水体验的载体，通过与水互动交流，亲身体会水文化的故事和历史发展历程，让水文化沉浸式体验越来越亲民化，用水文化的价值赋予其新的见解去指导各行业从事生产、生活和经营活动。同时，幸福河湖水文化建设应加强运用新媒体技术进行水文化传播教育，其具有传播速度快、互动沟通易、受众覆盖广、内容维度多等优势，微博、微信、手机 App、微课以及手机网站等新媒体各具特点，应相互融合，扬长避短，在水文化教育传播上形成合力。新媒体可以将声音、图片、动画等多维度的信息同时展现给用户，极大地拓展了访问者的想象空间，相比传统媒体，更容易形成访问者对水文化的沉浸感和构思，使访问者有身临其境的感觉。如可以通过视频和音频技术领略水利工程的动态效果，欣赏水文化艺术作品，真正激发访问者在接受水文化信息过程中对水文化产生的学习热情。

1.水文化传承

我国治水历史源远流长，在长期的治水实践中形成的丰富水文化，水文化资源底蕴厚重、分布广泛，已成为中华文化和民族精神的重要组成部分。水文化主要依托水利工程及相关水域发展而成，一条河流上独特的自然景观和地域文化，是生长在此的每一个人成长的记忆，更是记得住乡愁的精神家园。水文化与文化遗产密集分布的区域高度重叠，存在合理利用的基础，更有科学保护的责任。从已获得命名的水利风景区来看，很多水利风景区都拥有十分丰富的水文化遗产资源，不少景区甚至依托的主体就是具有重要历史影响和文化价值的水利遗产。这些水文化遗产得到了更高层次和更高水准的保护，其功能和作用也得到了更大程度的发挥和展示。

在流域幸福河湖生态保护和治理中，加强水文化挖掘、保护和弘扬，加强水知识、水文化科普和宣传教育，营造公众共同参与的良好氛围，打造有文化气息的河流，满足人民日益提高的文化生活需求。水文化作为中国文明历史发展进程的重要见证，承载着中华民族的灿烂的文化，凝聚着中国历代水利人的创造精神，蕴含着推动历史发展和科学进步的哲学思想、科学技术、艺术文化价值。传承先进水文化，深入挖掘、科学梳理和系统总结传统的水文化，从宏伟的水利工程中汲取时代精华，不断创新水文化，以民为先打造生态文化新图景，满足人们日益增长的文化需求，进而引领全社会建立起人水和谐的生产生活方式。所以，在幸福河湖建设中保护好、传承好、利用好水文化，对于推动丰富、传承具有中国特色社会主义水文化，弘扬中国精神具有十分重要的意义。

1）水利风景区

近年来，我国水利风景区发展迅猛，全国各地涌现出了很多省级水利风景区。水利风景区的发展实践证明，规范、有序、适度的开发可以有效促进水文化遗产的保护利用。水文化遗产是水利风景区得天独厚的优势资源，其中蕴含的历史文化内涵是现代文明无法取代、不可复制和仿造的。对水利风景区水文化遗产进行科学保护和合理利用，进一步彰显水文化遗产的价值和功能，是传播普及我国基本国情水情知识、促进水文化遗产可持续发展的根本途径。水利风景区只有切实保护利用好水文化遗产，才能充分发挥特色优势，叫响水文化遗产旅游文化品牌，提升水利风景区文化品位，创造出无愧于时代的先进水文化，在更高水平上推动水文化大发展大繁荣。

在文化遗产保护成为全人类共识、水文化遗产保护利用与水利风景区规划建设加快融合的时代背景下，水利风景区水文化遗产保护利用工作，将越来越引起社会各界的关注和重视。当前，水利风景区已经在更高层次、更宽领域、更大范围、更深程度地融入水生态文明建设中，融入地方经济社会发展中，融入人民群众的日常生活中。但我们必须深刻认识到，水利风景区发展绝不局限于自然观光层面，它更是一种文化乃至文明的延续、传承和弘扬。

传承保护水文化遗产是水生态文明建设的一个重要层面，在水利风景区规划建设中，强调对水文化遗产资源的保护，旨在树立一种发展理念，倡导一种价值取向，确立一种实践要求，实现一种目标追求，从而推动水文化遗产保护利用作为景区规划建设的重要导向因素来考虑。幸福河湖水文化建设通过完善和提升工程，结合流域内水利风景区进行打造，不断挖掘、凝聚、积淀水文化，将水利风景区建设成为以水工程为载体、以水文化为灵魂，以科普水利文化、水保文化、生态文化和民俗文化为特色，集展、普、游、科、教、娱多功能为一体的综合型水利风景区。从而提升水利工程的影响力和知名度，不断增强河长制管护成效，推动水文化遗产保护利用落到实处，大力弘扬水文化和水利精神，充分发挥水利风景区的作用，使其更加自觉地肩负起传承和弘扬水文化的神圣使命，为当地经济发展提供支撑。

推动水利风景区提质增效，促进幸福河湖风景区建设，是新时期水利风景区工作的新任务，应从以下几个方面下功夫：

（1）注重打造彰显幸福感的水利风景区。

水利风景区蕴含丰富的水文化内涵，使人们在享受现代水利极其优美的生态环境、获得感官愉悦的同时，也能了解到我国悠久的治水历史和水利科普知识，感受水利事业的巨大成就。文旅融合的背景下，通过多种手段全方位弘扬水利风景区的水文化，既彰显了其水利特色，又能满足人民群众不断增长的精神需要。充分依托丰富的山水风景资源，在水利风景区建设发展的基础上开展幸福河湖建设，整合地区全域旅游资源、推动景区精品化建设，打造景区文化亮点游线，形成水利旅游融合发展特色，并植入多元文化活动，激发河湖沿线城市活力与人文魅力，加强水利风景区建设与乡村振兴、水美城镇等战略部署的有机融合，为地区经济社会高质量发展源源不断地注入新鲜的水脉。

(2)注重打造服务群众的水利风景区。

水利风景区服务重点应该是周边的群众，是为改善当地群众生活品质，提升幸福感、获得感而打造一个风景区，而不是先打造一个景区，再去吸引游客，不能本末倒置。要把水利风景区做到群众中去，更多地把城市、乡镇的滨河景观、郊野公园建设成幸福河湖风景区，让当地百姓共享生态治理的成果，这样的水利风景区才有活力，才能最大体现水利风景区效益。水利风景区在幸福河湖建设中，通过文化和旅游深入融合与创新发展，进一步弘扬水文化、彰显水利特色，使人民群众既从积极情感的层面获得幸福，又感受到成就感、文化认同等精神层面的幸福感，彰显幸福感的精神内核。

(3)注重打造有文化内涵的水利风景区。

水文化是水利风景区生存发展的核心和灵魂，水利风景区是水文化重要的展示窗口，水文化是水利风景区幸福河湖建设的重点。推进水利风景区水利遗产的系统保护，深入挖掘水利故事、水利人故事所蕴含的时代价值，讲好水利风景区的水利故事，坚定文化自信，建设造福人民的幸福河湖，为实现中华民族伟大复兴的中国梦凝聚精神力量。

水利风景区建设在水生态文明建设中发挥着重要先导和支撑作用。在水利风景区开发建设过程中，在科学认识水文化遗产资源现状基础上，统筹协调当前建设与未来发展、生态保护与遗产保护、人文景观与自然景观、文化效益与生态效益，合理有序开展水文化遗产保护与利用工作，积极构建人水和谐相处的水生态文化，不断丰富和拓展水利风景区文化内涵。越来越多的水文化遗产地成为具备打造水利风景区的潜在资源，其具有的丰富的历史文化内涵、完整的技术工艺体系和独特的生态景观风貌等，对我国水利文明传承延续和现代水利可持续发展具有重要科学价值和实践意义，是发展特色水文化遗产型水利风景区值得深入挖掘的珍贵资源。结合重要水文化遗产的评选和认定，进一步健全完善水利风景区评审技术标准体系，依托具有完善传统知识技术体系和独特生态文化景观的古代水利工程，倾力打造一批具有鲜明水文化遗产特色的水利风景区，使其成为相对独立的水利风景区新类型。

新时期新阶段，加快推动水利旅游产业与文化产业紧密融合、共同繁荣，既是经济社会发展的客观要求，也是实现水利旅游业转型升级的必然要求和重要途径。水文化遗产是十分宝贵的文化旅游资源，水利风景区要发展文化旅游业，形成市场竞争优势，打造幸福河理应注重河湖文化的挖掘、展现。风景区河湖文化是沿岸人民在生产、生活实践中创造的精神财富。每条河流都有其独特的文化气质，能够激发人的情怀和思想共鸣。因为在每条幸福河流域水利风景区的打造中，必须针对性地对各类水文化遗产资源进行梳理和整合，促进水文化遗产有效保护和可持续利用，为推动水利旅游业规模扩大、质量提高提供持续不断的原动力。

高质量的水利风景区一定是那些“有故事”的水利风景区，能融合展示特色水文化和地域文化，进而更好地实现水文化的传承。如木兰陂水利风景区（见图 4.5-2），千年的灌溉古迹讲述着古人顽强的治水经历；在木兰陂世界灌溉工程遗产公园旁，莆田市启动建设了福建省首个水利博物馆，包括莆田市木兰陂水文化展示中心在内，该馆建成后将为来自全国各地的党员干部提供组织展览、培训、研学的平台，促进水利遗产的保护和利用。

图 4.5-2　木兰陂水利风景区

讲好水利风景区的水利故事是使人民群众获得沉浸而难忘的体验，进而产生幸福感的有力举措。水利风景区在建设过程中，应针对人群的特点提供不同的服务并学会运用新技术、新理念，讲好水利风景区的水利故事。针对人群的特点提供不同的服务，提升全民对水文化的接受度及认同感。水利风景区应针对不同年龄段、不同教育层级以及人民群众多样的需求，设计出严谨科学的水文化特色服务体系，如针对青少年的文化讲解服务应是生动的、浅显易懂的；针对文化深度爱好者的讲解服务应是全面的、深刻的。

（4）注重创建文化科普宣传的水利风景区。

水文化是体现水利风景区特色和内涵的重要因素，也是水利风景区不同于其他类型景区的重点所在。水利风景区应开展水文化科普建设，通过开展水文化资源的调查建档工作及水文化科普场馆建设，充分挖掘景区内的水利遗产及水文化所具有的时代价值，开展水文化资源调查建档工作，然后结合水利遗产的分布情况及其类型和价值等提出流域内水利遗产的分区、分类、分级的保护与利用措施。加大水文化遗产保护宣传力度，把水文化遗产保护作为水利风景区宣传工作的重要内容，充分利用媒体资源和景区平台，精心策划宣传推广活动，广泛发动社会公众参与，大力宣传普及水文化遗产保护知识，让更多的人认识和了解、关心和支持水文化遗产保护利用工作。

在水利风景区发展良好的基础上，组织专业人才深挖治水历史，研习治水文化。通过更新水利风景区面貌和完善景区设施，实现景区发展的前进。兴建多样化的水情展示场所，举办多层级的水情教育活动，开展水文化科普场馆建设（见图 4.5-3）。水文化科普场馆作为水利科普教育的主要阵地，是展示和弘扬水利精神的重要平台。水利风景区应结合现有工程管理设施的改建或者废旧设施的再利用，建设具有当地特色、可体验、可互动的水文化科普场馆，使人民群众感受到水利工程、水利精神所具有的时代价值，进一步增强文化自信、民族凝聚力。

图 4.5-3 水利风景区科普展览馆

(5)注重打造科技智慧的水利风景区。

运用新技术、新理念,探索文旅融合推进人民群众幸福的路径。水利风景区幸福河湖建设应积极探索 5G、AR/VR、人工智能、元宇宙、智能穿戴等新一代信息技术的创新路径,为游客提供以人为本的沉浸式、体验式项目,系统建设一套集文化展示、科普教育、环境解说于一体的文化产品服务体系,从而提升群众的幸福感、获得感。将水利标准化管理与水利风景区导览系统有机结合,在沿线及重点区域设立标识标志牌,标牌上既有导览导视功能,又有河长制、水情工情、水法规宣传、警告禁止标志等内容,还有对水库、堤防、渡槽、倒虹吸等水利工程科普解说和水文化内容,以通俗易懂的形式展示水利科技和地方水文化,使水利工程管理和景区管理有机融合。例如:红旗渠水利风景区设有元宇宙剧场(见图 4.5-4),通过数字技术赋能文化,沉浸式地为游客解读红旗渠精神,很好地吸引了游客前来参观体验,并从中深入地了解水利知识和水利精神。

图 4.5-4　红旗渠水利风景区元宇宙剧场

(6)注重处理好保护与开发的关系。

水文化遗产是水利风景区的重要旅游资源,但由于对水文化遗产重视不够,水利风景区水文化遗产保护利用仍然存在很多薄弱环节和突出问题,现状依旧不容乐观,影响了水利风景区的整体开发和利用。对水利风景区的各种文化遗产资源进行有机组合,可以使其潜在的历史文化价值更加彰显,更快、更好地转化为旅游经济价值,促进水利风景区综合竞争力提升,实现水利风景区所在地域经济、文化、旅游等产业的可持续发展。

建设应当从加强管理、完善制度、实施监管等方面入手,保护水文化遗产,加大对水利风景区水文化的开发利用。结合水利风景区发展规划制定更有针对性的保护管理办法,努力形成科学、系统、完善的法律法规保障体系。在保持水文化遗产生态的基础上,最大限度地保留原有风貌,同时要制订长远发展计划,确立水文化展示流程,进行空间统筹与布局,有序构建水文化遗产展示区,对展示区域进行日常维护和专人巡查,使水文化遗产得到保护。

水利风景区本身就是河湖治理、开发建设的结果,它以各类水利工程、河湖水域为依托,通过适度开发利用,提升区域环境的品质、价值,促进经济、文化发展,造福当地百姓,是水利社会服务功能的拓展,是水利部门为了满足社会发展需求提供给人民群众的优质生态产品。构建幸福河水利风景区的过程,实际上是河流保护与开发的辩证统一过程,也是环境保护与开发利用协调力度不断循环上升的过程,实现"双向共赢"是幸福河湖水文化建设共同努力的目标。

(7)注重资源整合融合发展。

切实贯彻落实各地《水利风景区管理办法》,坚持政府统筹、水利牵头、部门配合、社会参与,充分发挥水利部门的主力军作用,共同推进水利风景区建设。对政府投资建设并经营管理的公益性水利风景区,其资源保护、基础设施建设以及日常管理所需经费列入专项经费;政府投资的水利工程建设项目,其规划论证、项目设计应当统筹考虑水利风景区发展;有条件建设水利风景区的水利工程建设项目应当将水生态、水景观、水文化、水科普以及安全设施建设内容纳入工程投资总体计划,与主体工程同时设计、同时施工、同时验收;新建水利工程应当将水土保持、生态建设和保护以及工程所在区域自然、人文景观的保护纳入工程建设规划;已建水利工程可结合工程的扩建、改建、除险加固、水土保持、水资源保护等工作统筹水利风景区建设。

打造"文化+景观"深度融合典型。结合沿河水利遗产普查及水利工程文化内涵提升,发挥其文化功能,将湖泊生态环境保护修复与文化元素有机融合,打造一批深具文化内涵的水利风景区,突出时代价值与水文化特色。在水利风景区重要节点设立水文化展示设备设施、场所场景,提升水利风景区的水文化宣传功能。结合河流水系和沿河水景观建设,开展沿河水利风景资源调查,串联库、渠、塘、河、湖等水利风景资源,推动水利风景区集群发展,打造水文化长廊。

(8)注重发挥河长制的作用。

水利风景区建设是水生态文明建设的重要组成部分,其公益性特征决定了政府在管理中的主导地位。河长制是各级政府治理、管理河湖的重要平台,应总结经验,探索水利风景区与河长制结合的工作新机制,从组织机构、监督执法机制、信息共享和智慧平台建设等方面系统谋划,推进水利风景区创建和河长制示范河湖建设工作的融合,将水利风景区工作纳入河长制考核目标体系,把水利风景区打造成为幸福河湖风景区。

2)水情教育基地

为了更好地在幸福河的建设中传承水文化,需要进一步运用工程措施普及水情教育理念。通过各种教育手段和教育途径,结合流域周边景观等实物开展水情教育,以现代水利工程水文化建设为依托,以打造水情教育窗口为目标,充分发挥水文化水景观的深厚底蕴,开拓创新教育形式和教育内容。立足流域特点,建设水工程、供给水产品、传承水文化、注重水活力、彰显水元素、讲好水故事、传播水智慧,项目建设与经济社会发展目标、水平、规模、速度等相协调、相适应,因地制宜探索内容丰富、特色鲜明、形式多样的水情教育新模式。对人们进行有关水的知识教育,让人们可以认识到水与自身以及水与社会、水与国家的重要关系和作用,向社会展示水生态治理的理念、智慧、成效,传承水文化、水历史和开展独具特色、内容丰富的国情水情教育。面向学生、群众,开展幸福河湖建设区域水情、区域水文化、水利相关科普知识、流域综合治理等特色水情教育,以基本水情、水利常识、水利科技、水利法治、治水文化、治水成就为重点内容,增进水安全、水科技、水战略等意识,普及水文化、水常识、水政策、水法规,认识水与人类文明、水与经济社会发展的关系。

水情教育基地建设实现水工程与水文化有机融合,拓展水情教育功能的改革创新,基于场地多年来沉淀形成的文化底蕴和新时代群众对于感受水文化提出的新需求,结合日渐沉淀形成的千姿百态的水利风光与独具特色的旅游资源、幸福河湖水文化等的与当地有关的文化。通过创新项目更好挖掘水文化、展示新时代水文化与水利工程精神风貌。立足新发展阶段,提升水传播理念,运用新时代传播手段,加快水情教育理念创新、内容创新、形式创新,着力宣传流域水特点、挖掘流域水价值、编写流域水读本、普及流域水知识、传播流域水声音、提升流域水服务、发展流域水经济、打造流域水品牌,增强水情教育体验性、参与性、互动性,使水情教育更好体现时代性、富于创造性、把握规律性,力求群众更好地接受,产生好的教育效果及较大的社会影响力。

水情教育基地可以针对不同的水利文化和水情板块进行设置,分别进行教育内容的宣传。水资源保护板块可以包括水资源科普展示区、水文设施科普展示区、国家水情科普展示区等,设置水资源 LED 宣传墙、水资源雕塑模型,构筑知识丰富、题材多样的水资源科普板块；结合幸福河湖建设流域内现有水文站设置水文站简介牌、取水器互动模型和水文设施科普展示牌，普及水文相关专业知识，将科普教育、趣味互动二者相互结合，寓教于乐；国家水情科普展示区通过现代科技、雕塑宣传水资源的重要性，介绍相关国家水情教育内容。水安全展示板块可以设置水安全 LED 展示墙、水安全宣传标语、水安全警示小品、旧取水口科普简介等。在不改变原来景观和功能的前提下，植入水安全元素，通过多方位展示，结合水污染防治及案例进一步宣传水质安全的重要性，同时利用水安全宣传标语，发挥警示教育作用，增强游人防溺水安全意识，将其打造成集休闲娱乐、思想教育于一体的水安全展示板块。水科技宣传板块可以设置水科技宣传栏、水漩涡互动模型，布置宣传栏，通过寓教于乐的方式，展示水科技相关内容，使游客体会到水科技在生活中的重要作用，以及对水科技有更为生动形象的认知。水利法治法规板块可以建设水资源法律法规宣传栏、水利法治宣传景墙以及重点工程简介。通过文化宣传栏形式，引发游客了解和思考，水法律法规对水资源保护的重要作用和意义；通过宣传景墙形式，向市民群众宣传相关法治知识，让游客在休闲娱乐之中，感受浓厚的法治文化氛围；通过宣传牌形式，普及水利工程知识，提升公众对水工建筑物的了解。

为了更好地助力流域区域发展，也可以将水情教育基地与旅游等进行结合，将水情教育与工程中的公园、生态节点、农业产业基地等进行融合，充分利用资源优势，推动水情教育与旅游、场地建设有机融合，将水文化合理有效传承。在场地中可以通过展示设施、互动装置、科普长廊等，结合应用现代信息技术利用当地拥有丰富的历史文化的先天优势，实现安全监测、供水信息化管理和水质远程监测的现代平台建设内容。与气象部门联动发布预警信息，广泛开展防汛知识宣传，为市民安全度汛提供更多指引，提升全社会的防御自救能力，并深入挖掘洪涝灾害防御工作中涌现的先进典型事迹，以起到良好社会教育作用。设计内容侧重水状况、水政策、水法规、水常识、水科技和水文化等，兼顾不同受众的需求，体现时代特点，注重知识性、趣味性，提高公众的参与性与互动性。

水情教育基地的建设也可以结合现有场馆利用，通过室内布展、场景重现等手段，结合声、光、电等多种展览展示形式，尽可能还原水文化发展历程与场景，有模型、展板、实物、多媒体演示系统、知识讲座及互动体验展览展示设施等现代信息技术和手段，搭配符合水情教育需要且具有自身特点的宣传册、读本读物及音视频等资料。通过硬件设施和软件支撑，形成进行展陈、科普、宣传、交流和休闲等不同功能的水情教育区，吸引更多群众参观、游览，全方位传播和展示用水、知水、节水、爱水、护水、治水方式与理念，多措并举展现和传播水文化、水文明、水历史、水知识。加快推进水情教育品牌媒体建设，与各主流 App 视频号、当地日报等多个新媒体平台融合宣传，构建水情教育打卡宣传阵地，全方位讲好水情教育故事，持续提升水情教育基地的社会知名度，共建社会实践基地，组织群众前往接受水情教育，逐步建设形成布局合理、内容丰富、特色鲜明、群众参与度高的水情教育基地（见图 4.5-5）。

图 4.5-5　水情教育基地示例

3) 水土保持科技示范园

幸福河湖水土保持科技示范园以水土资源的可持续利用和生态环境的可持续保护为宗旨,以生态宜居、乡村振兴为目标,以水土保持生态文明科普宣传教育为抓手,以综合治理、技术示范为主线,为社会公众和中小学生学习生态文明,了解、参与、体验水土保持提供直观的教研平台,为水土保持生态文明建设、乡村经济发展等提供典型示范和创新建设引领。建设水土保持科技示范园应根据当地水土流失和生态环境现状,要山水田林路草统一规划,确保规划的科学性、先进性和可操作性,发挥水土保持理念引领、典型示范、科学普及、宣传教育作用,提升社会公众水土保持理念、意识,增强广大群众对水土保持工作的感性认识,提供学习水土保持科学知识的场所,增强公众对水土保持是长期坚持的一项基本国策的认识。所在区域的水土流失应具有典型性,能够代表区域内水土流失的主要类型、程度、危害及生态环境、地质地理等基本特征,能够布设水土流失综合防治的各项措施,便于开展科学研究、技术推广的科研试验和示范推广。工程措施和非工程措施合理配置,治理与开发相结合,突出新的科研成果应用,推广先进技术,探索科学防治水土流失、美化人居环境、提高群众生活水平的有效途径和优化模式。

水土保持科技示范园应展示水土保持治理成果、提升水土保持科技水平、发挥园区的典型带动和示范辐射作用,是水土保持典型示范和生态文明教育的重要平台和窗口,助推当地水土保持工作高质量发展。建设应做到将科学研究与实际应用、科普宣传相结合、生态治理成效与当地特色文化、产业发展相结合,全方位展示水土保持科技示范功能。在园区的建设中应完善固定宣传标识标牌等宣传窗口,如充分利用生态清洁小流域建设、水土保持工程示范创建等,设置水土保持科普宣传标牌,营造浓厚的水土保持生态文化建设氛围,让群众在日常生产、生活的潜移默化中形成水土保持理念。同步开展水土保持科普宣传设施建设和路线规划,增加趣味性、互动性和体验性,推进水土保持文化设施建设,挖掘水土保持精神内涵。水土保持科普宣传设施建设还应注重整体环境景观效果,设计水土保持文化宣传长廊、水土保持科普知识展示和模型演示等方式，兼具营造参观浏览打卡地，吸引公众在游玩体验的同时收获水土保持知识。园区应主动探索水土保持相关文创产品，将水土保持文化宣传与生态、民俗旅游等融合起来，在具备实用性、纪念性、科普性、宣传性的同时，赋予一定的艺术性和价值感，增加宣传效果。水、电、路、房屋及通信设施充分考虑，配备齐全，建设完善的科普培训设施，形成集科学研究、模式示范、技术推广与科普教育等多项功能于一体的综合水土保持科技示范园，打造以科学研究和科普宣传为核心的园区特色，为普及水土保持、生态科学技术知识，传播绿色发展理念提供了良好的条件，建成后能提升生态效益、经济效益和社会效益。

水土保持科技示范园要采用科技新成果，推广水土保持先进技术、施工方法和优良植物品种的文化成果，如计算机规划设计、遥感监测、雨水集流、风力提水与节水灌溉、植被自然修复、保土耕作以及面源污染控制等高新技术，对水土保持治理技术的展示与宣传进行推广工作，成为技术示范的基地。要加强先进实用技术和经济开发技术的应用和推广，各项水土流失防治措施和科学试验研究设施的做法、功能都要有简明易懂的介绍标志，满足群众观摩、学习的要求，成为技术培训和推广的基地。示范园区要加强宣传教育能力建设，增强和扩大宣传教育效果，大力营造水土保持氛围，充分发挥园区的展示与交流平台作用，面向国内外科研单位开放共享，吸引群众到园区开展参观和访学。同样水土保持科技示范园也可以是众多学生的教学实习基地，为学校开展研学、试验提供良好的试验条件，成为水土保持科技和生态安全的宣传基地，面向社会和公众的科普教育基地。水土保持科技示范园示例见图 4.5-6。

图 4.5-6　水土保持科技示范园示例

4）节水示范教育基地

在当前水资源日趋紧缺、供需矛盾不断加剧的形势下，节约用水越来越受到人们的重视，节水型生活方式和生活习惯也日益受到人们的推崇，个人节水习惯和生活方式的培养成为节水型社会建设的重要内容。建设节水示范教育基地，切实提高公众节水意识，推广节水知识，更好地将节水理念深入人心，促进社会各界水资源高效合理保护和利用，加强水资源管理，宣传节约用水，具有重要的意义。

在幸福河建设过程中，可充分在人口密集区选取合适的场地，建设节水示范教育基地。通过设置节水主题雕塑、节水互动体验区、节水宣传栏布展等，拓展水利、节水、水情教育功能，发挥示范、科普、宣传、教育及观光等多种功能和作用，达到多元化节水宣传效果。通过节水示范基地文化长廊了解我国有关节水的相关法律法规，进一步增强广大公民的法律意识和法治观念，并自觉遵守各项法律法规。节水示范教育基地互动设施见图 4.5-7

图 4.5-7　节水示范教育基地互动设施

通过多种方式和渠道搭建用于传播节水知识、推广节水技术、开展节水实践的平台，不仅可以让参观者更加直观地了解我国的节水和供水情况，而且能让他们了解到更多关于节水和供水的相关知识。让更多的人了解科学的饮用水知识和方法，学会正确使用自来水，减少自来水的浪费，促进居民生活用水从低质高耗向优质高效转变。充分利用节水示范基地科学合理的雨水集蓄回收灌溉系统及净水技术和污水处理技术等虚拟展示，积极挖掘展示雨水再利用潜力，融生态绿色建筑展示、自然博览、生态科普、生态休闲旅游、科研交流于一体，营造一个触水、亲水、乐水的水生态景观基地，使其具有良好的节水效能和环境生态效益，并对社会起到示范带动作用。为市民，特别是中小学生提供生动直观、特色鲜明、功能多样的节水宣传教育场所，是创建节水型社会的重要举措。为更好地发挥节水示范基地的作用，加大向社会宣传节水教育基地的力度，积极打造节水教育和水文科普宣传的生动课堂，通过新闻媒体、网络平台、公众号等让节水教育基地教育更多人。节水示范教育基地展示装置见图 4.5-8。

2.水文化融合

幸福河建设工程要充分加强水利工程的文化功能，从保护传承弘扬角度将水利工程与其蕴含的水文化元素有机融合，提升水利工程的文化品位。文化融合情况调查、研究、建设包括在河湖周边或者管理机构、标识系统中蕴含的水文化元素，如历史沿革、治水人物、治水理念、诗词歌赋、成语典故、传说故事、民间歌谣、管理制度等。要在工程规划、设计、建设中融入水文化元素，依据工程特点配建水文化、水利科普展示场所，面向社会公众开放。在确保工程安全运行、发挥作用的同时，充分发挥水文化建设在促进工程建设管理、展现水利人精神风貌等方面的作用，真正实现水利工程与水文化的融合与发展。促使水利工程建设既可以充分发挥兴利除害的治水功能，又可充分展现自身所蕴含的文化魅力，进而达到给人以视觉上的享受和精神上的慰藉，满足人民对美好生活的精神需求，实现人水和谐。通过深入挖掘当地文化底蕴，把河湖治理同当地自然环境及人文元素相融合，将当地的治水历史、人文风情、名人传记、传统文化等与河流深度融合，提升水利工程的文化品位和质量，留存一份文化记忆，塑造一个文化地标。与水生态文明相结合，在河湖水文化景观的文化性、观赏性、亲水性、人水和谐等方面都能够达到较高的舒适度，形成彰显地域特色的水文化景观格局。

图 4.5-8　节水示范教育基地展示装置

以幸福河湖建设为契机，把分散在各处的美丽乡村和自然、人文景点串联起来，积极推进水利、旅游、体育融合发展，促进江河湖海与乡村振兴协同建设，走出一条水生态激活水经济的新路，探索具有地方特色的体制机制，建立幸福河湖建设新模式、新体系。优秀河流文化的传承可促进民族地区水生态建设的健康发展，为未来地区人与河流的可持续发展提供基础性文化建设参考。推进水文化与产业融合发展，以市场为导向，深度开发水文化资源，积极探索“水文化+”的产业体系有效发展路径，推进水文化与影视、演艺、旅游、服务、康养等相关产业的融合发展。结合沿河水景观建设，依托古镇、古厝、古庙、古村落等文化景观节点及龙舟文化、武术文化、宗庙文化等民间传统文化，深入推进文旅融合。深入挖掘宜居水环境、健康水生态、先进水文化的区位优势，深入推进水文化与康养产业、服务产业融合，拓展绿水青山就是金山银山的有效转换途径。

1）水文化制度体系

河湖制度文化，即在河湖建设及开发利用等过程中形成的制度规范，与河湖相关的各种成文和成习惯的规则、行为模式与行为规范，主要表现为法律、制度、习俗等形式，包括管理制度、行政制度、政治制度、经济制度、法律制度等。作为水文化的一个重要组成部分，制度文化对水文化传播有着重要的强化作用。水文化传播不应该成为功利性的行为，而应作为水利管理事业的一个重要组成部分。

制度水文化指人们在对水开发、利用、治理、配置、节约、保护以及协调水与经济社会发展关系过程中所形成的法律法规、规程规范以及组织形态、管理体制、运行机制等文化，包括与水有关的法律、方针政策、重大决定和法规、条例、制度等，也包括以此为指导和规范所进行的饮水、治水、管水、用水、亲水、节水、惜水、护水等实践中产生的文化。制度水文化是水文化的重要组成部分，制度水文化是一定精神文化的产物，是实现价值观的需要，它对于水文化具有强化作用。以传承并浸润精神文化理念、人文精神与重视执行相结合为总原则，以统筹兼顾、整体协调，简明实用、运行高效为总要求，需建立 责、权、利相互协调、相互统一的制度文化体系，不断进行完善和创新。以制度水文化建设为依托，继承和发扬优秀的传统水文化，发展现代先进水文化，用水文化的充实来促进水利管理制度的建设，推动各项水利的管理工作健康有序运行。促使水文化制度体系在传承中创新、成长，不断增强水文化制度的生命力和适宜性，多措并举、多管齐下，使水文化的建设与传播步入规范化、制度化的良性轨道，为水文化传播营造良好的制度文化氛围。

好的制度水文化往往是科学总结了群众治水、管水、用水的经验和做法，遵循水的自然规律，符合实际情况，能够真正保障人们对于河流的需求，可以让人们亲近河流并感受其美好，甚至可以获得一定积极价值与意义的感受，这正是先进水文化的魅力。那些真正保障河流及其治理成果、为人们造福的法规制度，就会在水事活动中长效发挥指导和规范作用，人们依此进行饮水、治水、管水、用水、亲水、节水、惜水、护水等方面实践，并在实践中创造属于河流文化的先进水文化，真正成为幸福河的内在文化。

从制度设计调研入手，加强制度水文化建设。按照以人民为中心的理念，大胆进行制度创新，让流域人民更多地参与到制度水文化的调研、制定、设计中来，让制度设计遵循客观规律，更加符合人民群众意愿。在制度设计中，增加劳动、参观、公益、调研等参与式设计，让社会公众，特别是大中小学生积极参与到河流和治水项目中来，让社会各界都可以有机会近距离接触河流和治水工程及各类水文化，以制度文化创造更多的衍生文化。高度重视基层制度文化的创新和发展，不断总结推广基层好的制度文化。进一步加大制度文化建设的宣传力度。同时，要继续完善有关水利法律法规。把中共中央、国务院的水文化建设和传播原则贯穿融入现有的法律法规之中，特别是要补充那些过去不重视或被忽视的内容，填补立法空白，完善巡查、考核、督查、验收、问责、激励等一系列配套制度，形成一定的制度约束，对保护水文化传承具有重要意义，同时也可以在水事活动中长效发挥指导和规范作用。只有从法律法规上确立并明确水文化传播的地位，发挥制度的巨大优势，水文化传播才能够拥有持续健康发展的保障，才能充分发挥其对水利事业强有力的推动作用。而现有的规范性文件、部门规章和涉水法律法规大多是从工程技术的视角出发的，对管理和操作过程做出详细的规定，而很少会涉及水文化传播方面的内容，水文化价值理念的建设还缺少必要的政策支持和法律依据。完善的制度体系要具备科学性、针对性、全面性和效果性等特点，结合现代的水利实际，综合考虑各层次、各个阶段、各个方面的客观状况，明确新的标准，收集全面信息，分析研究，科学地制定相应政策，并对政策实施的效果做出准确的预测。在执行方面，应坚持依法行政、规范执法的行为，加大执法的力度，提高执法的效率，实行监督和问责制度，制定水文化传播的监测和评估标准，用客观的标准来衡量水文化传播的成效。与此同时，要建立水文化传播的动态公示制度，实行政务公开，保障社会公众的知情权，充分调动公众参与水文化传播的积极性，进而鼓励社会公众提出宝贵建议并真正参与监督。

2) 水文化传播的工作机制

建立健全工作机制和领导体制,明确水文化传播工作的主管部门,充实人员队伍的力量,采取有效的措施,全面推动我国水文化传播。另外,各级水利领导干部还要遵循水文化自身的特点和发展规律,培养自身的水文化意识和素养,始终把握水文化传播的正确方向,灵活地从水利发展和改革的全局出发去谋划水文化传播的发展战略。此外,各级领导干部还要责无旁贷地担负起组织领导责任,由主要领导亲自来抓,专门负责水文化传播的指导工作:在水利系统内部,要建立起办事机构,具体明确各部门所负责的水文化传播组织、协调、管理等日常工作。并且应充分认识到当前的水文化传播资金投入状况并不乐观,使得水文化传播工作难以顺利有序地展开。因此,要拓宽水文化传播资金的筹措渠道,建立国家、个人和社会相结合的多元化投入体系来促进宣传水文化。中央政府要增加公益性水文化传播的财政支出,设立水文化传播专项基金,加大资金投入,建立健全相关体制机制,形成稳定的财政来源,保证水文化建设能够顺利、有效推进。综合运用经济、行政和法律等手段,做到政府调节与市场调节相结合、相互补充,发挥政府的导向作用来引导企业开展水文化产业研发工作,培育水文化传播新的经济增长点,建立水文化产业转化机制,为水文化传播提供充裕的资金保障,形成多渠道、多层次的社会资金筹集系统。

3) 水文化人才

加强水文化机构建设,重视水文化人才培养。建议设立水文化发展主管司局,加强中国水利文学艺术协会建设。加大水文化人才培养的力度,做到有机构管、有专人抓、有专业人士办事。应当充分认识到水文化在引领现代水利可持续高质量发展等方面的重要支撑作用,切实担负起推进水文化改革发展的政治责任,抓好水利部门内部水文化人才培养,营造有利于优秀水文化人才脱颖而出的机制和环境。按照和谐、智慧、至美的水利精神,全面梳理现行水利人事人才制度规范,把优秀的水文化及美学思想固化到水利人事人才制度规范之中,营造和美的水利人事人才制度环境,使水利人及广大水利人才能在和美的人事人才制度环境中全面发展,身心愉悦地为成就水利事业科学发展之美贡献力量。要有针对性地组织水文化专职人员和各级管理人员进行水文化知识的专业培训,以全面掌握水文化知识,提高工作能力,充分发挥其在水文化建设中的骨干带头作用。设立民间河长或巡河员、护河员、护河志愿者、社会监督员。

4) 河长制公园

2016 年 12 月,中共中央办公厅、国务院办公厅印发了《关于全面推行河长制的意见》,时至今日,河长制已在全国全面建立全面见效。河长制既回应了土地文明河流情感的一脉相承,又加入了现代社会制度建设的理念,是真正有情感根基的制度,是基于中国人文化根脉的制度,它体现出习近平治国理政“效能”的根源之一是基于文化创新的理论创新、实践创新与制度创新的结合。建设河长制主题游园,介绍和宣传河湖长制工作内容及河湖治理成效,提升社会关注,获得民众支持,推动河长制工作进一步完善。河长制公园示例见图 4.5-9。

图 4.5-9 河长制公园示例

搭建河长制宣传画廊，配套河长制宣传互动展示屏、河长制工作成效展览板等；购置投影设备，展示全面推行河长制以来的工作成效，实现影像与实物的结合。以宣传栏、文化长廊、宣传标语、景墙、户外大型展示屏等多种形式，展示河长制的起源、推行河长制的背景、河长制组织体系及河长制工作成效和创新举措。向群众科普湖长制的起源、推行背景、组织体系、工作目标任务等内容，以及名人治水、节水、护水知识。设置河长制主题文化长廊，突出展示河长制工作内容，展示河长制的起源、任务、发展、大事，河长制组织体系、河长制工作目标任务、河长制工作制度等河长制相关知识，让游览市民深入了解河长制、全面推行河长制的重大意义、河湖管理保护工作，引领群众充分认识到河长制是一种责任制，是保护母亲河，打造美丽宜居水环境的制度抓手，河长制工作利己利人、人人相关，强化调动群众参与、监督河湖管护的主动意识和关注热情。河长制公园文化长廊示例见图 4.5-10，河长制公园宣传栏示例见图 4.5-11。

图 4.5-10 河长制公园文化长廊示例

续图 4.5-10

图 4.5-11　河长制公园宣传栏示例

续图 4.5-11

5)水文化展览馆、博物馆和科普馆

在幸福河湖建设中可以根据水文化传承与保护要求,结合相关规划安排布置,设立一批水文化展览馆、博物馆和科普馆,打造水文化长廊等,形成布局合理、功能完善的水文化展示利用设施体系,对传承弘扬水文化意义重大。近年形成较好的杭州京杭运河博物馆、中国水利博物馆、上海自来水展示馆以及部分幸福河湖项目中建设水文化展览馆等,是当地传播水文化的"形象大使",这些都是水文化传播的重要物质载体。

在设计上应注重创新,目前现有的展览馆、文化馆的建设主要以参观、介绍为主要形式进行文化传播。展馆内水文化诗词典故类主要以雕刻、展板或文艺比赛类为主,通过分散或集中的视觉展示进行文化宣传。我们需要不断尝试新的技术,在传统文化中加入高科技元素,注重操作性和互动性的设计,这样不仅可以提高幸福河湖水利工程建设的安全性和效率,也可以突出当地文化的创新意识,工程技术中可以增加模型仿真操作、工程模拟设计、浸入式体验等,让参观者能够更加深切地体会到设计者的初衷与智慧。通过对陈列展览、原址展示、3D技术、虚拟现实技术的复原和实物复原等多种多样的技术手段,将传统文化元素转化为数字化的艺术,向公众普及水利行业知识、展示水文化及历史、弘扬水利精神,使公众充分认识水文化价值,进而有效地对水文化进行宣传,同时也是人民群众休闲娱乐的好去处。

通过智慧水务来保障人民的美好生活,科技立国,科学兴邦,是世界时代的发展方向,也是国家发展的方向。科学的方法,科学的管理,先进的设备,科技的应用,智慧地做好水务工作。科普的延伸,构建一座融知识性、趣味性、科技性、互动性一体的水文化展览馆,一座易运维、善运营、善科普的水文化展览馆,一座可持续发展的水文化展览馆,多种互动形式的复合互动场景将展馆打造成智慧艺术展馆。科普展览馆内部装修及布展。构建包含序厅、城市水系、碧道、海绵城市、防洪排涝、供水、智慧水务等多个板块的布展方案及内容。工作内容主要包含布展设计、内部装修、硬件购置、展览内容制作、配套交互软件研发等。内部建设功能区包括幸福河湖展示厅、会议室、值班室、卫生间等设施。此外，数字流域建设的相关。通过声光电技术，以模型、文字、图片、影像等各种形式，以时间线为轴，以时间起点叙述城市历史发展主线，介绍与展示流域内广为传颂的历史人物、地方风俗、治水事件等，推广节水教育等。通过雕塑、小品、展板等形式，展示主要江河渊源、流域面积和水文情况、历朝历代赞美江河美景的古诗词、历史水利名人和新中国成立以来水利事业发展历程上极具代表性的重点工程，结合全方位记录和展示当地河湖保护工作及其经验、成效，帮助市民了解家乡水系分布情况、临河流域孕育的灿烂文化、当地河湖保护工作情况，引起各方关注，引领市民增强文化自信。水文化展览馆示例见图 4.5-12。

图 4.5-12　水文化展览馆示例

6)水文化广场

结合当地实际情况和现有条件,构建沿河水文化休闲广场,为市民提供休闲、娱乐、运动的场所。水文化广场的“水”不仅有观赏性、象征性,更要有参与性,水利工程的水文化不单纯体现在治水上,也应融入人们对水的热爱当中,设计广场上的水文化体验设施和元素,人可以在其间行走、嬉戏,或是与水亲密接触,尽显水的动态韵律美。

利用信息化技术和手段,在广场上设置户外展示屏和互动设施,结合流域当地水文化建设,为群众提供直观实用的视听宣传阵地。利用 AR、VR 等技术实现与公众的互动,及时了解当地的河湖水工程文化、治水精神、地域人文、特色风貌等信息,丰富提升河湖文化内涵。

结合当地实际情况和需求,水文化广场的设计具有很浓的地域文化气息,其中水元素的运用和当地背景有关,使得整个广场空间极具个性广场。广场的文化景观构成从空间功能和城市文化两方面出发,每一处都有其自身的意义,广场的各个分区也因其不同的功能和定位形成不同的景观。以满足当地村民及周边人民群众实际需要为出发点,以提升人民群众幸福感为目的,对水文化广场的景观及展示方式进行专门设计。水文化广场示例见图 4.5-13。

图 4.5-13　水文化广场示例

根据功能布局,可采取以下建设措施:

(1)完善和整修现有步道、亲水栈道、亲水平台等设施,滨水绿道应与外围市政道路贯通,并连接河湖沿岸公园和广场。根据沿岸用地情况,可分设步行道和自行车道,宽度适宜,满足行人、自行车双向通行要求。步道形式应与河湖文化景观融合,运用体现城市文化与地域特色的表现形式,色彩不宜过于鲜艳。滨水绿道宜采用经济性强的当地材料,满足稳定、平整、抗滑、透水及生态环保等要求。亲水栈桥可在近岸水面布置，或跨河布置，可曲可直。亲水平台和栈桥上布置体现城市文化与地域特色的标识、栏杆。

(2)滨水空间提供儿童乐园、健身场地、活动广场、观景平台等功能，根据需要应设置体现流域内城镇文化与地域特色的座椅、引导标识牌、垃圾箱、公厕、驿站、移动售卖屋，以及淋浴房等亲水便民配套服务设施，并应充分考虑无障碍设施。

(3)设置户外文化展示屏、互动设施、警示装置、防溺水设施等，一旦滨水区域发生超警戒水位，启动警报，提醒市民尽快撤离到安全区域。建成水文化广场，展示水利发展史上的重大事件与代表人物，全面阐述河湖流域因水而生、因水而兴，实现人水共融的变迁历程。

(4)游船码头、滨水栈道等选址应符合交通便利、河岸稳定、水流平顺、水深适当等基本条件，且便于游客上下。合理设计游览线路，并加强沿线河湖景观建设、历史文化及风俗特色展现，形成独具魅力的水上文化风光带。

(5)植物设计及布置应体现城市文化与地域特色，与周边景观、文化环境等相结合。

7)水文化元素

水文化内涵丰富，因地域不同而具有差异。在幸福河湖建设水文化元素的汲取上，应立足于当地的地域特色，围绕水利工程这一主题来进行充分应用展现。将水文化元素融入幸福河湖流域建设，规划流域是河流自成系统的整体，其上下游、左右岸、干支流相互都有着密切联系。把流域作为幸福河湖水文化规划单元进行研究，有利于统筹兼顾，为该流域的水文化发展奠定基础。对已建工程，要充分挖掘水文化，从保护、传承、弘扬角度将水利工程与其中蕴含的水文化元素提炼出来、宣传展示出去，提升水利工程的文化品位。对新建、在建工程，要在规划、设计、建设中融入水文化元素，重点建设一批富含水文化元素的精品水利工程，积极开展水工程与水文化有机融合案例推选、示范推广工作。

然而目前，绝大多数水文化景观设计目前过于形式化，导致水文化元素运用特色逐渐模糊，造成了千篇一律的恶性循环，需要在设计中予以规避。水利工程水文化元素设计应注重古今结合的理念，对古人设计造景理念应采取借鉴学习的态度，同时设计中可以适当融入现今艺术元素，通过理解和认识当地实际的文化艺术，加以结合文化元素，使用的设计元素在视觉印象与元素来源上，能够建立直观的对应关系，使设计产品快速地联系到所对应的文化内涵；加大水文化元素应用力度，使元素从数量、体量等各个方面体现，从而设计出符合当地人文特性的水脉、绿脉、文脉交织的优秀水文化工程项目，能够吸引人们的注意力，起到文化推广的目的。应从地域文化角度考虑水文化元素设计，提升沿河水利工程文化内涵。对于沿河已建的水利工程、生态工程及景观工程，结合沿河两岸文化类型与特征，充分挖掘工程自身文化功能及周边历史文化内涵，从保护传承弘扬角度将水利工程与周边环境及工程自身蕴含的水文化元素有机融合，提升水利工程文化品位。对于规划建设的幸福河建设项目，尤其是涉水景观工程与生态修复工程部门，在工程规划、设计、建设过程中要充分融入水文化元素，加强水利工程顶层设计中文化元素的规划、协调和衔接，为水文化建设提供持久动力和长远规划，展现幸福河湖工程的文化内涵和文化品位，提升现代水利建设的文化内涵。

水文化元素展现当地的地域特色，在标识系统中尤为重要体现，可展示历史沿革、治水人物、治水理念、诗词歌赋、成语典故、传说故事、民间歌谣等。

分析地理位置、历史文化等地域要素的参与下，对水文化标识造型、色彩、材料以及文字等设计元素的影响，最后总结出地域文化优势，提炼出满足地域文化精髓，融入水文化元素。设计符合当地文化特色的标识系统。集法治雕塑、形象标识、水治理典故立牌、水法治宣传栏、说明牌、治理成果展示立牌、宣传标语牌等形式于一体。内容有河道治理的法律法规、处罚案例、当地历史、整治说明、治理成效、有影响力的法治人物及法治事件等丰富素材。水文化元素标识示例见图 4.5-14。

图 4.5-14　水文化元素标识示例

从水文化中汲取灵感提炼元素应用到城市公共家具设计当中，也是幸福河湖水文化建设传承与发扬地区独具特色文化的有效途径。在公共家具设计中可以以水为主线，以当地水文化特色元素为主，辅助其他与文化有关的元素做呼应和点缀，既不偏离水文化的主题，又彰显该地与众不同的特征，给使用者以深刻的印象。让具有当地水文化特征的公共家具设计作为纽带，连接生活和文化，不断激活人们对水文化的记忆，激发人们对美好环境的向往，将宝贵的文化与优美的环境一起，共筑幸福河湖水文化建设。

文化小品同样是幸福河湖建设文化体系的重要内容，小品造型的置换是现代设计中对于传统文化元素应用的一种最常用的手法，也就是将传统的造型与流域的公共环境文化要素的造型进行转换，使传统的造型具有当地环境相关构成要素的功能，可取用传统纹样中各种水纹图案作为装饰图案应用到文化小品设计当中。通过流域河湖与水文化这种直接和直观的联系，提炼的各种设计元素进行串联，既在形式上统一，又体现了以水为依托的特殊地域文化。通过将地域文化元素同河道景观元素相融合的方法，使地域文化嵌入自然景观中，与环境融为一体。

8）水文化产业

推进产业与水文化融合发展，实现“文化+产业”深度融合典型，打造一批集产、学、研、用于一体的文化产业链,推动水文化事业和水文化产业高质量发展。以市场为导向,深度开发水文化资源,积极探索促使“资源”变“资产”的“水文化+”产业体系发展路径,推进水文化与影视、演艺、旅游、服务、康养等相关产业的融合发展,培育塑造一批富含特色的水文化品牌。深入挖掘宜居水环境、健康水生态、先进水文化的区位优势,深入推进水文化与康养产业、服务产业融合,拓展“绿水青山就是金山银山”的有效转换途径,建设以水文化为主题的大型会展中心与康养中心。创作水文化主题大型演出节目,实现水文化与演艺产业的融合发展。打造“文化+旅游”深度融合,依托地域水文化特色,充分利用现状沿河涉水文化遗迹的分布特点以及依水民俗文化的发展历史,结合水景观建设及其节点分布,将具有历史文化内涵的景观节点串联起来,打造探寻精品旅游线路。依托水文化孕育的文明结晶,深度挖掘沿河留存下来的民俗风情的文化内涵,结合民间活动形式,将龙舟赛、武术节等民俗活动与水文化教育基地参观、历史古村参观、民间活动参与、地方风俗体验等旅游参观项目相结合,重点建设几处发展文明探源和历史体验旅游产品,打造历史文明体验游路线。以体现自然生态文化与水乡特色风情文化为核心,结合现有旅游参观与沿河景观节点以及规划的水景观节点建设,重点将具有休闲体验与自然生态文化内涵的景观节点串联起来,打造独具特色的水文化生态旅游路线。

加强对水文化产业的建设和宣传,增强发展水文化产业的意识。我国开展水文化研究的时间很短,水文化产业更是一个全新的产业,社会大众对水文化公益性事业和水文化经营性产业的发展还需要有一个适应和接受的过程。水文化的产业主体应该由政府、水利单位和企业等共同构成,其资本经营的形式可以是各种形式相结合。但不管是怎样经营,都应该让多元主体一起参与到市场的竞争体系中来,即水文化产业的发展和繁荣需要更多的水文化产业主体加入这个领域。要加强对水文化产业的宣传工作,通过加强水文化的宣传教育提高消费者对水文化的需求是促进水文化产业发展的最直接手段。公众对文化产品的选择既和自身的素养有关,又和自身的爱好、性格、情趣相关。因此,要加强水文化教育,提高社会公众的水文化素养,使社会公众的视野转向水文化产品和产业。

3.水文化宣传科普教育

水文化宣传科普教育调查、研究、建设包括已出版的水文化相关刊物、专著、科普读物,制作的水文化主题宣传视频,举办的传统水文化主题活动,生产水文化创意产品,已刊登的主流媒体对当地河湖水文化的宣传报道等。

随着媒体时代的到来,人们为它赋予了各式各样的功能,继而文化建设、文化传播的重任就自然而然地落在了媒体的身上。媒体具有通俗性、广泛性等特点,对于水文化传播发挥了不可忽视的作用,成为水文化传播的重要工具。

新时代开拓了水文化的传播教育途径,新媒体传播教育平台体系的构建必能对水文化传播教育整体发展起到促进和补充作用。建设水文化传播教育新媒体平台,将迅速扭转互联网上我国水文化信息匮乏的状况。通过新媒体平台将水文化教育数字资源进行推介,必将形成水文化在互联网上的整体优势,进而不断增强水文化的教育功能。

幸福河湖建设工程应利用好新媒体的便捷和互动的特点进行水文化的传播。随着科学技术的迅猛发展,各种各样的新媒体形式层出不穷。由于工作与生活节奏的加快,人们的休闲时间呈现出碎片化的倾向,新媒体其特有的互动性和便捷性影响着人们的生活,已经成为时代发展的新宠儿。新媒体能满足人们随时随地的互动性表达与信息需要。当前,水文化传播要想取得好的效果,需要充分考虑受众的兴趣和喜好,这就需要充分利用新媒体的便捷和互动特点。需要充分利用微信、微博等传播媒介,发挥其传统媒体无可替代的作用,拓展水文化传播渠道。另外,充分利用新媒体的媒介特性收集水文化传播素材以及水文化传播的反馈信息。在如今互联网快速发展的时代,地域和时空已经不再是信息传播的限制因素,尤其是网络世界中的信息传播平台更是体现出了前所未有的多元性和交互性。网络信息平台一方面以其快速传播优势吸引了大量社会公众;另一方面给水文化传播提供了新的载体。因此,水文化传播活动的开展既可以借助新媒体来寻找水文化资源并对之加以继承和创新,又可通过新媒体将水文化传播受众的反馈信息收集起来。网络信息平台给水文化传播工作者提供了交互便利、途径多样的信息舆论引导平台,充分提升了水文化传播的质量。

在进行幸福河湖水文化建设及宣传过程中,也要善于借助并发挥报纸、杂志、广播、电视等传统媒体的品牌和权威优势,进一步加强水文化报刊和杂志的创办建设,办好已有的《中国水利报》和《水文化》《水与中国》杂志等。此外,还要充分利用广播和电视传播水文化,通过广播电视播放水文化纪录片、电视剧以及水文化广告宣传片等。同时,结合传统媒体以后发展起来的新媒体形态,利用网络技术、移动技术等,通过互联网,无线通信网等渠道以及电脑、手机等终端,向用户提供信息的传播形态和媒体形态,让水文化深入公众的生活,融入公众的思想。

通过媒体宣传、学术讲座、主题展览、亲水活动等多种途径,结合运用新媒体、短视频、电子图文等互联网平台及内容,全面弘扬幸福河湖文化,形成政府主导、社会协同、公众参与的良性互动,调动全社会参与幸福河湖文化建设的积极性、主动性、创造性。

对水文化宣传科普教育的方式,主要有以下几个方面。

1)印发水文化宣传画册、传单

印发《防洪安全文化手册》《抗旱安全文化手册》《饮水安全文化手册》《灌溉安全文化手册》《水生态文化手册》《水资源保障文化手册》《节水、护水文化手册》《水利风景文化手册》等手册以及宣传治水、节水、爱水等内容的传单。通过宣传手册、传单等及时向游客和社会公众传播水文化相关内容的知识及信息。

2)畅通信息共享及公众参与渠道

在信息获取途径畅通的条件下,流域内广大人民群众的高度关心、理解、支持和实质参与是幸福河湖流域内综合治理能否为民造福和顺利推进的关键所在。因此,畅通流域综合管理信息共享及公众参与的渠道尤显必要。依托流域综合管理信息平台,建立健全流域管理机构与各地区、部门间的信息共享机制,以提高流域综合管理的决策者、执行者、利益相关方及社会公众对流域综合管理信息了解的全面性、准确性、及时性。

强化水知识、水文化科普和宣传教育,营造全民共建共享氛围,提高公众参与流域综合管理的能力素质以及积极性、自觉性,提升公众的水利监督意识,真正发挥公众在水利监督中的应有作用。充分调动民间河长、义务河长、企业河长、巡河志愿者的积极性,实现多元化方式巡河护河；每年组织多次社会志愿者、群团组织参加河湖管护行动；一河（湖）一策以及各类河湖保护与治理方案的论证与编制过程中，广泛听取公众的意见和建议；河湖管理保护信息发布平台、监督电话、手机 App、网络举报平台等各种公众参与渠道畅通；每年积极开展参与河湖知识竞赛、征文比赛、画展等各类活动。发挥社会力量在宣传治河法律法规政策、收集反映民意、搭建沟通桥梁等方面的作用。充分发挥“12314”水利监督服务举报热线、省级以上监督举报电话、网络舆情等反映途径。畅通公众反映问题的渠道，形成到处都有监管力量的社会氛围。

建设幸福河湖，群众的评价至关重要，要求更加尊重民众意愿，倾听民众心声。因此，必须加强宣传推广，搭建好线上线下的平台，让广大人民群众有机会参与进来，紧密结合人民群众对美好生活向往的目标要求来开展具体工作。实行自上而下与自下而上相结合的工作方式，充分发挥新闻媒体、社会公众监督作用，建立公众意见落实情况反馈制度。以整体统一的视觉形象，通过新媒体等传播手段对外宣传推广，打造成公众与文化的互动体验空间，提升公众参与效果。

幸福河湖建设应注重公众满意度调查。幸福河的核心是反映人类心理对河流的关注度，不仅体现在防洪安全、水资源保障、水环境健康等河流客观评估因素，又展现了人类对水景观、水生态、涉水休闲生活等方面的需求和满意度。公众满意度反映公众对河湖水资源、水生态、水环境等方面的满意程度。采用公众参与调查方法进行评价，重点调查沿河湖的居民，以及河湖管理相关职能部门外的国家机关、事业单位、社会团体、企业、学校的干部职工、学生等。主要从群众参与度、满意度方面考虑指标，反映全民知水、亲水、护水状况和参与河湖管理保护程度，如河湖问卷调查、群众监督反映河湖问题渠道、河湖管理保护宣传和培训等。对各项指标达标程度的检查、评估，查找问题和短板，更有针对性地推进幸福河建设。同时更是满足人民群众对美好生活、美好家园需求的途径，了解掌握群众最关心、最直接、最现实的利益诉求，不断掌握群众的真实感受，争取使评价结果和群众的主观感受在更大程度上实现契合，为未来其他地区幸福河湖建设提供宝贵的经验。

3）建设水文化展示平台

做好“文化+”河湖宣传。结合历史建筑物提升改造与恢复，打造具有展示教育功能与文化传播功能的水文化展示平台，配套相应的水文化展示设施设备，围绕自然文化载体及工程文化载体，依托沿河水文化景观节点，建设特色游览型水文化展示平台，举办主题鲜明、形式多样的水文化展陈活动，全方位、多视角诠释水文化的丰富内涵、精神实质和时代价值，传承展示水文化。让水文化从线下走到线上，让历史长河中的古老水文化动起来与活起来，打造主题突出、特色鲜明的水文化展示宣传窗口，集中体现水文化精华。

通过河湖长制工作平台加强幸福河湖建设宣传引导，充分调动社会力量开展河湖管理和保护的积极性、参与度，加强企业、事业单位、学校和社区等的河流管护宣传教育。加大幸福河湖创建的新闻宣传和舆论引导力度，营造全社会关爱河湖、珍惜河湖、保护河湖的良好风尚。依托“中国水周”、“世界水日”、“世界环境日”、全国法制宣传日及志愿服务组织，充分发挥社会公众在河湖治理保护方面的重要作用。推行民间河长制度，推动建立河湖长制村规民约，营造全社会齐抓共管的良好氛围。

4)丰富水文化主题教育内容

新媒体快速发展的时代,受众会选择性注意、理解和记忆传媒信息。水文化的传播教育必须跟上变化,在传播内容设计上下功夫,才能增加传播教育的吸引力度。因此,新媒体平台中水文化传播教育内容设计应更加主题鲜明、内容务实、形式新颖,构建更加人性化、趣味性的水传播教育内容体系。传播教育内容可由水资源、水工程、水科技、水历史、水文化、水法规等知识和案例构成,考虑安排知水、乐水、亲水三大篇章,从知识介绍、互动讨论、专题讲座、社会实践案例等方面搭建各篇章内容,突出系统性、科学性和趣味性。

弘扬先进水文化,群众的参与不可或缺。建设一批惠及广大群众的基础性水文化设施和区域特色水文化活动阵地,充分发挥水文化在经济领域、教育领域、旅游领域的重要性,基本形成布局合理、设施完善、功能健全,公益性与经营性文化设施有机结合、和谐发展的覆盖城乡的水文化宣传教育网络。

充分发挥精神文化的教育作用,把节水教育普及到全社会,深入到每个人心中。在全社会广泛开展水文化基础知识的普及工作,开展河长制工作进校园、进企业、进社区活动。加强村镇水文化、社区水文化、行业水文化、校园水文化、家庭水文化建设,让水文化教育进课堂、进家庭,培养和提高全社会的节水意识和习惯。

5)构建水文化网络传播教育平台

水文化网络传播教育平台的打造是新时代、新技术环境下的幸福河湖水文化建设的必然趋势和需求。伴随着各种移动终端的广泛应用,直播、云端在线等信息技术走进人们的日常生活中,水利工程水文化建设方式也在不断运用信息技术形成网络化发展趋势,将互联网平台与新媒体技术相结合,开展全方位、多层面的网络宣传活动。大众媒体在水文化传播的作用主要体现在水产业内部,而在新媒体作用下,水文化元素对社会公众的影响日益凸显。通过网络媒介,讲好治水爱水护水故事,保护传承千年水文脉,提升河湖内涵与品质。要使水文化在普通民众中发挥更大的传播作用,还需要进一步丰富网络传播教育内容,拓展传播载体与传播途径。要运用现代先进的网络化传播理念,构建简捷有效的传播平台与机制,让各地区水利工程文化建设面对全国进行展示,在更大范围内展现其深刻文化内涵和特有文化魅力。

鉴于互联网终端尤其是移动互联网终端如智能手机、掌上电脑等的广泛使用,在新媒体平台体系主动融合多种媒介如网站、微博、App、微信公众平台、QQ 等。同时新媒体平台体系作为水文化传播的平台,其在用户层面更多考虑如何尽可能地扩大辐射面及增加用户的点击量,以发挥其信息传播的功能。因此新媒体水文化传播平台还需考虑各种媒介如何在各自的操作层面上进行文化的联动与融合,某一类的媒介平台上需考虑有其他几类媒介的入口。多种媒介的互通,不仅方便公众在不同媒介间自由点击了解水文化的相关信息,同时也为水文化的信息传播教育提供了多种不同的平台窗口,为日后利用多种媒介进行水文化的合力传播教育,扩大并加强水文化传播教育效果创造了更多的可能性。

随着智能手机、平板电脑的崛起,移动互联网时代已经到来,微博、微信、手机 App、微课以及手机网站已经逐步被人们所接受,也是目前比较常见的新媒体形式。下面,在分析各自传播特点的基础上,分别提出在水文化教育传播中的应用。

(1)微博。

微博是微型博客的简称,是一种通过关注机制分享简短实时信息的广播式的社交网络平台。微博作为一种分享和交流平台,内容具有时效性、交互性、便捷性和原创性等特点。水文化教育传播机构可以通过建立组织微博,实时发布在水文化领域的内容比较权威、影响比较重大的最新事件、活动动态和研究成果等。

(2)手机 App。

App 是通常专指移动终端上的应用软件,本质上就是移动终端的应用程序,可以结合图片、文字、音频、视频、动画等方式展现水文化产业的品牌和信息。我们在幸福河湖传播中,可以通过开发手机 App,将相对成熟、不用随时更新的水文化相关内容,按栏目版块,较系统地向社会传播,打造水文化知识学习平台。通过水利系统相关网站、手机 App 进行全方位宣传水农旅融合项目,并结合现场宣传展示屏进行水文化宣传,从而为游客提供不同的体验。

(3)微信公众平台。

广泛开设各类专题性水文化公众微信,还要在微信开设互动平台,群众可以随时对所传播的水文化内容提出宝贵建议,提高群众的参与度。微信公众平台是提供即时通信服务的免费应用程序,支持通过网络快速发送免费语音短信、视频、图片和文字,能与用户实现实时水利信息推送和交互。目前有订阅号和服务号两种类型。相对于手机 App,微信公众平台传播速度会更加快速。水文化教育传播机构可以申请微信公众平台,实时推送水文化领域各类动态,实现水文化常识在线交互查询,水文化知识竞赛,信息上报及相关问卷调查等。

(4)微课。

微课是指按照新课程标准及教学实践要求,以视频为主要载体,记录在课堂内外开展的精彩教学活动全过程的形式。水文化微课,在具体运用时,通过与手机 App、微信公众平台等融合使用,将水文化传播更加直观、形象和生动,更为高质量建立水文化网络课堂。

(5)手机网站。

加强“水利文明网”等水利方面手机网站的建设。手机网站是以文字信息和简单的图片信息为主进行水文化传播,技术上简单快捷。在水文化传播方面,可以用来发布不需要经常更新的水文化小知识,并且可以跨平台使用,多网站在水文化教育传播上形成合力,宣传丰富的水文化内容。

6)制作水文化艺术作品

鼓励水利题材文化作品创作,对重点水利工程和现代特色水利工程基本情况、成效以及知名人物、故事等通过石碑、雕塑等方式进行文化艺术展示。开展建设幸福河湖为主题的实践活动,征集优秀短视频、摄影作品、散文、诗歌,展示幸福河湖建设成效,弘扬水利文化。要充分利用各种设施发挥文化组织的力量,开展丰富多彩、群众喜爱、健康向上的以水或水利为主题的文学艺术创作表演活动。

全国各地各部门应加大对水文化传播的人、财、物的投入,组织文学艺术工作者深入到水利建设的工作中去深刻体验生活。依托地方主流媒体、行业媒体, 以专题报道、宣传片播放、主题采访、大型文化演出等多种方式，宣传特色水文化，努力创作一批多种形式的具有鲜明水利特色、强烈时代精神、鲜活艺术语言并且代表水利行业形象又具有民族特色的人民群众喜爱的文学艺术精品。通过作品讲好幸福河水文化建设故事，向社会公众传播水文化精神。

(1)出版刊物、著作。

要发掘和整理优秀的水文化。由河流自然本体衍发而成的语言和文字、哲学和道德、民俗民风都是对人类历史演进的见证，是对水利科技发展水平的衡量，同时也是对流域民族情感的表达。水文化的传承与创新是文化发展的内在规律，也是实现文化价值的重要途径。我国是一个拥有悠久治水历史的国家，先祖们的智慧创造惠及当今的治水实践，是水利文学艺术创作的宝藏。我们一方面要感受水文化的博大精深，从中汲取营养，传承精华；另一方面，要引导和激励广大文学爱好者投入到水利事业的建设中，创造出顺应时代的优秀作品。精选优秀的治水人物、经典工程、文化珍品，把这些精品分类编纂成系列故事丛书；把从古到今治水有关的名言警句、成语典故、散文杂谈等编写成系列丛书；广泛收集人们对爱水之情的各种不同形式的作品来丰富水文化传播内容。对生态、人文资源丰富的河流进行文化溯源，编辑文化及旅游宣传册，出版能够反映该河流流域文化以及由此孕育而出的特色产业文化的科普教育读物。

(2)创作诗歌、绘画。

由于生产力的发展、人类思维能力的提高，人类的精神生活愈加丰富，产生了与河流有关的诗歌、绘画等河流文化形式。河流文化源于自然河流，通过诗歌、绘画传播水文化内涵，河流文化生命的内涵随着生产力的不断提高、人类对自然认识能力的增强，其内涵也愈来愈丰富。这些河流文化、水文化、先进文化在愉悦身心、丰富精神方面给人类带来无限的精神享受，而这些文化反过来又促进了河湖治理，推动群众更好地保护、爱护河湖，真正体现了幸福河湖的建设初衷，提升了人民群众的幸福感。

(3)举办水文艺表演。

利用现代技术，创作一批让人印象深刻的精神水文化和深受群众喜爱的文艺节目。成功地在提炼传统水文化符号的基础上加入现代元素，通过音乐和肢体语言让文化活起来。幸福河湖建设应注重举办以水或水域为舞台的文艺活动，使更多的群众参与到水文化表演中来，全方位营造浓厚的水文化氛围，使人们的思想和情操获得陶冶和升华。随着水文化表演的举办，带动群众对水文化的关注度，推动传统文化资源转换，扩大新时代水利知识的普及。

(4)拍摄水文化主题短视频。

鼓励支持创作水文化主题短视频，丰富水文化传播形式。以水脉溯文脉，立足流域文化特色，以水文化为核心，保护和传承历史文化，并与现代新文化交融，完成河流域治水历程宣传短视频拍摄，跟踪幸福河湖建设宣传，结合中国水周等文化活动，加强沿河周边学校和企业宣传及共享。

(5)制作水文化创意产品。

加强水文化创意产品的制作和宣传，并鼓励申报非物质文化遗产。非物质文化遗产更需要依靠民众活态传承，努力将水利相关民间艺术类非遗通过产业化的方式传承下去，将独特的技艺和技术转化为水文化创意产品，结合文化旅游进行传承和发展，带动当地经济增长。

7)举办水文化主题活动、河湖主题相关会议

水文化传播就是要使社会公众从文化的角度反思人与自然的关系，进而从文化的高度全面认识、理解、面对自然，从思想上意识到水资源的宝贵性，培养全社会民众的节水、爱水、护水的良好习惯。通过广泛开展水文化主题活动，转变公众对水的传统认识，增强全社会的水资源意识、水生态意识、水危机意识，引导人们自觉遵守水法规，逐步形成符合生态文明建设要求的水资源开发模式，引导全社会建立起有利于水资源可持续利用的生产生活方式。通过传播先进水文化，在全社会树立起水文化旗帜，发扬水精神，树立水形象，使更多的人来关心、支持节水型社会建设事业的发展，进而在全社会建立起人水和谐的生产生活方式。

通过开展水文化活动，举办以水为主题的各种旅游节和文化节，加强公众参与，宣传当地的水文化。配合学校教育和新闻媒介的传播，通过水文化知识普及和水文化实践活动，树立和表彰节水示范单位，以实践范例扩大社会影响，形成水文化活动的教育辐射效果。结合场地文化特征，梳理策划各类文化活动，包括文化博览、江河文化论坛、水利博览会、水产品推介会、雨水净化课堂、水上赛事、湿地文化体验游等。以时间线为轴，以时间起点叙述城市历史发展主线，推出沉浸式游园活动，以不同的景观营造方式分别对文化、历史人物、地方风俗、治水时间进行阐述。加强水文化活动与流域民众生活的关联，要提升水文化主题活动的展陈设施及水平，增加社会文化产品的供给能力，特别是要拉近与民众生活的关系。活动形式可采用文艺创作比赛、节日庆祝演出、户外活动等。开展爱河、护水文明活动，营造社会各界共治共享的良好氛围。讲述可歌可泣的历史事迹，包括抗洪事迹、抗洪精神、抗洪先进人物、抗旱事迹、抗旱精神等。

举办河湖主题相关会议和文化大型演出赛事活动。水利部门应积极举办河湖主题相关会议，围绕习近平生态文明思想、治水兴水的重要论述、河湖管理保护的法律法规、河湖长规范履职、河湖长制监督考评、幸福河湖建设等内容进行全面系统的培训，同时也可以邀请群众参与学习。注重教与学互通，通过开展集中授课培训、组织观看河湖长宣传教育片、分组结构性研讨等形式，积极营造灵活多样、寓教于乐、学用相长的学习研讨氛围，并将会议、培训内容及思想向社会传播，倡导市民共同关注水资源的可持续利用与保护，深化全社会节水护水意识，共筑人水和谐的美好未来。开展治水名人的评选确定、水利精神表述语的征集和宣传推广、最美家乡河的评选、最美基层河长的遴选活动等。广泛开展人民群众乐于参与、便于参与的幸福河湖文化体育活动，策划自行车、马拉松、国际赛艇、龙舟赛事等运动赛事活动，在全社会建立起节水优先、人水和谐的生产生活方式，实现水文化的价值转换，带动区域发展，助力水经济增长。水文化主题活动见图 4.5-15。

图 4.5-15　水文化主题活动

8）加强水文化传播队伍建设

幸福河湖项目应注重打造高素质的水文化传播队伍，这也是水文化传播顺利开展的重要保证，是水文化传播任务切实落到实处的重要保障。吸引优秀人才，为水文化传播队伍注入新鲜的血液，动员、鼓励和吸引高素质、专业对口人员及高校优秀毕业生进入水文化传播队伍提供有吸引力的政策。注重人才的培养和使用。把培育水文化人才和创作高品位的水文化作品作为水文化队伍建设的根本任务，努力打造具有专业素质的水文化人才队伍，创作出一批反映时代特色、反映幸福河湖建设成果的文学艺术精品。结合幸福河湖所在流域的水利工作实际和水文化建设需要，深入开展水文化相关的培训、学习、研究等活动，提高水利干部职工和群众的水文化素养。

9）加强水文化的国际传播和交流

目前，我国的水文化研究取得了一定成绩，但在学术成果的传播方面还有很大的开拓空间，对现代传播媒介的利用不够，传播渠道不畅通，传播的方式也比较单一。随着现代化发展，文化交流逐渐开放，水文化研究和传播逐渐得到国际社会的关注，国际交流日益频繁。国际交流所关注的话题不仅是人类改造水环境的历史过程，更关注水在人类文明形成中的作用和水与不同民族、不同国家、不同文化背景的人们的社会、经济、文化发展之间的关系。这一切都表明了国际上对于水和文化之间的关系越来越关注。

中国的水文化研究要走向世界，在国际舞台上展现中华水文化的辉煌，应当积极拓展传播途径。创新传播载体，积极参加组织国际水文化论坛和水文化交流，进一步加大中华水文化的国际传播和交流。幸福河的水文化建设需要努力吸收其他国家优秀水文化的外来成功的研究经验。在国际性的相关项目水文化研讨活动中，水文化传播应立足我国的水利实际，充分彰显个性。同时，要吸收外来先进文化、外部环境中的丰富营养，使水文化成果在各种先进文化滋养中不断提升，被广大人民群众喜爱，成为水利联系自然与社会的纽带，成为我们建设幸福河湖项目的经验。

10）加强主流媒体评价

运用国家级新闻媒体和省级新闻主流媒体，在人民日报、人民网、新华社、新华网、光明日报、光明网、经济日报、中央人民广播电台、央广网、中央电视台、中国日报、科技日报、工人日报、中国青年报、中国水利报等对水文化进行宣传、教育，对建设的文化工程进行评价。在报纸、杂志、广播、电视等媒介上开设水文化专栏，宣传水文化内容，增加主流媒体的宣传和评价，更好地推动幸福河湖的建设和发展。

4.6　水经济繁荣技术体系

4.6.1　水经济的基本理论框架

4.6.1.1　水经济理论

水经济的概念是指把水资源作为重要生产要素，创造、转化与实现水资源的量、质、温、能的潜在价值。

从狭义上讲，水经济是指贯彻落实新发展理念，在节约优先、保护优先的前提下，把水资源作为重要生产要素，创造、转化与实现水资源的量、质、温、能的潜在价值。从水与产业的关联程度，我们对水产业进行了界定，主要包括对水依赖程度高的第一产业，第二产业中用水量大或对水特性有特殊要求的酒类和软饮料、医用针剂、水电、新兴战略产业等，第三产业中对水生态环境要求高的旅游业。

在水经济中，有一些核心概念和指标可以用来评估和衡量水资源的经济价值和可持续利用程度。

水资源量：是指某一地区或水体中的水的总量，包括地表水和地下水。水资源量的评估可以用来确定水资源的可利用性和供应状况。

水利用率：是指通过各种水资源利用活动使用的水量与可获得的水资源总量之间的

比例。水利用率的高低可以反映水资源利用的效率和合理性。

水效率：是指单位产出（如农作物产量、工业产值等）所需的水资源的量。水效率的提高可以通过改善水资源的利用方式和技术来实现，以减少水资源的浪费和损失。

水定价和水价：是指将水资源的经济价值转化为货币单位的过程。适当的水定价和水价机制可以提供经济激励，促进水资源的高效利用和合理分配。

水权和水分配：水权是指对水资源的所有权和使用权，涉及水资源的分配和管理。水分配是指将可获得的水资源分配给不同的用户和用途，包括农业、工业、城市和环境等。

水环境保护和水质监测：水环境保护是指保护水体和水资源的生态环境，包括减少污染、防止水体富营养化、保护湿地等。水质监测是对水体中各种污染物质的浓度和质量进行监测和评估，以保证水质的安全和健康。

水灾害管理和风险评估：水灾害管理是指对洪水、干旱和水灾等水相关灾害的预防、减轻和应对措施。风险评估是对水灾害的潜在风险和影响进行评估和分析，以制订相应的灾害管理措施和防护措施。

水资源规划和管理：水资源规划是指对水资源的长期利用和管理进行规划和决策，包括水资源的供需预测、水资源调配和分配、水资源开发和利用等。水资源管理是指实施和执行水资源规划的过程，以确保水资源的可持续利用和保护。

这些核心概念和指标可以帮助评估和衡量水资源的经济价值、利用效率和可持续性，为水经济的发展和管理提供科学依据和指导。同时，它们也是实现可持续水资源管理和保护水环境的关键要素。

传统水经济，即以水的自然资源属性和资产属性为中心建立的经济系统。集中表现在伴水而居，依水发展运输需求大的产业，如商业等。其特点主要包括：①强调水的经济价值，忽视其生态环境价值；②强调水的直接效益和费用，忽视其间接效益和费用；③强调如何利用水，忽视如何有效开发和节约水；④强调占用水资源，忽视其保值增值的能力；⑤强调水的自然资源产权，忽视其环境资源产权；⑥强调水产品价值，忽视水资源价值；⑦强调政府在水资源配置中的作用，忽视市场自我调节的作用。

现代水经济，即围绕水的属性体系建立的可持续发展的经济系统。它主要强调发展旅游产业、水文化、水环保等亲水产业。其特点主要包括：①经济、环境、生态价值并重，保证可持续发展；②直接与间接兼顾，效益与费用并重，保证全面协调；③开发、节约与利用并重，科学使用水资源；④自然资源和环境资源产权并重，充分发挥水的系统属性作用；⑤在水资源配置中政府和市场的作用并重，做到平衡统一；⑥形成生产生活中使用自然资源、环境资源以及生态资源的优化配置机制；⑦形成水资源价值评价体系；⑧充分发挥水资产的保值增值能力，形成良性循环机制；⑨建立水资源价值核算体系。

4.6.1.2 以水定产理论

1."以水定产"的内涵

"以水定产"中的"水"，是"水资源水生态水环境承载能力"，不仅包括水资源量的含义，还包括水环境容量、水生态容量的含义；"以水定产"中的"产"，指产业，既包括产业在空间上的布局概念，又涵盖产业的结构与规模的概念；"以水定产"中的"定"，是"确定"，体现出水的刚性约束作用。"以水定产"，即以区域水资源水生态水环境承载能力为刚性约束条件来确定产业布局、产业结构与产业规模，统筹考虑水资源本底条件与区域经济社会发展优势条件，以水资源可持续利用支撑经济社会高质量发展。落实“以水定产”的 3 个关键环节：

一是建立健全水资源刚性约束指标体系。在保障基本生态用水的前提下，确定各区域经济社会发展的可用水量。

二是围绕重点领域、重点环节建立制度。聚焦合理分水、管住用水，控制总量、盘活存量等方面，完善已有的水量分配、用水定额管理、水资源调度、取水许可及其动态管理、灌区用水、水资源计量监控等制度；建立水资源承载能力评价、用水权初始分配、闲置取用水指标处置等制度。

三是以水而定、量水而行。在各产业发展对水资源的需求中，分析确定哪些是必须满足的刚性需求，哪些是要尽可能保障的合理需求，哪些是要遏制的不合理需求。以可用水量为前提，做好对水资源需求的优化和取舍，紧密结合区域实际，合理规划产业布局、调整产业结构、控制产业规模，使经济社会发展与水资源条件相适应。

2.“以水定产”的影响因素

一是水资源水生态水环境承载能力。水资源承载能力体现水的资源属性，即在维护水资源可再生性和水生态环境健康友好的前提下，水资源系统所能够承受的最大开发利用规模，主要包括水的量、质、域、流、温等 5 个维度资源利用的上限。水生态、水环境承载能力是水资源承载能力的组成部分，是水资源承载能力在环境容量维度的内涵表征。“以水定产”，要回答在水资源开发规模控制在合理阈值的前提下，产业结构要如何调整、用水效率要如何提升、城市布局要如何优化、供水设施要如何完善等一系列问题。如果能做到空间均衡，则可以承载；如果不能，则要调整规划目标。

二是节水潜力。落实“以水定产”的第一要义是“节水优先”。在确定一定地域空间可以承载的最大水资源开发强度时，需要统筹考虑各产业的节水潜力，“以水定产”是在全面落实“节水优先”前提下进行产业调整，因此一个地区的节水潜力是重要影响因素。按照“四定”的要求，制定区域经济发展与产业发展规划时要优先考虑节水因素，量水而行。将节水作为保障国家和区域水资源安全的优先路径，节水要优先于其他开源措施，特别是优先于外流域调水措施。要将节水工作置于水利工作的优先位置，在资金、政策、人员等方面予以优先保障。

三是水量分配。水量分配是对水资源可利用总量或者可分配的水量向行政区域进行逐级分配，确定行政区域生活、生产、生态与环境用水可消耗的水量份额或者取用水水量份额。落实“以水定产”，应充分考虑流域与行政区域水资源条件、供用水历史和现状、未来发展的供水能力和用水需求、节水型社会建设的要求，妥善处理上下游、左右岸的用水关系，协调地表水与地下水、河道内与河道外用水，统筹安排生活、生产、生态与环境用水而确定的水量分配方案。其中，省、自治区、直辖市人民政府公布的行业用水定额是行政区域内实施水量分配的重要依据。

四是政策因素。落实“以水定产”还受到流域、区域发展战略、产业政策等因素的影响。例如，《节水型社会建设“十三五”规划》即从区域布局角度，根据我国不同地区水资源禀赋、水资源和生态环境的压力负荷，未来区域水资源需求、节水潜力以及区域水资源调配和可持续发展对节约用水的要求，按照东北、华北、西北、西南、华中、东南六大区，分区确定了节水型社会建设的重点方向和任务。《全国现代灌溉发展规划》提出了东北、黄淮海、长江中下游、华南沿海、西南、西北地区现代灌溉发展的区域布局，这些战略布局均作为"以水定产"中需要考虑的重要因素。

五是产业发展需水量。产业发展刚性用水需求是满足国家重大发展战略需求、保障重大民生以及重要生态安全，且用水水平符合用水效率要求的各产业发展用水需求。落实"以水定产"，关键是界定好各产业发展对水资源的刚性需求、合理需求，以及要予以遏制的不合理需求。

六是水资源管理水平。推进落实"以水定产"的组织管理体制机制是否完善，法规制度体系是否健全，是"以水定产"最终能否落实到位的关键。包括行政层面，通过地方党委政府牵头抓落实，各相关部门协同参与，加强取用水监管，控制总量、盘活存量，合理分水，管住用水，强化规划管控，完善水法规体系强化制度约束，加强监督考核与责任追究等措施，不断提升水资源管理水平从而推进"以水定产"各项工作落到实处。

3."以水定产"与水经济的关系

以水定产是指把水资源作为最大的刚性约束，合理规划产业规模和产业结构。"以水定产"意味着要实现水资源与产业结构之间相协调、水资源配置与产业布局相适应、水利项目与产业项目相匹配，实现水利项目投入与产业效益的双赢。要做好"以水定产"的顶层设计，形成"以水定产"的体制机制，在优化与调整产业布局时充分发挥规划引导作用，形成节水用水的工作合力；以本地水资源作为最大的刚性约束，实行最严格的水资源管理制度，积极创新体制机制，深化水权水价制度改革，积极发展节水型产业，落实节水激励制度，推进水资源税费改革；创建一体化智慧运营平台，运用信息化手段提高监测水平，构建以水权监管为核心的水务执法网格化管理模式，实现智能化、精细化治水服务与管理；精准管控污水治理，限制较高耗水产业和低效用水产业发展，坚决查处"三高"产业不合理用水需求，严格惩处违规用水排水企业；发展节水产业和节水技术，研发减排技术和智能化节水设备，推进产业用水方式由粗放低效型向节约集约型转变；统筹考虑本地水资源、水生态与水环境，科学优化产业结构、规模和布局，提升节水科技进步和治水管理水平，实现经济、社会、生态的协调可持续发展。

为实现水资源的可持续利用，我国把发展节水产业放在突出位置。早在2014年，习近平总书记就提出"节水优先、空间均衡、系统治理、两手发力"治水思路，并把"节水优先"放在首位。当前，发展节水产业是实现水资源高效利用与产业质量效益双提升的必然要求，也是经济高质量发展的应有之义。要强化水资源总量管理、科学配置、全面节约、循环利用，树立先进的节水理念，引进先进节水技术，创新先进节水工艺，开发先进节水产品。大力发展节水型产业，推进农业节水增效、工业节水减排、城镇节水降损，推进水污染治理、水生态修复、水资源保护。发展壮大节水产业经济新业态，积极推进节水型产业集群建设，协调推进"产业节水"与"节水产业"，助推经济高质量发展。

推进落实"以水定产"，就是要坚持量水而行、适水发展，优化调整产业布局，限制高耗水和低效用水产业发展，合理规划重点地区人口、城市和产业发展规模，控制用水过快增长。例如，西北地区充分结合自身自然地理条件特点和优势，通过扬长避短、从优去劣，确定当地产业结构调整的战略重点，以优势为立足点制定产品、产业发展重点。做好地下水压采、退地减水、调整农业种植结构等措施，实施新形势下国家粮食安全战略和藏粮于地、藏粮于技战略，转变发展方式，加快转型升级。加强农田水利设施建设，打造农业产业示范基地。严格控制高耗水新、改、扩建项目，推进高耗水企业向水资源条件允许的工业园区集中。

4.6.1.3　水资源理论

1.水资源的基本概念和分类

水资源是指地球上可供人类利用的水的总量，包括地表水、地下水和大气水等。它是人类社会发展和生态系统维持的重要基础。

水资源的分类可以根据不同的目的和应用进行划分，例如可以按照水的来源、水的性质、水的利用方式等进行分类。不同的分类方式可以帮助人们更好地了解和管理水资源，实现对水资源的合理利用。

根据来源和性质的不同，水资源可分为以下几类：

(1)地表水：指地球表面上的湖泊、河流、水库、坝以及积水等形式的水体。地表水是人类最主要的水源之一，也是供应农业、工业和城市用水的主要来源。

(2)地下水：指位于地下岩石或土壤中的水资源，主要储存在含水层中。地下水是一种稳定、可持续利用的水资源，对于满足人类的用水需求具有重要作用。

(3)冰川和雪水：指位于高山、极地等地区的冰川和积雪，其融化后形成的水资源。冰川和雪水是一种季节性的水资源，对于山区和周边地区的水供应和灌溉具有重要意义。

(4)大气水：指大气中的水蒸气形式，包括云、雾、雨、雪等形式。大气水是一个重要的水循环环节，通过降水补给地表和地下水资源。

此外，还有一些特殊的水资源，如再生水(经过处理后可再利用的废水)、咸水(如海水)、雨水等。

根据水的利用方式，水资源可以分为以下几类：

(1)生活用水：指供人们日常生活所需的水，包括饮用水、洗浴用水、厨房用水等。

(2)农业用水：指用于农作物灌溉、养殖业和水产养殖的水资源。农业用水是水资源利用的主要领域之一，占据全球水资源利用的大部分。

(3)工业用水：指工业生产过程中所需的水资源，包括制造业、能源生产和其他工业领域的用水。

(4)能源用水：指用于能源生产和发电的水资源。例如，水电站利用水流的动能来产生电力。

(5)环境用水：指维持生态系统和保护环境所需的水资源，如湿地、河流、湖泊等水生态系统的水需求。

(6)旅游用水：指用于旅游业的水资源，如水上运动、水上乐园等。

此外，水资源还可以根据其可再生性和可持续性进行分类。可再生水资源是指地球上可以通过自然循环和人工干预再生的水，如地下水和降水。而非可再生水资源是指那些无法通过自然循环再生的水，如冰川融化的水和化石水。对于非可再生水资源的利用要谨慎，以确保其可持续利用。

2.水资源在生态系统中的作用

水资源在生态系统中发挥着重要的作用，对维持生物多样性、生态平衡和生态系统稳定起着至关重要的作用。以下是水资源在生态系统中的几个主要作用：

(1)维持生物多样性：水是生命的基础，水资源的充足与否直接影响着生物多样性的维持。水资源为不同生物提供了适宜的生存环境，包括水生生物和陆生生物。水体中的湖泊、河流、海洋等是许多生物栖息地和繁衍的重要场所。

(2)提供生态系统服务：水资源为生态系统提供了多种重要服务，如水循环、水土保持、洪水调节、气候调节等。水循环是生态系统中的基本循环过程，维持着水资源的再生和分配。水土保持通过水的流动和滋润，保持土壤的稳定和保护植被。洪水调节能够缓解洪水的影响，保护河流周边地区的安全。气候调节则是通过水的蒸发和降水，调节气候和温度。

(3)提供饮水和养殖资源：水是人类最基本的生存需求之一，水资源的充足和水质的良好直接关系到人类的健康和生活质量。水资源也为农业和养殖业提供了必要的灌溉和养殖条件，保障了粮食和食品的生产。

(4)维持湿地生态系统：湿地是水资源和陆地生态系统的重要连接环节，是许多珍贵的生物栖息地。湿地提供了丰富的水源和湿度，适宜各类湿地植物和动物的生存。湿地还具有净化水质、保持水量平衡和防止洪水的功能，对于生态系统的健康和稳定起着重要作用。

(5)维持水循环和水质：水资源在生态系统中参与了水循环过程，从地表水蒸发，形成大气中的水蒸气，再通过降水回到地表，流入河流、湖泊和地下水层，循环往复。水资源的充足和水循环的正常运转维持了生态系统的水平衡。同时，水资源在生态系统中通过滤波、沉淀和生物吸附等过程，起到净化水质的作用，保证水质的清洁和健康。

总体来说，水资源在生态系统中的作用非常重要，它不仅是生命的基础，也是维持生态系统平衡和稳定的关键因素。保护和合理利用水资源，对于维护生态系统的健康和可持续发展至关重要。

3.水资源对经济发展的重要性

水资源对经济发展具有重要的影响和作用。以下是水资源对经济发展的几个重要方面：

(1)农业生产：农业是水资源利用的主要领域之一。充足的水资源对农业生产至关重要，特别是对灌溉农业的发展和农作物生长的需求。水资源的供应和合理利用可以提高农作物的产量和质量，增加农业的收入和经济效益。

(2)工业生产：水是工业生产过程中的重要原材料和能源。许多工业行业(如制造业、能源生产、化工等)都需要大量的水来进行生产和运营。水资源的供应和质量直接影响着工业生产的效率和成本，因此充足的水资源是促进工业发展和提高竞争力的重要条件之一。

(3)城市发展：水是城市发展的基础设施之一。城市需要水资源来满足居民的生活需求，如饮用水、洗浴用水、厨房用水等。水资源的供应和水质的良好直接关系到居民的生活质量和城市的宜居性。同时，水资源也是城市工业、商业和服务业发展所需的基础条件。

(4)能源生产:水资源在能源生产中起着重要的作用。水电是一种清洁、可再生的能源形式,通过水的流动来产生电力。水资源的充足和水电的开发利用可以降低能源成本,减少对传统能源的依赖,促进能源的可持续发展。

(5)生态旅游:水资源在旅游业中发挥着重要的作用。水景区、海滩、湖泊、河流等水域景观吸引了大量的游客,带动了旅游业的发展。水资源的保护和管理对于维持旅游景区的生态环境和吸引力至关重要。

(6)水产品养殖:水资源为水产养殖提供了必要的生存环境和养分。水域中的渔业和水产品养殖业为经济发展提供了就业机会和经济收入。合理利用水资源和保护水生态环境,能够促进水产品养殖业的可持续发展。

(7)水资源的交通和运输:水资源在交通和运输领域也具有重要作用。河流、湖泊和海洋等水域为水上交通提供了便捷的运输通道,降低了物流成本和能源消耗。水资源的合理利用和水上交通的发展,对于促进贸易和经济的发展具有重要意义。

总体来说,水资源对经济发展具有重要的促进作用。充足的水资源能够支持农业生产、工业生产和城市发展,提供基础设施和能源,促进旅游业和水产品养殖业的发展,同时也为交通和运输提供便捷的通道。在经济发展过程中,合理利用和保护水资源是必要的,以确保水资源的可持续利用和经济的可持续发展。

4.6.1.4　水资源经济学的基本理论

水资源经济学是研究水资源的经济价值、利用和管理的学科领域。它基于经济学的基本理论和方法,结合水资源的特点和问题,探讨水资源的经济决策和政策制定。水资源经济学的基本理论包括以下几个方面:

(1)水资源的经济价值:指的是人们对水资源的需求和意愿为水资源支付的价格。经济学通过需求曲线和供给曲线来描述和分析水资源的经济价值,包括水的市场价格和非市场价值(如环境价值、生态价值等)。经济价值的确定可以帮助评估水资源的稀缺性和优先级,指导资源的配置和利用。

(2)水资源的供求关系:描述了水资源的供给和需求之间的平衡和调节。供给方面,水资源的供给受到地理、气候、水循环和水资源管理等因素的影响;需求方面,水资源的需求受到人口增长、经济发展、农业和工业用水等因素的影响。供求关系的分析可以帮助理解和预测水资源的供需状况,以及供需不平衡时的影响和调整。

(3)水资源的经济效率:指的是在给定的资源约束条件下,实现最大化的经济效益。经济学通过效率分析和边际分析来评估水资源的利用效率,包括资源配置的效率、水利用的效率和成本效益分析等。

(4)水资源的市场和非市场机制:水资源的市场机制是指通过市场交易来实现水资源的配置和分配。市场机制可以通过价格机制、拍卖和水权交易等方式,将水资源分配给不同的用户和用途,以实现资源的效益最大化。非市场机制是指通过政府干预和规制来管理和调控水资源的利用和分配。非市场机制包括政府的水资源管理、水权分配、收费政策和法律法规等。水资源经济学研究市场和非市场机制的优缺点,以及如何在实践中结合和运用这些机制。

(5)水资源的可持续利用和管理：是指在满足当前需求的基础上，保护和维护水资源的质量和数量，以满足未来的需求。经济学通过可持续发展理论和资源管理的经济学原理，研究如何平衡经济发展和环境保护的关系，推动水资源的可持续利用和管理。

综上所述，水资源经济学的基本理论包括水资源的经济价值、供求关系、经济效率、市场和非市场机制以及可持续利用和管理等方面。这些理论为水资源经济学的研究和实践提供了基础，也为水资源的经济决策和政策制定提供了指导。

4.6.1.5　水资源开发的基本原则和方法

水资源开发的基本原则和方法是为了实现水资源的可持续利用和管理，提高水资源利用效率和经济效益。水资源开发的基本原则和方法主要有综合规划和管理、水资源的优先级和分配、水资源的经济效益分析、水资源的节约和效率提升、水资源的保护和环境管理、水资源的社会参与和合作、风险评估和灾害管理、法律法规和政策支持等。

(1)综合规划和管理：水资源开发需要进行全面的综合规划和管理，根据水资源的特点和需求，制定长期的发展策略和规划。综合规划和管理可以协调不同水资源的利用与保护，优化水资源的配置和分配。

(2)水资源的优先级和分配：根据水资源的稀缺性和重要性，确定不同水资源的优先级和分配原则。优先满足人类生活用水需求，保障农业灌溉和工业用水的需要，同时兼顾生态环境和生物多样性的保护。

(3)水资源的经济效益分析：对于水资源开发项目，需要进行经济效益分析，评估项目的投资回报率和经济效益。经济效益分析可以帮助决策者选择最具经济效益的水资源开发方案，并优化资源配置。

(4)水资源的节约和效率提升：通过节约用水、提高水资源利用效率和改善水利设施等措施，降低水资源的浪费和损失。采用先进的水资源管理技术和设备，提高灌溉和供水系统的效率，减少水资源的损耗。

(5)水资源的保护和环境管理：保护水资源的生态环境，防止水体污染和水生态系统的退化。实施水资源的环境管理措施，加强水质监测和治理，减少污染物的排放和水体富营养化的风险。

(6)水资源的社会参与和合作：水资源开发需要广泛的社会参与和合作，包括政府、企业、社会组织和公众的参与。建立多方合作的机制和平台，促进信息共享、协调决策和解决利益冲突，实现水资源开发的共赢。

(7)风险评估和灾害管理：水资源开发需要进行风险评估和灾害管理，预测和评估水灾害的潜在风险和影响。制定相应的灾害管理措施和应急预案，减轻灾害损失和保障人民生命财产安全。

(8)法律法规和政策支持：水资源开发需要依法依规进行，并制定相应的法律法规和政策支持。加强水资源管理的法治化，确保水资源的合理使用和保护，维护公平公正的水资源分配。

综上所述，水资源开发的基本原则和方法包括综合规划和管理、水资源的优先级和分配、经济效益分析、节约和效率提升、环境保护和管理、社会参与和合作、风险评估和灾害管理，以及法律法规和政策支持等。这些原则和方法可以帮助实现水资源的可持续利用和管理,促进水资源的经济、社会和环境可持续发展。

4.6.1.6　水资源利用的主要领域和方式

水资源利用涵盖了广泛的领域和方式,主要包括以下几个方面:

(1)生活用水:是指用于居民和城市生活的饮用水、洗浴水、厕所冲洗水等。这是水资源利用的基本领域,涉及人们日常生活的方方面面。生活用水可以通过供水系统进行供应,也可以通过自备井和水池等方式获得。

(2)农业灌溉:是指用于农作物的灌溉水。农业是水资源利用的主要领域之一,农业灌溉通常占据了水资源利用的大部分比例。农业灌溉可以通过引黄、引汉、引江等大型水利工程进行,也可以通过小型灌溉设施如滴灌、喷灌等进行。

(3)工业用水:是指用于工业生产和制造过程中的水。工业用水包括冷却水、加工水、清洗水等。不同的工业部门和工艺需要不同的水质和水量,因此工业用水的需求和利用方式也各不相同。工业用水可以通过工业供水系统、水回用系统和水处理设备等进行供应和管理。

(4)能源生产:水资源也被广泛用于能源生产,包括水电、核能和燃煤电厂等。水电是利用水资源进行发电的主要方式,通过水库、水轮机和发电机等设施将水的能量转化为电能。核能和燃煤电厂也需要大量的水用于冷却和蒸汽发生。

(5)生态保护与环境用水:是指用于维持生态系统健康和环境保护的水资源利用。这包括湿地保护、河流生态保护、水体水质改善等。生态保护和环境用水的目的是保护和恢复自然生态系统的功能,维护生物多样性和生态平衡。

(6)水资源旅游和娱乐:水资源也是旅游和娱乐的重要组成部分。水上旅游、水上运动和水上娱乐等活动依赖于水资源的丰富和质量。这些活动可以促进旅游业的发展和经济增长,也可以提供人们的娱乐和休闲方式。

(7)水资源管理和调度:是确保各个领域合理利用水资源的关键环节。这包括水资源的规划、分配、调度和监测等。水资源管理和调度的目的是最大限度地满足各个领域的需求,同时保护水资源的可持续利用和环境的可持续发展。

总之,水资源利用涵盖了生活用水、农业灌溉、工业用水、能源生产、生态保护与环境用水、水资源旅游和娱乐,以及水资源管理和调度等多个领域和方式。合理利用水资源,实现各个领域的需求平衡,是促进可持续发展的关键。

4.6.1.7　水资源开发与利用的经济效益和社会影响

水资源开发与利用的经济效益和社会影响是水资源经济学研究的重要内容。下面分别介绍水资源开发与利用的经济效益和社会影响。

1.经济效益

(1)增加产值和就业。水资源的开发和利用可以促进农业、工业和能源等领域的发展,增加产值和就业机会,推动经济增长。

(2)提高农业生产效率。农业灌溉的合理利用可以提高农作物的产量和质量,增加农民的收入,改善农村经济状况。

(3)促进工业发展。工业用水是工业生产的重要资源,水资源的供应和管理对工业发展起到关键作用,可以推动工业的发展和扩大产能。

(4)增加能源供应。水电是一种清洁、可再生的能源,水资源的开发可以增加能源供应,减少对化石燃料的依赖,降低能源成本。

2.社会影响

(1)改善居民生活条件。水资源的合理开发和供应可以改善居民的生活条件,满足人们的日常用水需求,提高居民的生活质量。

(2)保障食品安全。农业灌溉的利用可以提高农作物的产量和质量,保障食品的供应和安全,维护人民的生命健康。

(3)促进社会稳定。水资源的充足供应和管理可以减少因水资源短缺而引发的社会矛盾和冲突,促进社会稳定和和谐发展。

(4)促进生态保护。水资源的合理利用和管理可以保护水生态系统的完整性和稳定性,维护生物多样性,保护水域生态环境,提供生态服务功能,促进生态系统的健康发展。

(5)提高灾害防控能力。水资源的开发和利用可以提高防洪、防旱和防灾能力,减少水灾和干旱造成的损失,保障人民的生命财产安全。

(6)促进区域协调发展。水资源的开发和利用需要进行跨区域和跨部门的协调合作,促进区域间的协调发展,促进资源优化配置,推动区域经济一体化。

(7)提高社会参与和民众满意度。水资源开发和利用需要广泛的社会参与和民众的支持与配合。透明公正的决策过程、有效的沟通与信息共享,可以提高社会参与度,增加民众对水资源开发的满意度。

需要注意的是,水资源开发和利用也可能带来一些负面的经济效益和社会影响,如环境破坏、水资源过度开发、社会不公平等问题。因此,在水资源开发和利用过程中,需要综合考虑经济效益、社会影响和环境可持续性,采取合适的管理和调控措施,实现经济、社会和环境的可持续发展。

4.6.2 水资源开发与利用的案例分析

4.6.2.1 三峡水利枢纽工程(中国)

三峡水利枢纽工程是世界上最大的水利工程之一,位于中国长江上游。该工程包括三峡大坝、水库和水电站等设施,旨在实现发电、航运、防洪和供水等功能。该工程的建设和运营带来了多方面的经济效益和社会影响。首先,该工程的水电发电能力大大增加了中国的能源供应,减少了对化石燃料的依赖,提高了能源安全性。其次,水电发电带来了巨大的经济收益,推动了当地和周边地区的经济发展,增加了就业机会。长江三峡水经济效益主要体现在以下几个方面:

(1)发电产能:长江三峡工程拥有世界上最大的水电站,年发电能力达到 2 400 亿 kW · h。这不仅为中国的电力供应提供了稳定的基础,也为国家的经济发展提供了强大的支撑。每年通过发电创造的收入可观,对于中国的水电产业和国家财政都有着重要的贡献。

(2)航运交通:长江三峡水利枢纽工程的建设,使得长江水域的航运条件得到了显著改善,大大提高了长江中游地区的航运能力。这对于货物的运输、物流产业的发展以及地区间经济的互通贸易都起到了积极的推动作用,增加了水上交通的运输量和效率。

(3)水资源利用:长江三峡水库对于水资源的调节和管理起到了重要的作用,可以调节长江水量的分配和利用。在干旱季节,可以向下游地区提供水资源;在丰水季节,可以减轻下游地区的洪水灾害。这对于农业灌溉、水资源的合理利用等方面都有着积极的影响。

(4)旅游业发展:长江三峡风光秀丽,是世界地质公园,吸引了大量的国内外游客。旅游业的兴起带动了当地经济的发展,促进了相关产业的繁荣,为当地居民提供了就业和创业的机会。

总体来说,长江三峡工程的建设和运营,带动了水电、航运、旅游等多个产业的发展,对于改善区域经济发展、提高水资源的利用效率和保护生态环境都起到了积极的作用。然而,该工程也带来了一些负面影响,如生态破坏、迁移人口的社会问题和文化遗产的损失等。因此,该工程的建设和运营需要综合考虑经济、社会和环境的可持续发展。

4.6.2.2　加州中央谷地灌溉(美国)

加利福尼亚州中央谷地是美国重要的农业产区之一,但该地区自然降水稀缺。为了支持农业生产,该地区依赖于灌溉系统来供水。这些灌溉系统利用了当地的河流和地下水资源,为农田提供了稳定的水源。这种灌溉系统的建设和利用,使得中央谷地成为美国重要的农业生产基地之一,为当地农民提供了稳定的收入来源,同时也为全国的粮食供应作出了重要贡献。加州中央谷地是美国重要的农业产区,灌溉水经济效益对该地区的农业生产和经济发展起到了重要的作用。

(1)农业生产:中央谷地是美国重要的粮食和水果生产地之一。灌溉水供应保证了农作物的正常生长和丰收,提高了农产品的产量和质量。农业产值的增加带动了就业增长和农民收入的提高,为当地经济作出了巨大贡献。

(2)经济增长:中央谷地的农业生产不仅满足了本地市场的需求,还向其他地区和国家供应农产品。农产品的出口带动了中央谷地的经济增长,增加了区域内的投资和就业机会,促进了相关产业的发展。

(3)食品加工业:灌溉水的充足供应为中央谷地的食品加工业提供了原料的稳定来源。许多农产品在加工过程中需要大量的水,比如果汁、罐头食品等。灌溉水的利用促进了食品加工业的发展,为当地带来了经济效益和就业机会。

(4)生态旅游:中央谷地拥有丰富的自然资源和风景名胜,吸引了大量的游客。灌溉水的使用保证了景观的保持和生态环境的稳定,为生态旅游业的发展提供了重要的基础。旅游业的兴起为中央谷地带来了经济收入和就业机会,促进了当地经济的多元化发展。

总体来说,加州中央谷地的灌溉水经济效益体现在农业生产、经济增长、食品加工业和生态旅游等方面。灌溉水的充足供应对于实现农业现代化、促进经济发展和提高居民生活水平起到了重要的推动作用。

4.6.2.3　新加坡的水再生利用

新加坡是一个资源匮乏的城市国家,水资源短缺一直是其面临的挑战。为了解决这个问题,新加坡开展了水再生利用项目,通过先进的技术和系统建设,将废水转化为可用的高质量水源。水再生利用项目在新加坡取得了突出的经济效益。

水资源安全方面,水再生利用项目使得新加坡的水资源供应更加稳定和可靠。通过废水处理和再生利用,可以满足新加坡部分的非饮用水需求,减轻了对进口水的依赖。这有助于确保国家的水资源安全,保障工业、农业和居民的用水需求。

经济发展方面,水再生利用项目为新加坡的经济发展带来了巨大的潜力。通过提供可再生的高质量水源,新加坡能够支持和发展水相关的产业,例如水处理技术、水资源管理和环境工程等。这些产业的发展不仅能够创造就业机会,还能够促进技术创新和经济增长。

水再生利用项目降低了新加坡对进口水的需求,减少了水资源的成本。废水处理和再生利用的技术和系统建设虽然需要一定的投资,但长期来看,可以实现节约成本的效果。此外,通过回收利用废水中的资源,如能源和营养物质,还可以进一步节约成本和提高资源利用效率。

水再生利用项目符合新加坡的可持续发展目标。通过废水处理和再生利用,可以减少对有限的自然水资源的开采,降低对环境的影响。同时,水再生利用还有助于减少废水排放和污染,改善水环境质量,保护生态系统的健康。

总体来说,新加坡的水再生利用项目在水资源安全、经济发展、节约成本和可持续发展方面都具有重要的经济效益。这一项目的推进不仅为新加坡解决了水资源短缺的问题,还为国家的可持续发展和经济繁荣作出了积极贡献。

4.6.2.4 悉尼海水淡化厂(澳大利亚)

澳大利亚悉尼是一个干旱地区,长期面临着水资源短缺的问题。为了解决这一问题,悉尼建立了海水淡化厂,利用反渗透技术将海水转化为淡水。这种海水淡化技术使悉尼能够增加淡水供应,减少对降雨的依赖。海水淡化厂的建设和运营为悉尼提供了可靠的水源,解决了当地的水资源短缺问题,保障了居民的生活和经济发展。然而,海水淡化技术也面临着高成本和能源消耗的问题,需要综合考虑经济效益、环境影响和社会可持续性。

4.6.2.5 美国科罗拉多河流域的水资源管理

美国科罗拉多河流域是一个重要的农业和城市用水区域,但面临着水资源短缺和供需矛盾的问题。为了解决这一问题,科罗拉多河流域实施了一系列的水资源管理措施。这包括水权制度的建立、水资源分配的调整和水资源节约措施的推广等。这些措施旨在平衡水资源的供需关系,确保农业和城市用水的正常运行。科罗拉多河流域的水资源管理取得了一定的成效,减轻了水资源短缺的问题,促进了农业和城市的可持续发展。

4.6.2.6 柏林雨水收集系统(德国)

柏林是德国的首都,面临着城市化带来的水资源压力。为了解决这一问题,柏林建立了雨水收集系统。该系统利用建筑物的屋顶和其他表面来收集雨水,然后经过处理后用于灌溉、冲洗和其他非饮用用途。这种雨水收集系统减轻了对地下水和自来水的依赖,提高了水资源利用效率。同时,雨水收集系统还有助于减少城市洪水的发生,改善城市的生态环境。柏林的雨水收集系统为其他城市提供了一个成功的范例,促进了可持续城市发展。

4.6.2.7 阿拉斯加的冰川水资源利用(美国)

阿拉斯加是一个拥有丰富冰川资源的地区,冰川融水是重要的水资源之一。为了利用这些水资源,阿拉斯加开展了冰川水利工程。这些工程将融水引导到水库、河流和湖泊中,用于农业灌溉、发电和供水等目的。冰川水资源的利用为阿拉斯加提供了可靠的水源,推动了当地经济的发展。然而,随着气候变化的加剧,冰川融水的供应可能会受到影响,需要进行有效的水资源管理和适应措施。

这些案例分析展示了水资源开发与利用在不同地区和情境下的应用和效果。每个案例都有其特点和挑战,需要综合考虑经济、社会和环境的可持续发展。

通过以上水经济水资源的开发与利用给予了我们以下启示:

(1)综合规划和管理方面,水资源开发与利用需要进行综合规划和管理,以确保各种需求的平衡和协调。这包括考虑不同行业和利益相关者的需求,协调农业、工业和城市用水的分配,同时保护生态系统和环境。

(2)技术创新和应用方面,水资源开发与利用需要不断推动技术创新和应用,以提高水资源的利用效率和保护环境。这包括水资源的净化和再利用技术、灌溉和排水系统的改进、海水淡化和人工地下水补给等。

(3)社会参与和合作,水资源开发与利用需要社会参与和合作,以确保各利益相关者的参与和权益得到保障。这包括与当地社区和居民进行沟通和合作,共同制定水资源管理和利用的政策和决策。

(4)水资源保护和环境可持续性,水资源开发与利用需要保护水资源和环境的可持续性,以避免水资源的过度开采和污染。这包括保护水源地、推动水资源的节约和保护、减少水资源的损失和浪费等。

(5)适应气候变化和灾害风险,水资源开发与利用需要考虑气候变化和灾害风险的影响,以制定适应措施和应对策略。

(6)资金投入和经济效益,水资源开发与利用需要投入大量的资金和资源,包括设施建设、技术研发和运营维护等方面。因此,需要进行经济评估和成本效益分析,以确保投资的合理性和经济效益。

(7)教育和宣传,水资源开发与利用需要进行教育和宣传,增强公众对水资源的意识和理解。这包括宣传水资源的重要性、鼓励节约用水和保护水资源的行为,并提供相关的信息和技术支持。

(8)国际合作和共享经验:水资源开发与利用需要进行国际合作和共享经验,加强技术交流和合作。这包括与其他国家和地区分享成功的案例和经验,共同应对全球水资源挑战。

总之,水资源开发与利用是一个复杂的过程,涉及多个方面的考虑和决策。在实践中,需要综合考虑经济、社会和环境的可持续发展,以确保水资源的可持续利用和保护。同时,需要通过综合规划和管理、技术创新和应用、社会参与和合作等手段,推动水资源开发与利用的可行性和效果。

4.6.3　水经济与可持续发展

4.6.3.1　水经济与环境保护的关系

水经济与环境保护是密不可分的,它们之间存在着相互依存和相互影响的关系。水经济是指与水资源相关的经济活动,包括农业灌溉、工业用水、城市供水、能源开发和旅游等。环境保护是指保护和维护自然环境、生物多样性和生态系统的可持续性。

1.水资源供应

水资源是支撑水经济的基础，也是生态系统的重要组成部分。保护水资源的质量和可持续供应是实现水经济可持续发展的基础。环境保护措施如保护水源地、改善水体质量、节约用水等，有助于确保水资源的可持续供应。

2.生态系统服务

水经济依赖于生态系统提供的各种服务，如水源涵养、水质净化、洪水调控、生物多样性维护等。环境保护有助于维护生态系统的功能和稳定性，确保生态系统服务的可持续提供。

3.水生态系统保护

水经济的发展往往会对水生态系统产生影响，如水污染、湿地退化、河流改道等。环境保护措施如湿地保护、河流恢复、水污染治理等，有助于保护水生态系统的完整性和功能。

4.水风险管理

水经济面临各种水相关的风险，如洪水、干旱、海平面上升等。环境保护可以提供一些措施来减轻这些风险的影响，如建设防洪措施、改善水资源管理、适应气候变化等。同时，环境保护也可以提供自然的解决方案，如恢复湿地、保护自然的海岸线，以增强生态系统对水相关风险的缓冲能力。

5.生态旅游与可持续发展

水经济中的旅游业往往依赖于自然环境和水资源的保护。环境保护措施可以确保旅游业的可持续发展，例如维护水体的水质、保护景区的生态环境、促进社区的参与等。

6.经济效益与环境保护

水经济的发展需要考虑经济效益与环境保护之间的平衡。环境保护措施可能会增加成本，但也可以带来长期的经济效益，如节约用水减少成本、生态旅游带动地方经济等。通过综合考虑经济效益和环境保护，可以实现水经济的可持续发展。

总之，水经济与环境保护之间存在着密切的关系。保护和管理水资源、维护生态系统的功能、减轻水相关风险、促进可持续发展等方面的环境保护措施，能够为水经济的可持续发展提供支持。

4.6.3.2　水环境对水经济影响

1.水循环利用

环境保护可以推动水经济中的水循环利用。通过采用节水技术和水回收系统，可以将废水处理后再利用于农业灌溉、工业用水等方面，减少对淡水资源的需求，提高水资源的利用效率。

2.水生态修复

环境保护措施可以帮助恢复和保护水生态系统，维护水经济的可持续发展。例如，通过湿地的保护与恢复，可以提高水质、维持生态平衡，同时为水经济提供生态系统服务。

3.水资源管理

环境保护可以促进有效的水资源管理，确保水经济的可持续发展。通过建立水资源管理机制，制订合理的水资源分配方案，可以平衡不同用水需求，减少用水冲突，提高水资源的可持续利用。

4.水生态旅游

环境保护有助于发展水生态旅游，为水经济带来经济效益。保护自然环境和水体的水质，提供可持续的旅游体验，吸引游客并创造就业机会，推动地方经济的发展。

5.水环境监测与治理

环境保护措施可以加强水环境的监测和治理，保护水体的质量和生态系统的健康。通过监测水体的污染状况，并采取相应的治理措施水经济中常常存在不同利益方之间的水地冲突，如农业用水与城市供水之间的竞争。环境保护可以提供调解和解决冲突的机制和方法，平衡不同利益方之间的需求，确保水资源的公平分配和可持续利用。

6.水资源市场化

环境保护可以推动水资源的市场化，促进水经济的发展。通过建立水权交易市场和水资源定价机制，可以更好地调节供求关系，提高水资源的利用效率和经济效益。

7.生态补偿机制

环境保护可以引入生态补偿机制，为水经济中的生态服务提供经济激励，促进生态系统的保护和恢复。通过向水经济活动中的生态服务提供者支付补偿费用，可以促进水生态系统的可持续管理和保护。

8.水治理合作

环境保护可以促进国际间的水治理合作，解决跨境水资源管理和保护的问题。通过国际间的合作机制和协议，可以共同应对水资源的挑战，推动水经济在全球范围内的可持续发展。

综上所述，水经济与水环境保护之间的关系是相互依存和相互影响的。通过环境保护措施，可以保护和管理水资源、维护生态系统的功能、减轻水相关风险、促进可持续发展等，为水经济的可持续发展提供支持。同时，水经济的可持续发展也有助于促进环境保护。在实践中，需要综合考虑经济效益、社会福祉和生态环境，通过合理的政策和管理措施，实现水经济与环境保护的协同发展。

4.6.3.3　水经济与社会发展的关系

水经济与社会发展密切相关，水资源的合理利用和管理对社会经济的发展和人民生活的改善至关重要。水经济与社会发展之间的关系主要体现在以下几个方面。

1.经济增长

水资源是支撑农业、工业和服务业发展的基础。水经济的发展可以促进经济增长，提供就业机会，增加国内生产总值。同时，水资源的有效利用和管理也可以提高生产效率，降低成本，促进经济的可持续发展。

2.农业生产

农业是水经济的重要组成部分，农业用水占据了全球水资源的大部分。水经济的发展可以支持农业生产，提高粮食和农产品的产量和质量，保障粮食安全和农民收入。同时，农业用水的合理管理和节约也有助于减少对水资源的竞争和浪费。

3.城市供水和卫生

水经济的发展可以提供可靠的城市供水服务,保障人民的日常生活需求和卫生安全。提供优质的饮用水和卫生设施,能够改善人民的生活质量,减少水传染病的发生,提高人民的健康水平。

4.水资源分配公平

水经济的发展需要考虑水资源的公平分配和社会公正。合理的水资源管理和政策制定可以确保水资源的公平分配,避免因水资源过度开发和过度消耗而导致的社会不平等和冲突发生。

5.灾害风险管理

水经济的发展需要考虑灾害风险的管理和应对。水灾、干旱和海洋灾害等自然灾害对社会经济造成了严重影响。通过建立有效的灾害预警系统、加强防灾减灾措施和改善水资源的管理,可以降低灾害风险,保障人民的生命财产安全。

6.可持续发展

水经济的可持续发展与社会的可持续发展密切相关。水资源的合理利用和管理可以确保社会的可持续发展,包括经济、环境和社会 3 个方面的平衡。通过推动节水技术和水资源的循环利用,减少水污染和水资源的过度开采,可以实现经济的绿色增长和社会的可持续发展。

7.社会参与和治理

水经济的发展需要广泛的社会参与和良好的治理机制。社会的参与可以提供多元化的观点和资源,促进水资源的合理利用和管理。同时,建立透明、负责任的水资源管理机制和政府与民众的互动平台,有助于提高水经济的治理效能和社会的参与度。

8.就业机会和经济增长

水经济的发展可以创造就业机会,提高人民的生活水平。水资源的开发和管理需要各种专业人才和技术支持,为就业市场提供新的岗位和机会。同时,水经济的发展也可以带动相关产业的发展,促进经济增长。

9.社会福利和生活质量

水经济的发展可以改善人民的生活质量和社会福利。通过提供可靠的供水和卫生设施,改善水质和环境卫生,可以减少水相关疾病的发生,提高人民的健康水平。同时,水体的保护和恢复也可以提供美丽的自然景观和休闲娱乐场所,提升人们的生活享受和幸福感。

10.社会稳定和减少冲突

水资源的合理利用和管理可以促进社会稳定和减少冲突。水是人类生存和发展的基本需求,对水资源的竞争和争夺可能引发社会冲突。通过建立公平的水资源分配机制和解决水资源冲突的机制,可以维护社会的和谐稳定。

4.6.4 水经济发展面临的形势

(1)水资源管理的复杂性。

水资源的管理需要考虑众多的因素,包括地理、气候、生态环境和社会经济等多个方面的因素。这使得水资源的管理变得复杂和困难,需要综合考虑各方利益和权衡各种需求。

(2)水资源分配的不平等。

由于水资源的分布不均和管理不善,导致一些地区面临水资源短缺和供水困难,而另一些地区则存在过度开采和浪费的问题。这不仅影响到当地居民的生活和农业生产,还可能引发社会不稳定和冲突。

(3)水污染和生态破坏。

随着工业化和城市化的快速发展,水污染和生态破坏成为水经济与社会发展的重要问题。工业废水、农业污染和城市污水等都对水体的质量和生态系统造成了严重影响,威胁到人民的健康和生态环境的可持续发展。

(4)水资源的缺乏和需求增长。

随着人口的增长和经济的发展,对水资源的需求也不断增加。然而,水资源的供给水服务设施的建设和维护,需要大量的资金和技术支持。对于一些贫困地区和发展中国家来说,缺乏资金和技术是实现水经济和社会发展的主要障碍。

(5)水与能源的竞争。

水和能源是紧密相关的资源,它们之间存在竞争和冲突。水的提取、处理和分配需要能源的支持,而能源的生产和利用也需要大量的水资源。因此,水经济和社会发展需要找到合适的平衡点,避免水资源和能源之间的竞争和浪费。

(6)气候变化的影响。

气候变化对水资源的影响是不可忽视的。气候变暖导致冰川融化和降水模式的变化,进一步加剧了水资源的不稳定性和供水困难。水经济和社会发展需要应对气候变化的挑战,包括制订适应性措施和推动低碳经济的发展。

(7)水治理和政策制定的挑战。

水经济的发展需要有效的水治理和政策制定机制。然而,由于水资源的跨界性和复杂性,水治理和政策制定面临着许多挑战,包括政府间合作的不足、利益冲突的存在、法律和监管的不完善等。这些问题制约了水经济和社会发展的进一步推进。

4.6.5　水经济发展

4.6.5.1　指导思想

自古以来,中国的基本水情一直是夏汛冬枯、北缺南丰,水资源时空分布极不均衡,水旱灾害多发频发重发。除水害、兴水利,一直都是涉及国家长治久安的大事要事。习近平总书记开创性提出“节水优先、空间均衡、系统治理、两手发力”治水思路,科学回答了治水重大理论问题和实践问题,为统筹做好水灾害防治、水资源节约、水生态保护修复、水环境治理提供了根本遵循,指引中国治水取得了历史性成就、发生了历史性变革,解决了许多长期想解决而没有解决的治水难题,水资源利用方式实现深层次变革,水资源配置格局实现全局性优化,江河湖泊面貌实现根本性改善,水利治理能力实现系统性提升,在推进落实联合国 2030 年可持续发展议程涉水目标方面取得了重大进展。

一是坚持节水优先。充分认识淡水资源的有限性和不可替代性,共同履行可持续利用淡水资源的义务和责任,积极推动和实现农业节水增效、工业节水减排、城镇节水降损,全面提升水资源节约集约利用能力和水平。二是坚持空间均衡。充分认识水资源、水生态、水环境承载能力是有限的,坚持以水定城、以水定地、以水定人、以水定产,加快推动发展方式和生活方式全面绿色转型;立足流域整体和水资源空间均衡配置,科学谋划建设跨流域、跨区域水资源优化配置体系,提高水资源条件与经济社会发展布局的适配性,努力实现人口经济与资源环境相均衡。三是坚持系统治理。充分认识流域性是江河湖泊最根本、最鲜明的特性,水与生态各要素紧密联系、相互影响,从生态整体性和流域系统性出发,推进山水林田湖草沙一体化保护和修复,尊重自然界河流生存的基本权利,把河流视作生命体,构建河流伦理,维护河流健康生命,实现人与河流和谐共生。四是坚持两手发力。充分认识水治理既是政府的主要职责,又需要利用好市场机制,充分发挥各国政府、国际组织、社会组织、经济组织等的各自优势,开辟合作共赢、共建共享的发展路径,凝聚应对水灾害、水资源、水生态、水环境问题的智慧和力量。

以习近平新时代中国特色社会主义思想为指导,深入贯彻党的二十大精神,牢固树立新发展理念,围绕推动绿色发展,促进人与自然和谐共生的战略部署,依托各地区独一无二的水生态优势,跳出"以水治水"的传统思维,以"绿水青山就是金山银山"理念为引领,以高质量发展为主题,以创新发展为驱动,坚持生态优先、绿色发展,坚持"亩均论英雄",加快培育水能源、水养殖、水制品、水文旅等水经济产业,完善产业发展基础设施,健全水经济发展体制机制,以水为媒、以水为脉,着力推动各地区蕴含的生态价值向经济价值转变,资源配置由粗放分散向高效集约转变,水产业形态由"低、小、散、弱"向"高、大、聚、强"转变,以高质量供给创造新需求,推动构建新发展格局,加快打造创新引领、统筹协同的现代化水经济发展体系,为实现地区生产总值和生态系统生产总值规模总量协同较快增长、推进新时代各地区高质量绿色发展提供支撑和保障。

4.6.5.2　基本原则

整合统筹、集聚发展。树立一体化、协同化、差异化发展思路,统筹生产力布局、水资源开发、水利基础设施配套,优化要素力量配置和主体功能区划;统筹区域水生态资源要素的集约配置和涉水产业的集聚发展,推动生产力由散到聚、以聚促变,聚力打造有区域竞争力的新增长极,培育形成区域发展整体规模优势和特色差异水经济品牌。

创新引领、抢占先机。坚持把创新摆在事关发展全局的核心战略位置,突破旧的思维方式,跳出"以水治水"的传统思维,深入实施创新驱动发展战略,创造一切有利条件引进优质创新资源,着力提升自主创新能力,协同推进管理创新、模式创新、制度创新,着力抢占创新制高点,赢得发展先机。

以山带水,以水为媒。借助成功经验和平台,充分挖掘各地区水生态资源经济价值,以山带水,以水为脉,山水融合发展,构建水经济创新发展链条,让一江好水变成好产品、激发好价值,写好新时期"水经注"。

政府引导,市场决定。建立以政府为主导、企业为主力、项目为主体,社会协同参与的市场化协作机制;发挥政府积极推动作用,为社会各方参与创造良好的条件,鼓励和引导全社会力量参与水经济发展;充分发挥市场在资源配置中的决定性作用,提高资源配置效率,将有限的资源发挥其效益的最大化。

提高水资源利用效率:通过采用节水技术和设备,优化农业灌溉和工业用水,减少水资源的浪费和损失。同时,推动水资源的循环利用,如开展污水处理和再生水利用工程,提高水资源的利用效率。

4.6.5.3 水经济发展策略

加强水环境保护和生态修复,加大水体污染治理力度,加强工业和农业污染的防治措施,推动水体生态修复工程。同时,加强对水生态系统的保护和管理,保护水体的生态功能和生物多样性。

加强社会参与和公众意识,鼓励社会公众参与水资源管理和保护的行动,提高公众对水资源的认识和重视程度。政府可以组织宣传教育活动,加强公众对水资源管理和保护的意识和参与。

加强国际合作和交流,加强国际间的水资源合作和交流,分享经验和技术,共同应对水资源管理和保护的挑战。政府可以加强与其他国家、国际组织和非政府组织的合作,推动水资源的可持性发展。

推动创新和技术进步,加强水资源管理和利用技术的研发和推广,推动创新和技术进步。例如,推动节水灌溉技术、水资源监测和智慧管理平台。

建立合理的水资源管理制度和政策:制定科学合理的水资源管理制度和政策,确保水资源的合理配置和可持续利用。政府可以建立完善的水资源法律法规体系,加强水资源的监测和评估,制定水资源的分配和管理机制。

促进水经济与其他领域的协调发展:水经济与农业、工业、能源和城市发展等领域密切相关,需要促进各领域的协调发展。政府可以制定政策和措施,鼓励水经济与其他领域的合作和协调,实现经济和水资源的可持续发展。

加强监督和执法,加强对水资源管理和保护的监督和执法力度,严厉打击违规使用和污染水资源行为。政府可以建立健全监督和执法机制,加强对水资源的监督和管理,确保水资源的合理利用和保护。

推动绿色经济发展:发展绿色经济是实现水经济可持续发展的重要途径之一。政府可以鼓励绿色产业的发展,推动清洁生产和循环经济的实施,减少对水资源的压力和负面影响。

加强水资源研究和监测,加强对水资源的科学研究和监测,提高对水资源的了解和认识。政府可以加大对水资源研究的投入,建立完善的水资源监测体系,为水资源管理和保护提供条件。

制定水资源管理政策和法律法规:建立健全水资源管理制度和法律法规,明确水资源的所有权和使用权,规范水资源的开发和利用行为。政府可以制定并实施合理的水资源定价政策,激励节约用水和高效利用水资源。

加强水资源监测和评估:建立水资源的监测和评估体系,及时了解水资源的状况和变化趋势,为制定水资源管理和保护策略提供科学依据。通过监测和评估,发现和解决水资源问题,预测和应对水资源的风险和挑战。

促进水经济的多元化发展:发展水经济的多元化产业和服务,推动水资源的综合利用和增加附加值。例如,发展水产养殖、水上旅游、水运等产业,提升水经济的经济效益和社会效益。

提高水资源管理和保护的财政投入，增加对水资源管理和保护的财政投入，提供资金支持和技术支持。政府可以加大中央与地方财政预算安排，设立专项预算保障机制，压实地方财政配套与责任。

加强水资源管理和保护的科学研究和技术创新，推动新技术和解决方案的应用。通过科学研究和技术创新，提升水资源管理和保护的效率和效果。

建立跨部门和跨界的合作机制，促进各部门、地区和利益相关方之间的合作与协调。政府可以搭建平台，促进信息共享、资源整合和协同行动，实现水资源管理和保护的整体性和协同性。

加强水资源教育与培训，提高水资源管理和保护的专业知识和技能水平。政府可以组织培训和教育活动，培养专业人才，提高水资源管理和保护的能力和水平。

4.6.5.4　水经济发展的方向

1.涉水工业

涉水工业，目前学术界尚无明确的定义；一般认为涉水工业是指生产过程中需要用水，并且会产生污水、废水的企业。比如：重金属、化工、制药、造纸、饮料、养殖业等企业。

在中国，涉水企业数量众多，种类复杂；涉水企业对经济发展作出了重要的贡献，但在生产运营的过程中，也有诸多的问题需要解决，比如偷排、漏排、超标排放污水废水等行为。涉水企业要想长远的发展，就必须承担对社会的责任。因此，涉水企业也可以理解为在生产过程中需要用水并产生污水的企业。

按照企业集中布局、产业集群发展、资源集约利用、要素集中保障的要求，通过典型企业引领带动，推动水产业相关工业企业向生态产业集聚区和省级工业园区集聚，规划形成水产业工业空间布局，水产业按现有布局优化提升。

2.涉水生态农业

以现代化农业园区建设为重点，突出生态精品农业生态化、标准化、品牌化、高端化，统筹布局建设现代水产养殖产业体系，构建现代化水产养殖基地和特色水产品加工区空间布局。

生态养殖基地主要布局在各地生态环境优良的种养区块，围绕水库渔业、稻田养鱼、河道养殖、山区特色养殖等多种形式，规划形成若干具有各地区特色的水产养殖精品园区，主要包括大、中型水库节水渔业区、稻田生态养殖产业区、塘库特色高效养殖区、河道养殖区等。重点从事洁水鱼养殖，打造各地区有机鱼品牌；重点发展“活水养鱼”，打造“活水养鱼”示范基地。水产品加工园区布局在各地农产品便捷集散、基础设施较好的区块，重点围绕特色水产品深加工，规划形成水产品高精深加工园区。科学合理用好水资源，做活生态“渔业”水美文章，走鱼、水、人和谐相融的生态可持续发展之路。餐饮酒店要积极围绕地域特点开发创新菜品、菜式，以“一鱼多吃”等创新思维，在“知鱼”“捕鱼”“做鱼”“食鱼”等方面下功夫，不断丰富产业业态，有效提升游客旅游体验。要以品牌建设推进“渔旅”融合发展，立足资源优势，通过品牌化运营，积极培育做强地理标志产品品牌，同时围绕鱼博馆建设、传统捕鱼演绎、文创产品研发等方面，扎实做好品牌鱼、网红鱼、碳汇鱼、共富鱼,有效推进“渔旅互融”发展。

3.涉水旅游业

(1)实施“旅游+水利”融合发展重大工程。

水生态修复与旅游化提升工程,积极实施柔性系统治水方略,突出追赶超越和系统治水兴水主线,推进骨干河流、点支流河段治理。在确保水利工程设施安全和运行安全的前提下,加强水生态修复区域水上观光、休闲、娱乐、运动、文化展演等旅游项目建设,拓展旅游功能,打造水利景观产品。

绿色生态旅游廊道建设工程。保障重要江河湖泊生态流量或生态水位,加快推进骨干河流综合整治提升河两岸的生态景观和文化氛围。拓展两岸的旅游休闲空间,积极实施江河沿岸生态观光、休闲娱乐、康体运动、漂流等水利旅游项目,将其建成全民健身、全民休闲的绿色生态旅游廊道。

结合文化创意产业促进局组织实施的专项债项目,整合区域文旅项目建设性要求,植入水情教育基地,拓展水文化底蕴,提升旅游景点建设水平。

对水利工程建设,按照“原生态性”、“景观性”、亲近自然性等思维导向进行规划和建设,确保双赢实效。

(2)完善水利景区、水利工程管理范围公共服务体系。

完善基础设施和旅游服务设施,扎实推动河长制湖长制工作。持续提升水域、岸线空间管理保护质量和水平,打造“河畅、水清、岸绿、景美、人和”的健康美丽幸福河湖,使人民群众的获得感、幸福感不断增强。

通过构建协调联动工作机制,拓宽“水利+旅游”融合发展投融资渠道,统筹旅游和水利行业各类工程项目建设,充分发挥财政资金引导作用,对水经济繁荣、水利工程规划编制、资源保护、生态补偿、环境修复和公益性基础设施安全设施、科普设施、服务设施建设等给予资金项目支持。强化市场监管和信用体系建设,规范水利建设与管理,突出抓好水资源安全工程安全和游客安全管理,不断完善旅游配套设施、强化基础管理、提高旅游服务质量,实现水利工程、水经济繁荣提档升级,助力县域生态旅游高质量发展。

水利型旅游区的综合开发,一般面临着生态保护与旅游开发之间的矛盾以及博弈与共生的关系。因此,水利型景区开发需做大休闲而非小产品、做大产业而非小旅游。不能局限于水域本身,需要形成山上山下、水上水岸一体化的综合开发模式。

4.6.6　水经济建设思路

4.6.6.1　加快发展水产业

1.发展绿色水电产业

绿色水电,就是对生态环境影响较小的水电站,但这还远远不够。“绿色水电”的含义应为:通过水电开发活动,达到人类社会与生态环境的相互促进和共同发展。具体地说,就是运用各种绿色技术手段,在保证工程效益、工程安全与质量的前提下,促进社会和谐、保护生态环境、保证经济可持续发展。加快创建国际绿色小水电示范区。

小水电是重要的清洁可再生能源、中小村镇重要民生水利基础设施、中小河流水资源综合利用设施,也是偏远山区重要的经济和电力来源,在解决农村用电、助力脱贫攻坚、优化能源结构、促进地方经济社会发展方面发挥了重要作用。党的十八大以来，为解决历史遗留的小水电建设管理体制机制问题、消除重点地区小水电无序开发建设造成的生态环境负面影响，我国小水电逐步向绿色生态水电转型，通过统筹开展重点流域小水电清理整改、绿色小水电评价标准制定、农村水电增效扩容改造、绿色小水电示范电站创建等工作，小水电从以往追求经济效益为主到越来越多地兼顾生态环境效益，向绿色、生态及环保方向转型发展。进入新发展阶段，党中央明确将实现"碳达峰、碳中和"目标纳入生态文明建设整体布局，"十四五"时期我国生态文明建设以降碳为重点战略方向，构建清洁低碳、安全高效的能源体系。《2030年前碳达峰行动方案》明确提出将加快推动小水电绿色发展作为能源绿色低碳转型行动的重要内容。新时期小水电发展应深入贯彻党中央相关决策部署，找准实施路径，加快绿色转型。

(1)坚持以整改促发展，加快推动小水电绿色转型。

自1998年我国电力工业管理体制实行重大改革开始，小水电经历了一个快速发展时期，受到农村电气化改革发展、小水电代燃料工程建设、小水电投融资多样化等国家政策及部门机构改革的影响，一些地区的部分小水电无序发展、过度开发且缺少有效监管，引发了局部河段减水脱流、生态退化等生态环境问题。为有效解决小水电违规建设、影响生态环境等突出问题，2018年12月，水利部、国家发展改革委、生态环境部、国家能源局等四部门联合印发《关于开展长江经济带小水电清理整改工作的意见》，在长江流域组织开展小水电清理整改相关工作。截至2021年底，长江流域3 500多座电站已完成退出，2.5万座电站完成整改，有效解决了违规小水电对河流生态系统的不利影响，规范了小水电设计、建设与管理，促进了流域内小水电绿色转型。在黄河流域，2021年水利部等七部门联合开展调研，制定出台了《关于开展黄河流域小水电清理整改工作的通知》，明确青海、甘肃、宁夏、内蒙古、陕西、山西、河南、山东8省(自治区)黄河干支流流经的县级行政区域内的小水电2024年底前完成清理整改工作。2021年12月，水利部等七部门联合印发《关于进一步做好小水电分类整改工作的意见》，明确要坚持依法依规、实事求是、分类施策、确保安全的原则，妥善处理小水电退出、整改中的各种突出矛盾和利益关系，推动小水电转型升级、绿色发展，维护河流健康生命，这为今后一个时期积极稳妥地推进小水电清理整改提出了要求。

因此，"十四五"时期应当坚持在重点流域实施分类整改，建立健全小水电有序退出机制，加快推动小水电规范、科学、绿色发展。一是持续推进长江流域和黄河流域小水电清理整改工作，强化对有关省(自治区、直辖市)的监督检查与指导，避免部分地区在清理整治过程中采取"一刀切"的做法，降低清理整改带来的工程安全及经济社会风险隐患。二是应当以绿色发展理念为指导，科学修编河流水能资源开发规划，明确小水电建设规模和生态保护要求，分类型、分区域制定小水电建设和改造的准入标准。三是各地应当健全小水电清理整改配套政策法规，明确小水电退出评估分类、一站一策方案编制等事项具体要求，有效规范小水电退出程序。四是水利部应当会同发改委、能源局等部门制定印发小水电退出的配套补偿指导意见，明确补偿原则、补偿主体、补偿标准、补偿程序等，指导地方建立小水电退出保障机制，给予退出类小水电公平合理的补偿。

(2)坚持生态保护优先，强化生态流量保障。

生态流量泄放不达标是部分引水式小水电造成生态环境损害的核心问题，也是引发部分专家学者对小水电争议的焦点。从小水电生态流量泄放不达标的内因来看，由于部分地区引水式小水电立项建设年代较早，规划设计不够科学，当时并没有保证“生态流量”的意识和管理手段，从而导致发电引用水量过大、厂坝间的河段（长度大多几千米，有的十几千米）出现河道脱水、断流现象。从不同河流的自然地理条件外因来看，我国北方地区的季节性河流，即使没有水电站，枯水期河道也会脱水、断流。从小水电发展的历史规律来看，我国与国外发达国家在小水电发展过程中都先后面临相同的问题，20 世纪末美国、瑞士等发达国家逐步开始关注水电工程，尤其是小水电生态流量泄放不达标对河流生态环境的影响，并通过立法和建立绿色水电标准体系等形式，明确要求小水电在设计、建设及运行过程中采取针对性保护措施，有效实现了对下游河道生态需水的保障。总体来看，部分引水式小水电生态流量泄放不达标的问题，主要受到发展历史、河流自然条件及监管措施等因素的影响，是能够通过技术改造和加强监管得到有效解决的。

因此，“十四五”时期应当持续加强小水电生态流量监督管理，科学合理推进小水电绿色改造有效提升小水电生态流量保障程度。一是应进一步推进全国重点河湖生态流量目标确定工作，各地在此基础上细化制定本区域重点河湖生态流量保障目标及实施方案。二是以县域或流域为单元，科学推进小水电绿色改造，推进具备条件的小水电进行改造或增设无节制泄流设施或生态机组，健全小水电绿色改造工程措施技术标准。三是加强小水电生态流量下泄日常监管，以流域为单元推动小水电生态流量监测平台建设，多部门联合建立重要控制断面生态流量下泄监测预警机制，强化小水电下泄生态流量的监督检查。

（3）坚持政策激励和引导，促进绿色小水电示范电站创建。

绿色小水电示范电站建设是贯彻习近平生态文明思想、促进小水电开发与生态环境和谐共生、推动小水电行业转型升级的重要抓手。近年来，各地根据国家关于开展绿色小水电示范电站创建的精神，积极开展绿色小水电示范电站创建工作，截至 2021 年底，全国累计创建 870 座绿色小水电示范电站，发挥了很好的示范引领作用，有力促进了各地小水电绿色转型发展。但目前我国绿色小水电示范电站创建主要以政府引导、小水电业主自主参与的模式开展，相关设施改造、参与评估的费用均由小水电业主承担，缺少明确的配套激励措施，且发电优先上网、提高并网电价、信贷扶持、生态补偿等激励机制并未有效建立，地方业主参与绿色小水电示范电站创建的积极性不高。此外，国家和地方财政对小水电的投入非常有限，小水电绿色改造相关投入机制还未建立，部分地方仍有相当部分小水电设施设备老旧急需更新改造，缺少资金来源，亟待通过建立补偿机制推动水电站升级改造。

因此，“十四五”时期应当持续推进绿色小水电示范电站建设，推动建立健全绿色小水电配套激励机制。一是鼓励地方建立促进绿色小水电发展的多部门协商机制，构建促进相关利益体之间的有效沟通平台，协调好水电发展和水管理政策之间的关系，形成推进小水电绿色发展的部门合力。二是探索建立绿色小水电生态电价补偿制度，水利部门应积极协调发展改革委、自然资源等部门，探索建立生态电价奖惩机制，促进小水电业主按要求泄放生态流量。三是加快出台绿色小水电示范电站创建及发展指导意见，指导地方制定出台绿色小水电创建激励政策。鼓励具备条件的地方积极探索利用绿色信贷、绿色债券、碳排放税等手段，建立绿色小水电示范电站创建的投融资机制，激发小水电企业参与创建的积极性。

(4)坚持改革先试先行，引领小水电集约化发展。

“碳达峰、碳中和”目标的实现需要积极发展非化石能源，实施可再生能源替代行动，不断提高非化石能源消费比例。要大力发展可再生能源、加快构建适应高比例可再生能源的新型电力系统，同时确保供电安全可靠，离不开水能资源的重要保障作用。小水电占我国可开发水能资源总量的1/5，其自身的发电和减排贡献是实现“碳达峰、碳中和”目标不可缺失的重要支撑。相比较于风电、太阳能等能源，小水电不仅具有良好的可储存性、发电输出稳定性、优秀的调节速率(爬坡率)和电网顶峰能力，同时还能发挥防汛抗旱、供水和脱贫增收等综合功能，这些特性将赋予小水电在“碳达峰、碳中和”目标战略下更重要的新使命。2021年1月，国家发展改革委等部门印发《促进绿色消费实施方案》，明确提出扩大绿色低碳产品供给和消费，进一步激发全社会绿色电力消费潜力。可以预见，在未来一段时期小水电在“碳达峰、碳中和”战略中能够发挥更大作用，承担起更多保障电网稳定和非水电可再生能源调峰重要任务。近年来部分地区为加快实现绿色低碳发展，大力发展小水电可再生能源，探索建立“集约式”发展模式，取得了良好成效。浙江省金华市婺城区通过地方国有资本统一收购，对小水电进行改造提升、强化运营，实现全区小水电每年向社会提供的可再生能源提升至1.3亿kW·h的同时，大幅提升了区域内小水电运行管理自动化、信息化程度。

因此，“十四五”时期应当进一步明确小水电发展定位，积极推进具备条件的地区开展小水电集约化、智慧化、标准化建设试点，持续发挥小水电在实现“碳达峰、碳中和”目标中的积极作用。一方面，应进一步从宏观层面明确小水电可再生能源的发展定位，努力推动将绿色小水电示范电站纳入绿色电力交易、绿证交易体系，享受与风能、太阳能等可再生能源同样的优惠扶持政策，促进小水电行业绿色转型发展。另一方面，鼓励具备条件的地区以县域或流域为单元开展小水电“集约化、一体化”管理改革试点，重点围绕小水电安全生产标准化建设、强化小水电生态流量下泄监管、小水电集中运行与信息管理平台建设等方面，通过政府出资、资源入股等形式，探索推进小水电集约式管理模式创新，引领小水电绿色转型发展。

探索水电集约化发展道路。有效盘活资产。通过水电资产的产权界定、注册登记、资产评估、股权确认和发证，促进水电资产证券化。推进两权分离。以发电公司为载体，采取运行费用承包、全年经营承包、按年发电量收入提成承包或老电站技改托管经营等方式，促进电站的所有权与经营权分离。鼓励水电企业走向联合。在全市范围内组建规模经营、集约管理的水电集团公司(母公司)，各县(市、区)为子公司，各发电厂(站)为子公司下的发电车间。

2.升级发展饮用水

从包装水的不同消费场景来看，即饮消费属于便利型，以小规格包装为主；办公场景包含会议、员工用品等消费，小规格与中大规格包装兼有；家庭日常消费中，直接饮用逐渐扩展至烹饪、泡茶等场景，以中大规格包装为主。而2020年我国包装饮用水市场中即饮消费占比最高，达61.44%；随后是家庭消费和办公消费，分别占比29.66%、8.90%。

在消费者购买饮用水的过程中，品牌、价格和水质是影响其选择品牌的重要原因。具体来说，37.8%的消费者在购买饮用水时总是选择固定的某一品牌，在购买饮用水的考虑因素中，品牌一项也高达 84.55%。

2016~2020 年中国包装饮用水市场平均增速约为 10%，天然水和矿泉水的复合增速分别高达 29.1%和 19%，远高于行业平均增速。2021 年我国包装饮用水收入结构中，矿泉水占比为 7.49%，天然水占比 18.44%，纯净水占比 60.44%。

从我国包装饮用水总消费量看，由于我国人口基数大且优质水源较少，包装饮用水刚需性较强，消费量的潜在空间较大。2025 年我国的包装水消费量将增至 646.8 亿 L。从人均消费量来看，在消费升级和健康意风尚的驱动下，我国包装水人均消费量将持续增长。2025 年我国包装水人均消费量将达 45.8 L/人，2021~2025 年 CAGR（复合年增长率）为 3.1%。消费者对"健康""高端"的饮料需求将成为包装水消费体量进一步高增长的重要引擎。

由于包装饮用水消费更趋向于习惯性消费，大部分消费者在购买包装饮用水时往往会出于习惯购买自己熟知的包装饮用水品牌，因此我国包装饮用水的市场集中度较高。

饮用水行业现已进入稳步成长阶段，行业进入障碍较低，这导致中低端饮用水企业众多，品牌多而杂，各个企业之间多势均力敌，而且因为水本身的同质性使得饮用水企业提供的产品或服务基本相同，消费者转换成本很低。

为推动城市供水高质量发展，持续增强供水安全保障能力，满足人民日益增长的美好生活需要，住房和城乡建设部办公厅、国家发展改革委办公厅、国家疾病预防控制局综合司发布《关于加强城市供水安全保障工作的通知》（简称《通知》）。《通知》提出，自 2023 年 4 月 1 日起，城市供水全面执行《生活饮用水卫生标准》（GB 5749—2022），到 2025 年，建立较为完善的城市供水全流程保障体系和基本健全的城市供水应急体系。

推进供水设施改造方面，要求各地升级改造水厂工艺，组织城市供水企业对照《生活饮用水卫生标准》（GB 5749—2022）要求，开展水厂净水工艺和出水水质达标能力复核；要重点关注感官指标、消毒副产物指标、新增指标、限值加严指标以及水源水质潜在风险指标。

饮用水行业报告通过深入的调查、分析，投资者能够充分把握行业目前所处的全球和国内宏观经济形势，具体分析该产品所在的细分市场，对饮用水行业总体市场的供求趋势及行业前景做出判断；明确目标市场、分析竞争对手，了解产品定位，把握市场特征，发掘价格规律，创新营销手段，提出饮用水行业市场进入和市场开拓策略，对行业未来发展提出可行性建议。

强化本地商标作为"中国驰名商标"的品牌效应，加快发展面向中高端市场的饮用水，特别是市场需求量大的高品质包装饮用水，重点开发生产富含硒和氢氧离子等元素的饮用大然矿泉水、饮用天然泉水和饮用天然水等，打造区域高端水产业、精品水工程等项目；统筹区域良好的农林生物资源，深入推进面向美容和医疗等特殊领域、母婴等特殊群体消费用水的研发生产；结合当地农业资源，开发具有水生态资源优势的特色饮品，逐步改变以天然饮用水为主的单一水产品局面。

3.培育发展低温水产业

培育发展冷水鱼产业园。冷水鱼养殖一直以来都备受养殖户的青睐,而且适应能力强,容易繁殖。冷水鱼适应较低的水温,因此依托区域河、湖、库等优质的水资源禀赋,选择具有较低水温的地下水或山泉水进行养殖效果更佳。适应老百姓对高食用价值和保健价值鱼类养殖需求,对已形成一定规模和品牌效用的鱼养殖业,做强做优鱼苗种生产和养殖基地。适应市场多元化需求,依托水库等丰富的低温水资源,实施水库坝下低温水养殖等项目,培育发展适合低温水养殖的鲑鳟鱼类产业,打造精品绿色渔业。做好低温水产业园项目谋划与布局,促进生产要素集聚和产加销、贸工农一体化发展,建设一二三产业融合发展区和高质量发展示范区,做大做强低温水产业。坚持以人民为中心,牢固树立和践行绿水青山就是金山银山的理念,用足"生态"优势做活"渔业"文章,以高品质生态环境支撑高质量发展,加快推进人与自然和谐共生的现代化,奋力开创乡村振兴新局面。科学合理用好水资源,做活生态"渔业"水美文章,走鱼、水、人和谐相融的生态可持续发展之路。餐饮酒店要积极围绕地域特点开发创新菜品、菜式,以"一鱼多吃"等创新思维,在"知鱼""捕鱼""做鱼""食鱼"等方面下功夫,不断丰富产业业态,有效提升游客旅游体验。要以品牌建设推进"渔旅"融合发展,立足当地水资源优势,通过品牌化运营,积极培育做强地理标志产品品牌,同时围绕鱼博馆建设、传统捕鱼演绎、文创产品研发等方面,扎实做好品牌鱼、网红鱼、碳汇鱼、共富鱼,有效推进"渔旅互融"发展。

发展休闲垂钓产业。依托区域良好的水生态资源等水生态产品,利用区域品牌优势,加快打造具有一定规模的垂钓综合基地,建设完善的垂钓基础设施,实现由零散的垂钓到规模化经营的转变。探索发展水库的综合价值,强化部门之间的协调合作,结合全域旅游,推动发展集休闲渔业、休闲赛艇、垂钓旅游等于一体的垂钓运动,形成互通的产业链发展机制。

4.着力发展健康产业

很多人说疫情为康养产业带来了机遇,但是这并不是康养产业近几年来迅速暴增的主要原因。随着我国人口老龄化的增加,独生子女家庭的增长,养老成为多数人思考的问题。而养老和养生又是绑定在一起的,老年人需要养老,年轻人需要养生,市场面对这种刚需,便开始大肆发展起了健康养生的产业链,从而导致康养产业的增多。而政府也开始大量接纳与支持这种"产城人文"相结合的健康养生综合体,这种模式不仅能为政府带来税收,还能提高就业率等的社会效益,因此康养产业综合体也越来越受欢迎。

康养既是一种持续性、体系性的行为活动,又是一种休闲、调理、康复、疗养等具有短暂性、针对性、单一性的健康和医疗行为。目前,在市场上存在的康养项目主要分为两大部分,一是依托自然资源衍生出来的产品项目。二是结合人文资源,如宗教文化、长寿文化、地方特色养生文化等发展的项目。其中,以自然资源为依托的康养项目,细分为三大类,分别是:森林康养型、乡村田园康养型和温泉康养型。而在温泉资源类型里面所衍生出的康养产品项目就更多了,更具体一点地划分,例如康养小镇、康养度假区、中药康养、运动养生、饮食养生、美容养生等都是康养行业炙手可热的产品。因为温泉的泉水含有丰富的矿物质元素,具有保健作用,而康养行业依托温泉本身的资源优势,可以达到疗养的效果。随着人们养生休闲需求的增长,泡温泉的客人也在增长,温泉更是节假日人们休闲养生选择的重要去处之一。那么在这个康养流行的时代,想要满足不同的消费群体,该如何打造温泉康养产品呢?

策划到明确模式。从获得的资料和政府制定的政策中对市场的需求来进行深度分析调研,深挖当地有什么资源可以利用。除温泉资源外,当地是否含有文化特色、风俗人情、山川地貌等文化资源与自然资源,将该地区的特色核心资源与基础资源相结合,以此打造具有深度体验感的差异化的产品。同时也要分析当地市场和竞争市场,也要明确所打造出的产品具有哪些优势,再分析消费群体的特点等工作。除了分析以上市场的情况,也要根据项目资源和区域市场环境对打造出的产品进行精准的定位以及可行性研究报告和盈利模式等。

产品策划到产品设计强化自身的产业、塑造强势的品牌、增强民族文化、美化地域特色等是策划的基础。满足游客多样化的产品需求,从而打造集休养温泉、保养温泉、疗养温泉于一体的综合模式。温泉康养以放松身心、休闲度假产品为主要目的,以大众化、易接受的温泉沐浴文化为基调,设置园林温泉、棋牌、文体活动、按摩、小食餐饮等业态;以保持健康、美容美体、中医艾灸、SPA体现东方养生文化,设置主题养生温泉、美容、艾灸养生、营养配餐等产品为主;为预防疾病、康复疗养,可以引进西方泉疗文化,充分利用温泉矿物功效和先进水疗技术,设置水疗康复温泉、健康管理、水疗运动、康复理疗、医养配餐等产品。

布局规划到特色运营。结合具有旅游属性的各种业态,将温泉街区的休养、保养、疗养温泉项目进行串联。充分发挥产业联动作用,布局地产、教育、医疗及养老等相关产业,真正实现宜游、宜业、宜居的温泉康养地。特色运营层面,需充分结合当地文化及民俗特色,打造独一无二的标签,形成具有垄断性的差异化市场。

5.深入发展生态精品农业

发展现代化农业种养区。按照“绿色精品、特色养生、生态高效、优质优价”的要求,围绕食用菌、水干果、茶叶、蔬菜、畜禽、笋竹、油茶、中药材、渔业等九大主导产业,立足各地(区、市)特点和市场需求,加快培育创建一批环境友好、生产规范、质量认证、效益明显的生态、养生精品种植基地、生产基地、养殖基地等,努力打造生态精品农业基地。

发展特色农产品加工区。立足区域农产品种类资源丰富、加工业滞后的后发优势,着力发展食用菌加工、果蔬加工、茶饮加工、竹木加工、中药材加工等产业,通过兼并、重组、参股和联合等多种方式,培育发展一批规模大、实力强的加工型、营销型龙头企业,大幅提升农产品附加值,把区域打造成为重要的生态农产品生产、加工和贸易基地。

发展农业休闲旅游区。以“水”为媒介,重点发展以“突出乡野风景、风土人情、民俗文化”为主题的观光农业,以“展示与推广现代农业高新技术、先进农业设备设施”为主题的园区农业,以“适时适季开展乡村寻宝之旅、品尝之旅、采摘之旅”为主题的特色体验农业,以及以“吃农家饭、住农家屋、享农家乐”为主题的农家乐等多种形态的休闲养生农业。

发展农业生态功能保障区。按照尊重自然、顺应自然和保护自然,推动乡村自然资本加快增值的要求,依托区域良好的生态环境和绿色山脉,以饮用水源保护区、风景名胜区、森林保护区和河湖湿地等重要保护区域为基础，划定并严守生态红线，整合各类资源，引导产业集聚发展，避免过度开发，充分发挥自然生态环境保障与绿色安全种养环境保护功能。

6.做大做强水旅产业

积极探索涉水旅游产业，充分发挥水利资源要素整合、产品服务创新等方面的引领作用，推动水利和旅游产业在各领域、多方位、全链条地融合发展，深度赋能乡村振兴。

1）发挥水利优势，开拓水旅融合新路径

通过资源梳理，找准一批集趣味优势、环境优势及发展基础良好的项目，为当地水利文旅产业打开新局面。要打通绿水青山与金山银山的转换通道，充分发挥水利优势，积极发展涉水旅游产业，推动文旅产业高质量发展。

山东省坚持“主强辅优”发展思路，以文塑旅、以旅彰文，推进文旅深度融合，致力于盘活一批“老资格”景区、建设一批“新势力”景区、发展一批“未来式”景区，推出一批优质水利风景资源，开拓一条水利文旅融合发展的新路径。图 4.6-1 为山东聊城卫河图片。

图 4.6-1　山东聊城卫河图片

2）着力融合共建引领乡村水经济新发展

旅游发展，必须走大项目、大投入、大发展、大服务之路，把潜在资源优势转变为现实经济优势和长远发展优势。山西省依托天然的自然景观和良好的区位优势，把水资源转化为水经济，在建设美丽山西的同时收获美丽经济，融治水造景与美村富民为一体，共推乡村振兴。

以河湖治理为支点，撬动美丽乡村加快建设。要把河湖治理和文旅产业有机结合起来，提供更多近水、亲水、戏水的临水空间，让沿岸乡村形成人水互动格局，带动村级集体经济发展壮大。

水旅融合，着力共建。利用水利设施和河湖水域及其岸线，串联起社区商业、文化遗产、精品村落、旅游休闲、特色小镇、产业园等城市元素的综合绿色经济网络，引领沿线村庄发展乡村度假、休闲农业等产业，助力本土休闲旅游业态发展。图 4.6-2 为山西水旅发展图片。

图 4.6-2　山西水旅发展图片

3) 科学合理规划构建特色水生态新格局

近年来,各省不断推进水生态建设,坚持山、水、林、田、湖、草、沙、湿地全方位一体化系统治理,在水资源、水环境、水生态三大领域发力,生态环境不断改善,进一步增强了百姓生态获得感。

推动水利旅游融合发展,不仅要关注经济效益和社会效益,更要注重发展过程中的生态效益。

以全过程水利工程建设配合全域旅游规划,充分挖掘各水库可利用的资源,提前策划植入相应业态策划,分期建设,打造承载游憩休闲、文化体验、城市服务功能的综合功能,并且要考虑周边村庄发展,实施乡村振兴战略,让更多村庄受益。同时,坚持保护与开发并重,为打造区域品牌提供强有力保障。

水利设施本身就是服务一方百姓,伴随着项目集群规模的增大、布局更为广泛、交通日趋发达,水利旅游产业的发展将更普及、更深入。全域开展水生态修复,充分挖掘水生态、水文化、水景观等资源优势,做优做活水旅融合文章,深入拓展绿水青山转化为金山银山通道,厚植生态价值,推动乡村振兴大发展。

4)“水旅融合”深度赋能乡村振兴的案例

(1) 浙江省安吉县。

安吉县统筹推进山水林田湖草沙系统治理,落细落实“河长制”,加快建设西苕溪绿水经济带，大力盘活水资源，实现水旅深度融合，不断拓宽绿水青山向金山银山转化的路径。安吉县已连续六年举办中国 · 安吉玩水节，“苕溪之夏 韵动浦源”水之旅精品线路成功入选全省首批“水旅融合”精品研学线路。

一是着力融合共建，打造特色水旅融合线路。依托丰富水资源，大力开发水上旅游，形成安吉特色水文化研学线路，将西苕溪两岸山水风光、精品景区、重点玩水项目以及水利展馆等串珠成链，形成以“苕溪之夏 韵动浦源”为主题的经典玩水线路；以老石坎水经济繁荣、赋石夏阳露营、欢乐风暴水上乐园、水土保持示范园、黄浦江源第一漂、水文化展示馆、荣耀天空之城为核心，从南至北形成水之旅精品线路，将两山知名度、美誉度转化为县域经济社会发展的竞争力、影响力。

二是着力节点建设，引领特色乡村水经济。依托“西苕溪绿水经济带”，利用水利设施和河湖水域及其岸线，串联起社区商业、文化遗产、精品村落、旅游休闲、特色小镇、产业园等城市元素的综合绿色经济网络及西苕溪全流域大景区格局，引领沿线村庄发展乡村度假、休闲农业等产业，助力本土休闲旅游业态发展。安城村、横塘村等因此受益，村庄水环境得到明显提升，游客增多；孝丰镇潴口溪村疏通水系，将荒芜 20 余年的臭水潭打造成湿地公园，沿河引入漂流、飞艇等水经济项目，村集体经济扶摇直上；孝丰镇夏阳村合理利用赋石水库库尾及下游滨水生态景观，打造露营、打卡等新兴产业，实现村集体共富。

三是着力科学规划，推动特色水生态格局。多部门联动，以全过程水利工程建设配合乡镇街道建设需求及全域旅游规划，充分挖掘河道两岸可利用的资源，提前策划植入相应业态策划，分期建设，打造承载游憩休闲、文化体验、城市服务功能的综合功能走廊，文旅结合让更多村庄受益。同时，坚持保护与开发并重，以河长制为统领，抓实水环境治理。全面落实河湖“管、治、保”责任，筑牢“横向到边、纵向到底”的立体化河道管理模式，做到各司其职、联勤联动，快速闭环解决河道问题，为打造“到安吉玩水去”旅游品牌提供了强有力保障。图 4.6-3 为安吉玩水节图片。

图 4.6-3 安吉玩水节图片

(2)浙江省丽水市。

丽水市以国家全域旅游示范区创建为契机,加快形成“一心、一轴、四区、四级”的旅游空间发展格局。

打造城市旅游综合服务中心。以构建居、游、业共融的城市空间为发展目标,将区域主城区建设为全域旅游第一门户和一站式旅游综合服务区。

打造瓯江生态旅游轴。依托“一主”(瓯江干流)“四支”(松阴溪—南溪、好溪、小溪、竹口溪—松源溪)主要水系,将散布的滨河自然保护地、文化遗产、休闲空间串接整合形成一个“山水人文相融、产景城乡共兴”的国家公园系统。

打造四大旅游功能区:①缙云—青田依托区位优势,以及拥有区域首个 5A 级景区的品牌优势,创建环太鹤湖 4A 级景区,推进县城旅游风情小镇培育,深耕精品旅游景区和高端旅游度假区建设,形成区域全域旅游的品质观光和度假休闲旅游区。②遂昌—松阳依托两地地貌、产业和景区等优势,打造周公源流域国家水利景区、黄南水库国家级水利景区,创建“仙侠湖”省级美丽河湖,引导山地观光到山地度假、山地运动、山地养生、山地农业休闲等多元化发展,打造山乡田园牧歌旅游区。③龙泉—庆元依托两地的山地避暑特色,加快创建三江源水利风景区,打造松源溪流域国家水利景区;整合青瓷、宝剑、茶叶等特色文化资源和香菇、披云山泉水等农业、工业资源,形成区域独特的文化养生度假旅游片区。④云和—景宁应加快实施沙湾仙姑生态水湾项目、景南云上天池项目、云和湖综合治理工程,依托两地的生态资源、高山梯田农业、民族文化和特色产业优势等,主打梯田观光、乡村休闲、畲乡度假、童玩体验等,形成独特的乡村生态和文化旅游区。

打造四级旅游系统:①打造中小型山水旅游城市。莲都以“艺术莲都”为特色,龙泉以“剑瓷文化”为特色,青田以“欧陆风情”为特色,云和以“山水童话”为特色,庆元以“寻梦菇乡”为特色,缙云以“黄帝仙都”为特色,遂昌以“汤公文化”为特色,松阳以“古县田园”为特色,景宁以“畲乡风情”为特色。②打造高等级旅游景区。对照国家和世界标准,既提升打造传统 4A 级以上旅游景区,又依托优良山水和文化资源加快创建滩坑水库国家级旅游度假区和升级打造品牌旅游度假区。③打造乡村景区。抢抓国家乡村振兴战略、住建部主导的“中国传统村落”建设和浙江省“建设景区村”的机遇,近中期从全市域遴选 200 个乡村,以 3A 级景区村发展目标作为重点开发,力争在全省范围内打造景区村开发模板,并在远期完成全域乡村 A 级以上景区村推广。④打造风景廊道。依托区域河湖、高速公路、绿道以及古道等通道,优化河湖沿岸和道路两侧景观风貌打造,促进自然风景和历史传统特色深度融合。图 4.6-4 为丽水文化融合图片。

7.探索推进水权交易

在交易模式上,依托当地水资源,争取先期与区域周边的缺水地区对接开展区域水权交易。在此基础上,盘活当地其他大中型水库水资源,寻求可能的区域水权交易。探索发展工业企业取用水权交易。无偿取得的取水权中通过节水措施节约的水资源可以参与交易,有偿取得的取水权可自由交易。工业企业取用水权交易原则上应限定在同一行政区域内,使用公共供水的同一供水系统内的工业企业。推进农村集体经济组织的山塘、水库的水权交易,盘活山塘水库水资源资产。

图 4.6-4 丽水文化融合图片

在交易程序上，研究起草《区域市闲置取用水指标处置管理办法》，从政策层面解决水量转让依据不充分或者指标不足问题。其中，区域与省内市（区）之间的水权交易由涉及市水行政主管部门联合提出，报水行政主管部门批准。批准水权交易的水行政主管部门组织双方签订水权转让正式协议，明确转让水量、水价以及水费支付方式。转让期限原则上不超过5年，转让期满后，受让方仍需继续取水的，应重新办理水权转让手续。

4.6.6.2 加大产业扶持力度

1.完善投入政策

发挥区域科技成果转化引导基金作用。以水电产业、生态农业、旅游等产业转型升级为重点，引导金融和社会资本推动建立科技创新活动子基金。做优做大区域生态产业基金。发挥生态产业基金平台作用，引导省级资金、金融和社会资本，重点投向水电产业、低温水产业、生态农业、健康、旅游等领域。强化金融、银监等部门的支持。研究采取财政贴息等方式，加大绿色信贷发放力度。激活社会投资。推进水利基础设施建设与低温水产业、旅游文化、休闲文化、特色小镇有机结合，打捆PPP项目，以投资一体化促进社会资本参与水利基础设施建设和水产业发展。充分发挥侨务资源优势，引导华侨基金等参与投资水利基础设施建设及产业发展。

2.优化土地政策

争取上级土地优惠政策。根据用地保障需求，谋划做好省重点建设项目和重大产业项目申报工作，争取更多省级建设用地指标。强化新增建设用地保障。有效对接各县（区、市）土地利用规划修编，推动新增建设用地指标向水产业集聚区建设倾斜；深入开展低效治理，鼓励企业以荒地、荒坡、荒滩、垃圾场、废弃矿山等低效用地开发旅游、绿色能源等项目。充分挖掘存量土地资源。强化对闲置老旧厂房、商业设施、办公楼等进行整合改造，解决水产业企业用地需求；在符合土地利用总体规划和用途管制要求前提下，鼓励农民将集体农用地、未利用地以作价入股、合作联营或租赁等方式参与旅游、特色小镇、休闲文化等开发。

3.健全税费政策

严格落实上级税费优惠政策。认真落实《国务院关于税收等优惠政策相关事项的通知》(国发〔2015〕25号)中规定的税费优惠内容。调整优化增值税、所得税政策,降低企业增值税税率,提高小型微利企业年应纳税所得额上限;将2020年底到期的涉及水产业的税收政策,按编制的水经济发展规划分阶段延长优惠期限。细化城镇土地使用税优惠政策。根据当地政策要求,进一步细化实化城镇土地使用税差别化减免政策,对不同行业纳税人依据"亩产税收"等指标,实行差别化的城镇土地使用税减免政策,进一步给予水产业税收优惠。多渠道筹措资金建立节水奖励基金,对辖区内积极发展节水生态农业作物的给予奖励。

4.做好人才战略

加强对生态产业人才引进、培养的统筹规划和分类指导,大力实施"千人计划"、领军型创新创业团队引进培育计划、国内高层次人才特殊支持计划,引进培育一批高层次创新创业人才和创新团队。继续深入实施市专技人才知识更新工程,加强重点企业技术创新团队、博士后科研工作站、技能大师工作室、高技能人才培养示范基地、高级人才联合会等创新平台建设。加强人才创业指导,支持各类教育培训机构开展创业培训。鼓励"以投代招",以"民资+人才""人才+产业"的合作模式吸引人才。设立人才创业基金,重点投资初创期、成长期的高层次人才创业企业。

5.强化政策研究

加强产业扶持政策研究。安排专人研究国家和省级在产业扶持、技改补贴等方面的政策,在招引项目中抢占先机,增加地方政府的竞争优势。加强互联网+技术推广政策研究。贯彻《国务院关于积极推进"互联网+"行动的指导意见》,依托当地省电子商务和互联网产业快速发展的优势,研究出台相关配套政策措施,运用互联网推动区域市水产业产品业态创新、发展模式变革,加快智慧型水产业公共服务、电子商务和行业监管平台建设,拓展水产业与互联网融合发展的广度和深度,推动水产业智能化发展。

4.6.6.3 完善产业发展基础设施

1.巩固提升水资源保障能力

加强水源工程建设。根据区域水经济发展的趋势和要求,以提高区域水资源调控能力、城市群的水资源调蓄能力和供水保障能力为目标,科学规划、合理布局,加快水源工程建设。推进水源水库工程等枢纽工程建设,谋划建设大中型水库群。科学论证城市群和重要经济区引调水工程项目,建设一批支撑重点区域协调发展的水资源调配工程,扎实推进引调水工程,为周边缺水地区提供优质水资源。探索抽水蓄能电站、联库联网工程建设,积极推进中小型水库工程建设和一批水库改造扩容工程建设,形成大中小微、蓄引提调相结合的水源工程格局。建立健全针对城市群的应急供水机制,提高饮用水源地建设标准和安全等级。提升水资源配置能力和供水保证率。

加快建设应急备用水源。制定重点地区应急备用水源战略规划,在流域和区域水资源配置中预留战略储备水源,应对突发污染事故。开展一批水源工程建设,保证在发生常遇干旱时不受灾,发生严重干旱时保障城镇和农村生活正常供水,将农业干旱损失控制在合理范围内,遇特殊枯水年时,保障城乡居民生活用水,基本满足重要生产活动的用水需要。对单一水源供水的城市,要建设应急备用水源,提高城镇供水保障能力,增强应对特大干旱和突发水污染事件的能力。

2.加强城镇供排水体系建设

加强城镇供水体系建设。按照水资源空间开发格局,统筹谋划、有序推进,全面提高城镇供水保障能力。合理调整和整合现有供水格局,形成区域江库联通、相互补给、灵活调度的多层次供水网络,推进城乡供水水源一体化。加大对运行时间较长、老化和漏损严重的供水管网改造的力度,按照高标准和高要求建设新的管网,推广分区供水管网计量和压力调控等供水管网检漏控制技术,降低管网漏损率。在解决现有农村居民饮水安全的基础上,积极推进城镇供水管网向农村延伸。

加快城镇排水体系建设。抓紧制定城镇排水防涝设施建设规划,明确排水出路与分区,科学布局排水管网,加大雨污分流排水管网改造力度,拓宽管网覆盖面,提高截污率。结合"扩排"、易涝区防洪排涝水系综合整治和江河湖库水系连通综合整治等工程措施,开展易涝区的排涝规划和整治。兴建一批排渍设施,配套完善排水管网,消除主城区排水死角,逐步解决尾水不畅的问题;进行成排泵站与农排泵站联动配合,使农排泵站在主城区排渍中发挥补充作用。加快城镇污水污泥处理设施建设改造,积极推广先进的污水处理和再生利用技术,提高城镇废污水处理程度和水平。

积极推进海绵城市建设。在优先考虑更多自然力量排水的前提下,尽可能恢复城市原有河道(湖)和水塘等,结合城市绿地、花园、可渗透路面等城市配套设施,大力推进海绵城市建设,将停车场、广场、人行道、道路等改造或建成高透水铺面,促进雨水的消纳和利用,提高城市防洪排涝能力。

3.推进节水基础设施建设

持续推进农业节水工程建设。加快推进大中型灌区续建配套与节水改造,开展重点小型灌区的续建配套与节水改造,规模化推进高效节水灌溉增效示范,优化调整作物种植结构,推广种植业、畜牧业节水模式,科学完善农业生产节水措施,合理安排耕作和栽培制度,推广雨水回用、节水灌溉和自动饮水、污水处理回用、循环养殖等节水措施,逐步降低农业用水比例,有效促进地区用水结构优化,加强农村生活节水。

加快实施工业节水技术改造。实施以高耗水行业为重点的节水技术与工艺改造,以余压余热利用、工业用水重复利用等技术为重点,对钢铁、印染、造纸、数据中心等高耗水行业进行全面改造,推广节水先进技术产品,推动高耗水行业节水增效。加快国家级、省级循环化改造示范试点园区建设,积极推行水循环梯级利用,工业园区采用先进适用的节水技术,推进规模用水和集约用水,形成低消耗、可循环、少排污、高效益的运行方式。

4.开展水生态修复与保护

开展水生态保护与治理。加强生态保护红线管控,深入实施河(湖)长、湾(滩)长制,科学合理划定河湖管理范围,巩固开展河道干流等水生态系统保护与修复试点工作,积极推进流域综合治理工程,开展清淤清障,开展沿江沿岸砂石码头、网箱养殖、住家船等综合整治,推动水生态环境质量持续改善。积极推进水环境生物修复保护,加强对河流、湖泊、溪源、高山湿地等重要湿地的保护。严格控制滩涂围垦开发,按照湿地淤积增长的速度考虑围垦的规模。加强生态流量测算以及生态水量控制，健全生态流量下泄监管机制，做好河流生态流量与电站发电取水量的平衡。

加强饮用水水源地保护。对城乡饮用水水源地进行合理布局与规划，全面排查饮用水水源保护区内违规项目并全部清理到位，强化饮用水水源地规范化建设，实施县级以上饮用水水源地安全保障达标建设，严格监控水源地上游化工、纺织印染、皮革和重金属制品等行业的污染物排放，依法取缔饮用水水源保护区范围内的入河排污口，重要湖库入湖（库）主要河流逐步安装水质在线监测系统，确保上游来水水质达到功能要求。

加快河湖水库连通工程建设。建立河湖水库等水域之间的联系通道，增强径流调蓄能力和供水调配保障能力。根据区域市水资源条件、河流水系分布和工程布局特点，以水库为调蓄中枢，以河道、渠系为主要输水载体，建设一批江河湖库水系连通工程，开展农村水系综合整治，使区域逐步成为拥有水域宽广的江河湖泊、相互联通的水系和可持续发展的水生态环境。

开展河湖健康评估和综合治理。加强全域生态流量智能化监测，建立河湖健康监测与评估制度。根据重要河湖的类型及其水功能区划，研究建立河湖健康指标体系，客观反映河湖水量、水质、地貌、动力条件和生物状况等。加强对重要河湖健康指标监测，开展河流健康的动态评估，为河湖水生态保护与修复提供依据。

5.推进水生态景观建设

建设城乡标志性核心水生态景观区。江岸滩地建设以开敞性的公共绿地和防浪林为主，适当增加亲水性、文化性、娱乐性的设施，沿岸建筑群根据沿河向两侧腹地由低到高梯级延伸的格局来规划，保护城市轮廓景观线，逐步形成视觉开阔，江与城、水与镇相映的现代城乡水生态景观主轴线。将堤防建设与景观建设相结合，实施堤防绿化，堤内种植防浪林，土堤身护坡植草，堤外种植观赏草木、花卉，进行“江岸”亮化，对河滩进行综合整治，逐步建成以绿化为主格调的滨江风景带。图 4.6-5 为“江岸”亮化。

图 4.6-5　“江岸”亮化

建设湖泊、库区、湿地水生态景观带。根据不同水体的特点，力求一地一特色，每处有亮点，在中心城区形成风格各异的湖泊水生态景观带。完善滨水空间体系，串联沿河景观，打造出融合水上观光、商务接待、茶憩小点、文化演艺于一体的水景观工程，切实发挥水在整个生态系统中的灵魂作用。逐步使区域成为江河湖泊水体洁净，沿岸水景观亮丽的现代水生态宜居城市。图 4.6-6 为水上休闲图片。

图 4.6-6　水上休闲图片

4.6.6.4　积极推进区域品牌建设

1.实施水经济品牌化战略

基于支撑本地经济和社会发展的特色水产业和优势水产业，挖掘区域传统地理标志品牌和产品的特殊性 DNA——特点（Differences）、性质（Nature）和属性（Attributes），充分发挥产业聚集的地缘优势，打造由“区域的地理名称”和“产业名称”相结合的区域产业特色品牌，实施区域水产业品牌化战略，构建区域产业品牌伞，强化区域内外消费者对品牌的信任度和接受度，聚合区域产业内部众多中小企业，聚沙成塔，将区域产业品牌伞越做越大，形成良性互动。具备条件的产品申请“原产地域保护产品”，围绕区域“水经济+”核心品牌，引导行业协会、示范企业积极参与标准制定，推动制定强制性国家标准，争取国家认定的地理标志产品，保护标志对整个区域产业深层的价值，在市场中运用法律手段，坚决打击假冒、滥用相关标志的行为，增强地理标志保护意识。探索创立“产品分级制度”等建立完善的质量监管法律体系，构建产品质量可追溯机制，壮大水产品品牌的全产业链创新服务综合体，实行产品质量全程严格控制，促进产品持续发展。

2.挖掘区域地理标志水经济品牌

把地理标志品牌作为区域水经济品牌建设的重要载体，进一步挖掘和掌握地理标志保护资源，充分发挥地理标志产品天然品牌化、区域性优势，培育新的地理标志证明商标和集体商标，推动市场对地理标志品牌的认知与认可，促进地理标志品牌与产业协同发展。将天然饮用水、茶叶、中药材、渔业等特色产业列入培育计划，申报国家地理标志保护产品，加快建设"区域山耕"生态产品研发平台和核心产品库。加快山区珍稀濒危植物类、药用植物类、生态修复植物类等种质资源库建设。结合循环低碳试点工程，充分发挥产业将聚集的地缘优势，进一步挖掘和掌握地标保护资源。积极推动磁动能、氢能领域以及其他绿色能源领域的市场化开发，培育产业聚集区、绿色能源基地的地理标志证明商标和集体商标。围绕特有的文化，结合历史、人文传说、诗词歌赋、论文、图片等史实资料，挖掘申报地理标志保护产品。并围绕区域文化地标，结合文创、生态农业、水养殖等产品，发挥地标品牌效应。

3.打造企业知名水经济品牌

打造"水经济+区域山泉"品牌。结合区域市水源条件，挖掘丰富独特的优质天然山泉水，宣传饮用水优质指标，引导天然优质饮用水企业向重要水源地或产业基础发展较好的区域聚集，形成以饮用水龙头企业引领、包装、物流等多个服务行业并举发展。以产业转型提升为核心，提高区域天然优质饮用水品牌的竞争力，建设"区域天然优质饮用水"国家地理标志，争创知名品牌和驰名商标，新建(或扩建)商品水厂，特推出饮用天然水、矿泉水、直饮水、苏打水、泡茶专用水等优质产品，积极培育高端饮用水产品，开发具有水生态资源优势的区域特色饮品，提供便捷的商用饮用水和企业定制水服务，适时引入全国瓶装水市场龙头企业，打造区域优质饮用水品牌，通过权威机构检测，标注水产地，逐步形成统一标识，主动宣传区域好水的综合指标，推动高端、健康的功能水开发利用。

打造"水经济+区域香鱼"品牌。借鉴千岛湖有机鱼标准出台相关水产品等级标准，对区域内大型水库、河道的水质、鱼类品种进行评估，加强全国统一标志无公害水产品认证。大力挖掘淡水水产业潜力，主动宣传区域水库低温水优质资源，依托渔业养殖示范项目，重点引进行业的龙头企业，打造产业园区、创立优质企业品牌。充分发挥一些地区库区水常年保持低温和水质优良的特点，积极引进培育高档冷水鱼类，培育区域水产品自建品牌，打造活水、循环水等生态养殖示范基地。通过提高水产品的科技含量、积极研究开发市场需求较旺的鲜活水产品养殖，加大传统水产品的深度挖掘，进行深加工，提高产品附加值，争创全国知名品牌，并且以名牌产品为龙头，逐步走出一条贸工农一体化、产加销一条龙的水产品产业化发展之路。

打造"水经济+灵动区域"品牌。依托特色水体资源优势，发展特色水上运动，精品化打造水上运动基地，力争创建为国字牌，积极申报奥运会、亚运会等赛前训练场地，积极推进漂流、龙舟、皮划艇、钓鱼等涉水运动休闲旅游产品开发，引入水上特色游览、水上培训、互动体验、旅游赛事等项目，建设水域救援科普博物馆、水域安全培训基础配套设施等，进一步提升区域城市服务功能。树立"世界眼光、国际标准"的高点定位，整合旅游康养、经典产业、古镇古村等特色资源，把区域国家公园打造成为推动新时代生态文明建设最佳实践，体现国家战略、为区域高质量绿色发展提供引领和动力的旗舰型产品。加快推动区域创建国家 5A 级景区。

打造"区域生态+制造"新兴涉水产业品牌。以培育新兴业态为突破，运用好区域水库低温水资源，创造条件引入大数据及云计算等新一代信息技术产业园项目，以"区域大数据云中心"项目建设为契机，着力建设全产业链大数据资源整合和分析平台，打造形成健全的大数据及云计算服务品牌。以杂质少、硬度低，水浑浊度、污染指数比其他地方低20%以上的优质水资源为医用针剂原料，加快推动化学制药绿色化生产，谋划布局一批生物制药创新成果项目，培育一批生物医药知名企业，打造高效用水的生物医药品牌。引进一批有实力的水科技研发机构，深化产品加工，开发高科技含量、中高附加值的水产品，构建水经济创新发展链条，打造节能减排、低碳环保、具有核心竞争力的产业品牌。

打造现代水文化品牌。加快沿江绿色休闲文化带建设，建立具有区域文化特色的滨水文化风景带。加强对江河沿岸历史文物的修缮维护，可考虑与水上旅游一起配套开发，丰富都市文化底蕴。建设一批滨江滨湖文化设施，谋划建设"淡水水生物博物馆""鱼繁育养殖基地""水情教育基地""革命老区亲水基地"等。加强水文化主题公园建设，进一步挖掘独具特色的水文化内涵，提升城市文化品位、文化功能和文化地位。

4.积极拓展域外市场

由行业协会或相关部门培育引导个别有条件的企业进行跨区域拓展，协同区域产业内的个体企业共同做大域外市场蛋糕，减少区域产业内部的恶性竞争，提升区域产业的品牌价值。充分发挥区域产业品牌担当背书者和被背书者两种角色，对于无品牌的企业可以使用区域产业品牌开展营销，对于有品牌的企业也可以将区域产业品牌视作企业品牌的背书者或是采用双品牌(区域产业品牌+企业品牌)开展营销，树立统一的区域产业品牌形象。因地制宜，对产品重新定位以适应域外消费者。积极引导强势区域内个体品牌主导区域外市场拓展，有效避免区域内品牌的同质化竞争，使得行业内部企业走向差异化竞争与合作，探索引导区域产业内部良性竞争之路，促进整个行业的健康发展。

5.加强品牌宣传与保护

不断加工品牌的起源故事、使命故事、信息故事和愿景故事。传播产品的独特优势，构建区域地方特色品牌故事和品牌体验，发挥品牌故事激活消费者情感和传达价值观的作用，探索相关产品超越实用的价值观，推动大众品牌转化为个性化品牌。针对消费者的习惯和需求，启发消费者的情感共鸣、决策和行动，增加参与性和体验性，帮助消费者实现自身潜力，不断强化品牌忠诚度和幸福感，打造区域品牌充满激情的忠实推广人，促使更多的区域品牌脱颖而出，传播区域品牌魅力，建立品牌形象，不断深化品牌意义和影响力。

加强对区域水经济品牌的宣传。整合构建营销体系和品牌推介平台，除了传统的网站、展会、户外、报纸等形式的产品宣传，结合艺术节、旅游节、博览会和养生活动等大型活动开展相关宣传，利用新媒体形式和社交媒体，切实加强区域水经济品牌的形象宣传和推介传播。主动宣传因区域水质优异而落户的企业，创造机会共享新的品牌故事。如丽水市发挥区域市华侨之乡、茶叶、青瓷等特色产业及汤显祖文化等人文优势，依托侨博会、世界青瓷大会、国际茶商大会、汤显祖-莎士比亚文化节等对外交流和经贸合作平台，打造多类型、多层次、多领域的高等级合作发展平台。借鉴发达国家和地区经验，建设区域水资源保护教育基地，寓教于乐，宣传区域宝贵的水资源。

加强对区域产业品牌的保护。政府加强行业监管，规范行业管理，促进产业群健康发展。政府从财政投入、税费优惠、信贷支持、配套设施建设等方面加大对企业的扶持力度。充分发挥行业协会作用，建立有效的行业协调机制，克服区域品牌建设与管理的分散性，积极申请商标保护。

4.6.6.5 建立水经济发展推进机制

1.建立水经济发展决策协商机制

发展改革、财政、水利、自然资源和规划、农业农村、经信、招商、文广旅体等有关部门，应按照“全面规划、统筹兼顾、重点推进、创新发展”的方针，建立水经济发展决策协商机制，充分发挥各方作用，制订规划实施方案，明确各部门职责和分工，推动形成各涉水部门相互支持、密切配合、齐抓共管的水经济工作格局。

2.大力完善水经济发展配套机制

以优化水经济结构为主线，突出产业特色建立配套机制，支持省重大项目优先在区域市落户，为各类企业提供便捷、高效、规范的服务。健全科技服务机制，引进专业技术人才，协助特色产业实施科技创新，实现产学一体化。构建产业互动机制，围绕龙头产业带动其余经济组织和个人，提高特色产品品牌附加值，并协助开展优质产品的申报、认证工作，打响特色产品、地标产品、绿色产品的区域品牌。强化市场运作机制，以有形市场为基础，科技和信息技术为手段，联合各区域的市场体系，强化区域合作。同时支持具备条件的企业上市，提高企业竞争力。

3.创新政绩评价和人才管理机制

建立适宜统筹水经济发展的政绩评价和用人机制。综合生态环境保护、产业转型等多重因素，建立科学评估水经济和水生态环境等方面统筹发展的量化绩效考核标准，进行分类差别化考核，考核结果可作为干部考核评价、选拔任用的重要依据。依据促进水经济发展规划落实的要求选人用人，遵循权责一致，建立人才优势共享机制，签订人才交流合作框架协议，建立技术人才实习基地，支持高校、科研院校、企业开展学术交流和项目共建。鼓励高层次人才带技术、项目与区域市开展合作。健全人才信息管理标准和人才资源动态预警机制。

4.创新水经济发展的投融资机制

政府资金、金融资金、社会资本等多样化的融资渠道是水经济发展的重要推动力。在加大政府投入的同时，运用市场机制，依据“以水养水”的原则，建立水经济发展对水利的反哺机制，鼓励社会资本参与建立水利发展产业基金，盘活水资源，推进水资源生态价值转化。支持金融合作创新，争取国家放宽各类金融机构准入条件，鼓励金融机构设立经营机构或分支机构，在金融机构准入、金融业务和金融监管等方面进行改革创新。积极培育优质企业，支持提供水经济产品的企业发行绿色债券融资工具，支持开展小企业集合信托债权基金试点工作。创新担保方式，拓宽贷款担保物范围，积极开展应收账款质押贷款业务，使用权抵押及股权、专利权质押融资试点。

4.6.7 水经济繁荣建设标准

4.6.7.1 总体原则

应坚持生态优先、安全发展、服务民生、统筹协调、突出特色、因地制宜、彰显文化的原则，加强水利设施、水域及其岸线的保护与综合利用，提升文化内涵，满足人民日益增长的美好生活需要，助力水利高质量发展。

应按照经济社会可持续发展的要求，突出水利+风景资源优势，服从国家重大战略、区域发展战略及国民经济发展规划相关部署要求，应当符合水利发展规划、流域综合规划等，并与有关水利专业专项规划相衔接。

应提倡部门协同、公众参与，广泛听取各方意见和要求，加强调查研究，充分利用已有规划和有关科研成果，体现出科学性、合理性和可操作性。

4.6.7.2 建设标准

1.促进生态效益、经济效益和社会效益的协调统一

以水为中心促进山水、文化、旅游等优质资源相互整合，以河流为纽带改善产业、交通以及城乡的优化布局，坚持流域（区域）系统治理，清淤泥、通水系、活水网，统筹水生态、水资源、水环境、水景观、水文化等综合治理，建设河畅水清、岸绿景美、功能健全、人水和谐的美好家园，促进生态效益、经济效益和社会效益的协调统一。

2.促进水生态文明建设与经济建设协调发展

水生态文明建设与经济建设相辅相成，不可分割。一方面，水生态文明建设要为经济发展提供必要的物质基础，良好的水环境是提高社会劳动生产率和创造社会价值的基础，优质的水资源是经济可持续发展的原动力，经济要持续增长就需要河湖水资源为经济发展提供所需要的物质和能量。另一方面，美丽河湖建设必须要依靠经济发展，只有良好的河湖生态环境，才更有利于社会经济结构的调整和发展，美丽河湖建设需要依靠经济发展所提供的技术与资金支持，保护和修复水生态环境，使水生态文明与经济建设协调发展。

3.实现水资源的高效利用

未来水资源管理的重点将更加注重水资源的高效利用。通过推广节水技术和管理创新，提高水资源的利用效率。加强水资源的循环利用和再生利用，提升水资源的利用效益。

4.推动水经济的创新发展

未来水经济将逐渐从传统的水资源利用向创新型水经济转变。通过推动水科技创新和水产业发展，培育新的水经济增长点。发展水环境治理、水资源管理和水技术服务等新的水经济领域，推动水经济的创新发展。

5.水生态旅游产品体系和管理服务体系进一步健全

水景观、城市交通、旅游接待等服务配套设施进一步完善；“水旅”融合进一步深化，水工程、水生态环境、水文化、水上运动、休闲养生融合发展，探索挖掘水电站、库区、山泉等自身特色资源，探索打造一批精品“水旅”品牌，“水旅”等水生态旅游产品不断提质升级，旅游收入年均增幅显著提高。

4.6.8 水经济建设保障措施

4.6.8.1 加强组织领导

围绕水经济发展目标，成立由水经济发展领导小组，统筹推进水产业发展，协调重大事项，解决重大问题，指导下级部门落实好规划任务。各区（县）政府和领导小组成员单位共同谋划、部署重点任务，明晰事权划分，分解规划目标，形成工作合力。各部门明确重点方向和任务，将规划产业纳入本部门重点工作统筹谋划、联合实施，推进规划落地实施。

4.6.8.2　强化责任落实

实施规划工作责任制，将水经济发展摆在事关全局的突出位置，明确市、县（区）等各级领导的职责分工，制定规划实施的阶段目标，压实主体责任。各级发改、财政、水利、招商等部门根据任务分工，各司其职、密切协作配合，加强政策衔接，先易后难将项目落到实处。将水经济发展成效纳入地方考核，提升干部的效能意识和责任意识，推进规划实施规范化。对于责任不落实或落实不到位的，实行责任追究。

4.6.8.3　加强规划评估

为全面掌握规划实施情况，建立健全水经济发展规划监测评估制度和动态调整机制，及时掌握规划实施进展，对规划实施情况进行阶段性评估，分析总结规划目标和任务完成情况、实施中存在的问题及其原因，提出推进规划实施的有关对策建议，为规划的动态调整提供依据。

4.6.8.4　激发市场活力

坚持两手发力，做好招商引资平台建设，充分发挥行业商会和团体的招商平台作用，创新搭建符合发展需求的投资平台。开展招商引资推介会，集中力量对重点领域、重点产业和重点企业进行重点包装推介，着力引进一批投资规模大、产业带动力强的重点项目。充分发挥大企业的积极带动作用，鼓励以商引商，大力引进配套项目，促进产业链立体化延伸，增强产业综合竞争力。完善招商引资扶持政策。

4.6.8.5　推进科技创新

依托“千人计划”、绿谷精英计划等，大力引进和培育科技创新人才。建设科技创新平台，完善创新保障激励政策，引导科研机构、创新团队、技术指导小组等组织机构入驻，营造良好的创新环境。深化水产业技术改革，发挥引领型、龙头型创新企业的标杆带动作用，推进关键技术联合攻关，提高科技创新水平。加强科技成果转化和推广应用，逐步建立布局合理、分工明确、结构优化的产业科技创新推广服务体系，促进水产业持续健康发展。

4.6.8.6　加强宣传教育

强化整体宣传策划，加强对外宣传推介，充分利用财经宣传栏、水经济繁荣、水文化传播平台等，广泛宣传推动水经济发展的重大意义，详细解读相关政策措施，大力报道水产业建设典型经验，引导各地因地制宜培育和发展水产业，加大对招商引资工作的宣传力度，营造政府积极引导、部门协作配合、社会共同参与的水经济发展的良好氛围。

第 5 章　幸福河湖建设应用工程案例

5.1　福建省三明市金溪

5.1.1　流域概况

金溪位于福建省西北部，是闽江上游支流富屯溪的一级支流，也是闽江最大的二级支流，发源于宁化县安远乡境内武夷山东麓，流经建宁、泰宁、将乐和顺昌县，于顺昌县城关附近汇入富屯溪，流域范围在东经 116°30′～117°47′、北纬 26°20′～27°16′，西北部与江西省毗邻，北部与邵武市相邻，南部与宁化、明溪、沙县相邻，东面出口为顺昌县，流域面积 7 201 km^2，河长 253 km，河道坡降 1.20‰。金溪流域三明市境内部分，流域面积 6 644 km^2，河长 245 km。本次治理范围为金溪流域三明市建宁县、泰宁县和将乐县，流域面积 5 478.3 km^2。

金溪流域为闽江源头，承担着重要的生态屏障功能。同时金溪流域内的建宁县、泰宁县和将乐县为原中央苏区的核心区，有着弘扬苏区红色文化的重要意义。金溪现状见图 5.1-1。

图 5.1-1　金溪现状

5.1.2　资源特色

金溪流域历史悠久，山川秀丽，风光旖旎，红色文化、历史文化、自然生态、特色产业等资源品种丰富、品质较高。

5.1.2.1　红色文化资源

金溪流域建宁、泰宁、将乐三县均为原 21 个中央苏区县之一，毛泽东、周恩来、朱德、杨尚昆等老一辈无产阶级革命家在金溪流域度过了艰苦卓越的峥嵘岁月，许多地区都留下红军的足迹，形成了流域深厚的红色文化根基。毛泽东曾在红军挺进闽西开辟革命根据地胜利时书写的一首词《如梦令·元旦》,用“风展红旗如画”描绘如火如荼的革命形势,以及坚定的革命信念和豪迈胸襟。

中央苏区反“围剿”纪念园,是全国唯一一家以反映红军五次反“围剿”的历史为主题的纪念馆和全国 100 个红色旅游景点景区之一,也是三明市首家国家 4A 级红色旅游景区。如建宁的红军“三总部”、闽赣军区司令部旧址、红军银行;泰宁中国工农红军总部遗址;将乐贞节坊、光明余氏宗祠、温坊汤氏宗祠等与红色文化相关的历史文物保护单位遗迹保存完好。

5.1.2.2 历史文化资源

金溪流域建宁、泰宁、将乐三县均为千年古县,已有千年历史。其中,建宁古为绥安县,历代名人辈出,如唐末工部尚书陈岩、晚清爱国诗人张际亮等,现有“历史文化名村”上坪古村等数十处古迹,傩舞、宜黄戏等民俗保存完好。泰宁县名由北宋皇帝宋哲宗钦赐而来,取康泰、安宁之意;素有“汉唐古镇、两宋名城”之美誉,曾有“隔河两状元、一门四进士、一巷九举人”的科举盛况。将乐县以三国吴永安三年(260 年)置县时,因“东越王乐野宫在是”,又“邑在将溪之阳,土沃民乐”,故取名将乐。金溪流域闽学文化积淀深厚,被尊奉为“闽儒鼻祖”“程氏正宗”的北宋著名大理学家杨时为世人留下“程门立雪”佳话典故;著名理学大师朱熹、北宋名相李纲、戏剧大师汤显祖的老师罗汝芳等历史名人曾在此流域授课讲学、著书立说。

5.1.2.3 特色生态资源

福建是习近平生态文明思想的重要孕育地,也是践行这一重要思想的先行省份。在福建省委工作期间,习近平同志的“绿水青山就是金山银山”重大科学论断得以溯本探源。1997 年 4 月,担任省委副书记的习近平同志,在三明市将乐县常口村调研时提出,青山绿水是无价之宝,山区要画好“山水画”,做好山水田文章。1996 年 5 月至 2021 年 3 月,他先后 12 次到三明市调研,遍访三明的山水,留下了流域内将乐县常口村“一碗擂茶”,泰宁县上青溪崇际村“一条鲤鱼”、泰宁县岭下村“一杯米酒”三个蕴含习近平生态文明思想的感人故事。

金溪流域位于闽江源头,全域森林覆盖率达 80%,空气质量常年保持国家一级标准,地表水均为Ⅱ类以上。

(1)建宁县境内金铙山是泰宁世界地质公园的重要组成部分,有闽江源国家级自然保护区和国家森林公园,全县森林覆盖率达 79.8%,入选国家生态文明建设示范县,连续四届入围全国“百佳深呼吸小城”榜,是休闲安养的“天然氧吧”。

(2)泰宁县被誉为“中国丹霞故事开始的地方”,全县森林覆盖率接近 76.7%,95%以上地区空气质量为最清洁,地表水均为Ⅱ类以上,是首批国家生态文明建设示范县、国家重点生态功能区、国家园林县城。

(3)将乐县森林覆盖率达 85.2%,林木覆盖率居全省前列。以“深绿一派、清新满邑”连续三年荣获全国深呼吸小城百佳榜首,并入选全国首批 21 个国家森林康养基地;拥有全国森林健康养生 50 佳(将乐金溪森林公园)和全省首批森林康养基地 20 强(将乐龙栖山森林康养基地)。空气质量综合排名居全省第二,被评为全国深呼吸小城百佳榜首及“中国天然氧吧”。

5.1.2.4　涉水产业资源

金溪流域涉水产业类型多样,三个县结合各自特点,形成具有特色的涉水产业。建宁是全国知名的三大莲乡之一,建莲是御品贡莲,通过连续举办"为荷而来"中国建莲文化旅游嘉年华活动,市场的知名度、美誉度不断提高。同时,形成的莲子、种子、梨子、桃子、无患子等"五子"特色产业体系,其中杂交水稻制种面积和产量分别占全国的12%和20%,形成"北张掖、南建宁"种业格局。

泰宁县以得天独厚的"丹山碧水"完美结合的大金湖(池潭水库)、上青溪发展水上休闲产业;依托大金湖(池潭水库)水域资源开展生态养捕模式,创建了福建省首个有机鱼品牌"宴清"有机鱼,并入选福建省"十大渔业品牌";同时全县山泉水日流量达1万余m^3,水源地区原始森林覆盖率极高,山泉水中含有钙、铁、锌等多种人体所必需的微量元素,依托优质丰富的水资源,开发包装饮用水等饮品。

将乐县借力绿水青山生态优势,大力培育、发展和推进水上运动的开展,打造"深呼吸"示范区、避霾首选之地、养生休闲胜地,特别是把古镛镇打造成水上运动休闲特色体育小镇,先后建设了2个水上运动基地、4个水上运动训练场、5个水上活动中心,在金溪两岸各修建了3 km赛事观光栈道,着力打造"文化+旅游+体育"融合发展模式,产业规模和特色体育品牌已初步形成。

5.1.3　建设必要性

金溪地处闽江源头,是闽江上游支流富屯溪的一级支流,也是闽江最大的二级支流,承担着重要的生态屏障功能。

金溪流域内的建宁县、泰宁县和将乐县为原中央苏区的核心区和省重点革命老区,拥有着历史悠久且深厚的红色苏区文化,2022年3月国务院批复、国家发改委印发《闽西革命老区高质量发展示范区建设方案》,提出深入推进山水林田湖草沙系统治理,加强主要河流湖库生态环境治理保护等支持革命老区高质量发展提出具体要求。

生态资源是金溪流域宝贵的资源、生态优势也是金溪流域最具竞争力的优势,虽然目前金溪流域本底总体状况良好,但受历史原因、沿河城市的发展需求,流域内仍存在水利基础设施不完善、源头水源涵养不足、滨岸带生态退化、城镇沿河污水管道设施老旧引发水污染风险,水智慧管理水平不高,水生态空间缺乏有效管控界限、红色苏区文化精神传承和发扬不足等问题,流域内经济发展与生态保护的问题凸显。

5.1.3.1　新时代支持革命老区振兴发展的需要

金溪流域建宁县、泰宁县、将乐县为原中央苏区县,是中央苏区核心区域的重要组成部分,也是海峡西岸经济区的重要组成部分。长期以来,国家高度重视革命老区特别是原中央苏区的建设和发展。2021年1月,国务院出台的《关于新时代支持革命老区振兴发展的意见》中明确,研究支持三明建设革命老区高质量发展示范区。2022年3月,国务院出台的《国务院关于同意建设赣州、闽西革命老区高质量发展示范区的批复》(国函〔2022〕20号)中明确把革命老区建设得更好,让老区人民过上更好生活,打造新时代革命老区振兴发展的样板。

金溪流域受历史影响,原中央苏区县仍处于较低的发展水平,水利基础设施建设仍存在不足，特别是沿河两岸集中连片的水产种质保护区、基本农田仍受洪水冲刷的影响，存在田面受损等问题。同时河湖岸线未确权划界，沿河集中的乡镇、村庄仍存在人为活动对河滨岸带干扰，河流生态保护蓝线内生物多样性和生态特性存在减少和退化趋势。开展三明金溪水生态修复与综合治理工程是新时代支持革命老区振兴发展完善水利基础设施的需要。

5.1.3.2 遵循绿色发展理念建设生态示范区的需要

按照《福建省国土空间规划(2021—2035 年)》，金溪属于“两屏一带”“六江两溪”区域，需要巩固水源涵养功能、提升水土保持功能、维护生物多样性、提升自然生态系统碳汇能力。同时，三明市是全国林改策源地、全国集体林区改革试验区、海峡两岸现代林业合作实验区，生态资源和自然基础条件较好，被列为全国 143 个生态保护与建设示范区之一。

目前，金溪流域仍存在历史遗留的水土流失问题、人为活动导致滨岸带生态退化及城镇入河污水管网设施老旧等问题，开展三明金溪水生态修复与综合治理，充分发挥金溪流域山水林田湖一体的生态优势，坚定不移走绿色发展之路，为经济社会可持续发展提供有力支撑，是落实三明建设全国生态保护与建设典型示范区，促进绿色发展的重要抓手。

5.1.3.3 完善文旅康养体系推动地方产业经济发展的需要

三明林深水美、宜居宜养，是中国最绿城市之一，被专家誉为“中国绿都”。2019 年 10 月，三明市被中国林业产业联合会授予全国森林康养基地建设试点市。根据《三明市城市总体规划(2010—2030 年)》，金溪流域为西北部生态旅游发展板块，泰宁联动将乐、建宁等旅游资源，打造三明世界级文旅康养目的地。

目前，金溪流域沿河文旅、康养产业类型多样，如大金湖国家地质公园、国家级皮划艇训练基地以及沿河多处康养基地和文化遗址等，但受当地经济发展和生态保护要求制约，水利基础设施体系建设与发展文旅康养产业之间仍存在一定差距，因此开展三明金溪水生态修复与综合治理，是加快完善革命老区文旅康养产业涉水基础设施体系，改善城乡人居环境，将生态优势转化成发展优势，将绿水青山转化为金山银山，推动地方产业经济高质量发展的需要。

5.1.3.4 打造美丽乡村建设助力老区城乡发展的需要

建设生态宜居的美丽乡村，是实施乡村振兴战略的一项重要任务，是落实党的十九大精神，推进生态文明建设的需要。围绕“山更好、水更清、林更优、田更洁、天更蓝、业更兴、村更美”等方面，推动传统水文化、地方人文风情、特色水景观等多元素的高度融合，促进特色水文化遗产的保护与传承，改善沿河人居环境，也是河湖生态系统保护与修复工程的重要内容之一。

目前，金溪流域人口集中的河段随着城市发展，缺少人们亲水近水的空间，同时整个流域沿河水文化、苏区红色文化、闽越文化等传承能力及水生态价值转换能力不足。因此，按照乡村振兴战略提出的“产业兴旺、生态宜居、乡风文明、治理有效、生活富裕”的总体要求、金溪沿河城镇总体规划以及建设水美城市的要求，通过实施三明水生态修复与综合治理工程，加强水生态保护与建设，提升并完善水美城乡建设发展生态基础体系，有助于提升乡村河道亲水性，强化地域文化元素，丰富农村文化业态，重塑乡村文化生活，促进乡村文明与水生态环境相融合,助力老区城乡高质量发展的需要。

近年来,随着经济社会的快速发展,结合国家对幸福河湖建设要求、中央苏区革命老区建设发展要求、三明市生态城市建设的要求,对金溪流域水生态环境保护与修复提出了更高的要求。为适应区域发展战略,进一步提升水生态环境质量,改善人居环境,保障金溪流域经济社会环境的可持续协调发展,三明金溪流域水生态保护与修复工程建设是十分必要的。

5.1.4 建设任务

以现状问题和需求为导向,结合国家对幸福河湖建设要求、中央苏区革命老区建设发展需求、"两山理论"绿色发展和三明市"绿都三明 · 最氧三明"的生态城市建设要求,充分解读流域文化资源特色和市县总体规划、空间规划,以修复水生态、保障水环境为重点,统筹协调水与经济社会、生态环境的关系,通过生态护岸工程、巡河路工程、生态修复工程、水环境治理工程、生态水美建设工程、水生态空间管控勘界定桩及工程信息化等工程措施,构建红色廊道、绿色领航廊道,打造水美城乡,完善文旅康养体系,提升流域智慧管理等,打造能够维持自身健康,支撑流域和区域经济社会高质量发展,形成"红色文化繁荣、生态环境优美、基础设施完善、产业发展兴旺、居民生活幸福、社会和谐稳定"的幸福河。

5.1.4.1 完善水安全体系,发展苏区红色廊道

金溪流域旅游资源丰富,但基础设施与流域旅游、产业发展需求不匹配,完善革命老区水利基础设施建设,通过生态护岸工程、巡河道路工程等线性廊道生态建设工程,有效保护河流两岸农田和村镇生态安全,增强不同斑块间的连通性,减少生境破碎化对生物多样性保护的不利影响,增加人工生态系统与自然生态系统间的生态联系。以骨干河流为主线,以干带支,恢复生物纵向连通性,统筹河湖综合治理,恢复河湖生态系统健康和生物多样性将水系综合治理与苏区红色文化旅游相融合,完善革命老区基础设施,构建沿溪红色廊道,展示和传承苏区红色文化,促进红色文化旅游发展,加快推进革命老区高质量发展。

5.1.4.2 修复水生态系统,完善绿色领航廊道

坚持绿水青山就是金山银山理念,统筹推进革命老区山水林田湖草沙一体化保护和修复。金溪流域水系发达,自古人们择水而居,人口聚集的乡镇民房民居沿河道两岸集中分布,部分河段存在一定的河湖空间被侵占的现象,致使水生态系统被破坏;另外受历史影响,流域内两岸山体不合理的种植结构导致水土流失问题仍旧存在。本工程通过对 50 km^2 以上完成岸线规划的河流进行勘界定桩,强化河流水生态空间管控;通过自然恢复与人工修复相协调,生物措施与工程措施相结合,系统修复破碎的生境;结合沿河流域的植被与生态系统保育,加强源头区水土保持,保护和恢复地表径流自然地貌。通过统筹兼顾、系统修复水生态系统。构建沿溪绿色领航廊道,维护闽江上游地区生态系统整体功能完整性,恢复河流生态系统健康和生物多样性,保障下游城市水生态环境质量,助力革命老区振兴发展。

5.1.4.3 保障水环境质量，助力文旅康养发展

依托金溪流域自然禀赋和重要的区位条件，发挥水生态综合治理工程在推动乡村振兴上的积极作用，对于部分河段存在的“内源污染、面源污染”风险的现状问题，以渗、蓄、滞、净的理念，加强河道的生态性功能。结合用地类型，在河道沿岸以绿地、植被缓冲带为主，拦截随地表径流进入河道的泥沙和农田面源污染，保障水环境质量；对于上游县城段开展河道清淤疏浚，定期清理水体底泥污染，减少水环境污染的风险。通过水环境治理工程，加快完善革命老区文旅康养产业基础设施体系，改善城乡人居环境，推动乡村产业兴旺，提升金溪流域革命老区振兴发展新动能，提高经济质量效益和核心竞争力。

5.1.4.4 传承水文化风貌，推进水美城乡建设

落实乡村振兴战略决策部署，通过对金溪流域沿溪涉水文化现状的分析，深入研究与挖掘涉水文化历史特征、水景观特色及潜力、水产业发展方向，以水系保护与乡村振兴基础设施建设为载体，通过生态水美工程，传承流域内取水用水的历史文化，保护良好的水乡风貌、古码头遗迹等；同时以水系为脉络，水域岸线并治，在加强河湖水生态修复和水资源保护，“以水为脉、以水串景、以水为媒”，建设具有闽越文化的金溪水美城乡、营造“水清岸绿、河畅景美、宜居怡人”水美苏区乡村，打造金溪沿岸特色生活区，打造金溪“文化走廊”“宜居走廊”“水运绿廊”。提升健康宜居的生态环境、改善人民生活质量，促进乡村文明与水生态环境相融合，以乡情乡愁为纽带加快推进革命老区生态宜居乡村建设。

5.1.4.5 加强信息化建设，提升流域智慧管理

基于金溪流域水利信息化现状，针对全流域水利业务管理的需求，结合水利信息化建设及三明市信息化建设的相关规划要求，利用先进的信息化技术，健全完善监测、传输、处理、分析、决策、控制与反馈体系，构建金溪流域水利信息基础设施体系、功能完备的水利业务应用体系、统一规范的技术标准和安全可靠的保障体系，建设统一规范的数据管理平台，整合水利业务应用体系，形成水安全、水资源、水生态、水环境、水工程、水文化的信息媒介和信息保障，集成建设金溪流域智能水利信息平台，促进流域的水利管理向数字化、信息化、现代化、自动化和智能化等方向发展，全面提升信息技术对全流域水利日常工作及应急处理的支撑与服务能力。

5.1.5 实施效果评价

本次治理工程的效益主要为生态效益、社会效益、经济效益 3 个方面。

5.1.5.1 生态效益

本工程生态效益分为水圈生态效益、土圈生态效益、气圈生态效益、生物圈生态效益几部分。

1.水圈生态效益

(1)减少洪水灾害的效益。

工程开展源头区生态修复、滨岸带修复工程新增植被面积 1 866.27 hm^2，参照相关治理流域和非治理流域的对比观测资料，通过新增植被年均可减少洪量约 2 000 m^3/km^2，参照《中国水利年鉴》等相关资料，平均水库库容造价约 3 元/t 计算，本工程治理后较治理前减少的洪水灾害价值约 11.20 万元/a。

（2）涵养水源的效益。

工程对滨岸带进行修复，并在景观节点内开展绿化工程的建设，对区域的水源涵养能力增强。水源涵养价值采用当量法，利用学者打分确定水源涵养价值当量因子，森林水源涵养单位价值按照 2 850 元/hm^2，经计算，本工程治理后较治理前增加的涵养水源价值约 531.89 万元/a。

（3）水质净化的效益。

工程实施后，截污管网建设能够起到污染物削减的作用，削减污染物总量为：减少 COD 406.29 t/a，TN 72.77 t/a，TP 7.19 t/a。水质净化价值采用替代成本法，通过污水处理厂治理水体污染物的成本来评估生态系统水质净化功能的价值。

根据现场调查，将乐县、泰宁县、建宁县城镇污水处理厂均采用氧化沟工艺，其每吨水处理费用为 0.60~0.85 元。通过污水处理厂进出水对 COD、TN 和 TP 的削减量，折合各污染物处理费用为：COD 处理费 2.07 元/t，TN 处理费 11.56 元/t，TP 处理费 117.08 元/t。经计算，水质净化价值约为 1 714.85 元/a。

综上所述，本工程水圈生态价值为 543.26 万元/a。

2. 土圈生态效益

本工程实施后，生态护岸工程利用工程防护措施固坡护土，同时利用植物体根系发达的特点形成一个稳固的网络支持系统，使植物体牢牢地扎根于滩地上，起到阻挡水流、减弱流速、防风消浪、保护农田不受侵蚀的作用。保护农田的价值采用生态岸带的相应面积核算。根据福建省耕地年产值标准，取农田单位面积价值为 1 500 元/亩，经计算，本工程治理后较治理前保护新增农田保护面积为 4 706.16 亩，保护价值约 705.92 万元/a。

3. 气圈生态效益

本工程植被释氧价值通过下式计算：

$$V_0 = S \times J \times d \times P \times (1+C) \times K$$

式中：V_0 为生态系统释氧价值，元/a；S 为林地面积，hm^2，本工程林地面积为 1 866.27 hm^2；J 为林地年平均增长量，参照林木年平均增长 3.1 $m^3/(hm^2 \cdot a)$ 取值；d 为木材绝对干重，t，按 0.45 t 计算；C 为干物质生产量，t/a，按平均干重 25%计；K 为生产每吨干物质释放氧量，t，按亚热带 1.4 t 计算；P 为制氧成本，元/t，按 400 元/t 计算。

经计算，本工程治理后较治理前新增释氧价值为 182.24 万元/a。

4. 生物圈生态效益

生物圈生态效益为提高地面林草被覆程度、促进生物多样性、增加植物固碳量。社会效益为减轻自然灾害、促进社会进步。

（1）固碳价值。

绿色植物通过光合作用吸收二氧化碳。生态系统固碳价值即为生态系统通过植被光合作用固定二氧化碳，实现大气中二氧化碳的稳定减少的生态效应。固碳价值采用《水土保持综合治理 效益计算方法》（GB/T 15774—2008）推荐的计算公式：

$$W = V \times D \times R \times \mathrm{Cc}$$

$$\mathrm{Sc} = W \times M \times S$$

式中：W 为植物固碳量，t/a；V 为某种植物类型的单位面积的生物蓄积量，t/hm^2，本工程生物蓄积量为 70 t/hm^2；D 为植物茎干密度，一般为 8~20，本次采用 15；R 为植物的总生物量与茎干生物量的比例，按平均干重 25%计；Cc 为每吨干物质固定 CO_2 的量，t，常采用 0.45；Sc 为生态系统固碳价值，元/a；M 为单位固碳价值，元/t，采用瑞典碳税率 130 美元/t 计，美元对人民币汇率为 7.15；S 为林地面积，hm^2，本工程林地面积为 1 866.27 hm^2。

经计算，本工程治理后较治理前新增固碳价值为 20 491.12 万元/a。

（2）生物多样性价值。

本工程实施后，恢复了流域生态系统和动物栖息地，恢复了乡土植物群落，将有利于生物多样性的恢复。生物多样性价值计算方法参照《中国森林生物多样性价值核算研究》报告，采用直接市场评价法，系数取值为西南高山区。

$$Vs = S \times N$$

式中：Vs 为生物多样性价值，万元/a；S 为林地面积，hm^2，取林地面积为 1 866.27 hm^2；N 为单位价格，元/hm^2，按照南方区取值 41 448 元/hm^2。

经计算，本工程实施后生物多样性价值为 7 735.32 万元/a。

5.1.5.2　社会效益

1.减轻自然灾害

（1）减少水土流失的价值。

本工程建设生态护岸工程，使岸带免遭水土流失破坏，减轻自然灾害。保护土地免遭水土流失破坏的年均面积采用《水土保持综合治理 效益计算方法》（GB/T 15774—2008）推荐的计算公式：

$$\Delta f = f_b - f_a$$

式中：Δf 为免遭水土流失破坏的年均面积，hm^2；f_b 为治理前年均损失的土地，hm^2；f_a 为治理后年均损失的土地，hm^2。

经计算，保护土地免遭水土流失破坏年均面积为 31.38 hm^2，根据福建省耕地年产值标准，生态护岸两岸单位面积水土流失土地价值为 1 100 元/亩。经计算，本工程治理后较治理前减轻水土流失价值为 51.77 万元。

（2）减少洪灾损失的价值。

金溪流域涉及建宁、泰宁、将乐 3 个县 31 个乡镇，金溪干流常住人口 39 万人。金溪流域沿河两岸分布大量农田耕地。本工程实施前，两岸农田耕地坡度陡峭，加上无岸坡保护，当发生洪水时，侵蚀严重，两岸岸坡坍塌、使得原农田耕地永久消失。

防洪效益采用工程治理前后两种情况作对比分析计算。主要保护对象为两岸农田耕地。本次计算按工程治理前发生设计洪水时造成农田耕地损失作为本次治理工程的防洪经济效益。

本工程按计划实施后，保护两岸农田耕地，洪灾损失将大幅度减少，防洪效益十分显著。防洪效益即工程兴建前后多年平均洪灾损失的减免值。多年平均洪灾损失包括保护农田耕地面积以及其上农作物损失等面上工程损失及其他损失等。洪灾损失采用洪灾前的财产价值乘以洪灾损失范围来表示。随着国民经济的发展、人民生活水平的不断提高、社会财富的积累、土地利用价值的提高，今后发生同等洪水，其洪灾损失将越来越大，计算工程防洪效益应计及洪灾损失的增长，计算期内的洪灾损失增长率采用 3%。本工程治理后较治理前减少洪灾受灾面积约 470.64 hm^2,受灾单位面积损失价值为 11 012.43 元/亩,本次治理工程多年平均减少洪灾效益为 7 774.35 万元。

2.促进地区旅游业发展

自然景观是由自然环境、物质和景象构成,具有观赏、游览、休闲、疗养等效用和价值的风景综合体或景物,其承载的价值对社会具有重大的意义。本工程结合不同历史文化资源、周边特色及产业定位等因素,在人口密集区域,紧扣幸福金溪主题,结合文化资源、地域特色等进行分类,对沿河重要生态水美节点进行营造,打造风展红旗、绿色领航、文旅康养、水美城乡,构建沿溪红色廊道,促进红色文化旅游发展。"文旅康养"实现水生态与产业的融合发展,助力流域内森林康养、水上运动、生态休闲等产业发展。"水美城乡"把山水、人文等资源相融合,树立区域化品牌化水美城乡新形象。

5.1.5.3　经济效益

本工程为生态类项目,无显著的直接经济效益。

根据《水土保持综合治理 效益计算方法》(GB/T 15774—2008)工程治理后导致土地增值,由此产生经济效益。本工程按计划实施后,原被洪水侵蚀的土地可以得到保护,一些无法利用、没有利用价值或利用价值较低的荒地可以得到开发,同时通过生态修复、水美工程建设提升区域生态价值,改善了水环境,提升了流域自然及人文风貌,因此工程建设带来的土地增值价值不容忽视。经估算,工程将至少带动建宁、泰宁、将乐 3 个县长度 13 km,宽度 1 km 范围,共计约 1 300.00 hm^2 的土地增值。土地增值价值取金溪流域当前土地拍卖均价 39 000 元/亩的 5%,即 1 950 元/亩。通过计算,本次治理工程多年平均土地增值效益为 3 802.5 万元。

5.2　福建省漳州市九十九湾

5.2.1　项目概况

漳州市九十九湾连通水系由北往南贯穿漳州市主城区,连通九龙江北溪、西溪,西连三湘江引水泵站,东接西溪桥闸,其间串联湘桥湖、上美湖、碧湖生态园、西院湖生态园等蓄滞洪区。九十九湾河名来源是指九龙江北溪右岸内林进水闸与西溪左岸湘桥水闸之间的河道,自北向南蜿蜒迂回,弯弯曲曲,故称九十九湾。九十九湾连通水系脉络清晰、水流通畅,水系面积 202.4 km^2,主要以九十九湾涝片为核心,连通了龙文区的石井、漳滨、长洲、郭坑片区,并通过浦头港的串联,连通了芗城区的三湘江、吴浦等片区,形成九十九湾连通水系,干支流总长约 130 km。漳州市九十九湾现状见图 5.2-1。

5.2.2　资源特色

九十九湾是漳州流域范围最大的内河,横贯漳州龙文城区南北,沟通起九龙江北溪和西溪 2 条重要河道,承载着城市空间演变的起承转合,连接起水与城的羁绊情结,浓缩藏韵千年的闽系文化。自商周时期便已存在的九十九湾,历经 3 500 年的沧桑巨变,文脉、水脉、城脉已融为一体,形成了丰富的沿河水文化,包括河源自然文化、临水遗迹文化、涉水天然文化、依水民俗文化和历史人文文化等。

图 5.2-1　漳州市九十九湾现状

5.2.2.1　河源自然文化

九十九湾在明清时期的志书里叫作“建溪”或“李林港”。相传，建溪是朱熹因怀念故乡而起的名字，而李林港则因为这里曾经居住过李、林两姓人家。明天启年间，龙溪进士陈天定曾对北溪做了非常详细的考察。他在《北溪纪胜》中记载：“旧志谓虎渡未决，故道实出此……”，九十九湾曾是北溪的故道，即古时候的北溪干流。如今的九十九湾溪口是 20 世纪 60 年代修筑北溪防洪堤时，因引流而改道的，早年的溪口在下游约 200 m 处。清代《漳州府志》和《龙溪县志》的水利卷也记载了九十九湾的前世：建溪一名李林港，北溪支流也。自李林社前分流南历崎下桥，又过二十七都响水桥至湘桥社尾西南入西溪。

5.2.2.2　临水遗迹文化

九十九湾沿线流经几十个村庄，经过上千年的演变更替，留下了许多历史遗迹，古桥、古庙、古厝、古井、古碑林立，有些已湮灭在历史的长河里，有些依然尚存。桥头村的长桥清代修建，至今仍有一段三十几米的残桥；流冈村的石梁桥—流冈长桥始建于明初甚至更早的时候，至今在村北新溪西岸仍留有两段古残桥和三个桥墩；圳头村的响水桥如今已不在，但它的悠久历史与“七十二万银造响水桥”的故事却流传至今。古庙是九十九湾沿线村庄最普遍的存在，几乎每个村庄里都有一座古庙，历史最久的可以追溯到南宋时期。古厝是闽南水乡的传统建筑，九十九湾沿线尚有遗存，其中湘桥村的古大厝是九十九湾流域绝无仅有的高度集中的古建筑群。此外，在沿河村庄还分布有一些古井，后店至正古井自元代便已存在，石井村玉井甘泉是一口直径 2.5 m 的八角井，而打山村的古井水则与闽南名药片仔癀密不可分。

5.2.2.3　涉水天然文化

唐宋时期的地图上便已有九十九湾，明清以前的龙溪县九十九湾，早已有小桥流水人家，九十九湾就这样从远古款款而来自北向南，沟通九龙江北溪和西溪两条水系，经过千年演变，水系不断发育变化，到如今已形成错横交错的天然水网，内林引水渠、浦口支渠西洋溪、恒坑溪、打山溪等遍布其间，独具特色的漳州闽南水乡天然文化不断积淀与繁荣。

而经过多年水利工程建设，沿线又建成了上美湖、碧湖、湘桥湖、西溪亲水公园、东墩水闸、丁字港等集水利功能、生态功能、景观功能于一体的多处涉水景观，与天然水网交相辉映、相辅相成，在涉水天然文化的画卷上又增添了浓墨重彩的一笔。

5.2.2.4　依水民俗文化

河流孕育文明，在千百年演变的进程中，九十九湾沿岸的村庄，在与水长年的博弈中，诞生了许许多多的水文化，形成了诸多水乡特有的民俗文化。根据《闽南水乡 · 九十九湾》一书调查走访成果记载，九十九湾沿岸的宗庙文化、龙舟文化、武术文化、商贸文化都曾繁华灿烂过，有的已延续至今。沿河几十个村庄，几乎村村都有古庙、祠堂等，建溪宫、觉皇寺、玉楼庵、郑氏宗祠、林氏宗祠、驻龙宫等遍布在各个自然村落里，菩萨、关帝、妈祖、水仙尊王、开漳圣王、保生大帝等不同信仰和谐存在着。而龙舟文化是九十九湾从古延续至今的典型民俗文化代表，沿途的石井村、六石村、圳头村、碧湖村等都是龙舟文化盛行的村落，至今五月端午仍有龙舟赛举行。恒坑村六石村、坂上村武术文化盛行，龙狮阵、太祖拳等流传至今，坂上村还成立了武术队，在多个比赛中获奖。古时九十九湾是通航港口，贸易往来，十分繁华，当地著名的桥头仔圩就是历史上一个十分繁荣的商贸码头，位于桥头村，形成于宋代，到了明代的万历年间，林士章归隐桥头内村，建釜山城、拓宽河道、修筑长桥等举措，使这一带更加繁华。

5.2.2.5　历史人文文化

沿河文明的孕育离不开人的元素，在历史文化的演替中，九十九湾沿线也涌现出了一批历史名人，他们的故事流传至今，与九十九湾的文化密不可分。众多历史名人中，比较具有代表性的有林氏一族、郑氏一族、翁建王氏、朱熹、陈北溪、海公黄梧、姚启圣等，至今林氏一族与内林街、楼内釜山古城的故事仍在诉说，朱熹与建溪书院、建溪宫的传说仍在流传，陈北溪故里石井蓬洲与他的民间故事仍有人记得，姚启圣七十二万银造响水桥的历史并未随着响水桥的改建而消失。此外，九十九湾边上的村庄中，登科、林、傍上、书厅、书都等充满科举和书香气息的名字传衍至今，历史人文积淀深厚而绵长。

5.2.3　建设优势

5.2.3.1　区位优势明显

九十九湾连通水系所在区域属于漳州市主城区，位于福建省南部沿海，是漳州市政治、经济、交通、文化中心，是“闽南金三角”的重要组成部分，“厦漳泉同城化”核心区之一，属于厦门、汕头两大经济特区的腹地，区位优势明显。

5.2.3.2　生态基底优越

九十九湾连通水系生态流量保证程度较高，河湖岸线生态比例较高，水生态系统较为完整，浮游动物、浮游植物、水生维管束植物、底栖生物、鱼类、鸟类、两栖类等形成了较为完整的生物链，生物多样性较为丰富，生态基底条件优越。区域绿色生态葱郁怡人，森林覆盖率约为 21.77%，建成区绿地率约为 40.03%。在保护生态优势上，龙文、芗城积极推进绿色发展。其中，龙文区被评为国家生态区，并拥有国家级生态镇（街）4 个、省级和市级生态村 43 个，是国家森林城市，全国文明城市建设也在深入推进。

5.2.3.3　文旅资源丰富

九十九湾横贯漳州龙文城区南北，沟通起九龙江北溪和西溪两条重要河道，承载着城市空间演变的起承转合，连接起水与城的羁绊情结，浓缩藏韵千年的闽系文化。自商周时期便已存在的九十九湾，历经 3 500 年的沧桑巨变，文脉、水脉、城脉已融为一体，形成了丰富的沿河水文化，包括河源自然文化、临水遗迹文化、涉水天然文化、依水民俗文化和历史人文文化等。九十九湾以“生态+文化”理念，由北至南串起内林夜市、七里水乡、逸野古塘、龙溪竞舟、湘桥怀古等“水乡十景”，既保护老祖宗的“筋骨肉”，又传承在地文化的“精气神”，形成城市文脉，撬动新旧动能转换，为百姓打造宜居环境，为产业提供转型空间。

5.2.3.4　发展势头强劲

龙文区、芗城区依托九十九湾连通水系优美的水生态环境，以美丽生态河道为平台，挖掘整合九十九湾沿岸历史古迹、民俗文化、现代产业要素，配套开发文旅、商业项目，在保护中开发、在开发中保护，引进优质产业项目，实现了文化、产业、效益的有机统一，按照“提振一带”“激活一区”“复兴一城”的目标，在九十九湾沿岸建设了“闽南水乡”滨水商业示范区，并吸引了近百家企业入驻，“九十九湾经济带”建设已形成一定规模，发展势头强劲。

5.2.4　建设任务

5.2.4.1　治理防洪排涝薄弱环节

坚持“以泄为主，蓄滞泄结合，工程措施与非工程措施相结合”的总体策略，完善“蓄的住、防的固、排的出”的体系完备、标准适宜、安全可靠、协调配套的现代防洪排涝体系，通过开展支渠治理联排联调能力提升、干流局部卡口治理等措施，基本消除防洪排涝薄弱环节，提高区域防御洪涝灾害能力。

5.2.4.2　提升水环境质量

坚持污染减排和生态扩容两手发力，强化源头控制、辅助过程削减，实施末端治理。通过强化污染源控制、实施水质原位提升工程等，有效整治入河排污口，提高城镇及农村污水处理能力，有效改善水系自净能力。

5.2.4.3　保护修复水生态系统

坚持尊重自然、顺应自然、保护自然的原则，秉承自然恢复和治理修复相结合的方针，通过优化水域与陆域的生态协同功能，保护和修复河岸带，提高区域生物多样性，完善水生生物调查和监管体系，管好“盛水的盆”，治好“盆里的水”，打造人水和谐、健康稳定的水生态体系。

5.2.4.4　彰显水文化提升水景观

通过水文化保护、传承、弘扬与利用，形成一批水文化研究成果，建成一批精品水文化工程，打造一批水文化展示平台与窗口，基本建成九十九湾水文化长廊，全面提升区域水文化软实力，充分彰显水文化内涵，幸福河湖的文化功能得以充分发挥。通过自然岸线的生态恢复、亲水河漫滩地景观的建设、沿河生态巡查系统和绿化廊道的建设，打造生态绿廊，实现人水和谐。

5.2.4.5　提升河湖管护能力

强化河湖长制，落实管护责任，完善“一河（湖）一策”，开展河湖健康评价，建立健全河湖健康档案,夯实河湖保护治理管理基础;强化数字孪生流域建设,加强卫星遥感影像应用,建设九十九湾智慧管控系统,提升流域智能化管理能力;因地制宜建立九十九湾现代化管理机制,探索创新河湖巡查管护模式等,建立务实管用的河湖管护长效机制,提升流域治理现代化水平。

5.2.4.6 助力流域发展

挖掘九十九湾河湖生态价值,依托河湖独特自然禀赋,在保障流域及其周边地区水安全,服务流域综合治理,促进实现流域生态文明建设的前提下,探索河湖生态产品价值实现机制和流域发展模式,促进区域产业转型升级,创造新的经济增长点,激发新的流域发展活力,带动区域人民群众就近致富,促进区域经济可持续发展,形成流域良性发展机制。

5.2.5 实施效果评价

5.2.5.1 社会效益

项目的实施将打造九十九湾连通水系成为幸福河湖建设的“漳州样板”和“福建典范”。通过把沿岸的自然风光、历史文化、美丽村庄、现代城市等有机串联,有效保护和彰显闽南特色的山水风光,使河湖生态环境更加优美和谐,切实改善人居环境和生活条件,让临水滨水区域成为经济最有活力、形象最具鲜明、文化最为丰富的地区,塑造践行“两山”理念的高地,切实增强群众的幸福感和获得感。

5.2.5.2 经济效益

通过建设一批特色鲜明的水文化旅游点,吸引游客游览当地的山水风光,带动周边的交通、餐饮、住宿等相关服务行业的发展,成为当地经济新的增长点;通过整体水环境持续改善,结合产业结构调整和发展模式优化,提升区域形象和品位,推动健康宜居环境的提档升级,由此带动城市土地资源价值提升,进一步扩展和增强区域未来发展潜力和总体发展愿景,显著拉动漳州市城乡经济发展。

5.2.5.3 生态效益

高标准建设九十九湾连通水系幸福河湖,努力把绿色生态优势转化为发展优势,是落实习近平生态文明思想的生动实践,也是推动河长制湖长制从有名到有实的重要抓手。项目的实施将实现经济社会、生态效益的有机统一,真正以绿色生态优势融入区域经济发展。九十九湾实施效果见图 5.2-2。

图 5.2-2 九十九湾实施效果

通过实施水生态保护与修复等措施,河道景观功能持续恢复,水生态系统健康水平明显提高,水环境明显好转,生物多样性和栖息环境得到改善,流域生态功能和自我维持功能能够得到稳步提高。通过九十九湾连通水系生态廊道的建设,将有效地恢复河道及周边湿地的生态功能和生态系统完整性,打造良好的河流生态系统,充分发挥河湖各项生态服务功能,有利于保障区域生态安全。通过自然水生态系统的健康维护与城乡水景观的适度建设,将有效保护和彰显闽南特色的山水风光,使河湖生态环境更加优美和谐,切实改善人居环境和生活条件。

5.3　吉林省延边州延吉河

5.3.1　项目概况

延边朝鲜族自治州是河源地区,水系发育,河流众多,分属图们江、松花江、绥芬河 3 个水系,延吉市境内河流均属于图们江水系。图们江是中朝两国的界河,发源于长白山主峰东麓,流域面积 33 221.3 km^2,全长 614.5 km,河道平均坡降 1.2‰,在中国境内主要支流有红旗河、嘎呀河、海兰河、布尔哈通河、珲春河等。延吉市区水系由布尔哈通河干流及其左右岸支流构成。

延吉河是布尔哈通河左岸的一级支流,发源于哈尔巴岭南端,其流域西部和北部与朝阳河流域相接,东部与依兰河流域相接,河流由西北往东南方向流,在烟集乡上游(黄草沟)汇入后,河流方向转南,在延吉市城区延吉河南大桥上游 450 m 处汇入布尔哈通河。

延吉河流域面积 291 km^2,总长 50.4 km,河道纵坡 9.2‰,多年平均流量 1.75 m^3/s。延吉河主要支流包括三山村沟、黄草沟、小烟集河,主要支沟包括利民沟、南溪沟、东兴沟、大成沟、实现沟、富安沟、龙渊沟、永安沟以及瓦房屯沟。

5.3.2　资源特色

延吉河是一条历史悠久的河流,它的发源地石人沟,是一块具有文化历史底蕴的地域。石人沟内有多股水流,汇合成延吉河的源头水流。延吉河在延吉市的水文化中担任着重要的角色,这里的水质纯净、水量丰富,为当地人民提供了丰厚的资源,支撑着当地的农业、渔业、工业和生活用水。同时,延吉河也是当地传统文化的重要载体,往昔的捕鱼、娱乐活动,随着时代的变迁被赋予新的意义并得以传承。

延吉河是延边州的重要河流,有着深厚的文化底蕴和丰富的自然资源,涉及的河湖文化内容丰富多样,主要包括自然历史文化、延边冰雪文化、红色革命文化、民族民俗文化。

5.3.2.1　自然历史文化

在 20 世纪 80 年代,延吉经国内满语专家考证鉴定:烟集、延吉,为同一句满语,意为石羊或岩羊,是一种善于爬石头砬子山的山羊,也是一种珍稀动物。由此来看,流经延吉市腹地的延吉河流域,历史上曾是石羊出没的地方。如今延吉河生态环境优美,有国家水利风景区 1 处、省级水利风景区 1 处、延边州 3A 级景区 1 处、市级公园 1 处,分别是布尔哈通河水利风景区(见图 5.3-1)、延河水库省级水利风景区(见图 5.3-2)、屏风山景区和人民公园。

图 5.3-1　布尔哈通河水利风景区

图 5.3-2　延河水库省级水利风景区

延吉地表文化古迹遗存较少，大多数遗址已被毁，已不能较完整地体现清末以来延吉的城市发展历史。延吉市的古代文化遗存多分布在靠近布尔哈通河和延吉河两岸的二、三级台地上。经过 1985 年的文物普查，延吉河流域附近有国家级文物保护单位 1 处，省级文物保护单位 2 处，分别为延吉边务督办公署（见图 5.3-3）、王隅沟北洞人民革命政府成立大会址、王隅沟战斗旧址（抗战纪念碑见图 5.3-4）；市级、县级文物保护单位 5 处和尚未核定为保护单位的 11 处。

图 5.3-3　延吉边务督办公署楼

图 5.3-4　王隅沟抗战纪念碑

5.3.2.2　延边冰雪文化

冬季的延吉，银装素裹、万里冰封，延吉有着深厚的冰雪文化资源，孕育出了冰雪民俗文化、冰雪运动文化等特色冰雪文化。比较通俗的、大众化的冰雪运动有抽冰尜儿、冰爬犁、狗拉雪橇、滑冰、滑雪等。近年来延吉市立足资源优势，发挥民族地区特色，将朝鲜族民俗风情植入冬季冰雪活动中，以文化为载体，举办了中国朝鲜族上元节、中俄迎新年狂欢节，突出延吉边城中、朝、俄的特色文化，创新打造了以“朝鲜族文化+冰雪文化”相结合为主的特色旅游产品。2020 年延吉市作为延边州唯一入选的县市，被评为“冰雪旅游十强县（区）”和“2020 年冰雪旅游十大人气传统目的地”。延吉雪雕及冰雪民俗文化活动见图 5.3-5。

图 5.3-5　延吉雪雕及冰雪民俗文化活动

5.3.2.3　红色革命文化

1979 年经国务院批准,延吉市等延边州所辖八个县(市)划定为革命老区。延吉是具有光荣传统的革命根据地之一。曾经是抗日战争的根据地之一,解放战争的可靠后方,抗美援朝的前沿阵地。在历次革命战争中有无数各族优秀儿女抛头颅、洒热血,为革命献出了宝贵的生命,为人民的解放事业创建了不朽的功勋。著名诗人贺敬之写下的“山山金达莱,村村烈士碑”这一著名诗句,就是革命历史的真实写照,其中利民村抗联的故事还在口口流传。现开发保存较好的有:延边革命烈士陵园,延边革命纪念馆、董存瑞纪念馆(见图 5.3-6)、延边州博物馆、延吉市档案局、延吉市监狱遗址、五凤金矿抗日斗争遗迹、炮台山遗址(见图 5.3-7)等。

图 5.3-6　董存瑞纪念馆

图 5.3-7　炮台山遗址

5.3.2.4　民族民俗文化

延吉市是延边朝鲜族自治州的首府城市,是中国朝鲜族聚居城市,是一座具有浓郁民族特色的旅游城市,素有“歌舞之乡”“足球之乡”“教育之乡”之称。特色的民族民俗文化形成了众多的朝鲜族非物质文化遗产,其中延吉市已列入省级非物质文化遗产包括朝鲜族洞箫(见图 5.3-8)、扇子舞(见图 5.3-9)、象帽舞(见图 5.3-10)、花甲宴、传统婚礼(见图 5.3-11)、传统服饰等。浓郁的民俗风情带动了延吉城市发展、提升了延吉知名度。2022 年,延吉市荣获“全国县域旅游综合实力百强县”“县市绿色高质量发展百佳样本”“全国绿色发展百强县”“县市未来投资热点百佳样本”等 8 个“全国百强”国字号荣誉;入选 2022~2023 年度“中国美好城市”名单,上榜“十大魅力打卡之城”;入选 2023 年“全国十大网红城市”“春节热门小众目的地”“中国最具潜力旅行地”等多项荣誉,成为许多网友最向往的旅游城市。

图 5.3-8　朝鲜族洞箫

图 5.3-9　朝鲜族扇子舞

图 5.3-10　朝鲜族象帽舞

图 5.3-11　朝鲜族传统婚礼

冰雪资源优势突出、民俗风情浓郁特色。延边州处在“长通白延吉长冰雪旅游东部大环线”的重要节点。2021 年 12 月，发往长白山的“雪国高铁列车”沈佳高铁白敦段正式开通运营，打通了交通的“瓶颈”，极大降低了游客出行的时间成本，有力推动了延边冰雪旅游产业的加速发展。2022 年在冰雪旅游的强势带动下，春节假期，全州接待游客 140.55 万人次，同比 2019 年恢复 168.32%；实现旅游收入 19.31 亿元。多年来，延边州和延吉市坚决贯彻落实习近平总书记视察吉林延边的重要讲话精神，利用独特的冰雪资源优势，开启了深入践行“两山”理论、深度挖掘整合“冰天雪地”里蕴藏的巨大经济价值、社会价值、生态价值和文化价值，将“冷资源”变为“热产业”的新征程。延吉以全省“冰雪丝路”战略布局为牵引，以“长白天下雪，‘吉’美在延边”为主题，以“玩冰雪、泡温泉、延边的冬天好悠闲”为主打，坚持抓早谋划、抓早启动、抓早推进，精心打造涵盖“冰雪旅游、冰雪体育、冰雪文化”为核心的 27 项“3+X”冰雪旅游产品，推出“冰雪+运动”“冰雪+休闲”“冰雪+民俗”等 6 条精品线路，同时出台 13 项冰雪惠民利民措施，强化冰雪产业优势集聚，努力把延边建设成为冰雪旅游强州和国家级冰雪旅游目的地。

5.3.3　建设优势

延吉河流域涉水产业现状主要包括水果、蔬菜、粮食、水产、城区污水处理和饮用水加工等涉水产业。近年来，坚持政府与企业联手，着力发展延吉河水经济，依托延吉河优美的水生态环境，以生态河道为平台，挖掘沿河配套开发商业项目，在保护中开发、在开发中保护，引进优质产业项目，实现了项目与文化、产业、效益的有机统一。

近年来，延吉市坚持政府与企业联手，共商全域旅游发展，落实"旅游兴州"战略，积极推动延吉市旅游产业发展，依托河湖优美的水生态环境，政府充分挖掘整合延吉河流域产业活力点、民俗文化、现代产业要素，注重融入朝鲜族元素，按照将延吉市建设成为经济繁荣、科教发达、特色鲜明、社会和谐的东北地区宜居城市，东北亚特色旅游城市，面向东北亚的沿边开放城市的规划目标，建设了彩虹桥至大兴桥段滨水活力带，形成了一条激发城市产业活力、丰富市民休闲生活、展示城市文化内涵、乡村度假休闲的延吉河水岸风情带。

延边州政府扎实开展"绿美延吉"行动（见图5.3-12），擦亮美丽延吉河生态底色，延吉市积极发展延吉河区域城乡风貌、人民公园、旅游配套服务、网红打卡点、乡村振兴示范村等内容。打造了延边大学网红街（见图5.3-13）、水岸风情休闲带、COCOMOON露营地、馨园山庄等一系列的产业发展项目，满足了休闲观光、度假康养、区域发展、健康生活等目标，提升了延吉河流域发展模式的人气，同时带动了周边群众增收。

图5.3-12　"绿美延吉"主题游园

图5.3-13　延边大学网红街

5.3.4　建设任务

经过多年建设和投入，延吉河自延河水库以下河段两岸堤防基本完成了全段治理，防洪排涝能力基本上达到了上位规划所要求的防洪标准，城市段入河排口基本完成了雨污分流，入布尔哈通河河口处断面水质全年大部分月份能够维持地表Ⅲ类水，并且通过综合治理提升，河道内绿树成荫，流水潺潺，滩地上的休闲娱乐点位及主槽内的过河汀步，极大地提升了两岸百姓的亲水休闲体验感。

（1）永宁水安澜——河流安澜、人民安宁。

按照"消隐患、提标准、控风险"的思路，通过主槽塑型及清淤、巡河路改造提升、拦蓄工程改造及主要入河支流改造等工程措施和非工程措施结合，提升水安全保障能力，着力解决沿河城区、乡镇场镇及撤镇撤乡人口聚居重点区等未达标区域的防洪问题，切实保障人民群众生命财产安全。

（2）先进水文化——保护传承、挖掘创新。

文化是民族的血脉和灵魂。习近平总书记明确指出："一个国家、一个民族的强盛，总是以文化兴盛为支撑的，中华民族伟大复兴需要以中华文化发展繁荣为条件。"水利部原副部长田学斌强调，推进水文化建设，讲好中国水故事，对于延续历史文脉，弘扬中华文明，坚定文化自信，为实现中华民族伟大复兴的中国梦凝聚精神力量，具有重大而深远的意义。深入挖掘延吉河文化底蕴,将河湖文化与红色文化、冰雪文化、民俗文化深度有机融合,通过建设水文化载体、丰富沿河水文化元素,展现河湖文化、治水文化、红色文化、特色冰雪和民俗文化,形成地方特色鲜明、具有文化魅力的延吉河水文化。

(3)宜居水环境——水清岸绿、宜居宜赏。

根据现状调查情况,延吉河流域水环境保护建设主要分为3个方面,分别为生活污水治理、面源污染治理和入河水质提升。其中,针对城市和农村的生活污水,延吉市目前已有相关配套项目,包括延吉市城区排水管网雨污分流提升改造项目和延吉市农村污水治理项目;针对农业面源污染,由生态环境局和农业农村局从农业种植结构、污染源头控制、面源污染过程拦截等多方面采取措施;针对河道管理范围内的入河排口,采取生态化措施进行末端净化。

(4)健康水生态——鱼翔浅底、万物共生。

为恢复延吉河天然河流地貌形态,促进河流水生态系统良性恢复,实现延吉河鱼翔浅底、万物共生的健康水生态状态,结合河道主槽清淤工程,实施延吉河自然化修复工程。

5.3.5 实施效果评价

延吉河幸福河湖项目以现代化的治水理念为指引,助力构建"安全、优质、健康、宜居、文化、智慧"的幸福河湖,践行"绿水青山就是金山银山"的重要理念,为全国幸福河湖建设贡献力量。

5.3.5.1 生态效益

高标准建设延吉河幸福河湖,形成延吉河生态廊道,为实现"四片、三廊、多点"的绿地布局奠定基础,努力把绿色生态优势转化为发展优势,是落实习近平生态文明思想的生动实践,也是推动河长制湖长制从有名到有实的重要抓手。项目的实施将实现经济、社会、生态效益的有机统一,真正以绿色生态优势融入区域经济发展。

5.3.5.2 经济效益

通过建设一批特色鲜明的水文化旅游点,打造延吉河特色旅游路线,吸引游客游览当地的山水风光,带动周边的交通、餐饮、住宿等相关服务行业的发展,成为当地经济新的增长点;通过整体水环境持续改善,结合产业结构调整和发展模式优化,提升区域形象和品位,推动健康宜居环境的提档升级,由此带动城市土地资源价值提升,进一步扩展和增强区域未来发展潜力和总体发展愿景,显著拉动延吉市城乡经济发展。

5.3.5.3 社会效益

项目的实施将打造延吉河成为幸福河湖建设的"东北样板"和"北方典范"。通过把沿岸的自然风光、历史文化、美丽村庄、现代城市等有机串联,有效保护和彰显具有地域与民族特色的山水风光,使河湖生态环境更加优美和谐,切实改善人居环境和生活条件,让临水滨水区域成为经济最有活力、形象最具鲜明、文化最为丰富的地区,塑造践行"两山"理念的高地,切实增强群众的幸福感和获得感。

通过幸福河湖建设,利用好良好的生态基底,带动区域旅游发展,逐步形成乡村田园游、文化民俗游、生态休闲游等多姿态的特色品牌,为周边乡镇百姓带来更多就业机会,通过旅游发展打通两山转化通道,切实将优质河湖生态资源转化为绿色发展新动能。

5.3.5.4　示范效益

本次幸福河湖建设将结合当地生态景观及历史人文、治水文化等特色资源，努力打造出既具备自然流畅、水质优良、水清岸绿、生物多样、景观协调等“美丽可见”的外在感受，又能满足安全可靠、管理高效、人文彰显、惠民宜居等“幸福可感”的内在需求的延吉河，形成一系列可复制推广的典型经验，成为幸福河湖建设的“东北样板”和“北方典范”，打造能够承载乡愁、寄托希望、传承文化、流淌幸福的城市河流样板。

第 6 章　结语与展望

新时期治水已经不限于传统意义的水安全，还有很多更高的要求和向往，"幸福河"的提出既是历史治水任务的传承，更是新的历史发展阶段国家水治理的新高度和新要求。

近些年，国内外学者开展了大量河流状态评价的相关研究，其中研究最广泛的为河流健康评价及人水和谐探索。幸福河建设是中国新时期提出的河流开发与治理的新目标，其同时考虑到河流的生态健康和人类社会的经济、文化与福祉问题，是推动流域生态保护和社会发展的重要支撑和保障，同时也是实现人民对美好生活向往的必然要求。以幸福河建设为目标，充分分析评价河流状况，识别幸福河建设主要制约因素以及提供幸福河建设方向具有重要意义。

目前国内一些科研团队对"幸福河"已经开展了大量研究，结合"幸福河"的提出背景及江河治理需求，探讨了"幸福河"的概念、内涵及判断准则，提出幸福河湖是指能够维持河流湖泊自身健康，支撑流域和区域经济社会高质量发展，体现人水和谐，让流域内人民具有高度安全感、获得感与满意度的河流湖泊。2021 年中国水利水电科学院发布的《中国河湖幸福指数报告 2020 年》，提出幸福河就是永宁水安澜、优质水资源、宜居水环境、健康水生态、先进水文化相统一的河湖，是安澜之河、富民之河、宜居之河、生态之河、文化之河的集合与统称，通过构建河湖幸福指数指标体系，从水安全、水资源、水环境、水生态、水文化 5 个维度着眼，提出了水安澜保障度、水资源支撑度、水环境宜居度、水生态健康度和水文化繁荣度 5 个一级指标、20 个二级指标以及相应的三级指标。同时，部分省市结合当地河流水系特色，出台幸福河湖评价规范、建设标准及行动方案等，为全面推进幸福河具体建设提供河湖管护的依据。

本书研究在已有的幸福河理论、评价、构建指南等基础上，结合中水北方公司首个"系统治理，多元融合"的闽西北金溪"幸福河"治理工程已开展的工作，归纳梳理我国南北地区特色河流流域生态特点、存在的现状问题，提出能体现流域特色且具有指导意义的"幸福河"建设指标体系和技术应用的研究，为相关规划设计人员开展同类河湖治理提供借鉴。

结合并参考国内已有的幸福河评价体系理论成果基础，从"防洪保安全、优质水资源、宜居水环境、健康水生态、先进水文化"几方面研究，提出符合各种复杂环境因素交互影响下，河湖能够保持完整畅通水系结构、种类多样的生物群落、长期稳定的调节机制、全面深刻的文化彰显、居民满意的生活环境，既能满足行洪排涝要求，又能满足生态完整与动态平衡要求，还能满足经济社会持续发展和人们对美好生活合理需求的幸福河指标体系。

以目前开展的福建金溪、九十九湾及吉林延吉幸福河等水生态修复与综合治理工程为例，对流域内河流生态本底特征、重要功能及多年河流水系的演变进行辨析，结合流域内国土空间规划对流域生态发展与保护的要求，提出流域总体生态安全格局及"幸福河"

建设目标,从水安全、水资源、水环境、水生态、水文化5个维度着眼,聚焦流域内河流主要特色和面临的主要问题与矛盾,构建不同区域的幸福河湖体系。

展望未来,需要更加深入研究具有流域特色的幸福河内涵,充分考虑当地经济发展、安全保障、资源优化、生态保护以及人民群众的获得感和幸福感,深入探究河湖各要素间的作用机制,从幸福河湖各个方面开展具体保护与修复技术措施的应用,从而进一步落实生态保护修复的整体性和系统性要求。以安澜之河作为幸福河的基本保障,体现了“江河安澜、人民安宁”;以富民之河作为幸福河的基本功能,体现了“供水可靠、生活富裕”;以宜居之河作为幸福河的良好形象,体现了“水清岸绿、宜居宜赏”;以生态之河作为幸福河的最佳状态,体现了“鱼翔浅底、万物共生”;以文化之河作为幸福河的最高境界,体现了“大河文明、精神家园”。未来进一步统筹协调生态治理与保护、充分挖掘与彰显文化内涵、多部门协调多产业融合等,通过开展治护并重、文化彰显、产业联动等一系列适宜当地特色幸福河建设模式的探索和创新,促进地区社会经济的高质量发展。

参考文献

[1] 左其亭,郝明辉,马军霞,等.幸福河的概念、内涵及判断准则[J].人民黄河,2020,42(1):1-5.

[2] 陈茂山,王建平,乔根平.关于“幸福河”内涵及评价指标体系的认识与思考[J].水利发展研究,2020.20(1):3-5

[3] 谷树忠.关于建设幸福河湖的若干思考[J].中国水利,2020(6):13-14,16.

[4] 吕彩霞,韦凤年.深挖节水潜力 共筑幸福江河:访中国工程院院士王浩[J].中国水利,2020(6):1-4.

[5] 王慧,韦凤年.全视角多维度全过程把控水利发展定位 推进节水优先建设幸福河湖:访中国工程院院士邓铭江[J].中国水利,2020(6):7-10,4.

[6] 李云,戴江玉,范子武,等.河湖健康内涵与管理关键问题应对[J].中国水利,2020(6): 17-20.

[7] 唐克旺.对“幸福河”概念及评价方法的思考[J].中国水利,2020(6):15-16.

[8] 韩宇平,夏帆.基于需求层次论的幸福河评价[J].南水北调与水利科技(中英文),2020,18(4):1-7,38.

[9] 高山,戴秋萍,董敏.“幸福河”理念下的江苏河道建设探索[J].中国水利,2022.(8):63-64.

[10] 胡仕源,郑芙蓉,金凯.浙江省全域幸福河湖建设初探[J].浙江水利水电学院学报,2022,34(3):21-24,49.

[11] 温春云,刘毅生,刘聚涛,等.幸福河湖背景下水利工程生态化改造面临问题与对策[J].中国水利,2023(14):52-55.

[12] 回晓莹,颜文珠.基于水文化视角的幸福河湖建设思路与实践[C]// 中国水利学会.2022 中国水利学术大会论文集(第五分册).郑州:黄河水利出版社,2022:495-498.

[13] 张书颖,刘家明,朱鹤,等.国外生态旅游研究进展及启示[J].地理科学进展,2018,37(9):1201-1215.

[14] 孙琨,唐承财,侯兵.生态旅游中实现游客幸福感的主客体契合模式:以钱江源国家公园为例[J].旅游学刊,2023,38(11):124-139.